中国高等职业技术教育研究会推荐
高职高专系列规划教材

电视技术

（第四版）

主　编　肖运虹　　王志铭
副主编　叶杨婷　齐　卉

西安电子科技大学出版社

内 容 简 介

本书是按照教育部颁布的教学大纲要求，跟踪当前电视技术的新发展，适应目前加强实践性教学环节的要求，由具有丰富教学经验和实践经验的教师编写的高职高专系列教材之一。

本书以彩色电视机为主，全面、系统、深入地讲述了彩色电视机的组成、原理和检测技术。具体内容包括：广播电视的基本知识、黑白电视的基本原理、彩色电视的基本原理、高频调谐器、图像中频通道、伴音通道、同步扫描电路、PAL 制解码器、电视机电源电路、彩色电视机遥控系统及整机分析、大屏幕彩色电视机、数字电视以及电视技术的新发展等。

本书最后一章"实训部分"的内容可以帮助读者结合理论，使用常用的电视机检测仪器，了解电视机的检测方法，掌握有关电视机的故障判断和排除方法。本书除"实训部分"外，各章都附有习题。

本书可作为高职高专电子类专业学生的教材，也可作为相关专业的本科生和科技人员自学电视技术的参考书。

图书在版编目(CIP)数据

电视技术/肖运虹，王志铭主编. —4 版. —西安：西安电子科技大学出版社，2018.1
ISBN 978 - 7 - 5606 - 4779 - 1

Ⅰ. ① 电… Ⅱ. ① 肖… ② 王… Ⅲ. ① 电视—技术 Ⅳ. ① TN94

中国版本图书馆 CIP 数据核字 (2017) 第 301908 号

策　　划　云立实
责任编辑　马晓娟
出版发行　西安电子科技大学出版社(西安市太白南路 2 号)
电　　话　(029)88242885　88201467　　邮　　编　710071
网　　址　www.xduph.com　　　电子邮箱　xdupfxb001@163.com
经　　销　新华书店
印刷单位　陕西华沐印刷科技有限责任公司
版　　次　2018 年 1 月第 4 版　　2018 年 1 月第 1 次印刷
开　　本　787 毫米×1092 毫米　1/16　印　张　23　插页 2
字　　数　545 千字
印　　数　1~3000 册
定　　价　49.00 元

ISBN 978 - 7 - 5606 - 4779 - 1/TN

XDUP 5081004 - 1

＊＊＊如有印装问题可调换＊＊＊

本社图书封面为激光防伪覆膜，谨防盗版。

前　　言

　　本书自 2000 年出版以来，已修订两次，被许多院校和培训部门选为教材，得到了广大读者的认可。随着电视技术的飞速发展及教改的进一步深入，要求我们必须不断改进和完善本书。因此，我们在第三版的基础上继续进行了一些修订，以使本书能更好地跟踪当前电视技术最新发展，适应当前电视技术课程教学和改革的需要。

　　本次修订主要涉及以下几个方面：

　　1. 增加"电视技术的新发展"一章，并适当压缩了传统模拟电视方面的某些内容；

　　2. 在保证基本理论完整的原则下，删去或精简了一些分立元件电路内容；

　　3. 完善了有关章节的基本理论内容，并增加了一些例题和习题。

　　与本书第三版相比，本次修订对原书的基本框架未做大的调整，修订内容主要涉及第 1、4、7、11、13 章 。全书由肖运虹、王志铭主编，叶杨婷、齐卉副主编。

　　本次的修订工作得到了西安电子科技大学出版社各位领导及同志，特别是云立实老师的关心和支持，在此表示深深的谢意；同时也感谢所有关心本书再版的亲朋好友。

　　再次恳请读者批评指正。

编　者

2017 年 9 月

说　　明

本书末的附图一和附图二为厂家原图，为了查看方便，不便与国标统一，均保持原样。书中电路元件除个别图（为与附图保持一致，与图相关的内容也未采用国标）外，均采用国标。现将部分电路元件的新旧图形符号对照列于下表。

名　　称	旧　符　号		新　符　号	
普通二极管	D或BG		V_D	
变容二极管	D或BG		V_D	
发光二极管	D或BG		V_D	
光电二极管	D或BG		V_D	
稳压二极管	D或BG		V_D	
PNP型半导体管	Q或BG		V或V_T	
NPN型半导体管	Q或BG		V或V_T	
P沟道型场效应管	Q		V或V_T	
N沟道型场效应管	Q		V或V_T	
双栅型场效应管	Q		V或V_T	
电　阻	R		R	
光敏电阻	CDS		R	
熔断器	RD或FB		FU	
极性电容器				
微调电容器	CT		C_T	
变压器	T		T	

目　　录

第 1 章　广播电视的基本知识

　　电视技术是利用电磁波远距离传送图像和伴音的一门应用电子技术。电视广播包括视频信号的产生、放大、调制、传输、接收和重现等过程。人眼之所以能看到周围的景物，是因为人眼感受到了从这些景物上反射出来的光线。如要实现远距离传送某景物，就得设法把该景物所反射的光线转换成相应的电信号传送到远地，然后再由显示器把电信号转换成光线，最终重现成原来的景物。

　　电视广播的基本过程如图 1-1 所示。在发送端，根据光电转换原理将图像（光信号）经过摄像机转变为电信号（视频信号），再经过放大，耦合到图像调制器。伴音则经过话筒转变为电信号（音频信号），也经过放大，耦合到伴音调制器。图像信号及伴音信号在调制器中分别调制到各自的载波上，从而形成高频图像信号和高频伴音信号，再经双工器后，用同一发射天线发送出去。在接收端，由电视接收天线将高频图像信号和高频伴音信号一起接收下来，在电视接收机中对信号进行处理（放大及检波）：取出反映图像内容的视频信号，并经视频放大后送显像管重现出图像；同时取出反映伴音内容的音频信号，在扬声器中还原出声音。

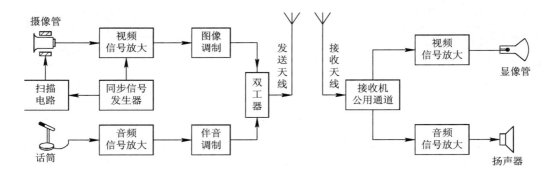

图 1-1　电视广播过程

　　本章主要讨论电视广播的基本知识，主要涉及图像光电转换的基本过程、电视扫描原理、视频信号的组成和电视信号的发送等。

1.1　图像光电转换的基本过程

　　电视技术就是远距离传送和接收图像的技术，电视图像的传送基于光电转换原理，实现光电转换的关键器件是发送端的摄像管和接收端的显像管。本节主要讨论像素的传送过程以及图像光电转换的基本原理。

1.1.1　像素及其传送

如果用放大镜仔细地观察报纸上刊登的黑白照片，就会发现整幅画面是由很多深浅不同的小黑白点组成的，而且点子越小、越密，画面就越细腻、越清晰。同样，黑白电视图像也是由大量的小黑白点组成的，这些小黑白点是构成电视图像的基本单元，通常称之为像素。电视图像的清晰与逼真的程度直接和像素的数目有关，像素愈精细、单位面积上的像素愈多，则图像愈清晰、愈逼真。在我国的黑白广播电视标准中，一幅图像有 40 多万个像素。

一幅图像所包含的 40 多万个像素是不可能同时被传送的，只能是按一定的顺序分别将各像素的亮度变换成相应的电信号，并依次传送出去；在接收端，则按同样的顺序把电信号转换成一个一个相应的亮点重现出来。只要顺序传送速率足够快，利用人眼的视觉暂留效应和发光材料的余辉特性，人眼就会感觉到是一幅连续的图像。这种按顺序传送图像像素信息的方法，是构成现代电视系统的基础，并被称为顺序传送系统，图 1-2 所示是该系统的示意图。

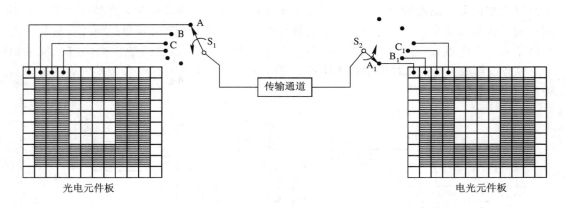

图 1-2　图像顺序传送系统示意图

图像顺序传送系统工作时，首先将要传送的某一光学图像作用于由许多独立的光电元件所组成的光电板上，这时，光学图像就被转换成由大量像素组成的电信号，然后经过传输通道送到接收端。接收端有一块可在电信号作用下发光的电光板，它可将电信号转换成相应的光学图像信号。在电视系统中，将组成一帧图像的像素按顺序转换成电信号的过程，称为扫描过程。图 1-2 中的 S_1、S_2 是同时运转的，当它们接通某个像素时，那个像素就被发送和接收，并使发送和接收的像素位置一一对应。在实际电视技术中，采用电子扫描装置来代替开关 S_1、S_2 的工作。

1.1.2　光电转换原理

光与电的相互转换是电视图像摄取与重现的基础。在现代电视系统中，光电转换是由发送端的摄像管和接收端的显像管来完成的。下面就以摄像管与显像管为例，简要地说明光和电的转换原理。

1．图像的摄取

电视图像的摄取主要靠摄像管，其工作基于光电效应原理。常用的摄像管有超正析摄像管、光电导摄像管等多种，下面以光电导摄像管为例来说明图像信号产生的过程。光电导摄像管的结构如图 1 - 3(a)所示，它主要由光电靶和电子枪两部分组成。

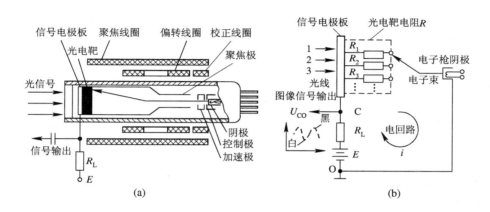

图 1 - 3　摄像管的结构及图像信号产生的过程

（a）摄像管的结构；（b）图像信号产生的过程

光电靶：在摄像管前方的玻璃内壁上镀上一层透明金属膜，作为光的通路和电信号输出电极，称之为信号电极板，在信号电极板（即金属膜）后面再敷上一层很薄的光电导层，称之为光电靶。光电靶可由三硫化二锑（Sb_2S_3）或氧化铅（PbO）等材料组成，它们具有灵敏度极高的光敏反应，照射到它表面的光亮度即使发生微小变化，其电阻也会随之而变。这种材料还有一个特点：当光照强度发生变化时，其电阻的变化只体现在深度方向上，并不沿横向扩散。因此，用这种材料制成的光电靶就相当于把许许多多个光电转换器组合在一起，当光图像成像于光电靶上时，每个像素都有与之对应的光电转换器，这样便可把各个像素的亮暗转换成相应幅度的电信号。

当要传送的实际图像通过摄像机镜头成像于光电靶上时，由于实际图像上各像素的亮暗不同，因此在光电靶上相应各点的电阻大小就不同，亮像素对应的靶点电阻小，暗像素对应的靶点电阻大。于是，实际图像上各像素亮度随时间的变化关系便转换成了光电靶上各点电阻随时间的变化关系，也即是将实际的"光图像"转换成了靶面上的"电图像"，实现了光到电的转换。

电子枪：电子枪由灯丝、阴极、控制极、加速极、聚焦极等组成。当给各电极施加正常工作电压时，通过灯丝加热阴极，阴极便发射出电子，这些电子在加速极、聚焦电场和偏转磁场的共同作用下，形成很细的一束电子流，射向光电靶。

从图 1 - 3(b)可以看出，当电子束射到光电靶上某点时，便把该点对应的等效电阻 R（即图中的 R_1、R_2、R_3……）接入由信号电极板、负载电阻 R_L、电源 E 和电子枪的阴极构成的回路中，于是回路中便有电流 i 产生。电流 i 的大小与等效电阻 R 有关，即

$$i = \frac{E}{R_L + R}$$

当图像上某像素的亮度发生变化时，对应的等效电阻 R 也发生变化，从而引起电流 i 发生变化，并直接导致图中 C 点的对地输出电压 U_{co} 随之发生变化。这个反映图像上像素亮度随时间变化的电压 U_{co}，被称为图像信号电压，简称图像信号。

在偏转线圈所产生磁场的作用下，电子枪的电子束按照从左到右、从上到下的规律扫描光电靶面上各点，从而把图像上按平面分布的各个像素的亮度依次转换成按时间顺序传送的电信号，实现了图像的分解与光电转换。

摄像管光电转换原理大致如下：

（1）被摄景象通过摄像机的光学系统在光电靶上成像。

（2）光电靶是由光敏半导体材料制成的。这种材料的电阻值会随光线强弱而变化，光线越强，材料呈现的电阻值越小。

（3）由于被传送光图像各像素的亮度不同，因而光电靶面上各对应单元所受光照强度也不同，导致靶面各单元电阻值不一样。与较亮像素对应的靶面的单元阻值较小，与较暗像素对应的靶面的单元阻值较大。即一幅图像上各像素的不同亮度转变为靶面上各单元的不同电阻值。

（4）从摄像管的阴极发射出来的电子，在摄像管各电极间形成的电场和偏转线圈形成的磁场的共同作用下，按一定规律高速扫过靶面各单元，如图 1-3(b) 所示。当电子束接触到靶面某单元时，就使阴极、信号电极、负载、电源构成一个回路，在负载 R_L 中就有电流流过，而电流的大小取决于光电靶面上对应单元的电阻值大小。

综上所述，可得结论：当组成被摄景象的某像素很亮时，在光电靶上对应成像的单元所呈现的电阻值就很小，电子束扫到该单元时出现的对应电流 i 就很大，这样，摄像机输出的图像信号电压就很小；反之，如果组成被摄景象的某像素很暗时，在光电靶上对应成像的单元所呈现的电阻值就很大，电子束扫到该单元时出现的对应电流 i 就很小，这样，摄像机输出的图像信号电压就很大。如果认为摄像管的光电转换是线性的，则当有电子束扫描一幅图像时，就依次可以得到与图像上各像素亮度相对应的电信号，从而完成把一幅图像分解成为像素以及把各像素的亮度转变成为相应电信号的光电转换过程。

上述摄取的图像信号（电信号）符合像素越亮，对应的输出信号电压越低，像素越暗，对应的输出信号电压越高的光电转换规律，称之为负极性图像信号。反之，如果图像输出电压与对应像素亮度成正比，则称之为正极性图像信号。

2. 图像的重现

图像的重现是依靠电视接收机的显像管来完成的。显像管的任务是将图像电信号转换为图像光信号，完成电到光的转换。

显像管是利用荧光效应原理制成的。所谓荧光效应，是指某些化合物在受到高速电子轰击时表面能够发光，并且轰击的电子数量越多、速度越高，发光就越强的现象。

显像管主要由电子枪及荧光屏等几部分组成。当把具有荧光效应的荧光粉涂附在显像管正面的内壁时，就构成了电视屏幕。当显像管内电子枪发出的高速电子轰击到电视屏幕上后，荧光粉就会发光。如果让电子枪发射电子束的能力受发送端图像信号强弱的控制，那么荧光粉发光的亮度也就与图像信号强弱相对应，从而呈现和发送端相同的图像，达到图像重现的目的。

1.2　电视扫描原理

在电视技术中，所谓扫描，就是电子束在摄像管或显像管的屏面上按一定规律作周期性的运动。摄像管利用电子束的扫描，在传送图像时，将像素自上而下、自左而右一行一行地传送，直至最后一行。这如同看书一样，自左而右先看第一行，然后下移，再自左而右看第二行，一直继续下去。显像管也是利用电子束扫描，在接收图像时，将像素自上而下、自左而右依次恢复到原来的位置上，从而重现图像。本节主要讨论电视扫描的基本原理和我国广播电视扫描的有关参数。

1.2.1　行扫描和场扫描

在显像管的管颈上，装有两种偏转线圈，一种叫行偏转线圈，另一种叫场偏转线圈。前者产生垂直方向的磁场，后者产生水平方向的磁场。当给偏转线圈通以线性变化的电流时，产生的磁场也是线性变化的。显像管电子枪的阴极电子束在通过偏转线圈时，在行偏转线圈所产生的垂直磁场的作用下，按左手定则规律，沿着水平方向作有规律的运动，叫做行扫描；阴极电子束在场偏转线圈所产生的水平磁场的作用下，沿着垂直方向作有规律的运动，叫做场扫描。

设在行偏转线圈里通过的锯齿波电流如图 1-4(a)所示，此电流的幅度随所选用的显像管和偏转线圈而异。从图 1-4(a)、(b)可以看出，当通过行偏转线圈的电流线性增长时（$t_1 \sim t_2$），电子束在偏转磁场的作用下，开始从左向右作匀速运动，这段运动过程所对应的

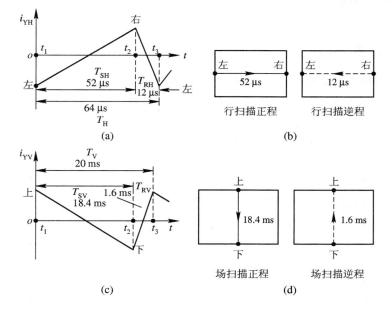

图 1-4　行扫描和场扫描示意图
（a）行扫描锯齿波电流；（b）仅有行扫描时，荧光屏上呈现一条水平亮线；
（c）场扫描锯齿波电流；（d）仅有场扫描时，荧光屏上呈现一条垂直亮线

时间叫做行扫描的正程，用 T_{SH} 表示(需要的时间约为 52 μs)。正程结束时(t_2 时刻)，电子束已扫描到屏幕的最右边。接着偏转电流又很快地线性减小($t_2 \sim t_3$)，电子束就相应地从右向左运动，经过大约 12 μs 的时间后，又回到屏幕的最左边。电子束从屏幕最右边回到最左边的这段运动过程所对应的时间叫做行扫描的逆程，用 T_{RH} 表示。按照我国电视标准的规定，行扫描的正程与逆程之和，即行扫描周期 T_H 为 64 μs。因此，行扫描锯齿波电流的重复频率 $f_H = 1/T_H = 15\ 625$ Hz。假定只在行偏转线圈里通过锯齿波电流，而不在场偏转线圈里通过锯齿波电流，即电子束只有行扫描而没有场扫描，那么荧光屏上将只呈现一条水平亮线，如图 1-4(b)所示。

设在显像管的场偏转线圈里通过的锯齿波电流如图 1-4(c)所示，那么电子束在水平偏转磁场的作用下将产生自上而下($t_1 \sim t_2$)，再自下而上($t_2 \sim t_3$)的运动。电子束自上而下的运动过程叫做场扫描的正程，用 T_{SV} 表示。电子束自下而上的运动过程叫做场扫描的逆程，用 T_{RV} 表示。场扫描的周期 T_V 等于正程(T_{SV})和逆程(T_{RV})之和。假定只在场偏转线圈里通过锯齿波电流，而不在行偏转线圈里通过锯齿波电流，那么荧光屏上将只呈现出一条垂直的亮线，如图 1-4(d)所示。

电子束在扫描的正程传送和重现图像，而在扫描的逆程不传送图像内容，只为下次扫描的正程做准备。因此，电子束扫描的正程时间长，逆程时间短，并且扫描的逆程不应在荧光屏上出现扫描线(回扫线)，要设法将之消隐掉。

当行、场偏转线圈中同时通过锯齿波电流时，将同时产生垂直和水平的偏转磁场，在这两个磁场的共同作用下，电子束既作水平方向的偏转，也作垂直方向的偏转，其结果就形成了电视中的扫描光栅。

由于传送和接收图像是电子束按行为单位扫描完成的，因此就存在着扫描的方式问题。在电视技术中，常用的扫描方式有逐行扫描和隔行扫描。

1.2.2　逐行扫描

所谓逐行扫描，就是电子束自上而下逐行依次进行扫描的方式。这种扫描的规律为：电子束从第一行左上角开始扫描，从左到右扫完第一行，然后从右边回到左边，再扫描第二行、第三行……直至最后一行，扫完一幅(帧)完整的图像为止。接着电子束从最下面一行又向上移动到第一行开始的位置，从左上角开始扫描第二幅(帧)图像，一直重复下去。

在电视技术中，电子束的行扫描和场扫描实际上是同时进行的，电子束在水平扫描的同时也要进行垂直扫描，即电子束在水平偏转磁场和垂直偏转磁场的合成磁场作用下，一方面作水平的运动，另一方面还作垂直的运动。由于行扫描速度远大于场扫描速度，因此在电视屏幕上看到的是一条条稍向下倾斜的水平亮线所形成的均匀光栅，如图 1-5(a)所示。

图 1-5 所示是一种逐行扫描方式光栅形成的示意图(用 11 行扫描线简化示意)。从图 1-5(a)、(b)中可以看出，电子束在场扫描的正程有 9 行扫描，在场扫描的逆程有 2 行扫描。电子束从第 1 行最左边的 a 点开始顺序向下扫描，一直扫描到第 9 行最右边的 d 点，这就形成了场扫描的正程。

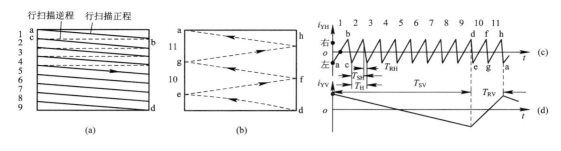

图 1-5　逐行扫描示意图

（a）场正程光栅；（b）场逆程光栅；（c）行扫描锯齿波电流；（d）场扫描锯齿波电流

　　以上分析了逐行扫描中正程扫描光栅的形成。在电视系统中，为了得到连续完整的图像，场扫描必须一场紧接一场地连续进行。为了开始第二场扫描，在第一场正程扫描结束后，电子束必须重新回到屏幕左边最上方，这就是场逆程扫描。从图 1-5(a)、(b) 中可以看出，电子束从屏幕右边最下方的 d 点开始快速往上扫描，经过最后第 10、11 行的时间间隔，又回到了第一场开始时的位置（即第 1 行最左边的 a 点），这就形成了场扫描的逆程。至此，第一场扫描结束，等待第二场扫描的开始。图 1-5(c)、(d) 分别给出了行、场扫描的锯齿波电流。

　　以上所述是利用逐行扫描方式来传送一帧图像的情况。只要每帧图像的扫描行数在 500 行以上，就能保证足够的清晰度。如果只传送一帧静止图像，就像幻灯片一样，那么情况就比较简单。而实际上图像是活动的，如何来传送活动的图像呢？我们知道，电影胶片上的每幅画面是静止的，每幅画面略有不同，若以每秒 24 幅的速度播放，由于人眼的视觉惰性，就会感到银幕上的图像是连续活动的。受电影技术的启发，在电视技术中也采用类似的方式，每秒钟传送 25 帧图像就可以达到传送活动图像的目的，即帧频 f_z = 25 Hz。但是逐行扫描方式存在一个问题：如果每秒传送 25 帧图像，则人眼看上去很不舒服，存在闪烁的感觉（因为临界闪烁频率约为 45.8 Hz）；如果每秒传送 50 帧图像，则虽然可以克服闪烁感，却又会使电视信号所占用的频带太宽（具体原因参见 1.3.2 节），导致电视设备复杂，并使有限的电视波段范围内可容纳的电视台数量减少。因此，目前广播电视系统一般不采用这种逐行扫描方式。

　　怎样才能既保证图像有足够的清晰度，又不占用太宽的频带，并且还不产生闪烁现象呢？目前，世界各国都是采用隔行扫描方式来解决这个问题的。

1.2.3　隔行扫描

　　隔行扫描就是把一帧图像分成两场来扫描。第一场扫描 1、3、5……奇数行，形成奇数场图像，然后进行第二场扫描时，才插进 2、4、6……偶数行，形成偶数场图像。奇数场和偶数场快速地均匀镶嵌在一起，利用人眼的视觉暂留特性，人们看到的仍是一幅完整的图像。

　　隔行扫描的行结构要比逐行扫描的行结构复杂一些。下面以每帧 9 行扫描线（Z=9）为例来说明隔行扫描光栅的形成过程。为简化起见，行、场逆程扫描时间均忽略不计，如图 1-6 所示。

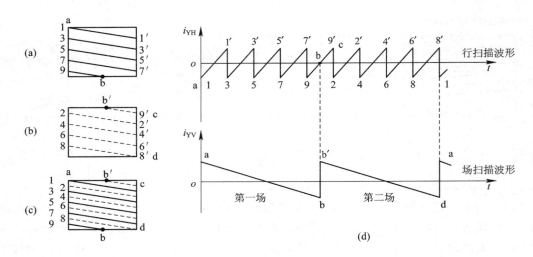

图 1-6 隔行扫描示意图

(a) 第一场；(b) 第二场；(c) 两场镶嵌；(d) 行、场扫描电流波形

从图 1-6 中可以看出，一帧图像的扫描行数为 9 行($Z=9$)，若分两场来完成一帧图像的扫描，则每场必须扫描 4.5 行。第一场(奇数场)先扫描第 1、3、5、7 行及第 9 行的前半行，即电子束从屏幕左上方 a 点开始扫描，当扫描到第 9 行的一半(b 点)时，第一行正程结束，行扫描正好扫完 4.5 行。此时，电子束已移动到光栅底部的中点(b 点)，从而完成了第一场图像的扫描，形成了奇数场的扫描光栅，如图 1-6(a)所示。

由于场逆程时间为零，因此电子束将立即从 b 点跳到 b′点，从而开始第二场(偶数场)扫描。第二场首先扫描第 9 行的后半行，接着扫描第 2、4、6、8 行。电子束从屏幕最上方 b′点开始行扫描，当扫描到第 8 行最右边的 d 点时，第二场扫描正程就结束了，行扫描也正好扫完 4.5 行。此时，电子束已到达屏幕的右下角(即 d 点)，从而完成了第二场图像的扫描，形成了偶数场的扫描光栅，如图 1-6(b)所示。

奇、偶两场扫描完毕，恰好是一帧图像的扫描行数，两场光栅均匀镶嵌，就形成了一幅隔行扫描的复合光栅，如图 1-6(c)所示。

以上分析了隔行扫描方式中一帧图像的光栅形成过程。由于行、场扫描电流是连续的，因此，当扫描完第一帧的两场光栅后，接着就会进行第二帧(三、四场)、第三帧(五、六场)……的扫描。行、场扫描电流的波形如图 1-6(d)所示。

隔行扫描技术的实现主要是受电影技术的启发。在电影技术中，每秒传送 24 幅画面，为了不引起人眼的闪烁感，而又不增加每秒传送画面的幅数，通常采用遮光的方法将每幅画面连放两次，这样，银幕上画面实际上变化 48 次，从而消除了闪烁现象。在电视技术中，采用隔行扫描，每秒仍传送 25 帧图像，但每帧图像分两场传送，即场扫描频率 $f_V=50$ Hz，这时电视屏幕每秒变化 50 次，从而也消除了人眼的闪烁感。

不引起人眼闪烁感觉的最低重复频率，称为临界闪烁频率。临界闪烁频率 f 与很多因素有关，其中最主要的是光脉冲亮度 B。对于电视屏幕来讲，它们之间的关系可用以下经验公式近似表示：

$$f=9.6 \lg B+26.6$$

式中，亮度 B 的单位为尼特，临界闪烁频率 f 的单位为 Hz。当 $B=100$ 尼特时，$f=45.8$ Hz。

显然，随着亮度 B 的提高，临界闪烁频率 f 的值也将提高。此外，观看者到屏幕的距离以及环境条件等，也都对临界闪烁频率值有影响。

目前，大屏幕电视机的屏幕亮度可以做得很高，屏幕的最高亮度可以超过 100 尼特，此情况下临界闪烁频率值就已超过了 50 Hz 场频，这样，在屏幕过亮时，人眼还是会有闪烁的感觉。所以，生产厂商推出了场频为 100 Hz(远高于临界闪烁频率值)的所谓"不闪烁的电视"。

我国现行的广播电视标准规定：帧频为 25 Hz，一帧图像分 625 行传送，所以行扫描频率为 $f_H=25\times625=15\,625$ Hz。隔行扫描方式的帧频较低，电子束扫描图像时所占的频带宽度较窄(约 6 MHz)，对电视设备要求不高，因此，它是目前电视技术中广泛采用的方法。

隔行扫描的关键是要保证偶数场正好嵌套在奇数场中间，否则会降低图像清晰度。

要保证隔行扫描的准确，每场扫描行数一般选择为奇数。我国电视规定为每帧 625 行，国外每帧分别有 405 行、525 行、819 行等，都为奇数(如美国就采用 525 行)。这样就要求第一场扫描结束于最后一行的一半处，此场结束后必须回到图 1-6(b)所示屏幕上方中央的 b' 点，再开始第二场扫描。这样才能保证相邻的第二场扫描刚好嵌套在第一场各扫描线的中间。

隔行扫描方式要求每场扫描的总行数为奇数。能否为偶数呢？从理论上讲是可以为偶数的，但要实现，则奇、偶两场扫描锯齿波电流就必须有所不同，如图 1-7 所示。由于每场扫描的时间相同，扫描行数相同，又都是扫描整数行，因此为了使奇数场与偶数场的光栅均匀镶嵌，就必须使相邻两场光栅的起点不同，这就要求相邻两场的扫描电流振幅不同。当振幅差异适当时，可以达到两场光栅均匀镶嵌。从图 1-7 中可以看到，偶数场与奇数场扫描电流振幅相差 Δi_V，当奇数场扫描结束时，电流并不下降到零，而是保持一定数值，即 Δi_V。

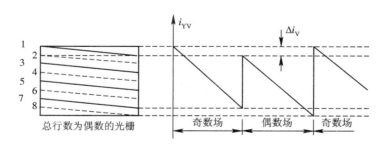

图 1-7　总行数为偶数的隔行扫描方式

由于获得这样的扫描电流波形在技术上比较困难，设备也会复杂化，而且不易保证稳定工作，所以偶数行隔行扫描方式在目前均未被采用。

1.2.4　我国广播电视扫描参数

我国广播电视采用隔行扫描方式，其主要扫描参数如下：

行周期 $T_H=64\ \mu s$；行频 $f_H=15\,625$ Hz；

行正程 $T_{SH}=52\ \mu s$；行逆程 $T_{RH}=12\ \mu s$；

场周期 $T_V=20$ ms；场频 $f_V=50$ Hz；

场正程 $T_{SV}=18.4$ ms；场逆程 $T_{RV}=1.6$ ms；

帧周期 $T_z=40$ ms；每帧行数 $Z=625$ 行（其中：正程 575 行，逆程 50 行）；

帧频 $f_z=25$ Hz；每场行数 312.5 行（其中：正程 287.5 行，逆程 25 行）。

1.3　重现电视图像的基本参量

在理想的情况下，电视屏幕上重现图像的几何形状、相对大小、细节的清晰程度、亮度分布及物体运动的连续感等，都应该与原景物一样，但实际上这是不可能的。本节将根据人眼的视觉特性来分析黑白电视图像转换中的几个基本参量，以便进一步理解电视图像的重现原理。

1.3.1　亮度、对比度和灰度

1. 亮度

亮度就是人眼对光的明暗程度的感觉。度量亮度的单位为尼特（nit）。尼特定义为在一平方米面积内具有一烛光（cd）的发光强度，即 1 nit＝1 cd/m²。电视屏幕的亮度就是指在电视屏幕表面的单位面积上，垂直于屏面方向所给出的发光强度。其数学表达式为

$$B=\frac{I}{S}$$

其中，B 表示亮度；I 表示发光强度；S 表示面积。

亮度是用来表示发光面的明亮程度的。如果发光面的发光强度越大，发光面的面积越小，则看到的明亮程度越高，即亮度越大。电视机荧光屏的亮度一般可以达到 100 nit 左右。

光源在指定方向的单位立体角内发出的光通量称为发光强度，简称光强。光强代表了光源在不同方向上的辐射能力。光强的单位为坎德拉（candela），又称烛光，符号为 cd。

光通量是度量光的功率的物理量，是按人眼的光感觉来度量的辐射功率，其通用单位为流明（lumen），简写为 lm。实验表明：波长为 555 nm 的单色光（绿光），辐射功率为 1 W 时所产生的光通量恰好为 680 lm。又如，一个 40 W 的普通白炽灯泡产生的总光通量约为 468 lm，而一个 40 W 的普通日光灯可以输出 2100 lm 的光通量。

某光源所产生的光通量（lm）与其辐射功率（W）之比，称为该光源的发光效率。上例中，一个 40 W 的日光灯产生 2100 lm 的光通量，其发光效率为

$$\eta=\frac{2100}{40}=52.5 \text{ lm/W}$$

而一个 40 W 普通白炽灯泡的发光效率仅为

$$\eta=\frac{468}{40}=11.7 \text{ lm/W}$$

2. 对比度

客观景物的最大亮度与最小亮度之比称为对比度，通常以 C 表示。对于重现的电视图

像，其对比度不仅与显像管的最大亮度 B_{max} 和最小亮度 B_{min} 有关，还与周围的环境亮度 B_D 有关，其对比度 C 为

$$C = \frac{B_{max} + B_D}{B_{min} + B_D} \approx \frac{B_{max}}{B_{min} + B_D}$$

显然，周围环境越亮，电视图像的对比度就越低。

　　人眼对周围环境和感觉有很强的适应性，在不同的背景亮度时，人眼对亮度的主观感觉和视觉范围是不一样的。例如，晚上，某人由一间 15 W 普通白炽灯照明的房间突然进入另一间 100 W 普通白炽灯照明的同等房间时，人的第一感觉是好亮啊；但如果从一间 500 W 灯泡照明的同等房间立刻进入上述 100 W 灯泡照明的房间时，人的第一感觉是好暗啊。这个例子说明在适应了一定的环境亮度后，人对明暗有一定的视觉范围，环境亮度不同，视觉范围也不同，人眼的主观感觉也会随之改变。

　　人眼所能感觉的亮度的范围是非常宽的，约从百分之几尼特至几万尼特。其之所以如此，是因为人眼的感光作用有随外界光的强弱而自动调节的能力。这种调节能力也称为眼睛的适应性。它主要包括视觉细胞本身的调整作用和瞳孔的调节作用。例如，当从亮环境进入暗环境时，瞳孔直径可由 2 mm 扩大到 8 mm，可使进入眼球的光通量增加 16 倍。当然，人眼并不能同时感受这样大的亮度范围，当人眼在适应了某一环境的平均亮度后，视觉范围就有了一定限度。通常，在适当环境的平均亮度下，人眼能感觉到的最大亮度与最小亮度之比为 1000∶1。当平均亮度很低时，这一比值只有 10∶1。另外，在不同环境亮度下，对同一亮度的主观感觉也不相同。例如，晴朗的白天，环境亮度大约为 10 000 尼特，人眼可感觉的亮度范围为 200～20 000 尼特，低于 200 尼特的亮度都会引起黑色的感觉。但当环境亮度降至 30 尼特时，可分辨范围为 1～200 尼特，这时，100 尼特的亮度就已引起相当亮的感觉，只有低于 1 尼特的亮度才形成黑色感觉。总之，人眼的明亮感觉是相对的。

　　目前，电视显像管的最大发光亮度可以做到上百尼特的数量级，而所摄取客观景物的实际最大亮度可高达上万尼特，两者差别很大，因此电视显像管重现的图像是无法达到客观景物的实际亮度的。但由于人眼对背景有很强的适应性，因此只要保持重现图像的对比度与客观景物相等，就可以获得与客观景物一样的明暗感觉。也就是说，显像管重现的图像没有必要（也不可能）达到客观景物的实际亮度，而只要反映出它的对比度即可。正因为如此，并不反映景物实际亮度的电影和电视图像，却能给人以真实的亮度感觉。通常，电视接收机的对比度达到 30～40 就可以获得比较满意的收看效果。电视接收机重现图像的对比度越大，图像的黑白层次就越丰富，人眼的感觉也就越细腻、越柔和。

　　例如，当从电视接收机屏幕上观看实况转播时，虽然实际现场亮度范围可达 200～20 000 尼特，而电视屏幕上的亮度范围仅为 2～200 尼特（设环境亮度为 30 尼特），但人眼仍有真实的主观亮度感觉，因为它们的对比度相同，都为 100（当然还应保持适当的亮度层次）。

3. 灰度

　　图像从黑色到白色之间的过渡色统称灰色。灰度就是将这一灰色划分成能加以区别的层次数。为了鉴别电视机所能恢复原图像明暗层次的程度，电视台发送一个十级灰度信号。电视机经调整后在图像中能区分的从黑到白的层次数称为该电视接收机具有相应的灰度等级。我国电视标准规定：甲级电视接收机应能达到八级灰度，乙级电视接收机应能达到七级灰度。实际上，电视机只要能达到六级灰度，就能收看到明暗层次较佳的图像了。

1.3.2　图像的尺寸与几何形状

1. 图像的尺寸

根据人眼的特性，视觉最清楚的范围约为垂直夹角 15°、水平夹角 20°的矩形面积。因此，目前世界各国电视屏幕都采用矩形，画面的宽高比为 4∶3 或 5∶4。随着电视技术的进步，帧型向大屏幕方向发展，目前世界上已出现宽高比为 5∶3、5∶3.3、16∶9 等的尺寸。

显像管屏幕的大小常用矩形对角线尺寸来衡量，一般家用电视机屏幕对角线长度为 23~86 cm 不等。人们习惯用英寸表示，如 9、14、18、21、25、29 和 34 英寸等，它们的对角线分别为 23、35、47、53、64、74 和 86 cm 等。

2. 图像的几何相似性

电视重现图像要与实际景象形状相似，比例要一致。这种几何上的相似性很重要，尽管看电视时并没有实际景象与图像相对照，重现图像有一定的失真也不易感觉出来，但是对于观众熟悉的人物或器具，若失真稍大就容易觉察出来，故图像失真应限制在一定的范围内。图像失真通常分为非线性失真和几何失真两种。

1) 非线性失真

非线性失真是由行、场锯齿波电流非线性失真引起的。

设系统传送的是标准方格信号，则扫描锯齿波电流及对应的几何图像如图 1-8 所示。图 1-8(a)所示是当行、场扫描电流均为线性时的理想情况，此时重现图像与原图像相似，没有非线性失真。当行、场扫描电流非线性时，其重现的方格宽度、高度就会不均匀，从而呈现非线性失真，如图 1-8(b)、(c)所示。

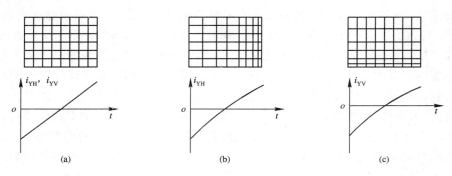

图 1-8　电视图像的非线性失真
(a) 不失真；(b) i_{YH} 失真；(c) i_{YV} 失真

2) 几何失真

由于偏转线圈绕制和安装不当，导致磁场方向不规则、不均匀及行、场磁场彼此不垂直等，则扫描光栅将分别产生枕形、桶形及平行四边形等几何失真。图 1-9 所示为枕形、桶形和平行四边形等几何失真的情况。

图 1-9(a)所示为偏转线圈中心磁场弱、边缘磁场强，重现图像产生四个边缘向内凹陷的枕形失真。图 1-9(b)所示为偏转线圈中心磁场强、边缘磁场弱，重现图像四个边缘向外凸出的桶形失真。图 1-9(c)所示为行、场两偏转线圈产生的磁场不垂直而造成的平行四边形失真。

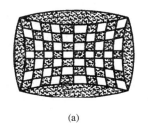　　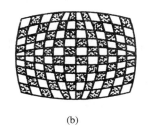　　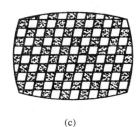

　　　　　(a)　　　　　　　　　　　　(b)　　　　　　　　　　　　(c)

图 1-9　电视图像的几何失真

（a）枕形失真；（b）桶形失真；（c）平行四边形失真

1.3.3　电视图像清晰度与电视系统分解力

　　电视图像清晰度是指人眼主观感觉到图像细节的清晰程度。电视系统传送图像细节的能力，称为系统的分解力。主观图像清晰度与客观系统分解力有关。电视系统的每场扫描行数愈多，景物被分解的像素数就愈多，重现图像的细节也就愈清晰，因而人眼主观感觉图像的清晰度也就愈高。由于像素数的多少很大程度上取决于扫描行数，因此通常用能分辨的黑白相间的扫描线数来表征电视系统的分解力，并称之为标称分解力。例如，设某电视系统的分解力为 480 线，表示该系统在对应的方向上所能分辨的黑白扫描线数各为 240条。电视系统的分解力又分为垂直分解力和水平分解力。

　　1. 垂直分解力

　　垂直分解力是指沿着图像的垂直方向上能够分辨出像素的数目。显然，它受每帧屏幕显示行数 Z'（或者总行数 Z）的限制。在最佳的情况下，垂直分解力 M 就等于显示行数 Z'。在一般情况下，并非每一屏幕显示行都代表垂直分解力，而是垂直分解力取决于图像的状况以及图像与扫描线相对位置的各种情况。

　　对于逐行扫描而言，考虑到图像内容的随机性，有效垂直分解力 M 可由下式估算：

$$M = K_e Z' = K_e(1-\beta)Z \qquad (1-2)$$

式中，K_e 称为克尔(Kell)系数，取值为 0.76；β 为场扫描逆程系数；Z 为每帧显示总行数。

　　与逐行扫描相比，隔行扫描系统的有效垂直分解力还会下降，因此在实际计算时还要考虑到隔行效应。在 2∶1 隔行扫描系统中，有效垂直分解力 M 可由下式算出：

$$M = K_g K_e Z' = K_g K_e(1-\beta)Z \qquad (1-3)$$

式中，K_g 称为隔行因子，一般取值为 0.7。

　　按我国模拟彩色广播电视标准，每帧屏幕显示行数 $Z'=575$，则其有效垂直分解力为

$$M = 0.7 \times 0.76 \times 575 = 305.9 \text{ 线}$$

　　2. 水平分解力

　　水平分解力是指电视系统沿图像水平方向能分解的像素的数目，用 N 表示。水平分解力取决于电子束横截面的大小。亦就是说，水平分解力与电子束直径相对于图像细节宽度的大小有关。

　　电子束在水平方向扫描与垂直方向扫描完全不同。垂直方向一定要一行一行地扫描，相邻行之间的扫描线不重叠，而水平方向则是连续地扫描过去的。以摄像管为例，尽管电

子束可以聚焦得很细,但总有一定的截面积(接近于像素),因此它在水平方向扫描时将使黑白像素界线模糊,转换成的图像信号电压不能突变,存在一个过渡期。如果图像细节比电子束更小,则这时根本反映不出这种细节的变化,即扫描电子束存在一定的截面积,使电视系统水平分解力下降,这种现象称为孔阑效应。

实际上,在显像管电光转换中也存在上述的孔阑效应,但因摄像管光电靶的面积远小于显像管电视屏幕,因而摄像管的孔阑效应是主要的。为了克服孔阑效应,在电视发送端采用了专用电路进行校正。

从减小孔阑效应、提高水平分解力考虑,需要减小电子束直径。但电子束直径太细,则在保持每帧扫描行数不变的前提下,将在行与行之间产生明显空隙,画面被扫描到的部分将减少,从而降低了传输效率。因此应合理选择电子束直径,以等于扫描行间距为适宜。

在逐行扫描系统的实验测试已经证明:在同等长度条件下,当水平分解力等于垂直分解力时图像质量最佳。故此时的有效水平分解力可根据式(1-2)求出:

$$N = KM = KK_eZ' = KK_e(1-\beta)Z \qquad (1-4)$$

式中,K 称为幅型比,即宽高比。

1.3.4　视频信号的频带宽度

视频信号的频带宽度是设计视频放大器的主要依据,也是确定辐射电磁波需要多少频带宽度的主要依据。为了讨论图像信号的带宽,需要讨论它的最高频率和最低频率。图像信号的频率取决于图像的内容,细节越细,其信号的频率就越高。假定屏幕上的图像仅是两根黑白竖条,则该图像信号的波形是周期为行扫描周期(64 μs)的一个方波,它的基频是15 625 Hz。若黑白竖条数增加一倍,则频率也增加一倍。可见,最高频率取决于屏幕上的图像可以划分得细到什么程度。假定图像是由许多极小的黑白相间的正方形方格组成的,如果方格的宽度等于像素的大小,即一根行扫描线的垂直宽度,则显然,这应该是能够划分的最细的密度。因此,视频信号的频带宽度与一帧图像的像素个数有关。

1. 一帧图像的像素

视频信号的频带宽度与一帧图像的像素个数和每秒扫描的帧数有关,下面以我国的广播电视系统为例进行分析。我国的电视扫描行数为 625 行,其中正程 575 行,逆程 50 行。因此,一帧图像的有效扫描行数为 575 行,即垂直方向由 575 行像素组成。一般电视机屏幕的宽高比为 4:3,因此一帧图像的总像素个数约为

$$\frac{4}{3} \times 575 \times 575 \approx 44 \text{万个}$$

2. 图像信号的频带宽度

图像信号包括直流成分和交流成分。其中,直流成分反映图像的背景亮度,它的频率为零,反映了图像的最低频率;交流成分反映图像的内容,图像越复杂,细节变化越细,黑白电平变化越快,其传送信号频率就越高。显然,图像信号频带宽度等于其最高频率。如果播送一帧左右相邻像素为黑白交替的脉冲信号的画面,显然这是一帧变化最快的图像,每两个像素为一个脉冲信号变化周期,若某电视系统规定一秒种传送 25 帧画面,则该系统图像信号的最高频率为

$$\frac{44\,万}{2}\times 25\approx 5.5\text{ MHz}$$

世界上各个国家和地区电视广播系统图像信号的最高频率 $f_{\max}$ 可用下面的公式进行计算：

$$f_{\max}=\frac{1}{2}\times K\times K_{e}\times\frac{1-\beta}{1-\alpha}\times f_{z}\times Z^{2} \tag{1-5}$$

其中，K 为幅型比（即宽高比）；K_e 称为克尔系数；α 为行扫描逆程系数；β 为场扫描逆程系数；f_z 为帧频；Z 为每帧扫描总行数。

以我国电视广播系统为例，其幅型比 $K=4/3$，克尔系数 $K_e=0.76$，行扫描逆程系数：

$$\alpha=\frac{行逆程}{行周期}=\frac{T_{\text{RH}}}{T_{\text{H}}}=\frac{12\ \mu\text{s}}{64\ \mu\text{s}}\times 100\%\approx 18\%$$

场扫描逆程系数：

$$\beta=\frac{T_{\text{RV}}}{T_{\text{V}}}=\frac{1.6\text{ ms}}{20\text{ ms}}\times 100\%=8\%$$

帧频 f_z 为 25 Hz，每帧扫描总行数 $Z=625$ 行，则可计算出图像信号的最高频率约为 5.5 MHz。考虑留有余量，可以认为图像信号的最高频率为 6 MHz，而图像信号的最低频率为 0 Hz，因此我国电视广播系统标准规定的图像信号的频带宽度为 0～6 MHz。

1.3.5　每帧图像扫描行数的确定

前面已经讨论过，为了获得图像的连续感，克服闪烁效应并不使图像信号的频带过宽，我国电视标准规定帧频为 25 Hz，采用隔行扫描，场频为 50 Hz。这样的场频恰好等于电网频率，因而还可以克服当电源滤波不良时图像的蠕动现象。

由于扫描行数决定了电视系统的分解力，从而决定了图像的清晰度，因此在电视标准中，确定扫描行数是一个极为重要的问题。我国规定每帧图像的扫描行数为 625 行。

在帧频一定时，每场扫描行数愈多，电视系统反映图像细节的能力就愈强，但同时图像信号占用的频带也相应加宽。事实上，由于人眼在一定距离内分辨图像细节能力有一定限度，因此没有必要过分提高每场扫描行数。于是，可依据人眼的这一视觉特性来确定每帧图像的扫描行数。

图 1-10 绘出了人眼分辨图像细节能力的示意图。图中，θ 为分辨角，是在一定距离 L 时，人眼恰能分辨的两个黑点之间的夹角。显然，θ 越小，表示人眼的分辨力越强；反之则越弱。因此可以定义人眼的分辨力为分辨角的倒数。设 d 为两个黑点之间的距离，即行距；h 为屏幕高度；φ 为视觉清楚区域张角；L 为最佳观看距离。则由图 1-10 可以推导出分辨角 θ 与行距 d、距离 L 的关系：

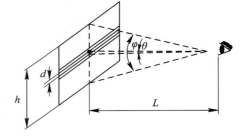

图 1-10　人眼的分辨力示意图

$$\tan\frac{\theta}{2}=\frac{d}{2L} \tag{1-6}$$

当 θ 很小时，$\tan\theta/2\approx\theta/2$，于是有 $\theta/2\approx d/2L$，即 $\theta\approx d/L$。

式(1-6)中，θ 的单位为 rad(弧度)，若将分辨角 θ 的单位用角度表示，则可得到下式：

$$\theta=\frac{360}{2\pi}\times 60\times\frac{d}{L} \tag{1-7}$$

其中，θ 以角度分为单位。设屏幕高度为 h，屏幕有效显示行数为 Z'，则

$$Z' = \frac{h}{d} \tag{1-8}$$

将式(1-7)代入式(1-8)，得到

$$Z' = \frac{360}{2\pi} \times 60 \times \frac{h}{L} \times \frac{1}{\theta} \tag{1-9}$$

正常人的分辨角在 $1'\sim1.5'$ 之间，通常取 $\theta=1.5'$；观看电视的最佳距离为 $L\approx4h$（由人的视觉清楚的区域 $\varphi\approx15°$ 得出）。将此两值代入式(1-9)，即可算出相应的屏幕显示行数 $Z'=573$。我国电视标准规定屏幕显示行数为 575 行，再考虑每帧逆程的 50 行，即确定了每帧总行数为 $Z=625$ 行。

1.4　全电视信号

本节主要讨论黑白电视的全电视信号。黑白全电视信号又称为视频信号，它包括图像信号、复合消隐信号、复合同步信号。图像信号反映了电视系统所传送图像的信息，是电视信号中的主体，它是在场扫描正程期的行扫描正程期内传送的。其它几种信号则是为了保证图像质量而设的辅助信号。其中，复合消隐信号的作用是消除回扫线，从而使图像清晰；复合同步信号的作用主要是使重现图像与摄取图像确实同步，正确重现图像并使之稳定。这些辅助信号都是在行、场扫描逆程期间传送的。

1.4.1　图像信号

图像信号由发送端的摄像管产生，通过摄像管内的靶电极，把明暗不同的景象转换为相应的电信号，然后经信号通道传送处理，从而形成图像信号。图 $1-11$ 为两行图像信号的波形。

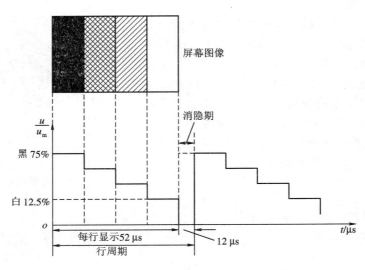

图 $1-11$　图像信号

图像信号的幅度范围在全电视信号辐射电平相对幅度的 12.5%～75% 之间，其中幅度为 12.5% 的电平称为白电平，幅度为 75% 的电平称为黑电平，幅度在 12.5%～75% 之间的电平则称为灰色电平。图像信号是以 64 μs 为周期的周期性信号，其中每行显示 52 μs，消隐期 12 μs。

1.4.2 复合消隐信号

复合消隐信号包括行消隐和场消隐两种信号，如图 1-12 所示。

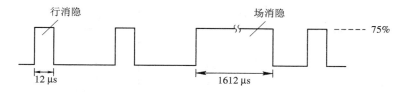

图 1-12 复合消隐信号

行消隐信号用来确保在行扫描逆程期间显像管阴极的扫描电子束截止，不传送图像信息；场消隐信号是使在场扫描逆程期间扫描电子束截止，停止传送图像信息。因此在行、场回扫期间，电视屏幕上不出现干扰亮线（即回扫线）。

行、场消隐脉冲的相对电平为 75%，相当于图像信号黑电平。行消隐脉宽为 12 μs，周期为 64 μs，场消隐脉宽为 1612 μs，周期为 20 ms。

1.4.3 复合同步信号

复合同步信号是由行同步信号、场同步信号、槽脉冲和前后均衡脉冲组成的。

1. 同步的重要性

电视图像的发送与接收是靠电子扫描对图像的分解与合成实现的。要想使接收机重现发送端的景象，必须严格保证发送端与接收端的电子扫描步调完全一致，也称为同步，否则重现的图像就不正常。图 1-13 列出了图像收发不同步的几种情况。

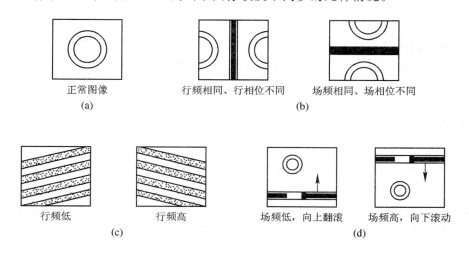

图 1-13 收发图像不同步造成接收图像异常

由图 1-13(b)可知，当接收端的扫描初相位与发送端的不同步时，就会出现图像分裂现象。其中，行扫描收发相位不同步时，图像左右分离；场扫描收发相位不同步时，图像上下分离。由图 1-13(c)、(d)可知，当接收端扫描频率不同步时，图像出现异常。

当行频不同步时，如图 1-14 所示。

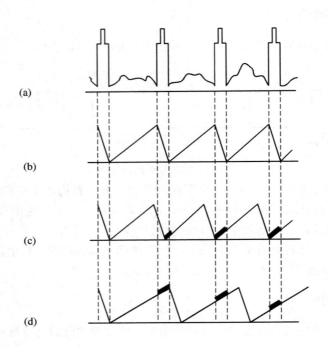

图 1-14　行扫描不同步
(a) 三行复合视频图像信号；(b) 收发两端行扫描同步；
(c) 接收机行频高；(d) 接收机行频低

图 1-14(a)为发射台发送的三行复合视频图像信号波形；图 1-14(b)为接收机行扫描与发送端同步时的波形。当接收机行频 f_H 高于发送端的行频时，由图 1-14(c)可知，逆程消隐黑点出现在行扫描正程的开始部分，且从下往上移。由于行扫描是自左向右以每帧 625 行进行的，因此每行的消隐黑点依次右移，在电视屏幕上出现向右倾斜的消隐黑线，严重时可把图像撕裂；反之，当接收端行频 f_H 低于发送端的行频时，由图 1-14(d)分析可知，电视屏幕上将出现向左倾斜的消隐黑线。

当场频不同步时，如图 1-15 所示。图 1-15(a)为发射台发送的某一场复合视频图像信号波形；图 1-15(b)为接收机场扫描与发送端同步时的波形。当接收端的场频 f_V 高于发送端的场频时，由图 1-15(c)可知，逆程消隐黑点就出现在场扫描正程开始部分，且从下往上移。因为场扫描是自上往下进行的，所以在电视屏幕上部会出现消隐黑带。由于场扫描以每秒 50 场进行，每场黑带都移动，从而整个图像向下滚动。反之，当接收端场频 f_V 低于发送端的场频时，由图 1-15(d)可知，图像将向上滚动。

为了保证发送信号和接收信号在相位和频率上一致，电视台设有同步机产生行、场同步信号，与图像一起发送出去。

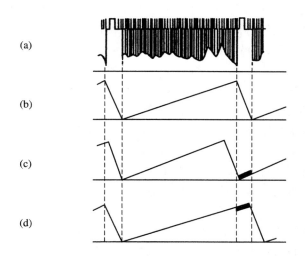

图 1-15　场扫描不同步

（a）一场复合视频图像信号；（b）收发两端场扫描同步；
（c）接收机场频高；（d）接收机场频低

2. 行、场同步信号

电视信号发送端为了使接收端的行扫描规律与其同步，特在行扫描正程结束后，向接收机发出一个脉冲信号，表示这一行已经结束。接收机收到这一脉冲信号后应该立即响应并与之同步。这个脉冲信号被称为行同步信号。

由于行同步信号是为了正确重现图像的辅助信号，它不应在屏幕上显示，因此将它安排在行消隐期间发送，并且为了便于行同步信号的分离，特使它的电平高于消隐电平25%，即位于 75%～100% 之间，其宽度为 4.7 μs，行同步脉冲前沿滞后行消隐脉冲前沿约1.3 μs，行同步信号的周期为 64 μs，如图 1-16 所示。

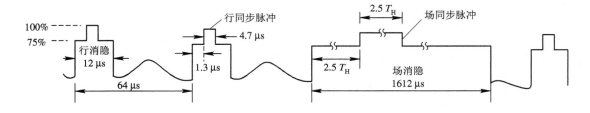

图 1-16　行、场同步信号

场同步信号的作用是保证电视接收机每场扫描均与发送端保持同步，电视发送端特在每场扫描正程结束后的场消隐期间发送一个场同步信号，其电平与行同步电平一致，脉宽为 2.5 个行周期。场同步脉冲前沿滞后场消隐脉冲前沿 2.5 个行周期，即 160 μs，场同步信号周期为 20 ms，如图 1-16 所示。

3. 槽脉冲与前后均衡脉冲

由于场同步脉冲持续 2.5 个行周期，如果不采取措施就会丢失 2 或 3 个行同步脉冲，使行扫描失去同步，直到场同步脉冲过后，再经过几个行周期，行扫描才会逐渐同步，从而造成图像上边起始部分出现扭曲现象。为了避免上述情况发生，电视发送端特在场同步脉冲期间开几个小槽来延续行同步脉冲的传递，这就是槽脉冲。

通常奇场、偶场的开始位置是以场同步脉冲的前沿(上升沿)为基准的。隔行扫描方式决定了奇场开始于完整行，结束于半行；而偶场开始于半行，结束于完整行。在场同步脉冲期间实际开槽时，考虑到相邻奇、偶两场同步脉冲开槽位置不同(相对于场同步脉冲的上升沿而言)，为同时兼顾奇、偶场，就把开槽脉冲数目都设成 5 个，即每隔半行开一个槽，以延续行同步脉冲的传递。因此，在实际工作时，奇场只有 2 个槽(第 2、4 个槽)在起作用；而偶场也只有 3 个槽(第 1、3、5 个槽)在起作用。这样，在技术上比较容易实现。

槽脉冲宽度与行同步脉冲相同，槽脉冲的后沿与行同步脉冲前沿(上升沿)相位一致。这样，在场同步脉冲期间，槽脉冲起行同步脉冲的作用，从而消除了图像上部的不同步现象。

由于电视信号的传送采用隔行扫描，即一帧图像分两场传送，一帧图像的扫描行数为奇数，因此当奇数场的场同步脉冲出现时，就开始奇数场的扫描。当奇数场扫描到屏幕最后一行的一半($T_H/2$)时，偶数场的场同步脉冲就到来了，这时就开始进入偶数场的扫描。偶数场先开始逆程回扫，回扫结束后，就进入正程扫描，此时电子束正位于屏幕最上一行的中间。再扫描半行后，就出现了行同步脉冲，这时就开始了偶数场下一行的扫描，直至扫完最后一个完整行。随后，奇数场的场同步信号到来，于是又开始了奇数场的扫描，重复上述过程，如图 1-17 所示。为了便于比较，图中将两场同步脉冲对齐。由图 1-17 可知，奇数场和偶数场的复合同步脉冲的形状是不同的，奇数场和偶数场的最后一个行同步脉冲与下一场场同步脉冲的间隔相差半行($T_H/2$)。

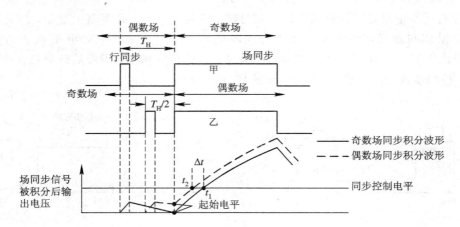

图 1-17　复合同步信号及其分离

全电视信号中的复合同步信号在接收电路中，要经积分电路将场同步信号分离出来，以保证行、场同步脉冲分别控制行、场扫描电路与发送端同步工作。由于两场复合同步信号形状不同，因此经积分电路后场同步脉冲输出的波形就不重合，如图 1-17 所示。由于积分后的场同步脉冲达到一定电平时要进行去同步控制场扫描电路的工作，因此上述积分输出会造成两场同步控制电平出现的时间有一偏差 Δt。Δt 的存在将影响场扫描的准确性。

　　隔行扫描要求两场的场扫描时间必须相等，只有这样才能保证偶数场的各扫描行准确地嵌套在奇数场各扫描行之间。如果两场扫描时间不相等，就不能保证准确的隔行扫描，时间偏差严重时将会产生并行现象，使垂直清晰度下降。

　　要解决上述问题，就必须要求积分后两场的场同步积分起始电平相同。为此，电视台在发送场同步信号时，在场同步信号的左右各加 5 个脉冲，其重复周期为 $T_H/2$，脉冲宽度为 $2.35\ \mu s$。场同步脉冲之前的 5 个脉冲称为前均衡脉冲，场同步脉冲之后的 5 个脉冲称为后均衡脉冲，如图 1 - 18 所示。

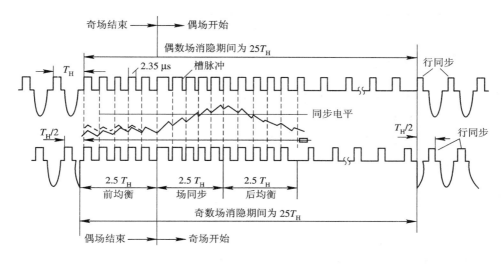

图 1 - 18　均衡后的场同步脉冲信号

　　由图可知，场同步信号加入前、后均衡脉冲后，保证了奇、偶两场场同步信号在开始位置时的波形相同。这样，经积分电路后，两场的同步控制电平就会在相同的时刻出现，从而保证了场扫描电路准确地同步工作。

1.4.4　黑白全电视信号

　　黑白全电视信号的波形如图 1 - 19 所示。它由图像信号及六种辅助信号——行同步、场同步、行消隐、场消隐、槽脉冲与均衡脉冲组成。

　　由图 1 - 19 可知，黑白全电视信号的图像信号在两个消隐信号中间传送。在消隐期间，只传送同步信号，不传送图像信号，即图像信号在扫描正程传送，消隐和同步信号在扫描逆程传送。我国电视标准规定：全电视信号采用负极性信号，信号幅度越高，显像管显示亮度越暗，即图像信号电平高低与图像的亮暗成反比。采用负极性信号的优点是：消隐信号处于全电视信号辐射电平相对幅度的 75% 附近，属于黑电平区域，在此期间，电视屏幕不发光；同步信号处于全电视信号辐射电平相对幅度的 75% ～ 100% 之间，属于超黑色，在此期间，电视屏幕也会不发光。由于同步信号幅度最大，因而便于接收机电路取出同步信号。图像信号处于白电平和黑电平之间的低幅区，便于降低发射功率；超过同步信号的大幅度外界干扰脉冲信号，在电视屏幕上表现为暗点，不易觉察。

　　全电视信号有三个特点：脉冲性、周期性和单极性。

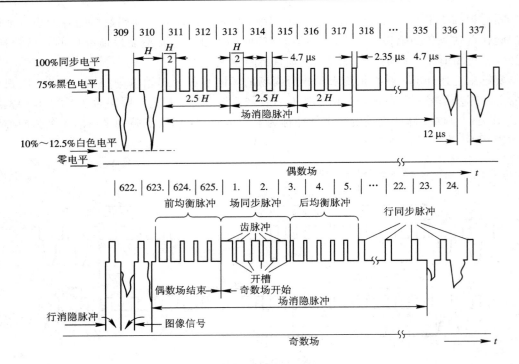

图 1-19 黑白全电视信号

1) **脉冲性**

全电视信号由图像信号、同步信号、消隐信号等多种信号组合而成。虽然图像信号是随机的，既可以是连续渐变的，也可以是脉冲跳变的，但辅助信号均为脉冲性质，这使全电视信号成为非正弦的脉冲信号。

2) **周期性**

由于采用了周期性扫描方法，使全电视信号成为以行频或场频周期性重复的脉冲信号，因此，无论对静止的还是活动的图像，其全电视信号的主频谱仍为线状离散谱性质，各主频谱处在行频及其各次谐波频率上。对静止图像而言，其主频谱两侧将出现以帧频为间隔的副频谱线，构成谱线簇；对活动图像而言，主谱线两边将出现连续频谱带，它们的主要能量均集中在 nf_H 附近，并非均匀分布，使每个谱线簇之间存在一些空隙。

3) **单极性**

全电视信号包含有图像信号、复合同步信号及复合消隐信号，它们的数值总是在零值以上或以下的一定电平范围内变化，而不会同时跨越零值上、下两个区域，这称之为单极性。全电视信号有正极性与负极性之分，图 1-19 所示为负极性黑白全电视信号波形图。

全电视信号中各辅助脉冲参数如下：

行消隐脉宽：12 μs；行同步脉宽：4.7 μs；

场消隐脉宽：1612 μs；场同步脉宽：160 μs；

槽脉冲脉宽：4.7 μs；均衡脉宽：2.35 μs。

我国电视广播标准中有关全电视信号的辐射电平：

(1) 同步电平：100% 载波峰值。

(2) 消隐电平：72.5%～77.5% 载波峰值。

（3）黑电平比消隐电平差：0～5％载波峰值。

（4）白电平：10％～12.5％载波峰值。

1.5　电视信号的发送

为了把全电视信号（视频信号）和伴音信号（音频信号）有效地发送出去，需将它们分别调制到比视频信号及音频信号频率高得多的各自的高频载波上去。我国电视标准规定：图像信号采用高频调幅方式，伴音信号采用高频调频方式。这两种高频调制信号在频域中保持着特定的间隔，我们统称之为全射频电视信号。全射频电视信号是通过发射天线，以高频电磁波的形式将能量辐射出去的。本节主要讨论电视信号调制的基本原理、全射频电视信号的频谱结构和我国电视频道的划分等基本知识。

1.5.1　电视信号的高频调制

电视信号的发送传播一般都要采用高频信号，主要原因有二：一个是高频适于天线辐射，从而在空中产生无线电波；另一个是高频具有宽阔的频段，能容纳许多互不干扰的频道，也能传播某些宽频带的消息信号。下面以音频信号为例来作进一步说明。

众所周知，声音信号的频率范围大致处于几十赫兹到 20 kHz 之间。声波在空气中传播的速度很慢，约 340 m/s，而且衰减很快，一个人无论怎样高喊，他的声音也不会传得很远。为了把声音传送到远方，常用的方法是：先由话筒将声音变成音频电信号，再设法通过高频调制技术把音频电信号变成高频电信号，最后由天线发射到天空中去。

不经高频调制的音频电信号一般是不能直接由天线发射到天空中去的。根据电磁波发射理论：发射天线长度只有和电信号的波长相比拟，才能有效发射出电磁波。设声音信号的中心频率为 10 kHz，则其对应波长就为 30 km。显然，要制造出几十千米长度的天线是很困难的。而且，即使能造出这种长度的天线并发射出这样的音频电信号，但如果多个广播电台同时发出各自的音频电信号，接收机又如何区分这些广播电台呢？可见，高频调制是必须的。例如，把音频电信号调制到 10 MHz 的高频载波频率上，此时发射天线的长度仅需 30 m，要实现这种长度的天线并不难。只要不同的广播电台采用不同的高频调制载波频率，则接收机就能很容易地区分这些电台。

1.5.2　图像信号的调幅

高频调制技术通常有调幅、调频和调相等几种方式。比较而言，调频方式频带宽，抗干扰能力强些，应用范围最广，但是电视信号中的图像信号不宜采用调频方式。因为视频图像信号的频带宽度为 6 MHz，经调频后，其有效频带宽度 BW 将达几十兆赫兹，显然无法实施。因此，图像信号只能采用调幅方式。

所谓调幅，是指高频载波的幅度随着所要传送图像信号幅度的变化而变化，此图像信号称为调制信号。

图 1-20 所示为单一频率调制的调幅波及其频谱。图 1-20（c）为已调幅波，它的振幅受图 1-20（a）所示调制信号的控制，其变化周期与调制信号的周期相同，振幅变化的程度

也与调制信号成正比。

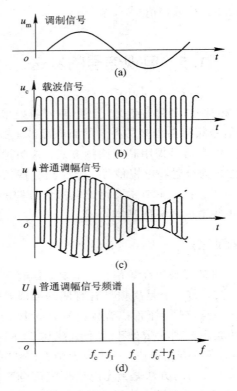

图 1-20　单一频率调制的调幅波波形和频谱

　　根据调幅理论：具有单一频率(f_1)的正弦信号对载频(f_c)进行调幅时所得的已调幅波含有三个频率成分，它们是载频 f_c、上边频(f_c+f_1)和下边频(f_c-f_1)，如图 1-20(d)所示。

　　若调制信号为图像信号，图像信号频率为 0～6 MHz，则调幅波的频谱如图 1-21 所示。由图可知，图像信号调制的调幅波有两个边带，即上边带和下边带，每边带宽度为6 MHz，其中靠近 f_c 的频率反映图像的低频成分，远离 f_c 的频率反映图像信号的高频成分。

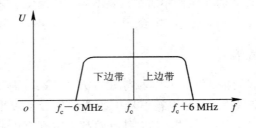

图 1-21　图像信号的调幅波的频谱

　　在电视技术中，调幅方式有正极性和负极性之分。我国电视标准规定图像信号采用负极性调制。经过图像信号的负极性调制后的高频信号的振幅变化如图 1-22 所示。画面越亮时电波的振幅越小(但不小于最大值 10%)，而当画面越暗时电波的振幅越大。至于同步信号，则等于电波的最大振幅。

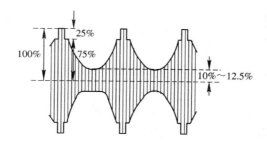

图 1-22　负极性调制

负极性调制有下列优点：

（1）外来干扰脉冲对图像的干扰表现为黑点，这使人眼的感觉不怎么明显。

（2）由于负极性调制同步头电平最高，且采用黑电平固定措施，因此易于实现自动增益控制，可以简化接收机的自动增益控制电路。

（3）随着图像亮度的增大，发射机输出功率就减小。在一般情况下，一幅图像亮的部分总比暗的部分面积大，因而，在负极性调制时，调幅信号的平均功率要比峰值功率小很多。

1.5.3　伴音信号的调频

所谓调频，就是将欲传送的伴音信号作为调制信号去调制载波的频率，使载波的瞬时频率随伴音信号幅度的变化而变化。

伴音信号之所以采用调频方式发送，是由于调频方式音质好，抗干扰能力强。因为调频波是等幅波，外来干扰使接收到的信号的振幅变化时，在接收机的伴音通道中可以用限幅器将信号幅度限定为等幅，所以可消除或减少干扰的影响。

图 1-23 画出了调制信号为单一频率正弦波的调频波形及其频谱。从图 1-23(a)可以看出，调制信号为正半周时，已调频波的频偏 Δf 为正；调制信号为负半周时，已调频波的

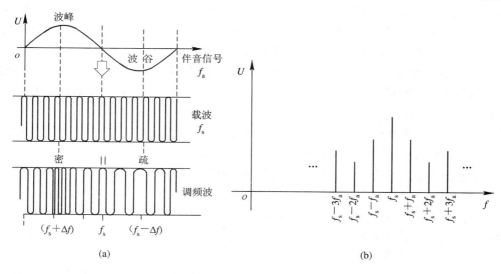

图 1-23　调频波的波形和频谱

（a）调频波波形；（b）频谱分布

频偏 Δf 为负。信号幅度越大则频偏 Δf 数值也越大。显然，为了提高广播质量，并获得显著的抗干扰效果，希望频偏 Δf 越大越好。在实际调频系统中，当频偏 $\Delta f = \pm 25$ kHz 时，其伴音信号信噪比已大大优于调幅方式。

同调幅波一样，调频波的内容也可以用频谱表示。但调频波中所包含的频谱要比调幅波复杂得多，有 f_s、$f_s \pm f_a$、$f_s \pm 2f_a$、$f_s \pm 3f_a$……理论上有无穷多对边频，如图 1-23(b)所示。所以传送相同信号的调频波的频带比调幅波的要宽得多。

为了不失真地传送伴音调频波，所需要的频带宽度在理论上应是无限宽，但实际上的伴音调频波会随着边频次数的增高，幅度很快减少，所以整个伴音调频波的能量大部分集中在载波附近的几对边频中，其它更高次边频幅度几乎可忽略不计。在一般情况下，当某高次边频谱线的幅度小于未经调制时载波幅度的百分之一时，就可以认为已经到达频带的边界了，所以伴音信号调频波的有效带宽 BW 可近似表示为

$$BW = 2(\Delta f + f_{am})$$

其中，f_{am} 为伴音信号的最高频率；Δf 为调频波的最大频偏。

我国电视标准规定，最大频偏 $\Delta f = 50$ kHz，伴音信号的最高频率 $f_{am} = 15$ kHz，因而已调频波的带宽 $BW = 2 \times (50 \text{ kHz} + 15 \text{ kHz}) = 130$ kHz。

另外，我国调频广播电台规定：最大频偏 $\Delta f = 75$ kHz，伴音信号的最高频率 $f_{am} = 15$ kHz，因而已调频波的带宽 $BW = 2 \times (75 \text{ kHz} + 15 \text{ kHz}) = 180$ kHz。各广播电台的频率间隔为 200 kHz。

由以上所述可知，调频伴音信号的频带宽度比调幅图像信号的频带宽度要小很多，因此，伴音信号可以采用调频方式传送，并且还可采用双边带传送。我国实际电视系统中规定：伴音信号调频波的有效带宽为 250 kHz，每一频道在伴音载频两侧各留有 0.25 MHz 范围的带宽容纳边频，因此采用调频方式传送的伴音信号频带宽、音质好、抗干扰能力强。

在实际电视系统中，为了进一步改善伴音信号高频分量的抗干扰性能，伴音信号在发送前，还人为地预先将其高频成分幅度加大，称之为"预加重"。

根据高频调制中有关噪声的理论：在输入调制信号和带限高斯噪声，且是高输入信噪比的条件下，从调幅制的检波器输出的噪声功率谱密度是矩形的，而从调频制的鉴频器输出的噪声功率谱密度则是抛物线形的。调频信号解调时，从鉴频器输出的噪声功率谱密度已不再像输入噪声那样是均匀分布的，而是变为抛物线分布了，鉴频器输出的噪声功率谱密度将随调制频率的增加而呈平方律地增大，这使得鉴频器调制信号高频端的输出信噪比严重恶化。为了改善鉴频器在调制信号高频端的输出信噪比，有必要在调频传送端提升调制信号中的高频分量，这就是在调频发射前要进行"预加重"的原因。

预加重是在发送端将输入调制信号经预加重网络后再进行调频的。预加重网络人为地提升了调制信号频谱中高频端调制频率分量的振幅，这就在高调制频率上提高了鉴频器输入端的信噪比，也就明显地改善了鉴频器在高调制频率上的输出信噪比，使调频制在整个频带内都可以获得较高的输出信噪比。但是这样做的结果，改变了原调制信号中各调制频率振幅之间的比例关系，这将会造成解调信号的失真。

只要在调频接收机鉴频器的输出端加接一个去加重网络，使去加重网络的网络传输函数特性恰好与预加重网络的相反，就可以把上面所讲的高频端人为提升的信号振幅降下来，使调制信号中高、低频端的各频率分量的振幅保持原来的比例关系，从而避免了因发

送端采用预加重网络而造成的解调信号失真。

采用预加重和去加重技术后,既保证了鉴频器在调制频率的高、低频端都具有较高的输出信噪比,又避免了采用预加重后造成的解调信号失真,而且采用的预加重和去加重网络又简便易行,所以,在电视伴音广播、调频广播和调频通信系统中都广泛地采用这两种技术。

通常由 RC 电路构成预加重、去加重网络,如图 1-24 所示。我国电视标准规定,预加重和去加重网络时间常数均为

$$T=RC=50\ \mu\mathrm{s}$$

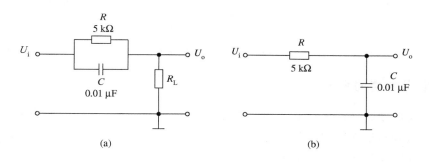

图 1-24　预加重和去加重网络

（a）预加重网络；（b）去加重网络

1.5.4　全射频电视信号的频谱

经过调频的伴音信号与经过调幅的图像信号将按照频分复用原则送入双工器,形成全射频电视信号,并在同一频道中用同一副天线发射出去。下面分析它们的频带占有情况。

从图 1-21 可知,图像信号的调幅波频谱为双边带,频带宽度为 12 MHz,若直接传送,会给发送设备和技术造成很大困难,且占用频段过宽,在有限频率范围内,必会减少频道数,因此不采用这种方式传送。调幅波上、下边带含有的图像内容相同,理论上只传送上边带即可。但这种传送方式需用滤波器将下边带中调幅图像信号完全滤除,并且这样做的结果会给技术处理带来困难,使接收设备复杂化。同时,这种单边带传送所产生的正交失真和群时延失真最大,这将导致接收机重现的图像失真很大,因此也不采用这种方式传送。目前通常采用残留边带方式传送图像信号,即采用滤波器将下边带中含图像信号的 0.75~6 MHz 部分滤去,只发送上边带以及下边带残留的含图像信号的 0~0.75 MHz 部分,这种方法称为残留边带发送。

全射频电视信号由已调幅高频图像信号和已调频高频伴音信号组成,其频谱分布如图 1-25 所示。

我国电视标准规定,伴音载频 f_s 比图像载频 f_c 高 6.5 MHz,高频图像信号采用残留边带方式传送,高频伴音信号采用双边带方式传送。由图可知,由于滤波特性不可能太陡,因此高频图像信号下边带在 1.25 MHz 处衰减 20 dB;伴音信号带宽为 ±0.25 MHz,由于 f_s 比 f_c 高 6.5 MHz,而图像信号带宽为 6 MHz,因此伴音信号在图像信号频带之外,从而有效地防止了相互干扰。从图中还可知,每个频道所占带宽为 8 MHz(1.25 MHz+6.5 MHz+0.25 MHz=8 MHz)。

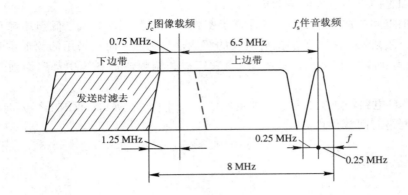

图 1-25 残留边带制高频电视信号的频谱

1.5.5 电视频道的划分

由于电视信号所占频带较宽(8 MHz),因此一般采用超短波传送。在电视广播中,每一个电视节目必须单独使用一个频道,因此一个地区如果同时播送多套节目,就得使用多个频道。下面给出我国电视频道的划分。

1. 我国无线广播电视频道的划分

我国目前使用的广播电视频道包括米波波段(甚高频 VHF)的 1~12 频道以及分米波段(特高频 UHF)的 13~68 频道。表 1-1 列出了我国广播电视频道的划分。其中,接收机本振频率是 1985 年 10 月 1 日国家电视标准颁布发起使用的新的频率值。这样就规定图像中频为 38 MHz,以前曾采用过 37 MHz、34.25 MHz。

表 1-1 我国电视频道的划分

波 段		频道编号	频率范围/MHz	图像载频/MHz	伴音载频/MHz	接收机本振频率/MHz
米波波波段	I 波段	1	48.5~56.5	49.75	56.25	87.75
		2	56.5~64.5	57.75	64.25	95.75
		3	64.5~72.5	65.75	72.25	103.75
		4	76~84	77.25	83.75	115.25
		5	84~92	85.25	91.75	123.25
	III 波段	6	167~175	168.25	174.75	206.25
		7	175~183	176.25	182.75	214.25
		8	183~191	184.25	190.75	222.25
		9	191~199	192.25	198.75	230.25
		10	199~207	200.25	206.75	238.25
		11	207~215	208.25	214.75	246.25
		12	215~223	216.25	222.75	254.25

波　段		频道编号	频率范围/MHz	图像载频/MHz	伴音载频/MHz	接收机本振频率/MHz
分米波段	Ⅳ波段	13	470～478	471.25	477.75	509.25
		14	478～486	479.25	485.75	517.25
		15	486～494	487.25	493.75	525.25
		16	494～502	495.25	501.75	533.25
		17	502～510	503.25	509.75	541.25
		18	510～518	511.25	517.75	549.25
		19	518～526	519.25	525.75	557.25
		20	526～534	527.25	533.75	565.25
		21	534～542	535.25	541.75	573.25
		22	542～550	543.25	549.75	581.25
		23	550～558	551.25	557.75	589.25
		24	558～566	559.25	565.75	597.25
	Ⅴ波段	25	606～614	607.25	613.75	645.25
		26	614～622	615.25	621.75	653.25
		27	622～630	623.25	629.75	661.25
		28	630～638	631.25	637.75	669.25
		29	638～646	639.25	645.75	677.25
		30	646～654	647.25	653.75	685.25
		31	654～662	655.25	661.75	693.25
		32	662～670	663.25	669.75	701.25
		33	670～678	671.25	677.75	709.25
		34	678～686	679.25	685.75	717.25
		35	686～694	687.25	693.75	725.25
		36	694～702	695.25	701.75	733.25
		37	702～710	703.25	709.75	741.25
		38	710～718	711.25	717.75	749.25
		39	718～726	719.25	725.75	757.25
		40	726～734	727.25	733.75	765.25
		41	734～742	735.25	741.75	773.25
		42	742～750	743.25	749.75	781.25
		43	750～758	751.25	757.75	789.25
		44	758～766	759.25	765.75	797.25
		45	766～774	767.25	773.75	805.25
		46	774～782	775.25	781.75	813.25
		47	782～790	783.25	789.75	821.25
		48	790～798	791.25	797.75	829.25
		49	798～806	799.25	805.75	837.25
		50	806～814	807.25	813.75	845.25
		51	814～822	815.25	821.75	853.25
		52	822～830	823.25	829.75	861.25

续表二

波　段		频道编号	频率范围/MHz	图像载频/MHz	伴音载频/MHz	接收机本振频率/MHz
分米波段	V波段	53	830～838	831.25	837.75	869.25
		54	838～846	839.25	845.75	877.25
		55	846～854	847.25	853.75	885.25
		56	854～862	855.25	861.75	893.25
		57	862～870	863.25	869.75	901.25
		58	870～878	871.25	877.75	909.25
		59	878～886	879.25	885.75	917.25
		60	886～894	887.25	893.75	925.25
		61	894～902	895.25	901.75	933.25
		62	902～910	903.25	909.75	941.25
		63	910～918	911.25	917.75	949.25
		64	918～926	919.25	925.75	957.25
		65	926～934	927.25	933.75	965.25
		66	934～942	935.25	941.75	973.25
		67	942～950	943.25	949.75	981.25
		68	950～958	951.25	957.75	989.25

注：87～108 MHz 供调频广播使用，它和 I 波段的第 5 频道有 5 MHz 的重叠，处理不好会造成电视广播与调频广播之间的干扰。

图像中频的选择一般遵循以下原则：

（1）中频频率值应低于最低频道的下限。

（2）应能抑制镜频干扰，使镜频不在电视频道内。

（3）应能抑制中频高次谐波干扰（主要是二次谐波干扰）。

（4）本振频率尽可能不要落入其它频道范围内。

由表 1-1 可以看出：

（1）各频道的伴音载频始终比图像载频高 6.5 MHz。

（2）频道带宽的下限始终比图像载频 f_p 低 1.25 MHz，上限则始终比伴音载频 f_s 高 0.25 MHz。

（3）各频道的本机振荡频率始终比图像载频高 38 MHz，比伴音载频高 31.5 MHz。

（4）92～167 MHz、223～470 MHz 和 566～606 MHz 为供调频广播和无线电通信等使用的波段，不安排电视频道。即 5 与 6 频道之间，12 与 13 频道之间，24 与 25 频道之间频率并未连续。

（5）每个频道的中心频率及所对应的中心波长是估计天线尺寸和调试电视机时的参数。例如，第 8 频道的中心频率为

$$f_0 = \frac{183 + 191}{2} = 187 \text{ MHz}$$

对应中心波长为

$$\lambda_0 = \frac{c}{f_0} = \frac{3 \times 10^8}{187 \times 10^6} \approx 1.6 \text{ m}$$

2. 我国有线电视增补频道的划分

从无线广播电视频道划分可知，Ⅰ波段为 1～5 频道（又称 L 频段），频率范围为 48.5～92 MHz；Ⅲ波段为 6～12 频道（又称 H 频段），频率范围为 167～223 MHz；Ⅳ、Ⅴ波段（又称 U 频段）为 13～68 频道，频率范围为 470～958 MHz。在 L、H 频段及 H、U 频段之间有部分未使用的空频段。这一部分空频段作为增补频段，供有线电视系统传输节目。在 L、H 频段之间的 111～167 MHz 范围定为增补 A 频段，共有 7 个增补频道 Z_1～Z_7。在 H、U 频段之间的 223～295 MHz 范围定为增补 B1 频段，增补频道为 Z_8～Z_{16}；295～447 MHz 范围定为增补 B2 频段，增补频道为 Z_{17}～Z_{35}；447～470 MHz 范围规定为增补 B3 频段，增补频道为 Z_{36}～Z_{38}。全部增补频道范围包括 A、B1、B2、B3 四个频段，共 38 个增补频道，如图 1－26 所示。

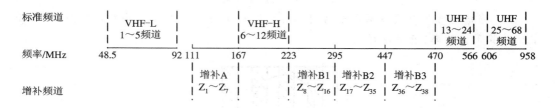

图 1－26　增补频道划分示意图

目前，我国有线电视广播的传输系统分为四种，以传输系统的上限频率划分：

（1）300 MHz 传输系统，可传送节目数为 28 套，即标准频道 VHF（1～12）和增补频道 Z_1～Z_{16}。

（2）450 MHz 传输系统，可传送节目数为 47 套，即标准频道 1～12 频道和增补频道 Z_1～Z_{35}。

（3）550 MHz 传输系统，可传送节目数为 60 套，即标准频道 1～22 频道和增补频道 Z_1～Z_{38}。

（4）870 MHz 传输系统，可传送节目数为 95 套，即标准频道 1～57 频道和增补频道 Z_1～Z_{38}。

附：美国黑白广播电视标准（部分），供读者参考：

每帧 525 行	图像带宽 4.2 MHz
行频 15750 Hz	频道间隔 6 MHz
场频 60 Hz	图像与伴音载频间隔 4.5 MHz
帧频 30 Hz	图像中频 45.75 MHz

习　　题

1.1　归纳说明摄像管、显像管是如何完成图像的分解和复合的。

1.2　隔行扫描是如何进行扫描的？采用隔行扫描有什么优点？我国的广播电视扫描参数有哪些？

1.3 黑白全电视信号由哪些信号组成？各有什么作用？规定的参数值是多少？

1.4 何谓电视系统图像分解力？垂直分解力与水平分解力分别取决于什么？

1.5 如要传送的图像如图 1-27(a)所示，而屏幕分别显示如图 1-27(b)和(c)的图形，试分别分析说明出现了哪一种扫描电流的失真，并画出失真锯齿波电流的波形。

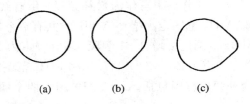

(a)　　　　(b)　　　　(c)

图 1-27　习题 1.5 图

1.6 当电视接收机收看圆图节目时，出现四对黑白相间的干扰条纹，如图 1-28 所示，试估算干扰频率（忽略逆程）。

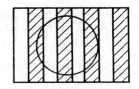

图 1-28　习题 1.6 图

1.7 某电视系统的幅型比 K 为 5∶4，每帧扫描总行数 Z 为 525 行，采用 2∶1 隔行扫描，其场频为 60 Hz，行扫描逆程系数 $\alpha=20\%$，场扫描逆程系数 $\beta=10\%$。试问：该电视系统的视频信号带宽为多少？

1.8 某电视系统的幅型比 K 为 16∶10，每帧扫描总行数 Z 为 1125 行，采用逐行扫描，场频为 50 Hz，行扫描逆程系数 $\alpha=20\%$，场扫描逆程系数 $\beta=10\%$。试求该系统：① 垂直分解力 M；② 水平分解力 N；③ 视频信号频带宽度 BW。

1.9 我国第 25 频道的伴音载频为 613.75 MHz，试问该频道的本振频率、图像载频、中心频率各为多少？该频道的频率范围为多少？并画出该频道的全射频电视信号频谱图。

1.10 负极性图像信号有何特点？电视信号的发射为什么要进行高频调制？

1.11 试分析电视接收机显像管屏幕上呈现自上而下的滚动图像，并且伴随着一条自上而下的水平黑带的原因。

1.12 如果电视接收机的场扫描频率正好是发送端的二分之一，那么显像管屏幕上出现的图像是什么样的？

第 2 章　黑白电视的基本原理

　　要全面掌握电视技术，首先应掌握黑白电视机的原理和技术。本章将概括性地介绍黑白电视机的主要组成部分及其作用，简要分析黑白电视机的基本工作原理，即黑白电视机接收到电视信号后，是如何形成图像和伴音的。

2.1　黑白显像管

　　电视显像管是电视机的主要部件，它利用接收到的电视信号重现出原来的图像。显像管的各项性能对整机的结构及电路的影响是很大的。简单地说，显像管的大小决定了电视机整机的体积和重量。例如，扫描光栅的组成、通道增益、偏转电流和电视机的功率消耗等，都是根据显像管的要求而定的。还有，显像管的质量好坏也影响着电视图像质量（清晰度、对比度、亮度等）的高低。

2.1.1　黑白显像管的结构

　　黑白显像管由三部分组成：玻璃外壳、电子枪和荧光屏。显像管是电真空器件，能承受高压并防爆裂。黑白显像管的具体结构如图 2-1 所示。

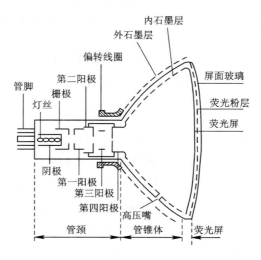

图 2-1　黑白显像管结构示意图

1. 玻璃外壳

玻璃外壳包括管颈、管锥体和屏面玻璃三部分。

在显像管玻璃外壳管锥体部分的内、外壁上分别涂有石墨导电层，从而形成一个以玻璃为介质，以内、外石墨层为两个极片的电容器(电容量约为 $600\sim1200$ pF)。这个电容器可作为第二、四高压阳极的滤波电容，因而在高压供电电路中不必另接高压滤波电容。

在管锥体部分装有高压嘴，它与显像管的内部高压阳极相连，作为高压供电端。内石墨层与高压阳极相连，形成一个等电位空间，以保证电子束流高速运动。

外石墨层通过金属隔离皮与电视机中的地相接，以防止管外电磁场的干扰。管颈直径应适宜。一般来说，直径越小，所需偏转功率就越小。但是，若管颈直径过小，有可能使电子枪的各极间产生联极或打火现象。

2. 电子枪

电子枪通常由灯丝与阴极、控制栅极、加速阳极、高压阳极和聚焦阳极等组成。高压阳极插座安装在管锥体上，其余各电极均在管颈末端用金属管脚引出。典型黑白显像管的管脚接线图如图 2-2 所示。

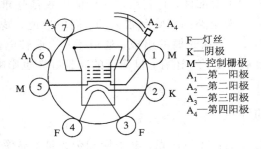

图 2-2　典型黑白显像管的管脚接线图

电子枪用来发射密度可调的电子流，通过聚焦和加速，形成截面积很小、速度很高的电子束，该电子束在偏转线圈形成的行、场偏转磁场作用下实现全屏幕的扫描光栅，所以，电子枪是显像管的心脏。显像管电气性能的好坏，即形成的光栅和图像的好坏主要取决于电子枪的好坏。

1) 阴极

阴极(用字母 K 表示)的外形是一个圆筒，顶部涂有能发射电子的氧化物，圆筒里面装有加热用的灯丝(用字母 F 表示)。当灯丝通电后，阴极就被加热，向外发射电子，称为热电子发射。应调整好灯丝的电压和电流，使阴极在可靠的状态下工作。通常灯丝电压为交流 6.3 V(或直流 12 V，对小尺寸的显像管)，电流 0.6 A(或 85 mA)，其电压变化应小于 10%。若电压过高，则会使显像管在使用一段时间后受到损坏，亮度急剧下降；若电压过低，则灯丝热度不够，会导致阴极中毒，即阴极发射的电子数量不足使阴极长期处于疲劳状态。

2) 控制栅极

阴极外面有一个中心开有小孔的金属圆筒，这就是控制栅极(用字母 G 或 M 表示)。改变控制栅极与阴极间的电压，便可以控制电子束流的大小。对阴极而言，栅极上加有直流负压，一般在 $-20\sim-80$ V 之间。栅极与阴极间的负压越大，对电子束的阻碍就越大，则电子束流就越小；反之，电子束流就越大。这样，在荧光屏上对应光点就会发生暗明变化。如果将视频信号加至栅、阴极间，则扫描电子束流的大小就随图像电平的起伏而变化，从而在屏幕上显示出不同灰度层次的图像。电视机通常固定栅极（即栅极接地），改变阴极电位来调节亮度。

3）加速阳极

加速阳极也称为第一阳极（用字母 A_1 表示），其外形像中间开孔的圆盘。栅极上加有一个 100 V 左右甚至更高的直流电压，在与阴极形成的电场作用下，把电子从阴极表面吸出来，向屏幕方向作加速运动。有两种情况要注意：电压过高会造成亮度失调（即亮度调不暗），并产生回扫线；电压过低会使显像管不能发光。

4）高压阳极

第二阳极（A_2）和第四阳极（A_4）相接形成高压阳极，为金属圆筒形。该阳极将进一步加快电子轰击荧光屏的速度，而且与管锥体内石墨导电层相连，形成一个均匀的等电位空间，保证电子束进入管锥体空间后能径直地飞向荧光屏，不会产生杂乱的偏离或散焦。一般黑白显像管的高压阳极电压为 $9\sim16$ kV。阳极高压不能偏低，否则电子束轰击荧光屏的速度将减慢，光栅亮度会变暗。另外，由于电子束的偏转角与高压成反比，在同样的偏转磁场作用下，阳极高压偏低，电子束的偏转角将加大，从而出现光栅变大、中心变暗等现象。

5）聚焦阳极

聚焦阳极也称为第三阳极（用字母 A_3 表示），处在第二阳极和第四阳极之间，为金属圆筒形。在显像管中，因电子枪各阳极电压不同而形成电子透镜，从而完成聚焦作用。由第二阳极和第三阳极形成预聚焦透镜，由第三阳极和第四阳极形成聚焦透镜，从而使电子束流汇聚成一点。改变聚焦电极上的电压，使电子束的聚焦点正好落在荧光屏上，从而可得到最清晰的图像。黑白电视机中常用一个电位器来调整聚焦电压，其范围在 $0\sim400$ V 之间。由此可知，阳极高压对聚焦透镜的形成起着关键作用，如果阳极高压偏低，就会使电子透镜聚焦能力降低，从而出现散焦（图像模糊）现象。采用四阳极电子枪的显像管具有良好的聚焦性能，且聚焦电压较宽，因此常用固定电压聚焦，不需要调整。

3. 荧光屏

荧光屏由屏面玻璃、荧光粉层和铝膜三部分组成。

在显像管屏幕内的玻璃表面上，沉积一层厚度约为 10 μm 的荧光粉，荧光粉层外面又蒸镀了一层厚度约为 1 μm 的铝膜，铝膜与内石墨层相连，加有高压。铝膜可以加速电子束，又可以保护荧光粉，使其不受离子冲击而损伤形成离子斑（离子因质量大，速度慢穿不过铝膜）。此外，铝膜还可以将荧光粉发出的光线向管外反射，有利于提高屏幕的高度。

荧光屏的发光亮度除与荧光粉材料有关外，还与电子束流的大小和速度有关，而栅极负压和高压的大小对电子束流的大小和速度有很大影响。通常的黑白电视机是通过改变栅极与阴极间电压的方法来调节亮度的。一般显像管要求把电子束流限制在 150 μA 以下。如果电子束流太大，有可能使荧光屏上的荧光粉局部过热而降低发光能力。

2.1.2 黑白显像管的调制特性和性能参数

1. 调制特性

在前面介绍显像管各部分的过程中大致涉及了显像管的成像过程。我们知道,当灯丝发热时,阴极发射电子束流,此时如在栅极与阴极间叠加图像信号,那么电子束流的大小(或说阴极电流的大小)就随图像信号电压的变化而变化,通过加速、聚焦,并在行、场偏转线圈的作用下(将在下一节讨论),高速打在整个荧光屏上,这样,屏上各点就呈现不同的灰度,从而重现原来的图像。

可以看出,荧光屏上形成图像的各点的灰度由栅阴电流的大小决定,而阴极电流的变化受栅阴电压的调制。把栅阴电压 u_{gk} 对阴极电流 i_k 的控制关系称为显像管的调制特性。对调制特性进行讨论,会使我们对显像管的工作过程有更进一步的认识,并对显像管的工作原理有更深的理解。下面讨论显像管的调制特性。

(1) 图 2-3 所示为栅阴电压 u_{gk} 和阴极电流 i_k 的关系曲线,称为调制特性曲线。该指数曲线由下列公式给出:

$$i_k = k(u_{gk} - u_{gk0})^\gamma$$

其中,k 是比例系数,与电极的特性和构造等因素有关;γ 是非线性系数,其数值大小因管子而异,取值在 2~3 之间;u_{gk0} 是栅极截止电压,即显像管阴极电流 $i_k = 0$ 时的栅极负压(此时荧光屏不发光,无光栅)。

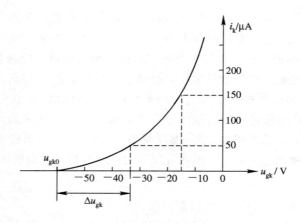

图 2-3 黑白显像管调制特性曲线

(2) 最大调制量是调制特性中的一个重要概念,其定义是显像管荧光屏上从不发光(阴极电流为零)到出现标准亮度的光栅(阴极电流为 50 μA)时,栅极与阴极间电压的变化量,公式表示为

$$\Delta u_{gk} = |u_{gk0}| - |u_{gk50}|$$

其中,u_{gk50} 为 $i_k = 50$ μA 时的栅极与阴极间电压值。如果 Δu_{gk} 值小,说明 u_{gk} 只有一个较小的变化,或显像管阴极输入一个幅度较小的视频信号,便能在荧光屏上获得较大的亮度或对比度的变化。这就是说,i_k 能较快地从 0 μA 升至 50 μA,表明显像管的灵敏度高。所以,最大调制量越小,显像管灵敏度越高,反之则越低。

（3）从调制特性曲线图形上看，栅极与阴极间电压越负，阴极电流就越小，则荧光屏亮度越暗，反之，亮度越高。当负极性图像信号从阴极输入时，原图像较暗部分对应的较高图像信号电平就会抬高阴极电平，使得栅阴电压越负，这样，显像管重现的图像就是正确的。另外，阴极电流 i_k 不应超过 150 μA（负电压约为 −20 V），否则，阴极电流过大，会烧坏荧光粉层。

（4）一般来说，显像亮度与阴极电流呈线性关系，然而非线性的调制特性曲线会使重现的图像明暗失调，引起灰度失真，也称 γ 失真。γ 失真是由显像管特性决定的，所有的电视机都存在。所以，电视台在发送图像信号时已进行了 γ 失真的校正。对整个电视系统而言，已经通过校正把它变成了线性传输系统了，那么在讨论调制特性曲线时，也可以把 u_{gk} 和 i_k 的关系作为线性关系来分析，忽略其非线性关系。

2. 性能参数

黑白显像管的性能参数分为机械性能参数、电气性能参数和光性能参数三大类，如表 2 − 1 所示。

表 2 − 1　国产黑白电视显像管的性能参数表

	型　　号	31SX2B[①]	35SX2B	40SX12B	47SX13B
机械性能参数	荧光屏对角线尺寸/mm	305（12 英寸）	350（14 英寸）	397（16 英寸）	473（19 英寸）
	偏转角/°	90	70	114	110
	管身最大长度/mm	280	287	270	312
	最大管颈直径/mm	20.9	20.9	29.4	29.4
	荧光屏宽高比	5∶4	4∶3	5∶4	5∶4
电气性能参数	第一阳极电压/V	120	300	400	400
	第二、四阳极电压/kV	12	12	14	16
	第三阳极电压/V	0～400	−100～425	−100～450	−100～450
	截止电压/V	−75～−25	−90～−30	−90～−30	−80～−20
	最大调制量/V	25	25	25	25
	灯丝电压/V	12	6.3	6.3	6.3
	灯丝电流/A	0.085	0.6	0.6	0.6
光性能[②]参数	中心分辨能力/行	550	600	600	600
	边缘分辨能力/行	450	500	500	500

注：① 型号为 31SX2B 的显像管，SX 表示名称为显像管，B 表示发白光，31 表示荧光屏对角线尺寸为 31 cm（相当于 12 英寸，1 英寸＝2.54 cm）。

② 光性能参数还包括光点聚焦（光点直径越小越好）、光栅色调（应为自然色并接近白昼光）、亮度（应在白天也可观看）等。

2.1.3　偏转线圈

偏转线圈是扫描输出电路的负载，由它控制电子束的偏转，以完成扫描。偏转线圈套在显像管管颈与管锥体相接处,如图2-1所示。

1. 偏转线圈的构造

偏转线圈主要由磁环、一组场偏转线圈、一组行偏转线圈和一个中心位置调节器等四部分组成,其结构示意图如图2-4所示。其中,场、行偏转线圈各自由两个线包串联或并联相接而成;两组偏转线圈互相垂直放置,以产生水平与垂直偏转磁场;场偏转用环形线圈,行偏转用马鞍形(或称喇叭形)线圈。

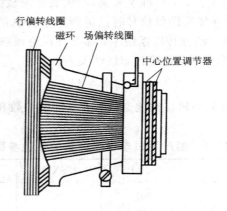

图2-4 偏转线圈结构示意图

2. 行、场偏转线圈

行偏转线圈通有行扫描锯齿波电流,在垂直方向产生线性变化的磁场,使电子束作水平方向扫描,如图2-5所示。电子束的偏转方向由左手定则规定:将左手的大拇指、食指、中指互相垂直,若使中指指向电流方向(与电子流的方向相反),食指指向磁场方向,这时大拇指就指向电子束的偏转方向。磁场的方向由右手螺旋定则规定:将右手的大拇指与其它四指互相垂直,用四指握住螺旋管(即偏转线圈),四指顺着电流方向,那么大拇指所指即为磁场方向。

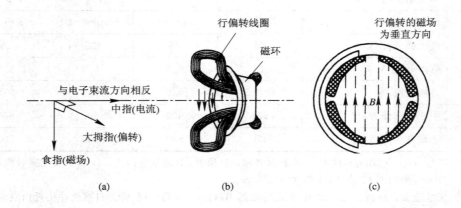

图2-5 行偏转线圈及它所产生的磁场

(a)左手定则;(b)行偏转线圈;(c)行磁场分布

场偏转线圈通有场扫描锯齿波电流,在水平方向产生线性变化的磁场,使电子束作垂直方向扫描,如图 2 - 6 所示。其电子束的偏转方向也用左手定则规定。

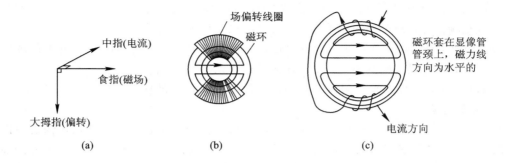

图 2 - 6　场偏转线圈及它所产生的磁场

(a) 左手定则;(b) 场偏转线圈;(c) 场磁场分布

显然,流过偏转线圈的电流越大,电子束流偏转的角度也越大,光栅幅度就越大。在行、场扫描共同作用下,屏幕呈现出一幅矩形光栅。

3. 中心位置调节器

当偏转线圈不加电流时,电子束不偏转,应落在屏幕的中心点上,但是由于客观原因(电子枪的构造、安装误差等),电子枪的轴线与管颈轴线不能完全重合;偏转线圈在管颈上位置不合适,也会使电子束不能打在荧光屏的正中心,造成光栅偏移。为了克服这个缺点,就在偏转线圈后边加有两个带磁性的中心位置调节片,其位置见图 2 - 4,实际上是加一个可以调节大小与方向的静磁场。在这一磁场作用下,使电子束产生固定的偏转,直至使光栅中心与荧光屏中心点重合。

中心位置调节器的构造如图 2 - 7 所示。从图中磁场分布可以看出,当改变两个磁性圈片之间的夹角时,可改变附加固定磁场的强弱和方向,可使光栅中心在一定范围内上、下、左、右移动,达到调节中心位置的目的。

附加磁场最大　　附加磁场为0

图 2 - 7　中心位置调节器

2.2　黑白显像管的馈电电路和附属电路

黑白显像管的馈电电路是使显像管产生光栅,并能正常显示图像的基本电路;附属电路是能改善显像管图像显示质量的辅助电路。

2.2.1　黑白显像管的馈电电路

为使显像管正常工作,出现扫描光栅,就必须由外围电路给显像管各电极提供符合各自参数要求的电压。除栅极接地外,其它各电极都须加上额定工作电压,可分为灯丝电压、阴栅电压、加速电压、聚焦电压和阳极高压。

(1) 灯丝电压:交流 6.3 V 或直流 12 V,其作用是加热阴极,使之发射出自由电子。

（2）阴栅电压：当栅极接地时，阴极上所加的电压。在无视频信号输入时，加上 50 V 左右的电压就可使显像管显现出相当亮度的光栅。改变阴栅电压值，就会改变光栅亮度，如再叠加上视频信号，则可控制电子束流的强弱，从而显示出图像来。

（3）加速电压：加在加速阳极上的电压，一般在 100～500 V 之间。若无此电压或电压不足，电子束流将截止或变小，从而导致无光栅或光栅暗淡。

（4）聚焦电压：加在聚焦阳极上的电压。各个显像管的最佳聚焦电压并不相同，一般在 0～400 V 左右。

（5）阳极高压：由高压包提供经半波整流的阳极高压，通过高压嘴送入显像管内的第二、四阳极，并利用显像管管锥体内、外石墨层的分布电容来实现滤波。对 16 英寸的显像管而言，阳极高压约需 14 kV。显像管尺寸越大，则所需阳极电压越高。阳极高压不能过低，否则会使电子束流速度减慢，这样，在同样的偏转磁场作用下，电子束流的偏转角度将增加，导致图像尺寸扩大，同时亮度变暗。

2.2.2 黑白显像管的附属电路

黑白显像管的附属电路有亮度调节电路、对比度调节电路和关机亮点消除电路。

1. 亮度调节电路和对比度调节电路

黑白显像管的亮度调节是通过调节栅极与阴极间的电压来实现的。由图 2-3 所示的黑白显像管的调制性曲线分析得知，改变栅极与阴极间的电压也就改变了亮度的大小，所以，黑白显像管的亮度取决于栅极和阴极的电位差。

一般情况下，都是将栅极接地，亮度调节电路实际上是通过调节加在阴极的直流电压，以改变电子束流的大小来进行亮度调节的。

如图 2-8 所示，全电视信号通过隔直电容 C_3 接到显像管阴极，栅极接地固定为零电位，则阴极对栅极的正电位是从直流 100 V 经 R_4、R_{w2}、R_5 分压取得的。调节电位器 R_{w2}，可使阴极电压发生变化，相应地，电子束电流也发生变化，从而控制显像管的亮度。例如，R_{w2} 中心点向左移动时，A 点电位降低，B 点电位降低，阴极电位降低，使得栅阴电位差 $|U_{gk}|$ 下降，根据显像管的调制特性曲线，电子束电流 i_k 将增大，从而亮度增加。

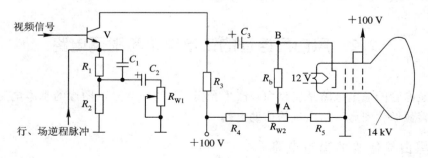

图 2-8 亮度调节电路和对比度调节电路

另外，为防止因荧光屏过亮而影响显像管寿命，在彩电中还设置了自动亮度限制电路（ABL），此部分内容将在第 8 章中讲述。

在图 2-8 中还看到，视放管 V 的发射极设置有对比度调节电路，R_{w1} 是进行对比度调节的电位器。调整对比度就是调整视放管 V 对图像信号电压的放大倍数，即图像信号电压的幅度。在黑白电视机中，一般是通过调整视放级对视频信号电压的交流负反馈量来改变视放管增益，从而实现对比度调节的。在电路中，C_2 容值较大，对交流信号可视为短路，R_3 是视放管 V 的集电极负载电阻，其视放电路的电压增益 $A_u \approx R_3 / R_e$，而 $R_e = R_1 /\!/ X_{C1} + R_2 /\!/ R_{w1}$。所以调节 R_{w1} 的大小，可改变 R_e 的大小，从而改变 A_u 的大小，达到对比度调节的目的。其中，C_2 起到隔直作用，以保证在调整对比度时不改变视放管的直流工作点。

2. 关机亮点消除电路

当电视机关机时，其瞬间在荧光屏中心产生一个亮点，经过几秒甚至几十秒才逐渐消失。若亮点长时间在屏幕中心停留，将会使屏幕中心的荧光粉过热损坏而形成黑斑，影响正常观看。

产生关机亮点的原因是：关机后，由于灯丝的热惰性，阴极温度不能骤降，仍然会继续发射电子，而关机后阴极电压降低，栅阴电位差减小，则栅极负压不足以截止电子束流向荧光屏的运动；此时，显像管管锥体内、外石墨层形成的高压滤波电容上充的阳极高压还存在，因此，还能对电子束流产生加速作用，使之向荧光屏运动；行、场扫描电路关机后立即停止工作，致使无偏转的电子束流持续轰击荧光屏中心。

为此，需设置关机亮点消除电路，通过消除上述产生关机亮点的原因来达到免除荧光屏受损的目的。常用的关机亮点消除电路有两类：电子束流截止型和高压泄放型。

1）电子束流截止型关机亮点消除电路

电子束流截止型电路的工作原理是，在关机后，保留一个较高的栅阴电压 $|U_{gk}|$，使电子束流截止，即在栅极接地的情况下，阴极保持一定时间的高电位，直到阴极冷却为止。这样，关机后屏幕上就不会出现亮点。其电路如图 2-9 所示，R_1、R_w、R_2、R_3 组成亮度控制电路。C_1、R_4、V_D 组成的就是电子束流截止型关机亮点消除电路，其中，C_1 为消亮点电容，R_4 为 V_D 的限流电阻，阻值较大，为 1 MΩ 以上，V_D 为消亮点二极管，开机时导通，关机时截止。

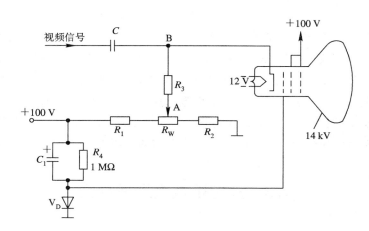

图 2-9　电子束流截止型关机亮点消除电路

开机后，显像管附属电路正常工作，+100 V 电压经 R_4 使 V_D 正偏导通，栅极近似为地电位。同时，+100 V 电压通过 V_D 使电容 C_1 充电到接近 +100 V，给亮度调节电路提供正电压。电视机关机后，+100 V 电压立即消失，二极管 V_D 截止，但 C_1 两端电压不能突

变，因此 C_1 通过放电回路放电，即 $C_1 \rightarrow R_1 \rightarrow R_w \rightarrow R_3 \rightarrow$ 阴极 $\rightarrow$ 栅极 $\rightarrow C_1$ 负极。C_1 对阴、栅极放电，而使阴栅之间保持较高的栅阴电压 $|U_{gk}|$，约 1 分钟后才消失，这就消除了关机亮点。

电子束流截止型电路简单且性能较好，从而获得了广泛应用，但阳极高压残留时间较长，使得维护人员须谨防电击造成伤害。防护办法是：用绝缘良好的螺丝刀将高压帽连接高压嘴的金属片簧对地短路放电，然后再动手检修。

2）高压泄放型关机亮点消除电路

高压泄放型关机亮点消除电路是通过加快石墨层上高压电容的放电速度来达到消除关机亮点的目的的。其工作原理是：在关机瞬间，使显像管栅阴之间的负偏压变小，甚至于变成正偏压。原来受负偏压束缚的电子束流在扫描电路停止工作之前加速向荧光屏运动，以散射形式轰击荧光屏，同时，较大的电子束流使高压电容上的正电荷迅速被中和，从而消除关机亮点。

图 2-10 所示是典型的高压泄放型电路图。C_3 为消亮点电容，与 R_3 并联，R_3 是亮度调节电路的分压电阻，阻值越大，两端的压降也越大。

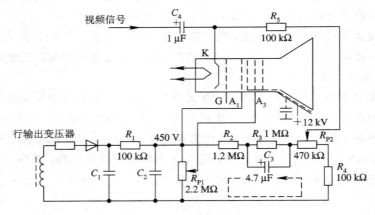

图 2-10 高压泄放型关机亮点消除电路

正常工作时，C_3 上充了左正右负约 140 V 的电压，$U_{C3}=U_{R3}$。关机瞬间，C_3 一方面通过 R_3 放电，另一方面通过 R_2、R_{P1}、R_4、R_{P2} 放电，由于放电时时间常数很大，因此放电很慢。放电电流在 R_4、R_{P2} 上产生一个对地为负的压降，给阴极提供了一个负电压。此时，阴极电位比栅极电位低，使阴极发射的电子束流迅速增加，因此高压电容上的电荷迅速被中和。在扫描电流未完全消失之前，高压电容上的电荷迅速释放，达到了消亮点的目的。该电路要求输入直流电压较高，一般选择 400 V 左右的直流电压。

2.3 黑白电视机原理框图

电视机在接收到电视节目信号后，经过一系列电路处理，最终在荧光屏上重现被传送的图像；通过扬声器播出被传送的伴音。

下面用如图 2-11 所示的直观框图，简洁地讨论电视机的基本工作原理。具体地说，该方框图是超外差内载波式黑白电视机的原理框图。

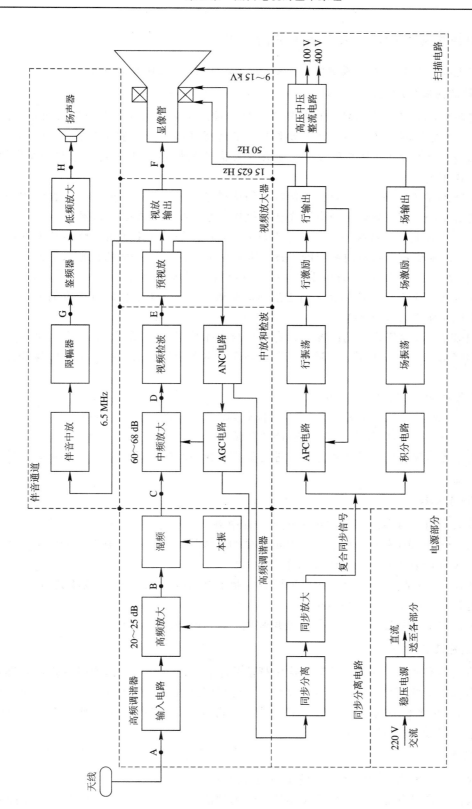

图 2 - 11　超外差内载波式黑白电视机的原理框图

2.3.1　黑白电视机的组成及其各部分的作用

下面以电视信号为线索来说明黑白电视机各部分的作用及其基本原理。

1. 高频调谐器(高频头)

由天线收到的高频图像信号与高频伴音信号经馈线进入高频头。高频头由输入电路、高频放大器、本振和混频级组成。其主要作用是：选择并放大所接收频道的微弱电信号；抑制干扰信号；与天线实现阻抗匹配，保证信号能最有效地传输；进行电视信号频率变换，完成超外差作用。

输入电路由无源网络组成，对天线接收到的信号进行频道选择，把所要接收到的信号最有效地传送给高放级。高频头中有频道选择机构，可选择所需要接收的频道。

高放级将输入电路所选择的频率信号进行放大，提高信号功率对机内噪声功率的比值(即信噪比)，减少信号受到机内噪声的干扰，其增益约为 20 dB，同时将所放大的高频信号送入混频级。高放级要求有 8 MHz 带宽，以保证电视信号顺利通过。

本机振荡器产生本机振荡频率并将之送至混频级，该振荡频率总比所接收的电视图像载频高一个固定中频(38 MHz)。

在混频级中，高放级送来的图像和伴音信号与本振信号完成混频作用，产生出频率较低的图像和伴音中频，并送至中放通道。中频频率为本振频率减去所接收电视图像和伴音的载频。

下面以接收第二频道信号为例：

$$95.75(本振频率)-57.75(图像载频)=38 \text{ MHz} (图像中频)$$
$$95.75(本振频率)-64.25(伴音载频)=31.5 \text{ MHz} (伴音中频)$$

这样，高频头将高频电视信号接收进来，进行处理，变为固定的图像和伴音中频，然后送往中频放大器。

2. 中频放大器

中频放大器将混频器送来的图像中频和伴音中频，按一定频率特性进行放大，对图像中频信号放大达 60 dB 左右，而对伴音中频信号的放大则小得多，只有 34 dB 左右。压低伴音中频放大量是为了防止伴音干扰图像。

由于增益高，因此在中放级要相应地设有抑制干扰的电路(如声表面波滤波器)与自动增益控制电路(AGC)，以提高稳定性。

中放级的输出信号波形与输入信号波形相同，只是幅度被放大了。

3. 视频检波器

视频检波器有两个作用：一是从图像中频信号中检出视频信号，即通过它把高频图像信号还原为视频图像信号，然后送至视放级；二是利用检波二极管的非线性作用，将图像中频(38 MHz)和伴音中频(31.5 MHz)信号混频，得到 6.5 MHz 差额，即产生 6.5 MHz 第二伴音中频信号(调频信号)。

4. 视频放大器

视频放大器一般由预视放和视放输出级两级组成。

预视放作为信号分配电路，将检波器检出的视频信号送至视放输出级、AGC 电路、同步分离电路和伴音中放电路，并作为第二伴音中频的第一级放大器。

视放输出级将预视放送来的视频信号放大到峰峰值 60 V 左右，以负极性视频图像信号形式输出，送给显像管阴极，用以控制电子束电流强弱，使之在屏幕上重现图像。

另一方面，在视放级中取出一部分信号，经 ANC 电路，通过 AGC 检波电路将之转换成直流控制信号。用它控制中放级和高放级增益，使检波输出信号电平稳定在 $1\sim1.5$ V，从而保证图像稳定。

ANC 电路又称抗干扰电路，主要用来消除混入电视信号中的大幅度窄脉冲的干扰。

AGC 电路又称自动增益控制电路，它把 ANC 电路送来的强弱不同的视频信号，变成强弱不同的脉动直流电压，以控制电视机高放及中放的增益，使检波输出信号保持一定电平，从而保证图像清晰、稳定。一般高放 AGC 比中放 AGC 控制有一定的电平延迟，以尽可能地保持电视机的高灵敏度和弱信号节目时的信噪比。

5. 同步分离和扫描电路

同步分离电路由同步分离和同步放大两部分组成。该电路从 ANC 电路中取出视频信号，利用幅度分离原理分离出复合同步信号（行同步、场同步、均衡脉冲和槽脉冲）。复合同步信号经过放大整形后被送至扫描电路。

扫描电路分为场扫描与行扫描两部分。

当复合同步信号送至场扫描电路时，经积分电路（宽度分离）分离出场同步信号，被送去控制场振荡器。场振荡器产生一个相当于场频的锯齿形电压，其频率和相位受场同步信号控制，送给场激励级。场激励级将场振荡器产生的锯齿形电压进行放大和整形，送给场输出级。场输出级将锯齿形电压进行功率放大，在场偏转线圈中产生锯齿形电流，使电子束作垂直方向运动。

当复合同步信号送至行扫描电路时，开始送往行自动频率控制电路（AFC），由行输出变压器取得的一个反馈行逆程脉冲电压也被送到 AFC。在 AFC 中，对复合同步信号及行逆程脉冲进行比较，当两者的频率或相位不同时，AFC 就会输出相应的误差电压给行振荡器，使行振荡器纠正振荡频率或相位，以实现行振荡频率或相位的自动调整。行振荡产生行频脉冲电压，送给行激励级，它的振荡频率由 AFC 电路产生的误差电压控制。行激励将行振荡器产生的脉冲电压进行功率放大并整形，用以控制行输出级，使行输出管按开关方式工作。行输出级受行激励级送来的脉冲电压的控制，行输出管工作在开关状态，产生一个线性良好、幅度足够的锯齿形电流，将之送给行偏转线圈，使电子束作水平方向运动。行输出级工作在高电压、大电流状态下，其功率消耗较大，甚至可达到整机功率消耗的一半。

行输出电路在逆程扫描期间有很高的反峰脉冲电压，将该行逆程脉冲电压加到行输出变压器的初级，经升压、整流及滤波后可获得电视机所需的阳级高压和各种中压等。

6. 伴音通道

第二伴音中频信号（6.5 MHz）送入伴音中放，作进一步放大，经过限幅，送入鉴频器。鉴频器将伴音调频信号进行解调，检出原始音频信号，送至伴音低放。伴音低放将鉴频器送来的音频信号进行电压和功率放大，然后推动扬声器，还原出电视伴音。

7. 电源

电视机所需电源分直流低压、中压和高压三大类。

低压电源由交流 50 Hz、220 V 信号经变压器降压、整流、滤波和稳压获得，其值一般为 +12 V，作为整机供电的主要电源。

高压(12 kV 左右)和中压(400 V、100 V 等)电源的取得及供给电路已在同步分离和扫描电路中作了叙述。

最后，我们再对原理方框图作以下三点说明。

(1)总结方框图中各方块作用，将各方块归纳为三个部分：

信号通道部分：高频头、中频放大器、视频检波器、视频放大器、伴音通道。

同步扫描部分：同步分离电路、扫描电路。

电源部分：低压、中压、高压。

(2)超外差式是指电视机利用本机振荡和外来高频电视信号在混频级形成固定中频信号，再对中频信号进行放大，经检波而取得图像信号。超外差式选用较射频电视信号低的中频频率就比较容易做到放大量大且稳定。由于中频是固定的，因此中放的频率特性具有很优良的选择性，并适合于残留边带制信号的频带。

(3)内载波式是图像中频(38 MHz)和伴音中频(31.5 MHz)通过视频检波器时，差拍产生 6.5 MHz 第二伴音的内差方式。其特点是伴音信号和图像信号共用一个放大通道(中放)，直到检波后才被分离出来。还有一点是 6.5 MHz 第二伴音中频频率始终稳定，即使本振频率发生变动，见下式(Δf_p 是本振频率因变动而发生的偏移量)：

$$6.5 \text{ MHz} = (38 \text{ MHz} + \Delta f_p) - (31.5 \text{ MHz} + \Delta f_p)$$

也能消除因本振频率漂移而引起的伴音失真或衰减。

2.3.2 国产黑白电视机的基本参数和要求

表 2-2 列出了国产黑白电视机的基本参数和要求，以供参考。

表 2-2 国产黑白电视机基本参数和要求

编号	名 称		单位	甲级机	乙级机
1	最大亮度不小于		cd/m²	100	60
2	大面积图像对比度不小于			70	30
3	扫描非线性失真	水平方向不大于	%	12	17
		垂直方向不大于	%	9	12
4	图像几何失真不大于		%	2	3
5	灰度等级		级	8	7
6	图像分辨力	在中央水平方向线数不小于	线	450	350
		在边缘水平方向线数不小于	线	400	300
		在中央垂直方向线数不小于	线	500	450
		在边缘垂直方向线数不小于	线	450	400
7	图像通道放大灵敏度	75 Ω 输入阻抗不劣于	μV	50	100
		300 Ω 输入阻抗不劣于	μV	100	200

编号	名	称	单位	甲级机	乙级机
8	图像通道噪声灵敏度	75 Ω 输入阻抗不劣于	μV	100	200
		300 Ω 输入阻抗不劣于	μV	200	400
9	同步灵敏度	75 Ω 输入阻抗不劣于	μV	50	100
		300 Ω 输入阻抗不劣于	μV	100	200
10	同频范围	行同步引入范围不小于	Hz	±400	±200
		行同步保持范围不小于	Hz	±800	±400
		帧同步范围	Hz	—6	—4
11	自动增益控制	输入电平变化不小于	dB	60	40
		相应输出电平变化	dB	±1.5	±1.5
12	选择性	对—1.5～—3 MHz 衰减不小于	dB	25	20
		对≥8 MHz 衰减不小于	dB	25	20
		对中频抑制不小于	dB	50	40
		对假像频率抑制不小于	dB	50	40
13	伴音通道不失真功率不小于		W	1	0.5
14	伴音频率特性		Hz	100～7000	150～5000
15	音量控制范围		dB	46	40
16	电源消耗功率	47 cm 机	W	85	85
		40 cm 机	W	80	80
		35 cm 机	W	50	50
		31 cm 机	W	40	40

2.4　电视信号和信号通道的频谱分析

2.4.1　信号波形及其频谱

在上一节，我们讨论了电视信号在信号通道中的频率变换作用，在这一节，我们将进一步分析电视信号的频谱变换规律。希望通过分析，使读者对黑白电视机的工作原理有更进一步的认识，以利于下面有关章节的学习。

在图 2-11 中，标出了 A～H 等 8 个点。下面具体讨论这些点的信号波形和频谱的变换过程，如图 2-12 所示。

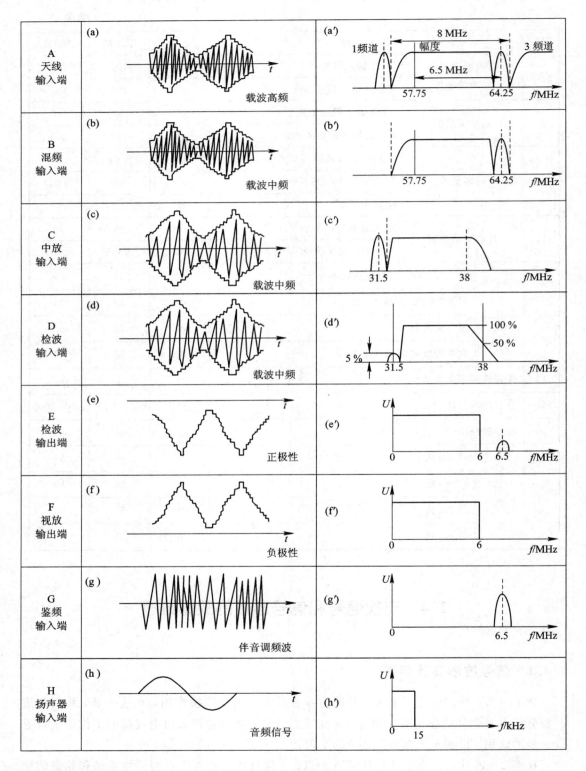

图 2-12 信号通道各点信号电压波形和相应的频谱图

前面已经讲到，摄像机产生图像信号的频率范围为 0～6 MHz，伴音信号的最高频率为 15 kHz，将它们分别调制后一起发射送出。以第二频道为例，发射台发射的高频电视信号，其图像载频为 57.75 MHz，伴音载频为 64.25 MHz，两者相差 6.5 MHz。高频图像信号用残留边带方式传送，高频伴音信号用调频方式传送。一个频道的频谱范围是 8 MHz。

下面继续讨论。

在 A 点，从天线接收到高频电视信号。图 2-12(a)是负极性调幅高频电视信号波形图，图 2-12(a′)是高频电视信号频谱。

在 B 点，输入回路从中选出第二频道，再经高频放大和选择后，邻近频道的干扰信号已被基本滤除，则一、三频道的信号频谱在 B 点的频谱图中不再出现，见图 2-12(b′)。此时，信号波形不变。

在 C 点，高频电视信号经混频后转换成中频电视信号，其中图像中频比伴音中频高 6.5 MHz。由混频规律，C 点的频谱结构图 2-12(c′)与图 2-12(b′)相比处于倒置。图 2-12(c)中调幅波形不变，只是载频由高频变换为中频。

在 D 点，见图 2-12(d′)，我们注意到图像中频 38 MHz 位于频谱曲线高端斜边的中心。通过中频的幅频特性调谐，使图像中频处于此位置是为了不使视频信号频谱图 2-12(f′)发生畸变。如果图像中频 38 MHz 偏离曲线高端斜边的中心，则视频检波后，会引起视频信号频谱中 0～0.75 MHz 成分(双边带)和 0.75～6 MHz 成分(单边带)的幅度不一致，这样，视频信号(0～6 MHz)将以 0.75 MHz 为分界线产生畸变，导致重现图像失真。

另外，为使伴音中频 6.5 MHz 不干扰图像，应使 31.5 MHz 处的中放频率特性比最高值低(约为最高值的 5%)，即伴音信号远小于图像信号。

D 点的信号波形图 2-12(d)与图 2-12(c)相同。

在 E 点，经检波后，获得 0～6 MHz 的视频频谱和 6.5 MHz 的伴音频谱，见图 2-12(e′)。如果视放有一次倒相，那么解调后的图像波形是正极性的视频图像信号，见图 2-12(e)。

在 F 点，视放管进行反相，则图 2-12(e)变换成图 2-12(f)的负极性图像信号，送至显像管的阴极。其频谱图是 0～6 MHz 的幅频曲线。

在 G 点，检波输出级相当于调谐放大器，差拍出 6.5 MHz 的第二伴音中频信号。

在 H 点，鉴频器对伴音调频信号解调，取出 15 kHz 以下的音频信号，经低频放大，送到扬声器。

2.4.2　信号通道频率特性简析

前面讨论了全电视信号在信号通道中主要位置的波形和频谱，提出了对信号通道频率特性的要求。也就是说，信号通道各部分应具有很好的频率特性，以保证原图像视频信号不失真地通过，由此可见，信号通道频率特性对电视图像质量有很大影响。

我们知道，一幅黑白轮廓分明的图像，其对应的图像信号是一个前、后沿陡峭的标准方波。方波是由正弦波(基波)和许多奇次谐波叠加形成的，如图 2-13 所示。当方波通过信号通道时，如果通道的通频带较宽，则能通过的谐波数目较多，输出波形就比较接近方波，失真也小。此外，通道对各频率成分的相位特性也是重要的，如三次谐波和基波相加，如果相位不合，那么输出波形将严重失真。

所以，为了重现不失真的图像，信号通道不仅应对图像信号的各频率分量具有很好的、恒定的幅频特性，而且还应具有很好的线性相频特性。

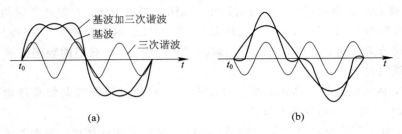

图 2 - 13　方波的形成

对信号通道，各级电路都有各自的频率特性，共同组成一个有机整体，各自满足图像信号通过时不失真的要求。高频系统中的输入电路和高放，其通频带很宽(≥8 MHz)，且幅频特性平稳，相频特性线性好，故不会产生波形失真。视频检波器检波线性好，也不会影响图像质量。检波输出电路对图像信号而言是跟随器，其频带足够宽，同样不会使波形失真。通道频率特性对图像质量产生影响的因素主要是以下三点：

(1) 中放电路：对照图 2 - 12(d′)来看，如果图像中频载频 38 MHz 产生偏移，38 MHz 就不处于曲线高端斜边的中心，则图像信号经检波后会产生畸变，影响图像质量。如果通频带过窄，则会使图像轮廓模糊不清。

(2) 本振频率：当本振频率发生偏离，将引起中频信号频谱各频率分量的偏移，从而影响中放电路对信号的响应特性。

(3) 视放电路：其幅频特性应与图 2 - 12(f′)相适合，应曲线平坦、圆滑下降且有足够带宽；否则，严重变形的特性曲线将导致视频信号波形失真。另外，当低频部分相位失真时，在图像上表现为黑色物体拖白尾和黑尾。

2.5　黑白电视机常见故障的分析

当一台黑白电视机发生故障时，首先，应对故障原因进行大致分析，判断可能是哪个部分出现问题。例如：没有光栅，可能在扫描部分发生故障；没有伴音，故障可能发生在信号通道部分。然后对这一部分电路利用各种手段和技巧进行测试和检查，找到具体故障原因，最后进行实质性的维修。可见，开好头确定检修方向是起关键作用的，否则，就无从下手。在掌握了电视机基本原理之后，利用原理框图来判断故障部位是学习电视机检修的第一步。

下面分析几个常见故障。

1. 光栅只有一条水平亮线

可以判断行扫描电路及显像管各极电压供电正常，电子束有水平方向的扫描而无垂直方向的扫描，说明场频锯齿波电流没有送入场偏转线圈，则故障出在场扫描电路，如场偏转插头脱落或场偏转线圈焊片上引线折断等。

2. 光栅只有一条垂直亮线

可以肯定的是场扫描电路及显像管供电电路正常，从方框图上看，显像管各极取自行输出电路，说明行扫描电路也没有问题，否则，就不会出现亮线。电子束在这种情况下，不能进行水平方向扫描，是因为行输出级产生的锯齿电流未能送到行偏转线圈，所以故障只可能发生在行偏转线圈支路（如断路）。

3. 有光栅、无图像、无伴音

有光栅，说明行、场扫描电路、显像管、电源部分是好的；无图像和伴音，说明故障主要在信号通道部分和伴音通道。用起子触碰预视放基极，若屏幕上出现黑白横条或杂波，有时还能收到调频信号，说明视放部分是正常的。继续向前触碰中放管基极，若也能听到杂音，屏幕上看到雪花点，则故障在高频头。

4. 有光栅、无图像、有伴音

有光栅，说明扫描电路正常；有伴音，说明伴音通道和高频头、中放及检波输出基本正常，因此可以确定问题出在视放级。

5. 有光栅、有图像、无伴音

显然，检波输出的 6.5 MHz 第二伴音中频信号未能经伴音通道处理加到扬声器上，伴音通道有问题。用金属杆碰触伴音通道各部分输入级，若出现碰触某一级时扬声器没有反应的现象，则那一级就有问题。

6. 无光栅、无伴音

其故障的主要原因是电源部分有故障，无 12 V 电压或电路板有短路现象，造成保险烧坏。

7. 图像上、下滚动

其原因是电视机垂直方向的扫描规律与发送端的扫描规律不一致，即场不同步。在这里，行扫描是同步的，表明同步分离电路工作正常，主要问题在于积分电路或者场振荡电路频率偏移过多。

8. 图像左右不稳或出现无规律的黑白斜道

说明电视机的水平方向扫描规律与发送端的扫描规律不一致，即行不同步，也即问题出在行扫描部分。调节行频旋钮，则图像中的黑白斜道间隔随之变化。若能调出图像，但稳不住，左右晃动，表明行振荡频率能调到 15 625 Hz 的准确值，故障出在 AFC 电路。若根本调不出图像，则问题出在行振荡器。

9. 图像有几何失真和四周有暗角

这种现象说明显像管有故障，一般是显像管与偏转线圈配合不好，偏转线圈质量有问题或是中心位置调节器未调好等。

10. 开机后经长时间才出现光栅（约半分钟后）

这种现象说明显像管已衰老，其阴极发射能力下降。可将显像管灯丝电压提高 2~6 V（比额定值），恢复阴极发射电子的能力，同时，减小栅阴电压 5 V 左右等。

11. 关机后有亮点

这种现象说明关机亮点消除电路出现故障，应重点检查电路中的二极管是否击穿短路，电容是否变质（无容量或容量很小）。

习 题

2.1 显像管的电子枪由哪几个电极组成？各有什么作用？

2.2 要使显像管正常工作，必须给它供给几种电压（以 31SX2B 为例查表说明）？

2.3 A、B 两个显像管的最大调制量分别为 30 V 和 20 V，试问哪个显像管的调制灵敏度高？为什么？

2.4 试说明行、场偏转线圈工作原理。

2.5 根据图 2-11，以电视信号为线索简述黑白电视机的工作过程。

2.6 黑白电视机是如何得到其高压和中压供电电源的？

2.7 使用电视机收看第 8 频道节目时绘出图 2-11 中 A、D、F 点的信号频谱特性。要求在坐标上标出频率值。

2.8 判断下列故障可能出现在哪一部分。

(1) 光栅只有一条垂直亮线。

(2) 有光栅、无图像、无伴音。

(3) 有光栅、有图像、无伴音。

(4) 图像左右不稳或出现无规律的黑白斜道。

2.9 说明关机产生亮点的原因和危害。

2.10 图 2-14 所示的是牡丹 31H5 型黑白电视机显像管附属电路图，问：

(1) 显像管与视放输出极采用的是什么耦合方式？

(2) 哪一部分是亮度调节电路？

(3) 关机亮点消除电路是电子束流截止型，还是高压泄放型？

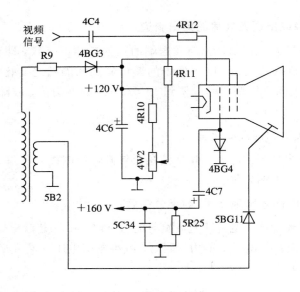

图 2-14 题 2.10 图

第 3 章　彩色电视的基本原理

　　彩色电视是在黑白电视的基础上发展起来的。在黑白电视中，图像是根据景物亮度的明暗差别形成的，而彩色电视中的图像除了包含有景物亮度外，还包含有景物的色调和饱和度。因此，彩色电视的基本任务就是如何摄取、传送和重现出彩色信号，同时还要与黑白电视相兼容。本章主要讨论彩色图像的分解与重现、彩色与黑白电视相兼容的可能性、彩色电视色度信号的编码方式、彩色全电视信号以及彩色电视接收机的组成等基本问题。

　　为了便于理解和掌握彩色电视的基本原理，首先需要了解一些涉及彩色电视图像的色度学知识。

3.1　色度学的基本知识

　　色度学是一门研究彩色计量的科学，其任务在于研究人眼彩色视觉的定性和定量的规律及其应用。色度学是彩色电视的理论基础之一。正确运用色度学知识，就能以比较简单而有效的技术手段来实现彩色电视。本节将以彩色电视应用技术的角度，简要地介绍色度学的基本知识。

3.1.1　光与色

　　光是一种以电磁波幅射形式存在的物质。电磁波的频谱范围很广，包括无线电波、红外线、可见光波、紫外线、X 射线、宇宙射线等。可见光随着波长由长到短的变化，在人眼中引起的颜色感觉是不一样的，呈现的色光依次为红、橙、黄、绿、青、蓝、紫等。以后用"色调"这一术语来表示颜色的类别。电磁波波谱及可见光的波长如图 3-1 所示。

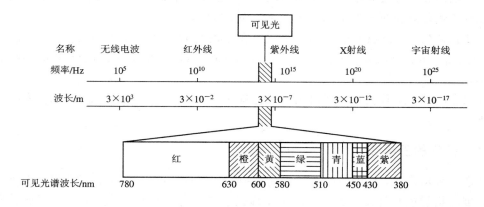

图 3-1　电磁波波谱及可见光波长

（a）相加混色图；（b）彩色三角形

光和色本质上是一回事，色是光的一种形式，光是色存在的条件，色是人眼对光谱分布的主观反映。没有光，就无所谓色。

3.1.2　白光源与色温

通常所说的物体颜色，是指该物体在太阳光(白光)照射下，因反射了可见光谱中的相关光谱成分而吸收其余部分，从而引起人眼的相应彩色感觉。例如，当一面红旗受到太阳光(白光)照射后，它主要反射了太阳光(白光)中的红色光谱成分，而吸收了太阳光中其余的光谱成分，被反射的红光进入人眼从而引起红色视觉效果。因此，在电视技术中，为了逼真地传送彩色图像，常以白色光作为标准光源。

从电视技术的应用上来讲，要定量地描述某一彩色，必须同时说明产生这一颜色所用光源的光谱特性。国际照明委员会(CIE)从 1931 年起陆续推出了 A、B、C、D_{65} 和 E 五种标准白光源。A 光源为钨丝灯额定光谱；B 光源近似为中午太阳光的光谱；C 光源相当于白天的自然光；D_{65}光源为彩色电视的标准光源，因为它的光谱更接近于人们生活中所习惯的平均白昼照明；E 光源是色度学中采用的一种假想的等能白光，就是当可见光谱范围内的所有波长的光都具有相等辐射功率时所形成的一种白光。E 光源无法直接产生，实际上也并不存在，采用它纯粹是为了简化色度学中的计算。

在近代照明技术中，统称为"白光"的光谱成分的分布并不相同。为了说明各种白光因光谱成分不同而存在的光色差异，通常采用与绝对黑体的辐射温度有关的"色温"来表征各种光源的具体光色。

绝对黑体是既不反射也不透射而完全吸收入射辐射的物体，它对所有波长的光吸收系数均为 100%，反射系数为零。严格说来，绝对黑体在自然界是不存在的，其实验模型是一个中空的、内壁涂黑的球体，在它上面开了一个小孔，进入小孔的光辐射经内壁多次反射、吸收，已经不能再逸出外面，这个小孔就相当于绝对黑体。设法在这样的腔体内加热，小孔将辐射出光，其光谱分布是连续的，并与黑体温度有着单一的对应关系。如果一种光源的光谱分布与黑体在某一加热温度下的光谱分布相同或者相近，并且二者的色度相同，那么此时黑体的温度(K，开尔文)就称为该光源的色温。例如，当一个钨丝灯光源在额定功率所发出的白光，与温度保持在 2854 K 的绝对黑体所辐射的白光光谱分布完全相同时，我们就称该钨丝灯光源所发出的白光的色温为 2854 K。

需要强调的是，色温并非光源本身表面的实际温度，而是用来表征其光谱特性的参量。例如，某 CRT 显示屏表面的实际温度为 27°(300 K)，而它显示的白场画面的色温则是 6500 K。

A、B、C、D_{65} 和 E 五种标准白光源的色温分别为 2854 K、4800 K、6770 K、6500 K 和 5500 K。

3.1.3　彩色的三要素

任意一种彩色光，均可用亮度、色调和色饱和度来表示，它们又称做彩色三要素。

亮度是指彩色光对人眼所引起的明亮程度感觉。当光波的能量增强时，亮度就增加；反之亦然。此外，亮度还与人眼光谱响应特性有关，不同的彩色光，即使强度相同，当分别照射同一物体时也会对人眼产生不同的亮度感觉。实验表明，人眼对 $\lambda=550$ nm 的光波的亮度感觉最灵敏。

色调是指光的颜色种类。例如，红、橙、黄、绿、青、蓝、紫分别表示不同的色调，色调是彩色最基本的特性。

色饱和度是指彩色的纯度，即颜色掺入白光的程度，或指颜色的深浅程度。某彩色掺入的白光越多，其色饱和度就越低；掺入的白光越少，其色饱和度就越高。不掺入白光，即白光为零，则其色饱和度为 100%；全为白光，则其色饱和度为零。

通常把色调与色饱和度合称为色度。

3.1.4　三基色原理

根据人眼彩色视觉特性，在彩色重现过程中，并不要求恢复原景物反射光的全部光谱成分，重要的是应获得与原景象相同的彩色感觉。

我们知道，不同波长的光会引起人眼不同的彩色感觉，同一波长的光引起的人眼彩色感觉是一定的。那么是不是人眼对某一色调的感觉就只能对应一种波长的单色光呢？实践表明，几种不同波长的单色光混合在一起，也可以引起人眼产生与另外一种单色光相同的彩色感觉。例如，用适当的比例混合单色红光和单色绿光，也可以使人眼产生与单色黄光相同的彩色感觉。实践证明，自然界可见到的绝大部分彩色，都可以由几种不同波长（颜色）的单色光相混合来等效，这一现象叫做混色效应。经进一步研究，人们终于得到了一个重要的原理——三基色原理。

三基色原理的主要内容是：

（1）自然界中的绝大部分彩色，都可以由三种基色按一定比例混合得到；反之，任意一种彩色均可以被分解为三种基色。

（2）作为基色的三种彩色，要相互独立，即其中任何一种基色都不能由另外两种基色混合来产生。

（3）由三基色混合而得到的彩色光的亮度等于参与混合的各基色的亮度之和。

（4）三基色的比例决定了混合色的色调和色饱合度。

彩色电视的实现就是基于此三基色原理的。在彩色电视中，通常选用红（用字母 R 表示）、绿（用字母 G 表示）、蓝（用字母 B 表示）作为三种基色光。

三基色原理为彩色电视技术奠定了理论基础，极大地简化了用电信号来传送彩色图像的技术问题。它把需要传送景物丰富多样的彩色的任务，简化为只需传送三种基色信号。我们已经知道，黑白电视只是重现景物的亮度，故发射台只需传送一个反映景物亮度的电信号就行了。而彩色电视要传送的却是亮度不同、彩色千差万别的电信号。试想，如果每一种彩色都使用一个与它对应的电信号，那么发射台就要传送许许多多的电信号，显然，这在技术上是难以实现的。若根据三基色原理，我们就只需把要传送的彩色分解成红（R）、绿（G）、蓝（B）三种基色，然后再将它们转换成三种电信号进行传送。在电视接收端，再将这三种电信号送至彩色显像管，经过混色的方法就能重现被传送的彩色图像了。

彩色混色法有两种：一种是彩色光的混色，这种方式是用加法混色的。例如，彩色电视中，利用三基色原理将彩色分解和重现，最终使三基色光同时作用于人眼中，视觉相加混合获得不同的彩色感觉。另一种是彩色颜料的混色，这种方式是用减法混色的。例如，绘画等，它们的混色规律是不同的。这里只讨论彩色电视所用的加法混色法，其混色规律如图 3-2 所示。

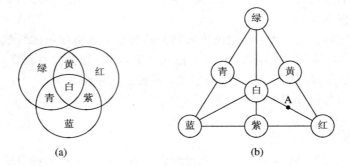

(a)   (b)

图 3-2 混色图

从图 3-2(a)得知:

$$红光＋绿光＝黄光$$
$$红光＋蓝光＝紫光$$
$$绿光＋蓝光＝青光$$
$$红光＋绿光＋蓝光＝白光$$

以上均指各种光等量相加,若改变它们间的混合比例,则可以得到各种颜色的光。例如,红光与绿光混合时,如果红光由小至大变化,将依次产生绿、黄绿、橙、红等颜色。同理,当红、绿、蓝三基色光以不同比例混合时,将会得到各种较淡的颜色,即饱和度较低的色调,如淡青、淡绿、淡紫、淡红等。由图 3-2 可以看出,黄、蓝互为补色,这两种颜色的光相加就相当于红、绿、蓝光相混合,可以得到白光。同理,绿、紫互补,红、青互补。

为了实现相加混色,除了将三种不同亮度的基色光同时投射到一个全反射表面上,从而合成不同的彩色光以外,还可以利用人眼的视觉特性,用下列方法进行混色:

(1) 时间混色法:将三种基色光按一定顺序轮流投射到同一表面上,只要轮换速度足够快,则由于人眼的视觉惰性,人眼产生的彩色感觉就与由三基色直接混色时的彩色感觉相同。

(2) 空间混色法:将三种基色光分别投射到同一表面上邻近的三个点上,只要这些点相距足够近,则由于人眼分辨率的限制,也将产生三基色相混色的彩色感觉。

为了直观地表现三基色的混色原理,确定混色后各种颜色之间的关系,常采用彩色三角形来表示三基色的混色过程。彩色三角形是一等边三角形,三个顶点放置三基色,其余各混色可相应确定,如图 3-2(b)所示。

(1) 每条边上各点代表的颜色,是相应的两个基色按不同比例混合的混合色。青、紫、黄三补色位于相应三边的中点,它是相应的两基色等量时的混合色。

(2) 彩色三角形的重心是白色,它是等量的三基色的混合色。

(3) 每根中线两端对应的彩色互为补色,由于中线过重心,说明两补色间可混合成白色。

(4) 每边的彩色为纯色,色饱和度为 100%。每边上任一点至重心,其色饱和度逐渐下降至零,而色调不变,如图中 A 点为粉红色。

根据三基色原理,将红、绿、蓝三种基色按不同比例混合,可以获得各种色彩。

3.1.5　亮度方程

显像三基色要混合成白光，所需光通量之比是由所选用的标准白光和所选三基色的不同而决定的。实验表明，目前 NTSC 制彩色电视中，由三基色合成的彩色光的亮度符合下面的关系：

$$Y = 0.299R + 0.587G + 0.114B \tag{3-1}$$

上式为彩色电视中常用的亮度方程，该式定量地说明了由三基色合成彩色光的亮度关系。此式也是在彩色电视技术中，无论是彩色重现，还是彩色分解都必须遵守的一个重要关系式。

由于彩色电视制式不同，所规定的标准白光和选择的显像三基色荧光粉不一样，因此，由三基色合成的彩色光的亮度方程也不一样。例如，PAL 制的亮度方程为

$$Y = 0.222R + 0.707G + 0.071B$$

但因 NTSC 制使用较早，所以，PAL 制并没有采用它本身的亮度方程，而是沿用了 NTSC 制的亮度方程。实践表明，由此引起的图像亮度误差很小，完全能满足人眼视觉对亮度的要求。

亮度方程通常近似写成：

$$Y = 0.30R + 0.59G + 0.11B \tag{3-2}$$

在亮度方程中，R、G、B 前面的系数 0.30、0.59、0.11 分别代表 R、G、B 三种基色对亮度所起的作用，称为可见度系数。例如，在一个单位亮度的白光当中，红基色对白光亮度的贡献为 30%，绿基色对白光亮度的作用为 59%，蓝基色对白光亮度的贡献为 11%。

当 $R=G=B=1$ 时，合成的亮度为白色光；当 $R=G=B=0 \sim 1$ 之间时，为灰色光；当 $R=G=B=0$ 时，为黑色光。

当 R、G、B 取不同的值时，就可以配出各种不同色调和不同饱和度的颜色。

在彩色电视信号传输过程中，亮度信号和三基色信号是以电压的形式来代表的，因此，亮度方程可以改写成电压的形式，即

$$E_Y = 0.30E_R + 0.59E_G + 0.11E_B$$

这里，E_Y、E_R、E_G、E_B 各代表亮度信号、红基色信号、绿基色信号和蓝基色信号的电压，且分别独立。若已知其中任意三种，就可通过加、减法矩阵电路来合成第四种。在后面的讨论中，为了书写方便，仍把以上四种信号电压 E_Y、E_R、E_G、E_B 分别以 Y、R、G、B 来表示。

3.2　彩色图像的分解与重现

电视图像信号是通过光电转换、电信号传送和电光转换来实现传送和接收的。对于彩色电视系统而言，在发射端，利用摄像机将彩色图像变成电信号，然后将电信号作适当的技术处理，经发射机天线发射出去；在接收端，利用电视接收机将天线接收的电信号进行相应的技术处理，再经彩色显像管重现出彩色图像。本节将简要介绍彩色图像的分解与重现的大致过程。

3.2.1　彩色图像的分解

电视图像是通过摄像管把图像的光信号变成电信号的。但由于一幅图像细节变化很多，因此不能将整幅图画直接变成电信号，而是先将一幅彩色平面图像分解成许许多多彩色的像素，每一像素均可用亮度、色调和色饱和度这三个要素来表征；再将每一像素顺序转变成电信号。对于活动图像而言，每一像素的三要素都是时间的函数。根据三基色原理，首先，用分色系统把彩色图像分解成红、绿、蓝三幅基色光，同时送到对应的红、绿、蓝摄像管的光敏靶上。三基色摄像管在扫描电路的作用下进行光电转换，然后进行预失真 γ 校正，以补偿光电转换系统的非线性。经过光电转换，三基色光就变成了三个电信号 E_R、E_G 和 G_B。这样就完成了图像的分解，如图 3-3 所示。

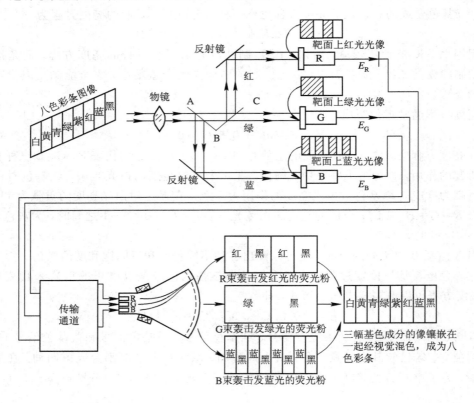

图 3-3　彩色电视传送的基本过程

近几年又出现了单管式彩色摄像机，由于它使用了光调制器，所以可以用一只摄像管摄取三基色图像；若把摄取的信号再经过光解调器，便可获得三基色信号。单管式彩色摄像机有频率分离式、相位分离式、三电极式等多种。

3.2.2　彩色图像的重现

要设计一个彩色电视系统，使重现图像的彩色与原景物彩色的光谱分布完全相同，从而达到原景物彩色的理想重现，这不仅在技术上难以实现，而且也没有必要。因为根据三基色原理，用红、绿、蓝这三种基色混合就可以模拟出自然界的绝大部分彩色，而且视觉效果相同。在发送端，用摄像管取得了代表红、绿、蓝三基色的电信号，相应地在接收端就可以把这三个基色电信号再转换成按比例混合的彩色光，这样就正确地重现了景物的彩色图像。

彩色图像重现的具体工作过程为：在接收端，见图 3-3，经过传输通道，图像信号被解码器分解为三个基色信号，去控制彩色显像管的三条电子束；在彩色显像管荧光屏上涂敷着按一定规律紧密排列的红、绿、蓝三色荧光粉，显像管的三条电子束在扫描过程中各自轰击相应的荧光粉；加到显像管三个阴极上的三基色信号 E_R、E_G、E_B 分别控制 R、G、B 三条电子束的强弱，彩色显像管屏幕上就呈现出三幅基色图像。

由于三色荧光粉依空间位置紧密镶嵌在一起，人眼所感觉到的是它们混合构成的彩色图像，因此，彩色显像管是利用空间混合法重现彩色图像的。

3.3　兼容制彩色电视制式

由于在彩色电视产生前已出现了黑白电视，因此现在设计的彩色电视都能兼容黑白电视。

所谓兼容，是指黑白电视机与彩色电视机可以互相收看彩色电视台与黑白电视台发射的电视节目。黑白电视接收机能接收彩色电视台发射的电视节目，而显示出正常质量的黑白图像的特性称为正兼容性；彩色电视接收机能够以显示黑白图像的方式收看黑白电视广播的特性称为逆兼容性。兼容性只是广播电视所要求的，对于其它电视系统，如工业电视、医疗电视等都无此要求。

要实现彩色电视与黑白电视的相互兼容，彩色电视应保留黑白电视原有的各项技术指标。例如，彩色电视应采用原来的隔行扫描方式，采用相同的帧频、场频及行频；采用同样的行、场同步信号；具有与黑白电视相同的伴音载频和图像载频；等等。彩色电视信号还应占用和黑白电视信号相同的频带宽度，即视频带宽 6 MHz，射频带宽 8 MHz。本节将讨论黑白、彩色电视兼容的可能性以及典型的兼容制彩色电视制式。

3.3.1　色度信号的编码传输

1. 色度信号的编码

1）亮度信号与色度信号

在兼容制彩色电视中为了做到彩色、黑白相互兼容，重要条件之一就是要求彩色全电视信号和黑白全电视信号一样，也只占有 6 MHz 的带宽。但是，彩色图像经电视摄像机就形成了 R、G、B 三个基色信号，且每一基色信号的带宽都与黑白图像信号的带宽相同，则三个基色占用的频带宽度总和就为 18 MHz，显然无法兼容传输。因此，彩色电视一般不直接传送这三个基色信号，而必须先对它们进行一定的编码。

为了实现兼容，彩色电视编码最好含有两种信号：一种是代表图像明暗程度的亮度信号；另一种是代表图像彩色的色度信号。黑白电视接收机只须接收其中的亮度信号，就能直接收看到彩色电视节目，只不过显示的图像是黑白的；而彩色电视接收机就必须同时接收亮度信号和色度信号，通过解码器处理后，获得 R、G、B 三基色信号，最后送至彩色显像管重现出彩色图像。

由亮度方程 $Y=0.3R+0.59G+0.11B$ 可知,亮度信号可由 R、G、B 三基色信号合成。色度信号虽有 R、G、B 三种,但根据亮度方程,在 Y、R、G、B 这 4 个物理量中,只有 3 个量是独立的。因此,作为传送彩色信息的色度信号只须选择两种基色信号就可以了。例如,可选用 Y 作亮度信号,选用 R、B 作色度信号,而 G 可以通过亮度方程求得。但这样做有个很大的缺点,即亮度信号 Y 已经代表了被传送彩色光的全部亮度;而 R、B 本身也还含有亮度成分,这显然是多余的,且在传输过程中易干扰亮度信号 Y。为了克服这一缺点,彩色电视系统一般不选用基色本身作为色度信号,而选用的是色差信号。

2)色差信号

用基色信号减去亮度信号就得到色差信号。例如,$R-Y$、$B-Y$、$G-Y$ 就是三种基色信号分别减去亮度信号 Y 而形成的,它们分别叫做红色差信号、绿色差信号和蓝色差信号。

由亮度方程(3-2)可得出三种色差信号的幅值:

$$R-Y = R-(0.3R+0.59G+0.11B) = 0.7R-0.59G-0.11B \qquad (3-3)$$
$$B-Y = B-(0.3R+0.59G+0.11B) = -0.3R-0.59G+0.89B \qquad (3-4)$$
$$G-Y = G-(0.3R+0.59G+0.11B) = -0.3R+0.41G-0.11B \qquad (3-5)$$

由于 $G-Y$ 信号幅值较小,对改善信噪比不利,并且 $G-Y$ 又可由 $R-Y$ 和 $B-Y$ 通过简单的电阻矩阵合成产生,因此电视系统通常只传送 Y、$R-Y$ 和 $B-Y$ 这三种信号,而不传送 $G-Y$ 信号,其中 Y 仅代表亮度信息,而 $R-Y$、$B-Y$ 代表色度信息。显然,这给兼容制电视系统提供了方便与可能。

图 3-4 所示为由 R、G、B 这三种基色信号通过编码合成的亮度信号 Y 与色差信号 $R-Y$、$B-Y$ 的示意图。

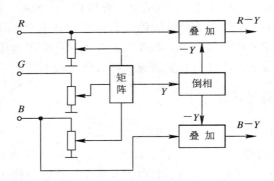

图 3-4 由 R、G、B 合成亮度信号 Y 与色差信号 $R-Y$、$B-Y$ 的示意图

3)频带压缩

选用亮度信号 Y 和两色差信号 $R-Y$、$B-Y$ 作为彩色电视信号传送,如果不加任何限制和处理的话,则彩色电视信号总的频带依然过宽,技术上还是难以实现,所以必须压缩彩色电视信号的频带宽度。彩色电视的图像清晰度是由亮度信号的带宽来保证的,且为了达到兼容,此亮度信号必须与黑白电视信号保持一致的带宽(即 0~6 MHz),所以彩色电视信号中的亮度信号不能压缩,必须保持原有的 6 MHz 带宽。

　　实验表明，人眼对彩色的分辨能力比亮度的分辨能力低得多。若人眼对与其相隔一定距离的黑白相间的条纹刚能分辨出黑白差别，则把黑白相间条纹换成不同颜色相间的条纹后，就不易分辨出来了。因此，彩色电视系统在传送彩色图像时，细节部分可以只传送黑白图像，而不传送彩色信息，这就是压缩色度信号并节省传输频带的依据。

　　根据人眼对彩色细节的分辨能力远比对亮度细节的分辨能力低得多的这一特点，可将彩色信号的频带加以压缩，不必传送色度信号的高频分量。色度信号的高频分量可由亮度信号来代替，重现的彩色图像效果能够满足人眼的视觉要求。我国彩色电视系统在传送彩色图像时规定：将色度信号带宽由 $0 \sim 6$ MHz 压缩到 $0 \sim 1.3$ MHz。

2. 传送色差信号的优点

1）兼容效果好

　　当选用 Y、$R-Y$、$B-Y$ 三种信号时，Y 仅代表被传送景物的亮度，而不含色度。而且，当所传送的图像为黑白图片时，色差信号均为零，因为任何黑白图片仅有亮度明暗的层次变化，因此它们的三基色信号总是相等的。例如，传送一灰色信号时，其三基色信号为 $R=G=B=0.4$ V，它们合成的亮度信号 $Y=0.4$ V，所以色差信号 $R-Y$、$B-Y$ 也为零。因此，色差信号只表示色度不表示亮度，而且三色差信号对亮度的贡献为零。这个道理不难证明，只要将式（3-2）的左边项移到右边，并加以整理便可以得到：

$$0 = 0.3(R-Y) + 0.59(G-Y) + 0.11(B-Y) \tag{3-6}$$

所以，色差信号的失真不会影响亮度。因此，黑白电视机只接收彩色电视台中的 Y 信号，其效果与收看黑白电视台的节目一样，既不受色差信号的干扰，又能正常重现原图像的亮度，其兼容效果好。

2）能够实现恒定亮度原理

　　所谓恒定亮度原理，是指被摄景物的亮度在传输系统是线性的前提下，均应保持恒定，即与色差信号失真与否无关，只与亮度信号本身的大小有关。下面举一例子来说明。假设某物体某一时刻为一种偏紫的红色，其三基色信号为 $R=0.7$ V、$G=0.4$ V、$B=0.5$ V，则由式（3-2）合成的 $Y=0.5$。根据色差定义，可用矩阵电路合成得到红色差信号和蓝色差信号为

$$R-Y = 0.7 - 0.5 = 0.2 \text{ V}$$
$$B-Y = 0.5 - 0.5 = 0 \text{ V}$$

　　如果我们选用 Y、$R-Y$、$B-Y$ 三种独立信号代表彩色信息，并将它们送至接收端，再利用矩阵电路同样可以将以上三信号相加获得 R、B 基色信号为 0.7 V、0.5 V，同时，也可按式（3-6）合成绿色差信号：

$$G-Y = -0.51(R-Y) - 0.19(B-Y) = -0.11 \text{ V}$$

然后再与亮度信号 Y 相加得到绿基色信号为 0.39 V，所恢复的三基色信号重现的亮度仍是 0.5 V。

　　在传输过程中，假若 Y 信号无失真，仍为 0.5 V，而色差信号受干扰，$R-Y$ 由 0.2 V 变为 0.3 V，$B-Y$ 由 0 V 变为 0.2 V，则它们合成的 $G-Y = 0.51 \times 0.3 - 0.19 \times 0.2 = -0.191$ V。在接收端，已失真的色差信号与未失真的亮度信号合成形成的三基色信号为

$$R' = (R-Y)' + Y = 0.3 + 0.5 = 0.8 \text{ V}$$
$$G' = (G-Y)' + Y = -0.191 + 0.5 = 0.309 \text{ V}$$

$$B' = 0.2 + 0.5 = 0.7 \text{ V}$$
$$Y' = 0.3 \times 0.8 + 0.59 \times 0.309 + 0.11 \times 0.7 = 0.5 \text{ V}$$

显然,色调有失真,红色变得更加偏紫了,但它们合成的亮度信号 Y' 仍然是 0.5 V,即此时所显示的亮度仍然与失真前的相同。这就进一步说明了色度通道的杂波干扰不影响图像亮度,使图像的质量得到了保证。

3) 有利于高频混合

由于传送亮度信号占有全部视频带宽(0~6 MHz),而传送色度信号只利用较窄的频带(0~1.3 MHz)。因此,电视接收机所恢复的三个基色信号就只包含较低的频率成分,反映在画面上,只表示出大面积的彩色轮廓;而图像彩色的细节,即高频成分则由亮度信号来补充。这就是说,由亮度信号显示出一幅高清晰度的黑白图像,再由色度信号在这幅黑白图像上进行大面积的低清晰度着色。此时人眼感觉到的就是一幅高质量的彩色图像画面。这就是所谓的大面积着色原理,又叫做高频混合原理。

选用色差信号是有利于高频混合的。为了在接收端能够得到带宽为 0~6 MHz 的三个基色信号,将 0~1.3 MHz 窄带的色差信号混入一个 0~6 MHz 全带宽的亮度信号中,这样就可以达到混合高频的目的。用亮度信号中的高频分量代替基色信号中未被传送的高频分量,可用如下公式表示:

$$(R-Y)_{0\sim1.3\text{ MHz}} + Y_{0\sim6\text{ MHz}} = R_{0\sim1.3\text{ MHz}} + Y_{1.3\sim6\text{ MHz}} \qquad (3-7)$$
$$(G-Y)_{0\sim1.3\text{ MHz}} + Y_{0\sim6\text{ MHz}} = G_{0\sim1.3\text{ MHz}} + Y_{1.3\sim6\text{ MHz}} \qquad (3-8)$$
$$(B-Y)_{0\sim1.3\text{ MHz}} + Y_{0\sim6\text{ MHz}} = B_{0\sim1.3\text{ MHz}} + Y_{1.3\sim6\text{ MHz}} \qquad (3-9)$$

可见,重现彩色图像的三基色只包含 0~1.3 MHz 的频率分量,而 1.3~6 MHz 范围内的频率分量则用亮度信号来补充,即显示出粗线条(大面积)的图像色彩,再附加黑白亮度信号的细节。这正好与人眼的视觉特性相适应。

另外,在进行高频混合时,亮度信号中 1.3 MHz 以下的低频成分不再重复出现,不会造成色度失真,也有利于接收机中滤波器的设计。如果直接用 R、B 基色信号传送,则在高频混合时,低频分量的亮度会重复出现,不仅造成彩色失真,而且使接收机的滤波器难以设计。

3.3.2 频谱间置原理

1. 频谱间置

色差信号频带虽经压缩,但它在频域中与亮度信号仍是重叠的。它们不仅在传送时互相干扰,而且在接收端也无法将它们分开。那么,如何使亮度信号与色度信号既共用 0~6 MHz 同一频带而又不相互干扰呢?下面对电视信号的频谱作进一步分析。

1) 周期方波信号的频谱分析

所谓频谱,是指信号中各种频率成分正弦波的幅度与其频率之间的关系。这里先分析一个周期为 T 的方波信号的频谱。图 3-5(a)所示为一周期方波信号,按傅里叶级数展开的表达式为

$$E(t) = \frac{u_\text{m}}{2} + \frac{2u_\text{m}}{\pi}\left(\sin\omega t + \frac{1}{3}\sin3\omega t + \frac{1}{5}\sin5\omega t + \cdots\right)$$

其中,$\omega = 2\pi/T$。

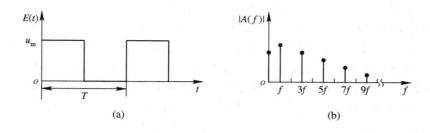

图 3-5　周期方波及其频谱

（a）周期矩形脉冲波波形；（b）周期矩形脉冲波频谱

这表明：周期方波信号是由 1、3、5……奇次谐波组成的，且随着谐波次数的增高，幅度是逐渐减少的。

图 3-5(b)所示是周期方波信号的频谱，这是一个由分离的谱线组成的频谱。事实上，所有周期信号的频谱都是分离谱或离散谱，而所有非周期信号的频谱都是连续谱。

2) 亮度信号的频谱分析

亮度信号本来是非周期性的，但由于电视图像信号采用了周期性扫描，因此使得视频信号具有一定的周期性。下面分析几种简单静止图像的对应信号波形及其频谱，以便找出一般图像信号的频谱规律。

图 3-6(a)所示是一幅亮度在垂直方向突变（上半部黑、下半部白）的简单图像，其对应的图像信号 $E(t)$ 是以场为周期的方波（图中画的是负极性图像信号的波形，并忽略行、场逆程的间隙），其频谱 $|A(f)|$ 是以场频 f_V 为间隔的离散谱。

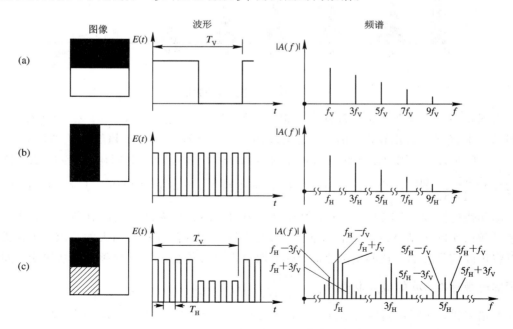

图 3-6　简单图像信号的波形和频谱

（a）上黑下白图像的波形和频谱；（b）左黑右白图像的波形和频谱；

（c）左半部上黑下灰，右半部全白图像的波形和频谱

图 3-6(b)所示是一幅亮度在水平方向突变(左半部黑、右半部白)的简单图像,其对应的图像信号 $E(t)$ 是以行为周期的方波,其频谱 $|A(f)|$ 是以行频 f_H 为间隔的离散谱。

图 3-6(c)所示是一幅既在水平方向,又在垂直方向有变化的静止图像,其对应的图像信号 $E(t)$ 可以看做是以场频信号对行频信号实行了幅度调制的波形,属于一脉冲调幅波。这种调幅波的载频为行频 f_H 及其奇次谐波;而调制信号的频率则为场频 f_V 及其奇次谐波。因此,其频谱 $|A(f)|$ 是以行频 f_H 及其奇次谐波为主谱线、其两侧出现以场频 f_V 为间隔的 $f_H \pm nf_V$、$3f_H \pm nf_V$、$5f_H \pm nf_V$……$mf_H \pm nf_V$ 的双重离散谱(其中,m,n 均为奇数)。从图 3-6 还可以看出:随着谐波频率的升高,其幅值越来越小,即能量越来越小。

实际上,电视传送的图像亮度信号是各种各样的,波形也各不相同,而且,图像是活动的。但不管图像是静止的,还是活动的,它的亮度信号都是上述这些简单分布图像的复杂组合而已,都是以行频和场频为中心频率的非正弦周期性信号,仍将具有上述频谱的大致特点。因此,实际的活动图像信号仍可以得到行频各次谐波(考虑到实际图像较复杂,并且也不对称,所以还应包括偶次谐波)频率的主谱线两侧的对称地分布着场频各次谐波频率的谱线群。这种情况可用图 3-7 画出的活动图像信号的频谱来表示。这些谱线群也可用 $mf_H \pm nf_V$ 表示,这里,m 和 n 为包括零在内的正整数。

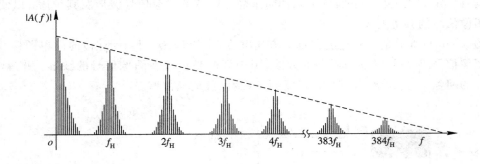

图 3-7　活动图像信号的频谱

由图 3-7 可知,各主谱线簇间存在很大空隙,间隔为 $f_H = 15.625$ kHz。研究表明:由于图像在垂直方向变化较慢,因此,主谱线两侧的边频数 n 一般不超过 20,如以 $n = 20$,$f_V = 50$ Hz 来计算,则每组谱线所占频宽约为 $2\Delta f = 2 \times 20 \times 50 = 2$ kHz,其空隙达主谱线间距的 $\dfrac{15\,625 - 2000}{15\,625} = 87.2\%$,而且主谐波次数越高,幅度衰减越快,从而空隙也越大。对于动作快的图像,空隙要小一些,但在整个频谱中还有很大区域是没有图像信息的。图像信号频谱实际上是呈梳齿状的离散谱,在相邻两组谱线间存在相当大的空隙,所以我们可以将色度信号安插在这些空隙之间。m 的取值由电视传输系统的视频带宽所决定,如按我国的电视标准,m 的最大取值为 $\dfrac{6\ \text{MHz}}{15\,625\ \text{Hz}} = 384$。

严格来讲,在隔行扫描的情况下,若考虑到奇、偶两场信号的差异,则图像信号的重复频率就为帧频。因此,离散谱线将以帧频为间隔。

总之,从电视图像亮度信号的频谱分析来看,其能量主要分布在以行频及其各次谐波频率为中心的较窄范围内,余下较大的空隙可利用来传送彩色信息。这就为在不扩展传输频带的情况下实现彩色电视信号的传送提供了理论依据。

　　3）色差信号的频谱分析

　　由于色差信号和亮度信号一样都是由三基色信号产生，并按同一扫描方式进行传送的，因此色差信号具有和亮度信号相同的频谱结构，只不过色差信号的频带宽度已被压缩到 1.3 MHz 以下而已。色差信号的频谱也可用 $mf_H \pm nf_V$ 表示。按我国的电视标准，m 的最大取值为 $\dfrac{1.3\ \text{MHz}}{15\ 625\ \text{Hz}} = 83$，如图 3-8(a)所示。

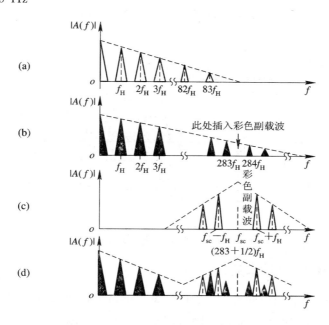

图 3-8　亮度与色度信号频谱间置示意图

（a）色差信号的频谱；（b）亮度信号的频谱；（c）已调色信号的频谱；（d）彩色全电视信号的频谱

　　4）频谱间置

　　色差信号虽经频带压缩，但它在频域中与亮度信号仍是重叠的，若不加处理而直接混合传送，则接收端是无法将它们分开的。解决问题的办法之一是移频，即通过调制的方法将色差信号的频谱移到亮度信号的频谱中间，实现色差信号的频谱与亮度信号的频谱交错。

　　亮度信号的频谱显示，其能量一般集中在低频段附近。为了减少色度信号对亮度信号的影响，可借助副载波频率 f_{sc} 把色度信号安插在亮度信号的频谱的高频段，并把 f_{sc} 选择在亮度信号主谱线的空隙中间，也就是 $f_{sc} = (2n-1)f_H/2$，即半行频的奇数倍。图 3-8(c)中的副载波频率 f_{sc} 正好是行频 f_H 的 283.5 倍，因此，正好通过幅度调制，将色差信号的频谱搬到亮度频谱间隔的中央（当然，这并非唯一选择，只要将已调的色差信号频谱安插在亮度主谱线间隙中间即可）。这样就实现了色差信号的频谱与亮度信号的频谱间置，就好像农作物的间种法一样，互相错开地排列，使色度信号频谱与亮度信号频谱互不干扰，且在频带内各占有一定的能量，这就是频谱间置原理。图 3-8(d)画出了色度信号与亮度信号叠加形成的频谱间置示意图。采用频谱间置的方法，既达到了兼容制的目的，也便于接收机根据其频谱分量的不同，分别取出各自所需的信号。

2. 全射频彩色电视信号的频域示意图

彩色全电视信号(FBAS)是由黑白全电视信号(即含有同步、消隐信号在内的亮度信号)与色度信号叠加而成的。它仍采用残留边带方式,并与高频伴音信号合在一起形成全射频彩色电视信号,其频域如图 3-9 所示。由图可见,彩色电视的频带宽度及频道划分与黑白电视是完全一样的,仅在高频端色差信号对副载波是双边带平衡调幅,且色度信号与亮度信号频谱交错,互不干扰。所以,黑白、彩色电视完全可以兼容。图中,f_p 为图像载频,f_{sc} 为色度副载波频率,f_s 为 FM 制伴音信号载频,它仍比图像载频 f_p 高 6.5 MHz。

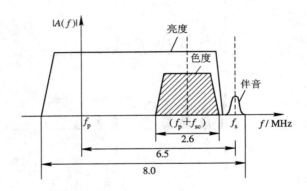

图 3-9 彩电电视全射频电视信号频域图

3.3.3 NTSC 制编码的基本原理

前面我们已介绍过的频谱间置概念,仅是对一个色差信号进行调制的情况,而实际上有两个色差信号,怎样把两个色差信号同时调制到一个彩色副载频上?采用 NTSC 正交平衡调幅制是一种简便且行之有效的方法。它是将两个色差信号 $R-Y$ 和 $B-Y$ 分别调制在频率相同、相位相差 90°的两个正交的色副载波上,再将两个输出加在一起送出;在接收机中,根据相位的不同,从合成的副载波已调信号中可分别取出两个色差信号。因此,这种调制既能在一个副载波上互不干扰地传送两个色差信号,而且便于解调分离,又不增加频带。由于色度信号是与亮度信号一起传送的,色度副载波分量会对亮度信号产生干扰,因此这里采用平衡调幅可以抑制副载波,使色度调幅波对亮度信号干扰减至最小,以改善兼容性。

实际上,彩电广播制式有 NTSC、PAL 和 SECAM 三大类,它们都与原来的黑白电视相兼容,也是把图像信号编码成一个亮度信号 Y 和两个色差信号 $B-Y$、$R-Y$ 来传送,它们的主要区别在于两个色差信号对色副载波的调制方式不同。

NTSC 制是最早由美国采用的一种正交平衡调幅制。我国目前使用的 PAL 制就是在 NTSC 制的基础上作了改进形成的一种制式。法国、东欧使用的 SECAM 也是针对 NTSC 制的不足而改进形成的又一制式。下面讨论 NTSC 制的正交平衡调制原理。

NTSC 制色差信号的正交平衡调幅制的方框图如图 3-10(a)所示。它由两个平衡调幅器、副载波 90°移相器和线性相加器等部分组成。由图可知,两个调制器分别输出的信号是红色度分量 $(R-Y)\cos\omega_{sc}t$ 与蓝色度分量 $(B-Y)\sin\omega_{sc}t$,它们相互正交,相加后的信号称做色

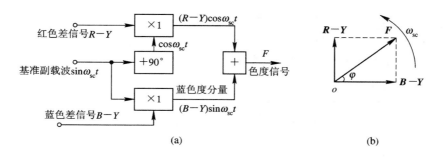

图 3 - 10　正交平衡调制原理图

（a）正交平衡振幅调制方框图；（b）色度信号 F 的矢量图

度信号 F。显然，色度信号是两个已调色差信号，即两个色度分量的矢量和。图 3 - 10(b)画出了色度信号 F 的矢量图，图中对角线的长度代表色度信号 F 的幅值，而 φ 是 F 的相角，其矢量式为

$$F = (R - Y) + (B - Y) = |F| \angle \varphi \qquad (3-10)$$

$$|F| = \sqrt{(R-Y)^2 + (B-Y)^2} \qquad (3-11)$$

$$\varphi = \arctan \frac{R-Y}{B-Y} \qquad (3-12)$$

由上式可知，彩色图像的色度信息全部包含在色度信号的振幅与相角之中，因为振幅 $|F|$ 取决于色度信号的幅值，因此，它决定了所传送彩色的饱和度，而相角 φ 取决于色差信号的相对比值，因而它决定了彩色的色调。这就是说，色度信号既是一个调幅波，又是一个调相波，色饱和度是利用已调副载波的幅值来传送的。下面讨论平衡调幅的特性。

对于如图 3 - 11(a)所示单频正弦波 $\sin \Omega t$ 的平衡调幅信号来说，可用以下三角函数表示：

$$\sin \Omega t \cdot \cos \omega_0 t = 1/2 \cdot \sin(\omega_0 + \Omega) t + \frac{1}{2} \cdot \sin(\omega_0 - \Omega) t$$

式中，$\cos \omega_0 t$ 为载频，其波形如图 3 - 11(c)所示。可见，单频正弦波的平衡调幅频谱不含载频 ω_0，只有 $\omega_0 \pm \Omega$ 的两条边线谱，如图 3 - 11(d)所示。

对于矩形波的平衡调幅信号而言，由于矩形波可分解为频率为 Ω、3Ω、5Ω……各次谐波，因此，可用矩形波的各谐波分别去调制载波，得到频谱为 $\omega_0 \pm \Omega$，$\omega_0 \pm 3\Omega$，$\omega_0 \pm 5\Omega$ ……上、下边频带，如图 3 - 11(b)、(e) 所示。

从波形图 3 - 11 上看，平衡调幅波的特点为：

(1) 平衡调幅波的振幅与载波信号振幅无关，而与调制信号振幅成正比，当调制信号为零时，平衡调幅波的幅度也为零。

(2) 因调制器实际是一个乘法器，因而呈调制信号电压为正值时，平衡调幅波与载波同相，而当调制信号电压为负值时，平衡调幅波与载波反相。当调制信号经过零点（以周期调制信号为标准）时，平衡调幅波相位变化 $180°$。

普通调幅波的特点为：

(1) 其振幅由载波信号振幅调制信号振幅共同决定，当调制信号振幅为零时，普通调幅波的振幅等于载波振幅。

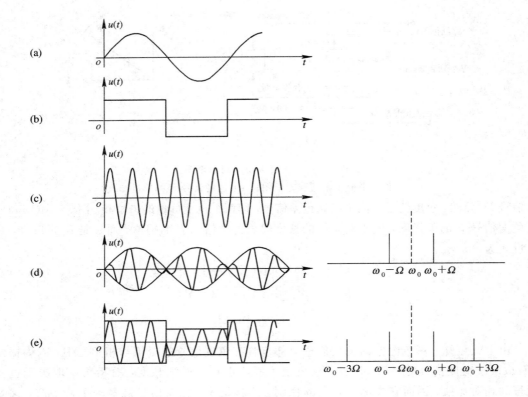

图 3-11　正弦波和矩形波对载波进行平衡调幅后的波形和频谱

（a) 调制波形为正弦波波形；(b) 调制波为矩形波波形；(c) 载波波形；

（d) 正弦波调制载波的波形和频谱；(e) 矩形波调制载波的波形和频谱

（2）从频率上看，普通调幅波与载波周期相同。

（3）调幅波的包络随调制信号而变化，其包络代表原来调制信号。

从上述讨论可知：平衡调幅波与普通调幅波不同。调制信号经平衡调幅后，其包络已不代表原调制信号。

在接收端如何将色度信号 F 分解，还原成 $B-Y$ 与 $R-Y$ 两个色差信号呢？由于平衡调幅波的包络不再是原来被调制信号的波形，因此，在接收端就不能用普通的线性检波器来检出原调制信号，只能采用同步检波器，即在原载频的正峰点对平衡调幅波取样检波，才能得到原来的调制信号。同步检波器实际上也是一种乘法器，这里的"同步"是指接收端解调器所用副载波的频率、相位要严格地与发送端正交平衡调制器中的副载波一致，即同频、同相。只有同步，接收端才能不失真地解调。

3.3.4　PAL 制编码的基本原理

1. 逐行倒相

PAL 制基本上采用了 NTSC 制的各项技术措施，并增加了一些技术措施来克服 NTSC 制中对相位失真较敏感的缺点。它是采用色差信号 $R-Y$ 和 $B-Y$ 来组成色度信号的。这两个色差信号均只占用 $0 \sim 1.3$ MHz，且幅度按百分比进行了一定的压缩（具体原因

后详），从而形成 U 信号和 V 信号，即

$$U = 0.493(B - Y) \tag{3-13}$$

$$V = 0.877(R - Y) \tag{3-14}$$

用压缩后的 U、V 信号去调制副载波，这样色度信号为

$$F = U \sin\omega_{sc}t + V \cos\omega_{sc}t = F_U + F_V \tag{3-15}$$

在 PAL 制中，发送端将已调红色差信号 $F_V = V \cos\omega_{sc}t$ 实行逐行倒相。例如，传送前一行时为 $V \cos\omega_{sc}t$（称为 NTSC 行），而传送下一行则变为 $-V \cos\omega_{sc}t$（称为 PAL 行）。

当扫描顺序为第 n 行时，$F_V = V \cos\omega_{sc}t$；当扫描顺序为 $n+1$ 行时，$F_V = V \cos(\omega_{sc} + 180°)$，即当第 n 行 F_V 相位为 $90°$ 时，则第 $n+1$ 行为 $270°$（或 $-90°$），第 $n+2$ 行其相位又回到 $90°$。如此反复进行，而矢量 F_U 的相位是不随扫描行序改变的，始终为 $F_U = U \sin\omega_{sc}t$。因此，相加后色度信号 F 的相位也是逐行改变的，其数学表达式为

$$\begin{aligned} F &= U \sin\omega_{sc}t \pm V \cos\omega_{sc}t \\ &= U \sin\omega_{sc}t + \Phi_k(t)V \cos\omega_{sc}t \\ &= |F| \sin[\omega_{sc}t + \varphi(t)] \end{aligned}$$

式中：

$$|F| = \sqrt{U^2 + V^2} \tag{3-16}$$

$$\varphi(t) = \Phi_k(t)\arctan\frac{V}{U} \tag{3-17}$$

$\Phi_k(t)$ 称为开关函数，为半行频方波，幅值为 ± 1，反映了逐行倒相。显然，对于任一色度信号，F_n 与 F_{n+1} 矢量以水平轴 U 镜像对称。其矢量图和 $\Phi_k(t)$ 波形图如图 3-12 所示。

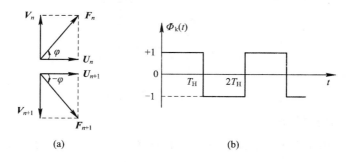

图 3-12　逐行倒相矢量图与开关函数波形图

（a）逐行倒相矢量图；（b）开关函数波形图

在发送端采取这一措施后，使得由微分相位失真引起的图像色调误差变化，在相邻行产生互补的效应，因而，在接收端可用延时解调器，将相邻两行信号平均（这里所说的平均是相对人眼的生理混色特性而言的），可使图像色调基本不受影响。采用 NTSC 制方式，通常需将系统的相位失真限制在 $\pm 5°$ 以内，而采用逐行倒相后，可使允许的相位失真增大到 $\pm 40°$ 以内。

2. PAL 制编码调制原理

PAL 制编码器采用逐行倒相正交平衡调幅，与 NTSC 制编码器相比，只是多了一个 PAL 开关，其开关电压由 $\Phi_k(t)$ 来控制，其调制原理方框图如图 3-13 所示，其主要工作过程如下：

（1）将 R、G、B 三个基色信号通过矩阵电路，合成亮度信号 Y 和色差信号 U、V。

（2）将 U 和 V 信号通过低通滤波器，只保留 1.3 MHz 以下的低频信号。

（3）把带宽限制后的 U、V 信号分别在平衡调制器对零相位的副载波和 $\pm90°$ 相位的副载波进行平衡调幅，并分别输出 F_U 和 $\pm F_V$ 色度分量。

（4）由于色差信号通过低通滤波器后，会引起一定的附加延时，因此，为了使亮度信号和色度信号在时间上一致，预先将亮度信号加以延时，其延时量约为 0.6 μs。

（5）将 F_U、$\pm F_V$ 两个色度分量与亮度信号 Y 在加法器叠加，最后输出彩色全电视信号。

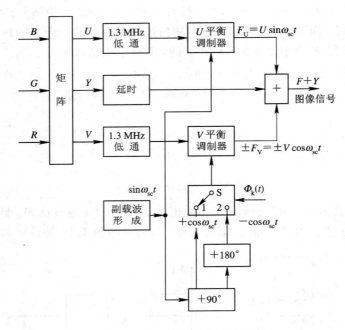

图 3-13　PAL 制编码调制原理框图

3. PAL 制频谱间置原理

在 PAL 制中，由于 V 信号逐行倒相，使其频谱分布发生了变化，与不倒相的 U 信号相比有了明显差别，使 U 信号的频谱与 V 信号的频谱相互错开 $\frac{1}{2}f_H$。如果仍像 NTSC 制一样，副载频仍选择为半行频的奇数倍，则虽能使 Y 信号与 U 信号频谱相互错开 $\frac{1}{2}f_H$，但却使得 Y 信号和 V 信号的频谱相互重合，导致兼容性差，如图 3-14(a) 所示。为了直观，图中将 V 与 Y 重叠处用虚线表示。

为了使 Y 信号、U 信号和 V 信号的频谱彼此都能错开，而且相互干扰最小，最好的办法是将 Y 信号谱线插到 U 信号和 V 信号谱线的中间位置，如图 3-14(b) 所示。为此，PAL 制采用 1/4 行频间置，其副载波频率为

$$f_{sc} = \left(n - \frac{1}{4}\right)f_H = \left(284 - \frac{1}{4}\right)f_H$$

$$= 283.75 f_H = 4.433\ 593\ 75 \text{ MHz}$$

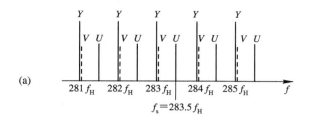

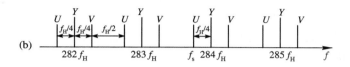

图 3-14　PAL 制行频间置的频谱

（a）半行频间置的频谱；（b）1/4 行频间置的频谱

实际上，为了减小副载波对亮度信号的干扰，改善兼容性，PAL 制副载频还附加了 25 Hz，称为半场频间置，即选择

$$f'_{sc} = 283.75 f_H + 25 \text{ Hz} = 4.433\,618\,75 \text{ MHz}$$

这是由于在采用了 1/4 行频间置后，PAL 制比 NTSC 制半行频间置的副载波干扰严重，为此，PAL 制对副载波又提出了场间交错的方法以减小副载波干扰的方法。所谓场间交错，就是让副载波逐场倒相，使相邻两场的干扰方向相反，从而使相邻两场干扰互相抵消。但这种方法要求接收机增加副载波倒相电路，从而造成接收机电路更复杂，因此，一般未采用副载波逐场倒相方式。目前均采用增加 25 Hz 偏置的简单方法来实现场间交错的效果，即让副载频增加 25 Hz，以便自动实现副载波的逐场倒相。由此可见，PAL 制对副载波频率的精度要求是非常高的，允许误差一般仅为 ±1～±5 Hz。

4. PAL 制梳状滤波器解码原理

电视接收机在收到彩色电视信号并将色度信号 F 取出后，还应通过 PAL 制梳状滤波器来进行解码，将红、蓝两色度分量 F_U、F_V 从色度信号 F 中分离出来。

在 PAL 解码器中，常采用超声波延时线作梳状滤波器，其原理方框图如图 3-15 所示。

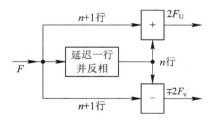

图 3-15　梳状滤波器的原理框图

由于利用超声玻璃延时线，来实现红、蓝两色度分量 F_U、F_V 的分离，因此称做延时解调器。又由于延时解调器的幅频特性是梳状的，因此又称做梳状滤波器。其解调分离原理如下。

设第 $n-1$ 行色度信号为

$$F_{n-1} = U \sin\omega_{sc}t - V \cos\omega_{sc}t$$

由于 V 信号逐行倒相，因此第 n 行色度信号为

$$F_n = U \sin\omega_{sc}t + V \cos\omega_{sc}t$$

第 $n+1$ 行色度信号为

$$F_{n+1} = U \sin\omega_{sc}t - V \cos\omega_{sc}t$$

这样，当 F_{n-1} 信号经过延时器延时一行（约延时 64 μs）并反相后，就正好和 F_n 同时到加法器和减法器中，经相加或相减后可得

$$F_n + (-F_{n-1}) = 2V \cos\omega_{sc}t = 2F_V$$
$$F_n - (-F_{n-1}) = 2U \sin\omega_{sc}t = 2F_U$$

同理，F_n 信号经过延时器延时一行再反相后，也正好和 F_{n+1} 同时到加法器和减法器中，经相加或相减后可得

$$F_{n+1} + (-F_n) = -2V \cos\omega_{sc}t = -2F_V$$
$$F_{n+1} - (-F_n) = 2U \sin\omega_{sc}t = 2F_U$$

可见，从加法器输出的总是逐行倒相的 F_V 色度分量，而从减法器输出的则为 F_U 色度分量，从而完成了色度信号 $F(t)$ 中两个分量 F_U、F_V 的分离。

5. 超声玻璃延时线

梳状滤波器中，超声玻璃延时线的作用是将色度信号进行一行（64 μs）的延时，且反相正好和下一行的色度信号同时到达加法器或减法器。这么大的延时时间，若用电磁波延时线，因电磁波速度接近光速（3×10^8 m/s），所以会使延时线体积变得很大。超声波玻璃延时线是在玻璃棒两端装有压电传感换能器，它把电信号转换成机械振动——超声波，它传播到输出端的换能器，又转换成电信号，因超声波在玻璃中的传播速度为 2.7×10^3 m/s，比电磁波慢得多，所以可以做得体积小而延时时间长。超声波延时线的结构如图 3-16 所示，它由一块长约 40 mm，宽为 30 mm，厚为 0.8 mm 的玻璃片和换能器（由压电陶瓷材料做成）组成，可以实现电能与机械能之间的转换，换能器与玻璃间由极薄的粘贴层连接。其工作原理是利用玻璃内壁上超声波的五次或七次反射传播而实现延时时间，误差不大于 ±3 ns，通常其具体参数为：

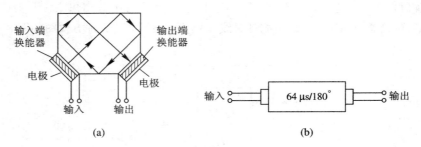

图 3-16　五次反射片状超声延时线的结构与符号
(a) 结构；(b) 符号

延时时间：63.943 μs$\pm$3 ns；

工作频率：4.43$\pm$1 MHz；

插入损耗：-8 ± 3 dB；

工作温度：—10～50℃；

输入输出阻抗：390 Ω；

最大输入电压：6 V。

3.4　PAL 制彩色全电视信号

　　PAL 制彩色全电视信号由亮度信号、色度信号、复合同步信号、复合消隐信号和逐行倒相的色同步信号等五部分组成。本节以标准彩条测试信号为例，分析 PAL 制彩色全电视信号波形及矢量图，以便加深读者对彩色电视原理的理解。

3.4.1　彩色图像信号分析

1. 三基色信号波形分析

　　构成标准彩条测试信号的 R、G、B 三基色信号波形，分别如图 3-17(b)、(c)、(d)所示。它们是由脉冲电路产生的三组不同脉宽、相同幅度的方波。将这三种方波信号加至彩色显像管，分别控制彩色显像管的三根电子束，并相应射到红、绿、蓝色荧光粉上，利用人眼空间混色作用，在屏幕上依次显示白、黄、青、绿、紫、红、蓝、黑共 8 种竖条，即如图 3-17(a)所示的彩条图形。如果是黑白电视接收机，则只能收看到 8 种灰度等级不同的竖条。

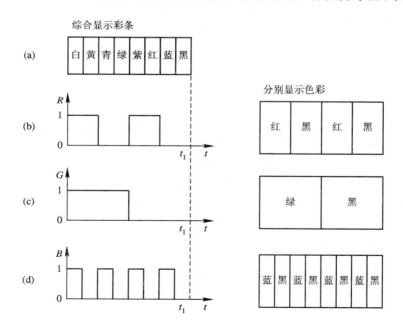

图 3-17　三基色信号波形及其对应的彩条图形

　　由图还可知：显示的中性白色，是由于 $R=G=B=1$，即等量的红、绿、蓝光同时出现混合为白光；$R=G=1$，而 $B=0$，即等量的红、绿光混合为黄色光，所示显示黄条；对于显示的绿色是 $R=0$，$G=1$，$B=0$，显像管 G 电子枪的电子束打在显示屏的绿色荧光粉，使屏幕发出绿光,此时,红、蓝两电子束截止而不发光。同理,可依次推出其它显示的彩条图形。由于把三基色信号与白条对应的电平定为 1,与黑条对应的电平定为 0,因此,它们是正极性的基色信号。

上述的彩条信号是用电的方法产生、模拟和代替彩色摄象机的光—色转换信号,利用该彩条信号可以对整个电视系统的工作做出定量的分析,特别是对电视接收机的性能指标做出准确的鉴定。所以,它是彩色电视中经常使用的一种测试信号,用于彩色电视系统的调整和测试。

图 3-17 中,与白条对应的各基色信号的电平为 1,是基色的最大值;与黑色对应的各基色信号的电平为 0,是基色的最小值。因此,三基色信号的电平非 0 即 1,由它们配出来的彩条,没有掺白,幅度最大,所以称之为 100%饱和度和 100%幅度的标准彩条,它可用四个数码表示为 100/0/100/0 彩条信号。100/0/100/0 的具体含义是:第一个"100"表示构成白色的各基色的最大值为 100% 相对电平值;第一个"0"表示构成黑色的各基色的最小值为 0% 相对电平值;第二个"100"表示构成彩色的各基色的最大值为 100% 相对电平值;第二个"0"表示构成彩色的各基色的最小值为 0%相对电平值。由于这种彩条信号波形简单,便于使用,因此被广泛用于彩色电视设备的生产和科研中。在后面研究色差、色度信号时,我们就以这种规格的彩条信号作为标准信号。

2. 标准彩条信号的亮度、色差与色度信号波形

由于电视台送出的彩色信号是两个色差信号和一个亮度信号,因此可根据以上 100/0/100/0 标准彩条信号的规定,利用亮度方程算出各种色调彩条信号的 Y、$R-Y$、$B-Y$ 和色度信号 F 的电平值。例如,在彩条中,黄色彩条对应的数据 $R=G=1$,$B=0$,计算得

$$Y = 0.30 \times 1 + 0.59 \times 1 + 0.11 \times 0 = 0.89$$
$$R-Y = 0.11$$
$$B-Y = -0.89$$
$$|F| = \sqrt{(R-Y)^2 + (B-Y)^2} = \sqrt{0.11^2 + 0.89^2} = 0.90$$

同理,可算出彩条中其余各色调的亮度、色差与色度电平值,计算结果列入表 3-1 中。

表 3-1　100/0/100/0 标准彩条信号

	u_R	u_G	u_B	u_{R-Y}	u_{B-Y}	u_{G-Y}	u_Y	$|F|$
白	1	1	1	0	0	0	1	0
黄	1	1	0	0.11	-0.89	0.11	0.89	0.90
青	0	1	1	-0.70	0.30	0.30	0.70	0.76
绿	0	1	0	-0.59	-0.59	0.41	0.59	0.83
紫	1	0	1	0.59	0.59	-0.41	0.41	0.83
红	1	0	0	0.70	-0.30	-0.30	0.30	0.76
蓝	0	0	1	-0.11	0.89	-0.11	0.11	0.90
黑	0	0	0	0	0	0	0	0

根据表 3-1 可画出相应的亮度与色差信号波形图，如图 3-18 所示。

由图 3-18 可见，彩条信号的亮度级别是递减的，但非等级差，它是一个含有直流分量的正极性亮度信号，而色差信号却是交流信号。

3. 彩条图形的复合图像信号波形

复合图像信号包括亮度信号 Y 和色度信号 F。从频域来看，亮度信号与色度信号频谱交错；从时域来看，色度信号叠加在亮度信号电平上。图 3-19 画出了上述彩条图形的色度信号与亮度信号叠加后的复合图像信号波形。

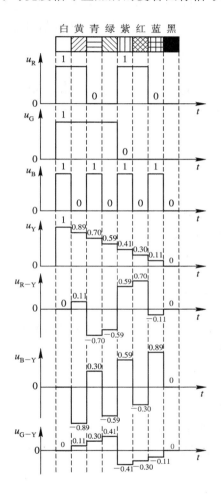

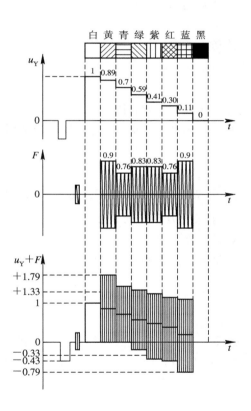

图 3-18　亮度与色差信号波形　　　　图 3-19　彩条图形的复合图像信号波形

在图 3-19 中，波形的纵坐标轴表示电平的幅度，其刻度仍以"0"表示黑色电平，"1"表示白色电平。从图中可以看出，同步电平为 -0.43，彩条信号的动态范围在 $-0.79 \sim +1.79$ 之间。

4. 色度信号的压缩

从图 3-19 可知，彩条图形的复合图像信号中的黄条和蓝条的最大值分别超过白黑电平±79%。显然，这样的彩条信号不仅会使发射机产生过调制失真，而且还将影响接收机的同步。因此，必须对色度信号的幅度进行压缩。

色度信号的幅度压缩要适当，压缩小了不能解决问题，压缩太多会降低色度信号的信噪比。通常规定：在 100/0/100/0 标准彩条信号情况下，取峰值白色电平与黑色电平差为1，即白色电平为 1，黑色电平为 0，彩条图形的复合图像信号的最大摆动范围不得超过峰值白色电平和黑色电平以外的 33%，也就是说，复合图像信号电平的最大摆动范围必须限制在 −0.33 和 +1.33 的界限之内。

我们只要将幅度最大的两个非为互补色的色条(例如黄条和青条)的电平都限定在上限1.33 处，则其它各色条的电平就都不会超过 33%。根据这一特点，来求解色差信号 $B-Y$ 和 $R-Y$ 的压缩系数 a 和 b 的数值。

传送黄条时：

$$(u_Y)_黄 + \sqrt{[a(U_{R-Y})_黄]^2 + [b(u_{B-Y})_黄]^2} = 0.89 + \sqrt{(0.11a)^2 + (0.89b)^2}$$
$$= 1.33$$

传送青条时：

$$(u_Y)_青 + \sqrt{[a(u_{R-Y})_青]^2 + [b(u_{B-Y})_青]^2} = 0.70 + \sqrt{(0.70a)^2 + (0.30b)^2}$$
$$= 1.33$$

将上面两式联立求解，得 $a=0.877$，$b=0.493$。

通常，压缩后的蓝、红色差信号分别用 U、V 表示为

$$U = 0.493(B-Y)$$
$$V = 0.877(R-Y)$$

5. 彩条图形的色度信号波形及其矢量图

1) 彩条色度信号的矢量图

彩条色度信号的矢量图就是将代表各彩条的色度信号的振幅和相位，用矢量形式表示在矢量坐标中所得到的矢量图，由式(3-10)可得

$$|F| = \sqrt{(R-Y)^2 + (B-Y)^2}$$
$$\varphi = \arctan\frac{R-Y}{B-Y}$$

这里我们仅讨论经过压缩后的彩条图形色度信号的矢量图。

例如，压缩后的 100/0/100/0 彩条信号中的紫色，据表 3-1 知，其 $R-Y=0.59$，$B-Y=0.59$，则有

$$V = 0.877(R-Y) = 0.519$$
$$U = 0.493(B-Y) = 0.291$$
$$|F_紫| = \sqrt{V^2+U^2} = 0.59$$
$$\varphi_紫 = \arctan\frac{V}{U} = 61° \qquad (PAL 行为负数)$$

同样，我们也可将其它的色度信号的幅度与相位计算出来，并列入表 3-2 中。根据表3-2 可画出色度信号的矢量图，如图 3-20 所示。

表 3 - 2　已压缩的 100/0/100/0 标准彩条信号

	u_{B-Y}	u_{R-Y}	U	V	$\lvert F \rvert$	φ	u_Y
白	0	0	0	0	0	—	—
黄	−0.89	0.11	−0.4388	0.0965	0.45	167°	0.89
青	0.30	−0.70	0.1479	−0.6139	0.63	283°	0.70
绿	−0.59	−0.59	−0.2909	−0.519	0.59	241°	0.59
紫	0.59	0.59	0.2909	0.519	0.59	61°	0.41
红	−0.30	0.70	−0.1479	0.6139	0.63	103°	0.30
蓝	0.89	0.11	0.4388	−0.0965	0.45	34°	0.11
黑	0	0	0	0	0	—	0

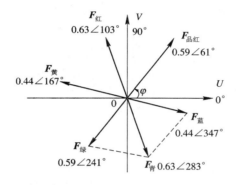

图 3 - 20　压缩后的色度信号矢量图

由压缩后的色度信号矢量图可知：

(1) 不同色调的矢量处在平面不同位置上，正如时钟用不同的方位代表不同时刻一样，用其不同的方位来表示不同的色调，因而常称色度信号矢量图为"彩色钟"。显示彩色色度信号的专门仪器叫做矢量示波器。将彩条信号送至矢量示波器中，示波器上显示的矢量图与标准的矢量图相比较，就能测出色调失真的大小。

(2) 互补的两个颜色矢量长度是相同的，即这两个色度信号矢量之和为零。

(3) 色调相同而饱和度不同的颜色，其色度信号的初相不变，仅矢量的大小改变。例如，幅度仍为 100%，而饱和度为 50% 的紫色，相当于含有 50% 的混合白光，可计算得 $Y=0.75$，$\lvert F_紫 \rvert=0.316$，$\varphi_紫=61°$。由此可见，同样是紫色，若色调不变，则 V、U 之比不变，φ 角不变，仅饱和度下降，即 $\lvert F \rvert$ 的幅值变小了。这进一步证明了色度信号的模值 $\lvert F \rvert$ 表示被传送彩色的饱和度，而 φ 角表示被传送彩色的色调，饱和度越低，越趋向原点。白色与黑色不算彩色，其饱和度为零，是矢量图的原点。

(4) 矢量图中，任意两个矢量相加可得第三个矢量，合成矢量表示这两种彩色混合后的色调。如绿加蓝，可得青色(由图 3 - 20 中虚线合成)，这样比用公式计算要方便得多。

2) 色度信号波形的特点

根据表 3-2，还可画出已压缩的 100/0/100/0 彩条色度信号波形图，如图 3-21 所示。

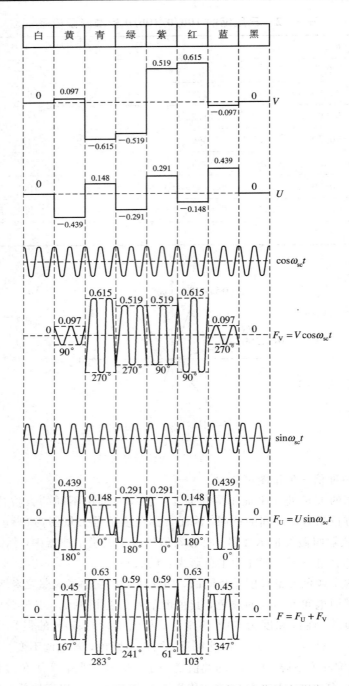

图 3-21 已压缩的 100/0/100/0 彩条色度信号波形图

由图 3-21 可以看出,色度信号波形有以下几个特点:

(1) 压缩后的 V、U 色差信号,经副载波正交平衡调幅后,所得的 F_V 与 F_U 仍然是相互正交的,即使 F_V 分量要逐行倒相,仍与 F_U 保持正交关系。

(2) 色差信号对彩色副载波进行平衡调幅。因此,具有平衡调幅波的特点。调制信号 V 或 U 经过零点时,已调制波的相位将产生 $180°$ 相移,其振幅由 V 与 U 的大小决定。对应调制信号为 0 的部分，已调制波也为零，它不含有载波分量。

（3）色度信号波形包络正比于两个色度分量合成矢量的模值。色度信号的相位取决于两个色度分量之比的反正切。对于倒相行与非倒相行，其色度信号包络形状相同。

图 3-22 画出了上述彩条图形已压缩的色度信号与亮度信号叠加后的复合图像信号波形。

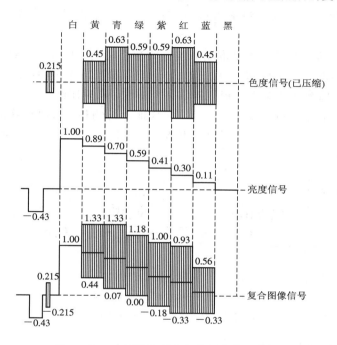

图 3-22　已压缩的彩条复合图像信号波形

3.4.2　色同步信号分析

色同步信号的作用就是给接收端输送解调器所用基准副载波频率与相位信息，以便使接收端同步解调器所插入副载波的频率、相位与基准副载波的保持一致，从而保证屏幕上的彩色稳定，即所谓的彩色同步。如果频率和相位有误差，则会使色调产生失真（第 3.3 节已讨论过）。

在 PAL 制中，还将利用色同步信号传送逐行倒相的识别信息，用来保证收、发两端的逐行倒相步调、次序一致。

色同步信号是放在每行逆程期中，即行消隐后肩的消隐电平上传送 9～11 个周期的基准副载波，如图 3-23 所示，色同步信号宽度为 2.25±0.23 μs，波形对称于黑色电平，与行同步前沿间隔 5.6±0.1 μs，色同步脉冲的幅度与行、场同步脉冲的相同，占电视图像信号幅度的 25%。

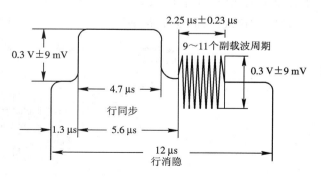

图 3-23　色同步信号位置

NTSC 制色同步信号的表达式为

$$e(t) = k(t) \cdot \sin(\omega_{sc} t + 135°)$$

PAL 制色同步信号的表达式为

$$e(t) = k(t) \cdot \sin(\omega_{sc} t + 180° \pm 45°)$$

式中，$k(t)$ 为 K 脉冲，其重复频率为行频，宽度为 10 个副载波周期，位于行同步脉冲后肩。

　　PAL 制的色同步信号是一串基准副载波群的初相跳变，如图 3-24(a)所示，未倒相行（即 NTSC 行）为 135°，倒相行（即 PAL 行）为 -135°（或 225°）。这样，PAL 制的色同步信号不但为接收端的副载波的频率和相位提供一个基准，同时还给出一个判断倒相顺序的识别信号，使解调 V 信号的副载波能与发送端一致地逐行倒相，以便正确地解调出 V 信号。这种逐行倒相的色同步信号用矢量图表示更清楚，如图 3-24(b)所示。色同步信号矢量可用符号 $\boldsymbol{F}_b$ 来表示。

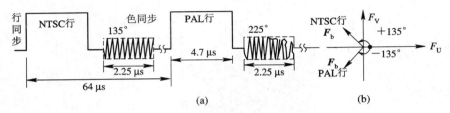

图 3-24　PAL 制色同步信号
(a) PAL 制色同步信号；(b) 色同步信号矢量图

3.4.3　彩色全电视信号波形的总结

　　彩色全电视信号除含有与黑白电视相同的亮度、复合同步、复合消隐及均衡脉冲外，还含有彩色信号的色度信号与保证彩色稳定的色同步信号。为了实现兼容，我国彩色电视制式中规定：负极性亮度信号仍以扫描同步电平最高，为 100%，黑色电平即消隐电平为 72.5%～77.5%，白色电平为 10%～12.5%。色度信号电平叠加在亮度信号电平上，它们叠加后的复合信号波形与扫描所需的行、场同步信号，色同步信号以及消隐信号共同构成了彩色全电视信号（即 FBAS）。图 3-25 给出了由 100/0/100/0 标准彩条的负极性亮度信号与已压缩的色度信号叠加构成的彩色全电视信号波形图。

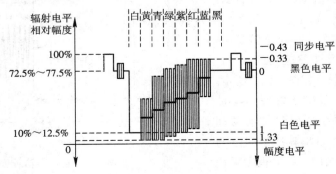

图 3-25　标准彩条负极性彩色全电视信号波形图

下面，对这种由多种信号构成的彩色全电视信号作些总结：

（1）它是黑白、彩色电视接收机均能使用的兼容性电视信号。

（2）参与混合的各种信号均保持着独立性，在接收机中，可用各种方法将它们一一分离。这是因为，色度与亮度信号在时域重叠而在频域交错，色度与色同步在频域重叠而在时域交错；扫描用的同步与消隐信号在频域、时域均重叠，但在所处电平高低上有所区别，它们与图像信号在频域交错，互不干扰。

（3）对静止图像而言，其电视信号以帧为重复周期，其场间、行间相关性也较大；对活动图像而言，则可说是帧间、行间相关性较大的非周期信号，但其同步与消隐信号仍是周期的。

（4）它是视频单极性信号，其总频带宽度为 0～6 MHz。

3.5　彩色电视接收机概述

将彩色电视机与黑白电视机相比较可知，黑白电视机所具有的功能块，彩色电视机完全具备，不过由于彩色电视信号比黑白电视信号多了色度信号和色同步信号，因此对彩色电视机的高频和中频电路提出了不同的要求，对扫描电路及高压电路也提出更高的要求。另外，彩色电视机还多了一个处理彩色全电视信号的解码器，而且，由于采用彩色显像管，因此还增加了彩色显像管外围电路。本节将介绍 PAL 制彩色电视接收机的组成特点。

彩色电视机中要处理的色度信号、亮度信号、伴音信号、色同步信号、复合同步和复合消隐信号等几种信号，必须按上节总结的彩色电视信号的特点，将它们全部分离开来。以上信号分离总流程如图 3-26 所示。伴音信号的分离方法和黑白电视机相同。彩色全电视信号中各种信号成分的分离过程为：首先利用频率分离的方法，将视频信号低频端的亮度信号、复合同步信号与高频端的色度信号、色同步信号分开；接着用幅度分离的方法，将复合同步信号与亮度信号分开；然后用时间分离法，将色度信号与色同步信号分开；最后用频率和相位双重分离的方法，将色度信号中的两个正交分量分开。

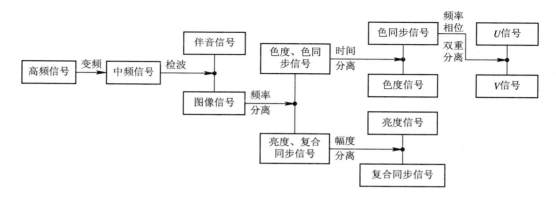

图 3-26　高频电视信号分离框图

下面按图 3-27 所示的彩色电视机接收系统组成方框图来简略介绍黑白、彩色兼容超外差式彩色电视机的工作原理。

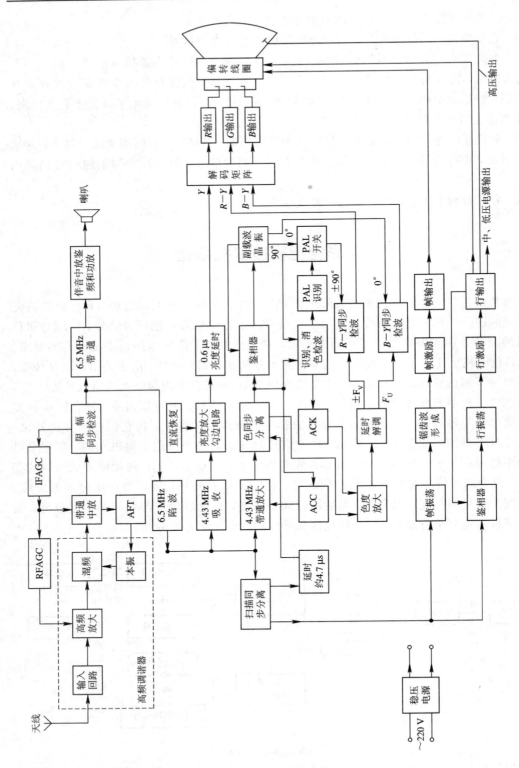

图 3 – 27　彩色电视机组成框图

　　来自天线的射频电视信号通过高频调谐器的选频放大，并经过本振、混频器，变换成中频图像信号；再通过中放电路进一步筛选放大后送至同步检波器进行检波。同步检波器所需的插入载波是由中频图像信号经限幅、选频后，提取出来的等幅中频信号，其频率值为图像载频 38 MHz。同步检波器输出的信号包括：$0 \sim 6$ MHz 的亮度信号、载频为 4.43 MHz 的色度信号、复合同步信号以及载频为 6.5 MHz 的第二伴音中频信号等。伴音信号采用调频方式，与图像信号在频域上是分开的。由同步检波器输出的载频为 6.5 MHz 的第二伴音中频信号经过 6.5 MHz 的带通滤波器，取出第二伴音中频信号；再通过伴音中放、鉴频及功放电路，送至扬声器还原成声音。同时，同步检波器输出的彩色图像信号经 6.5 MHz 陷波器，将第二伴音中频信号滤去后(以防止伴音干扰图像)，得到彩色全电视信号。

　　彩色全电视信号又分为三路输出。

　　第一路经 4.43 MHz 的吸收回路，消除色度信号，取出亮度信号。但亮度信号的高频分量也有所损失，会影响图像的清晰度。因此，增加了亮度放大与勾边电路，使亮度信号的高频成分有所提高；再经 0.6 μs 的亮度延时电路，使亮度信号与色差信号同时到达解码矩阵电路。

　　第二路经 4.43 MHz 的带通放大器，滤去亮度信号，取出色度信号及色同步信号；然后经色同步分离器将色度信号及色同步信号分开。色同步分离器的门控开关来自延时约为 4.4 μs 后的行同步脉冲。此门控行同步脉冲的时轴中心频率位置正好与色同步信号的中心对准，故门控脉冲到来时，便可取出色同步信号，从而抑制了色度信号。分离出的色同步信号，一方面去控制鉴相器，使它与本机副载波同步，其相位与彩色副载波准确相差 $0°$ 或 $90°$；另一方面去控制识别、消色检波电路等，一旦逐行倒相的 PAL 开关倒错，就会自动纠正。分离出的色度信号经色度放大器放大后，送到延时解调器，在这里经过"电平均"消除相位误差引起的色调畸变。同时，把色度信号分解为 F_U、F_V 分量，此二分量再送至红色差、蓝色差同步检波器，分别检波出 $R-Y$ 和 $B-Y$ 色差信号；再将两色差信号送至解码矩阵，混合出 R、G、B 三基色信号；最后，经视放输出级分别送到彩色显像管的三个阴极。

　　第三路利用扫描同步分离电路(即幅度分离器)取出行、场复合同步信号，并由微分电路取出行同步脉冲送到鉴相器，使行振荡器与之同步。鉴相器的比较信号是行输出级反馈过来的由行逆程脉冲经积分电路引入的信号。同时，场同步信号经积分电路去控制场振荡器，使场频与之一致。由于彩色显像管的尺寸与偏转角一般都比较大，易产生枕形失真，因而必须加枕形校正电路，即让行、场输出电流相互制约后，再送入偏转线圈以进行枕形失真的校正。

　　另外，彩色电视机中需要提供多种直流电压源，如彩色显像管的阳级高压，中、低压电源等。在实际彩色电视机电路中，一般是直流稳压电源仅供给扫描电路，而其它直流电源均由行输出变压器提供不同幅度的行逆程脉冲电压，经过二极管整流得到。目前，彩色电视机中基本上采用的是开关型稳压电源，因为开关型稳压电源具有体积小、重量轻、效率高、调整范围宽等优点。

3.6　彩色显像管

　　彩色显像管与黑白显像管的工作原理基本相同，但在结构上有很大的差异，主要区别是：彩色显像管有三个阴极和三个栅极，它们的阴栅电压分别受三种控制信号控制，且由三个阴极分别发出的三束电子流轰击相应的三种不同的荧光粉，根据空间混色原理呈现出彩色图像。若从一束电子流轰击屏幕的过程观察彩色显像管，则它与黑白显像管就没有多大的区别，仅呈现出单基色图像。因此，可以这么想象，彩色显像管可看做是由三个黑白显像管组合而成的。本节将简要讨论彩色显像管的结构特点及其附属电路。

3.6.1　彩色显像管的分类及特点

　　彩色显像管是彩色电视接收机的重要器件，是重现彩色图像的关键。随着彩色电视技术的发展，彩色显像管也由普通彩色显像管、平面直角彩色显像管发展到超平超黑彩色显像管以及纯平彩色显像管。彩色显像管的种类较多，从结构上划分，主要有三枪三束荫罩管、单枪三束栅网管和自会聚管三种类型。三枪三束荫罩管是 20 世纪 50 年代发明的第一代彩色显像管，其图像显示效果较好，但结构很复杂，制造精度要求很高，会聚调整相当繁琐，目前除了在少数高清晰度电视和彩色监视器上使用外，一般的彩电已不使用这种显像管了。单枪三束栅网管是 20 世纪 60 年代研制出的电子束一字形排列的第二代彩色显像管，其特点是：简化了会聚电路，使动会聚调节器由原来的 13 个减少为 3 个，但仍然较复杂，生产与维修都不太方便。自会聚管是 1972 年由美国 RCA 公司在单枪三束管基础上研制成功的新一代彩色显像管，它对显像管内部电极作了改造，并将特殊设计的偏转线圈与显像管固定在一起，在实现电子束偏转的同时，自动实现会聚。这种显像管大大简化了会聚的调整，方便了生产和维修。目前，几乎所有彩色电视接收机都采用自会聚彩色显像管。

1. 三枪三束荫罩管

　　三枪三束荫罩管的管颈部装有三个独立的电子枪，沿显像管轴线排成"品"字形，彼此相隔 120°。同时为了使电子束能在显像管荧光屏上会聚，三个电子枪均与管轴倾斜约 1.5° 左右的角度。三个电子枪产生的电子束强弱分别受基色信号控制，且用同一组行、场偏转系统来使它们偏转。

　　显像管屏上的荧光粉点是由红、绿、蓝三种荧光粉质点组成，按红、绿、蓝三个一组呈"品"字形排列，每一组构成一个像素。整个屏幕大约有 44 万个像素，因此共需要 132 万个荧光粉质点，它们很小且相互紧靠。这样，人们在一定距离观看时就将每组荧光粉点看成是一种与组成该像素三基色信号比例有关的色调，即产生空间混色效果，从而在荧光屏上看到绚丽多彩的图像画面。

　　要正确地重现彩色图像，三个电子枪发射的电子束必须只击中各自对应的荧光粉点，为此在荧光屏前面约 1 cm 处安装了称之为荫罩板的金属网孔板荫罩，板上约有 44 万个小圆孔，每一个小圆孔准确地对应一组三色点。三个电子枪射出的电子正好在荫罩板上的小圆孔中相交，并同时穿过小圆孔后分别轰击各自对应的荧光粉点，如图3-28所示。

　　三个电子束在扫描时，也应严格地打在对

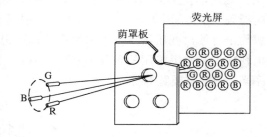

图 3 - 28　荫罩管示意图

应的荧光粉点上，这就要求三个电子枪产生的电子束在任何位置都必须聚集以通过同一荫罩孔，这也就是电子束的会聚。由于三枪三束荫罩管的电子枪是按"品"字形排列的，不处于同一平面，同时显像管屏面也不是球面的，因此造成该类彩管的会聚调整相当复杂。

三枪三束荫罩管的特点是：有三个独立的电子枪，每个电子枪都有单独的灯丝、阴极、控制栅极和加速极；聚焦极和阳极高压是公用的。

2. 单枪三束栅网管

单枪三束栅网管由一支电子枪来产生三个电子束，其结构如图 3 - 29 所示。它具有三个独立的阴极，而其余各电极都是公用的。三个阴极呈"一"字形直线排列，一般产生绿电子束的阴极居中，产生红、蓝电子束的阴极位于两侧。控制栅极 G_1 也排成一条直线，有三个孔，分别位于三个阴极发射表面处。同时，加速极 G_2 上也有相应的三个小孔，以便让电子束通过。控制栅极 G_1 一般接地，基色信号加在三个阴极上去控制电子束，阴栅间截止电压为 80～120 V。加速极 G_2 上加有 400 V 左右的电压；G_3 和阳极 G_5 接在一起加阳极高压；聚焦极 G_4 加 0～500 V 电压，调节 G_4 极电压，可调节电子束聚焦。

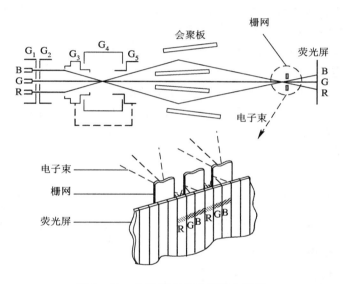

图 3 - 29 单枪三束显像管工作原理

阳极高压后面有一组静会聚板，它由四片金属片组成。中间两片加上与阳极相同的电压，边上两片加上比阳极低 1 kV 左右的可调节电压。这样，在左、右会聚板之间产生静电场，使红、蓝两个边束受到一个指向管轴的力，向中间绿束靠近，调节静会聚电压可使三电子束在栅网处会聚。

单枪三束管的分色机构是采用垂直条缝的栅网，荧光屏上的三基色荧光粉也涂成垂直条状，粉条与栅网平行，对应一栅缝有一组红、绿、蓝粉条。在没加扫描磁场时，三电子束在静会聚电场作用下，应通过最中间一条栅缝，分别打在最中间一组荧光粉条上。当加上扫描磁场时，三电子束运动至屏幕左右两侧，仍需加动会聚调节，才能使三电子束会聚通过同一栅缝打在相应的荧光粉条上。

单枪三束栅网管与三枪三束荫罩管相比，具有这样几个优点：

（1）电子束直径大。在显像管颈直径一样的情况下，单枪三束栅网管的电子枪直径比三枪三束式可大两倍以上，由于大口径电子枪构成的电子透镜几何光学成像误差小些，从而改善了聚焦质量，提高了图像的清晰度。

（2）电子透射率高。单枪束栅网管采用条状栅网代替了小圆孔荫罩板，使其电子透射率较荫罩管提高了 30%，从而大大提高了屏幕亮度。

（3）动会聚校正简单。由于单枪三束管的电子枪产生的三条电子束在水平面上呈"一"字形排列，且中心电子束与显像管轴线重合，因此垂直方向的光栅几乎无动态误差，因而动会聚误差校正就简单得多。

3. 自会聚管

自会聚显像管是在单枪三束管的基础上发展起来的。它利用特殊的精密环形偏转线圈配合以显像管内部电极的改进，使"一"字形排列的三条电子束通过特定形式分布的偏转磁场后，便能在整个荧光屏上很好地实现动会聚，因而无需复杂的会聚系统及其调整，其安装使用几乎与黑白显像管一样方便，因此被称为自会聚彩色显像管。

自会聚彩色显像管的基本特点是：自会聚、条状荧光屏和短管颈。具体体现在以下几点：

（1）精密"一"字形排列一体化电子枪。自会聚管的 R、G、B 三个阴极在水平方向呈"一"字形排列，彼此的间距很小。这种结构使中心电子束没有会聚误差，两个边束的会聚误差也比较容易校正。电子枪的另一个特点是三枪一体化结构，采用单片三孔栅极，使三条电子束之间的定位可以很精确。电子枪除了有三个独立的阴极，以便分别输入三基色信号外，其它各电极都采用公共引脚。这种一体化精密结构，避免了电子枪装配过程中工艺误差对会聚的不利影响。由于电子枪的精密结构，使灯丝和阴极间的尺寸缩小，因此加热快，一般 5 s 内就能显示出亮度，实现了快速启动。精密"一"字形排列一体化电子枪的结构如图 3 - 30(a)所示。

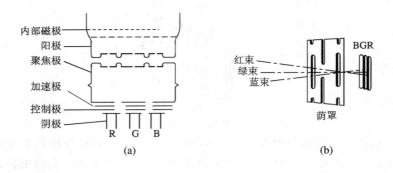

图 3 - 30　自会聚管的精密"一"字形排列一体化电子枪示意图

（2）槽孔状荫罩板与条状荧光屏。为了克服单枪三束管栅网结构不牢固的缺点，采用了开槽式荫罩板，增加了机械强度和抗热变形性能。荫罩板中的长形小槽孔是品字形错开排列的，荧光屏上的三基色荧光粉也是做成与小槽相同的形状，且与小槽相对应平行排列着，如图 3 - 30(b)所示。

（3）黑底技术。为了提高彩色显像管的对比度，自会聚管都做成黑底管，即在荧光粉没有涂布的空隙处，涂上黑色材料，吸收管内或管外射入的杂散光，以提高图像的对比度。采用黑底技术后，电子束截面积可以大于荧光粉的截面积，这样荫罩槽孔可开大些，从而增加了电子流透过率，这样比非黑底管增加了 30% 的图像亮度。

（4）不需要会聚电路。显像管的会聚误差完全是各电子束相对于管轴的几何位置不同而造成的。为减少会聚误差，自会聚管在设计时应尽量缩减三个电子束与管轴之间的距离，让最有影响的一条电子束与管轴重合。由于"一"字形排列使两个边束的会聚误差分布规律比较简单，这就给省去会聚电路打下了良好的基础。另外，采取了如下措施：一是采用精密绕制的动会聚校正型偏转线圈，它的垂直偏转磁场为桶形，水平偏转磁场为枕形；二是在电子枪上增设了磁增强器和磁分路器磁片，以调整中束和边束的电子偏转灵敏度。这样，就可以省去复杂的会聚电路和繁琐的调节过程。

3.6.2　彩色显像管的色纯与会聚

1. 色纯度的概念

所谓色纯度，是指单色光栅纯净的程度。即要求红、绿、蓝三支电子束只分别激发与其对应的红、绿、蓝三种荧光粉，而不触及其它荧光粉。也就是说，当绿束和蓝束截止时，要求只出现纯红色的光栅；当红束和绿束截止时，要求只出现纯蓝色光栅；当红束和蓝束截止时，则只出现纯绿色光栅，否则，就叫做色纯度不良。造成色纯度不良的原因，有显像管在制造过程中的工艺误差，也有生产彩色电视机时作业要求不严格，致使色纯调整工作的精度不够，或生产过程中受到杂散磁场的影响等。当然，还有彩色显像管会受地球磁场的影响等原因。

对杂散磁场所造成的色纯不良，可利用人工消磁法以去掉残磁。对于显像管生产过程中工艺误差造成的色纯不良，通常依靠转动色纯环(又称色纯磁铁)获得校正。

2. 会聚的概念

将三条电子束会合在一起，使它们分别同时击中荧光屏上任何同一组三基色荧光粉的方法称为会聚，由于产生会聚误差的原因不同，会聚可分为静会聚和动会聚两种。静会聚是指屏幕中心区(A 区)的会聚，(A 区)是以屏幕高度的 80% 为直径的圆内面积；动会聚指屏幕中心区(A 区)以外区域(B 区)的会聚，即显像管屏幕四周的会聚。

静会聚误差往往是由于显像管制造工艺上的误差所造成的，致使屏幕中心区域无法获得良好的会聚；动会聚误差是由于荧光屏的曲率中心与电子束的偏转中心不重合，即荧光屏的曲率半径大于屏幕到偏转中心的距离，致使偏转之后，在屏幕四周边缘出现与电子枪排列相反的失聚现象造成的。静会聚误差与动会聚误差产生的原因不同，所以校正的方法也不相同。

3.6.3　彩色显像管的馈电和附属电路

为了保证彩色显像管能够正常工作，在电视机中设有显像管馈电电路和附属电路。显像管馈电电路是保证显像管能够产生光栅，并完成显示图像功能的基本电路；显像管附属电路是提高显像管图像质量的辅助电路。

1. 彩色显像管馈电电路

彩色显像管是电真空器件，为使其正常工作，出现扫描光栅，必须由外围电路给其各电极提供额定工作电压。彩色显像管各电极所需电压的大小和种类基本相似，一般可分为灯丝电压、阴栅电压、加速极电压、聚焦极电压及阳极高压等，以上电压均由行输出变压器经整流提供。

图 3-31 给出了彩色显像管馈电电路的示意图。

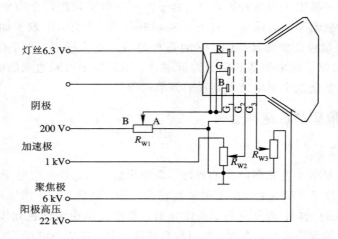

图 3-31 彩色显像管馈电电路示意图

图 3-31 中，彩色显像管的栅极 G_1 接地，灯丝电压为 6.3 V，三个阴栅电压分别为 U_{krg}、U_{kbg}、U_{kgg}，G_2 为加速极，G_3 为聚焦极。

要使彩色显像管屏幕正常发亮，出现光栅，外围馈电电路必须向彩色显像管提供四组电压。第一组，6.3 V 灯丝电压，彩色电视机的灯丝电压与黑白电视机一样，也是为阴极表面发射电子提供热源。该电压取自行输出变压器的某一绕组，由于电压频率为行频 15 625 Hz，因此用普通万用表所测得的数值误差很大。业余条件下只要能观察到显像管灯丝的暗红光，即可认为灯丝电压基本正常。若无灯丝电压或灯丝电压过低，则屏幕是不会发光的。第二组，加速极 G_2 电压，对于不同类型的彩色显像管，其加速极电压值略有差异，其电压值一般在 300~800 V 之间。必须注意的是，在典型的工作条件下，加速极电压升高，屏幕变亮；加速极电压降低，屏幕变暗。加速极电压过高时，还会出现回扫线，造成对图像的干扰；加速极电压过低时，屏幕将变黑，造成无光栅。图 3-31 中，加速极 G_2 可通过 R_{W2} 电位器进行调整。第三组，阴栅电压 U_{kg}，彩色显像管有三个阴极，它们分别接上红、绿、蓝三个基色信号，通过调节阴栅电压，实现对电子束轰击荧光屏强弱的控制。一般彩色显像管阴栅电压 U_{kg} 的正常工作范围在 90~170 V 之间，当 U_{kg} 电压变高时，阴极发射的电子束射至屏幕时电子数量少，屏幕暗；反之，U_{kg} 电压变低时，屏幕亮。图 3-31 中，R_{W1} 滑至 B 点附近时，屏幕暗；滑向 A 点时，屏幕亮。第四组，阳极高压，一般彩色显像管所需的阳极高压在 22~28 kV 之间，大屏幕彩电甚至可达 30 kV 以上。业余条件下一般是无法对它进行直接定量测量的，但可以间接估测。估测对象有灯丝电压、加速极电压、视放级工作电压等，由于它们都是取自同一个变压器——行输出变压器，因此，只要上述电压是正常的，则基本上可判断阳极高压也是正常的。

图 3-31 中，显像管的聚焦极 G_3 的电压通常在 3000~8000 V 之间。调节电位器 R_{W3}，可使电子束轰击屏幕的孔径最小，这时对应的 R_{W3} 所调整的电压为最佳聚集电压。显像管聚焦极电压通常只影响图像的清晰度，而一般不会影响屏幕的亮暗。

部分彩色显像管技术参数如表 3-3 所示。

表 3 - 3　部分彩色显像管技术参数

参数 型号	偏转角	管颈 /mm	阳极电压 /kV	灯丝	聚焦电压 /V	加速板电压/V	牌名
37SX101Y22	90°	29.1	22	6.3 V，0.68 A	4140～4840	460～820	彩虹
510YUB22	90°	29.1	25	6.3 V，0.68 A	7750～8750	560～1080	日立
510YXB22	90°	22.5	25	6.3 V，0.68 A	7600～8400	250～560	东芝

2. 彩色显像管的附属电路

　　彩色显像管的附属电路包括：白平衡调整电路、自动消磁电路、关机亮点消除电路、枕形失真校正电路、自动亮度限制电路等。其中，白平衡调整电路、关机亮点消除电路、枕形失真校正电路和自动亮度限制电路分别在第 2 章、第 7 章和第 8 章中作介绍，这里仅对自动消磁电路进行介绍。

　　在彩色显像管内部，电子束的运动轨迹是经过精确设计的，但是显像管在工作时，电子束运动轨迹常常由于杂散磁场（如地磁场等）的影响而受到干扰，产生失聚和出现杂色现象。为了防止地磁场和显像管内外的杂散磁场对显像管内电子束的偏转产生影响，从而使会聚和色纯不良，通常彩色显像管在锥体的外部设有磁屏蔽罩。但是，这个磁屏蔽罩本身和电视机外部的防爆环及内部的一些铁制构件（如荫罩、栅网等）在使用中也会由于外部和内部磁场的作用，产生剩磁，并积累增加，这同样会严重影响显像管的会聚和色纯，因此，必须对显像管及其周围的铁制构件进行消磁。

　　图 3 - 32(a) 所示是一种自动消磁电路（ADC）。它是由消磁线圈 L 和具有正温度系数的热敏电阻 R_1 组成的，刚开机时，由于热敏电阻 R_1 在冷态时电阻很小，因此消磁线圈中的交变电流很大，从而产生一个很大的磁场。同时，这个很大的交变电流在电阻 R_1 上产生焦耳热，使 R_1 的电阻急剧上升，导致消磁线圈 L 中的电流相应减小，最后趋向于零，从而达到消磁的目的。

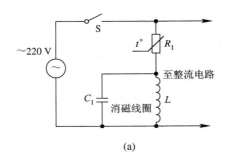
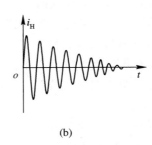

(a)　　　　　　　　　　　　　　(b)

图 3 - 32　自动消磁电路

　　通过消磁线圈的电流 i_H 如图 3 - 32(b) 所示。它将产生一个迅速衰减的交变磁场，使荫罩板沿着由大到小的磁滞回线反复磁化。经过若干个周期后，随着磁场强度逐渐减为零，其剩磁也为零，如图 3 - 33 所示。

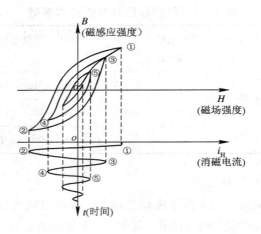

图 3 - 33 消磁原理

3.6.4 彩色显像管及其馈电电路故障分析

要使彩色显像管正常地显示电视图像，除要求电视机图像信号传输通道正常工作外，还要求彩色显像管电路也工作正常。

造成彩色显像管不能正常工作的原因，除了末级视放电路存在故障外，还可能是显像管馈电电路及显像管本身存在故障。这里将着重讨论自会聚彩色显像管及其馈电电路常见故障的现象、原因和检修技术。

1. 彩色显像管常见故障分析

彩色显像管和黑白显像管一样，当它们出现故障时，常会造成无光栅、光栅异常、图像模糊、图像彩色失真等故障现象。其故障原因包括显像管漏气、碰极、断极、极间放电及衰老等，现分别进行分析。

1）显像管漏气

这种故障多是由于长期不用或过载使用，显像管内电极放出气体或高压阳极封接不良而漏气造成的。当出现漏气时，一般在屏幕上表现为无光栅。检查时，可仔细观察显像管颈部，若内部有蓝光闪烁，则可以确认有漏气故障。漏气严重时，管内会出现粉红色辉光，并可能伴有严重打火现象发生。当空气大量进入管内后（如玻壳破裂），灯丝会迅速氧化而烧断，并伴有灰白色微粒沉积在管颈内壁的玻璃上。

对于上述显像管漏气故障，一般只能采用更换的方法来解决。

2）碰极

彩色显像管的碰极故障一般发生在阴极和灯丝之间，有时由于管内杂质的影响，也可能使栅极和阴极、栅极和加速极之间漏电或碰极。

（1）灯丝与阴极碰极。一般灯丝电路都有一端接地。当阴极与灯丝相碰时，则使该阴极的电位大幅下降，导致栅、阴偏压减小，使阴极电流大大增加，且不能控制，屏幕上呈现出单色光栅、亮度失控（极亮）、有回扫线的故障现象。在有些具有电子束过流保护的电视机（如飞跃 47C2 - 2 中），还会由于阴极电流太大而使保护电路动作，迫使行输出级停止工作，产生无光栅的现象。

　　（2）栅极与阴极碰极。栅极与阴极相碰产生的故障现象与上述灯丝与阴极相碰所产生的故障很相似，其后果都是使阴极电位下降，栅阴负偏幅度降低，相碰阴极的电子束流极大，出现单色极亮光栅且伴有回扫线。

　　（3）栅极与加速极相碰。栅极与加速极相碰，将使加速极电压大幅下降、三个电子束流均截止或变得很小，会产生无光栅或光栅很暗的故障现象。

　　以上几种碰极故障，在检测时易于发现，用万用表测有关电极的极间电阻就可判定。但有种碰极现象须特别注意：显像管电极间的热态性碰极，即在显像管工作一段时间后才碰极。此种故障的检测必须配合电压法来判定。

　　3）断极

　　彩色显像管的断极故障多发生在灯丝、阴极和高压阳极等几个经常有较大电流流过的电极。其它电极，如加速极、聚焦极和栅极也会偶而发生断极故障。

　　（1）灯丝断。显像管灯丝断的现象是灯丝不亮，屏幕无光栅，但有伴音。要判断显像管灯丝是否断路，可拨下显像管管座，直接用万用表的低阻欧姆挡测量灯丝引脚的直流电阻。

　　（2）阴极断。彩色显像管有三个阴极，一般情况下不会出现三个阴极同时断极的情况，往往是其中某一阴极断极，这时表现在屏幕上是缺少相应的一个基色。检测某一阴极是否断极可通过测量该阴极电流来判断。

　　（3）栅极断。栅极断极时，显像管栅阴之间的偏压加不上，所以首先导致显像管亮度失控，且满屏回扫线。

　　（4）加速极断。在自会聚管中，由于加速极是公共的，因此发生断极时，荧光屏无光栅，三束电子束均截止。

　　（5）聚焦极断。彩色显像管聚焦极断极时，荧光屏光栅扫描线模糊不清，而且随着亮度的增大，散焦越来越严重。

　　（6）阳极高压断。阳极高压的内部断极大都是在高压插接头和导电石墨层之间，由于高压阳极与石墨层之间接触不好引起打火，天长日久把石墨层烧断所致的。阳极高压断极后无光栅。

　　以上讨论的各种断极故障一般是无法修复的，只能更换一只新的同型号彩色显像管。

　　4）显像管衰老失效

　　显像管的衰老和失效主要是指阴极发射电子的能力降低或完全丧失。阴极的电子发射能力主要靠阴极表面的氧化物涂层。氧化物阴极在长期使用中发射电子的能力将逐渐降低，若使用不当或灯丝电压偏差过大，均会提早丧失发射能力。

　　显像管衰老时，表现出的故障现象为：亮度明显变暗，若开大亮度，则聚焦变坏。如果三个阴极的老化程度不一样，则荧光屏上还会出现偏色的故障现象。

　　显像管由于衰老而发生亮度不足，可以适当减小栅阴之间的偏压，以改善亮度。衰老较严重的显像管也可以采用适当提高灯丝工作电压的方法来提高屏幕亮度。

　　2. 显像管馈电电路常见故障分析

　　这里所讨论的显像管馈电电路，是指显像管各电极的直流供电电路。显像管馈电电路的任务是向显像管各电极提供正常的工作电压，保证显像管正常发光。下面分别讨论有关电极馈电电路的常见故障现象，并提供检修思路。

1) 灯丝供电电压异常

灯丝供电电压为零是灯丝供电电路中的常见故障,其故障现象表现为无光栅。此故障可能的原因有以下几点:

(1) 灯丝供电回路的有关插接件接触不良或脱落。

(2) 灯丝限流电阻开路(如飞跃 47C2 - 2 中的 R643)。

(3) 行输出变压器中的灯丝绕组断路(如飞跃 47C2 - 2 中的②、⑧脚之间)。

以上各处的断路故障均可用万用表的欧姆挡进行检测判断。

2) 加速极电压异常

加速极的电压直接影响荧光屏光栅的亮度,电压升高时,光栅变亮;反之,电压降低时,光栅则变暗。如果加速极没有电压,电子束便不能轰击荧光屏,则会出现无光栅的故障。

加速极电压一般都取自行输出变压器。调节附在行输出变压器上的加速极电压调整电位器,可以改变电压的高低,一般在 300~800 V 之间。

加速极电压的供电电路比较简单,用万用表的直流电压挡检测便会发现问题(注意:必须用内阻大于 20 kΩ/V 的万用表来检测,否则会造成较大的测量误差)。如果测得的加速极电压过低,应将显像管尾座拨下来,再次检测,以分辨是因外部供电电路故障引起电压偏低还是显像管内部加速极与相邻电极的漏电或碰极所致的电压偏低。要注意:拨下显像管尾部管座通电检测时,应先将高压嘴的阳极高压接头卸下(应先放电),以免发生损坏显像管的意外事故。

3) 聚焦极电压异常

当聚焦极电压异常时,会造成图像模糊和散焦。下面分析一个常见的图像模糊故障实例。

某旧彩电开机后图像模糊,30 多分钟后,才逐渐变清晰。这种情况一般出现在潮湿的环境中。检修时,调节聚焦极电位器往往无法解决问题。这种故障通常是由于显像管尾部的塑料管座老化,受潮漏电,从而将聚焦极电压拉低,造成聚焦不良、图像模糊的现象。管座漏电时,可用万用表 $R×10$ kΩ 挡测试判断:若管座内壁的塑料介质与地之间存在着漏电电阻,则说明管座内部存在漏电故障,环境越潮湿,则漏电越严重。电视机在工作一段时间后,随着机内温度的升高,管座内的潮气被驱散,管座漏电程度降低,图像就逐渐清晰起来。也可用万用表配合专用的高压测试棒监测聚焦极电压,若发现聚焦极电压随开机时间的延长而逐渐升高时,则基本上可以判定管座有漏电。

对于管座漏电故障的应急处理方法为:把管座拨下,用棉球沾上无水酒精清洗管座内壁,然后用电吹风烘吹几分钟,再插回显像管上,然后重新开机,就可以马上出现清晰的图像了。经过以上处理的管座在经过一段时间使用后,还会再次受潮漏电,所以最好的处理办法是:更换一只新管座。需要注意的是,新管座必须与原型号一致,大小要和显像管相符。

习 题

3.1 彩色光有哪几个基本参量?它们是如何定义的?

3.2 人眼所看到的物体的颜色与哪些因素有关?当标准白光源照射某物体,人们看它呈黄色，若改用纯蓝光照射，则它呈何色？

　　3.3　亮度、色差与基色三种信号之间有何种关系？为什么彩色电视机中不选用基色信号而选用色差信号作为传输信号？

　　3.4　亮度方程式中，各符号前的系数各表示什么意义？

　　3.5　已知亮度信号 $Y=0.4$ mV，色差信号 $G-Y=-0.4$ mV，$B-Y=0.1$ mV，试求出其三基色信号电平值，并大致判明其色调和饱和度。

　　3.6　什么是恒定亮度原理？什么是大面积着色原理？什么是频谱交错原理？

　　3.7　平衡调幅与一般调幅信号有什么区别？

　　3.8　色度信号的幅值和相位各反映什么信息？

　　3.9　色同步信号的作用是什么？

　　3.10　彩色全电视信号有何特点？

　　3.11　已知某彩条三基色信号波形图如图 3-34 所示，假设亮度信号电平值："0"为黑色电平，"1"为白色电平。试画出相应各色差信号及亮度信号波形，标出幅值电平并判明色调及饱和度。

　　3.12　若用图 3-11 中红、蓝色差信号对副载波进行正交平衡调幅，试画出红、蓝色差已调信号及色度信号的波形图，并标明包络电平值（"填充"高频不必详画）。

　　3.13　已知平衡调幅波形与载波波形，对应关系如图 3-35 所示，试画出调制信号波形。

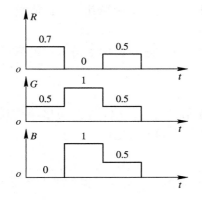

　　图 3-34　题 3.11 图　　　　　　　　　图 3-35　题 3.13 图

　　3.14　彩色显像管的种类有哪些？各有何特点？

　　3.15　什么是会聚？什么是静会聚？什么是动会聚？什么是色纯度？

　　3.16　自会聚彩色显像管常见故障有哪些？

　　3.17　请说明自会聚彩色显像管出现以下故障时的故障现象及特征：① 衰老；② 灯丝与某一阴极相碰；③ 某一阴极与栅极相碰；④ 漏气。

　　3.18　有一台旧彩电在开机时，图像模糊不清，经过十几分钟后，才逐渐出现较清晰的图像，而伴音始终正常，试分析此故障可能的原因，并简述检测处理方法。

　　3.19　试用代入法证明色差信号 $R-Y$、$B-Y$、$G-Y$ 中有一个不是独立的。

第4章 高频调谐器

　　高频调谐器是电视接收机的大门，它的性能好坏直接影响到图像和伴音信号的质量。高频调谐器的主要作用是从天线接收到的各种频率的微弱信号中，选择出所需频道的电视信号，进行放大和混频，最后产生 38 MHz 的图像中频和 31.5 MHz 的伴音中频信号，送入图像中频通道进行处理。本章主要介绍高频调谐器的组成、性能要求及其功能电路。

4.1　高频调谐器的功用及性能要求

4.1.1　高频调谐器的功用和组成

1. 功用

1) 选频

从天线接收到的各种电信号中选择所需要频道的电视信号，抑制掉其它干扰信号。

2) 放大

将选择出的高频电视信号(包括图像信号的伴音信号)经高频放大器放大，提高灵敏度，满足混频器所需要的幅度。

3) 变频

通过混频级将图像高频信号和伴音高频信号与本振信号进行差拍，在其输出端得到一个固定的图像中频和第一伴音中频信号，然后再送到图像中频放大电路。

2. 组成

高频调谐器(俗称高频头)通常由输入回路、高频放大器、本机振荡器和混频器组成，如图 4-1 所示。

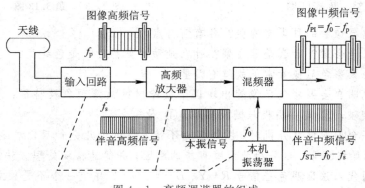

图 4-1　高频调谐器的组成

　　输入电路的主要作用是选频；高频放大器对选出的高频电视信号进行幅度放大；本机振荡器和混频器完成变频，这三者调谐回路的频率是同时改变的。

3. 分类

　　高频调谐器按其谐振回路的调谐方式可分为机械调谐式和电子调谐式。机械调谐式高频调谐头又分为 VHF(1～12 频道)高频头和 UHF(13～68 频道)高频头。

　　目前大多数黑白电视机采用机械式高频头，只有少数进口黑白电视机采用电子调谐式高频头，而彩色电视机都采用电子调谐式高频头。

　　电子调谐式高频头又分为普通全频道电子调谐器及全增补电子调谐器。

　　(1) 全频道电子调谐器是指既能接收甚高频(VHF)信号，又能接收特高频(UHF)信号的调谐器。

　　(2) 全增补电子调谐器是指不但接收标准电视频道(VHF 和 UHF)节目，而且能接收有线增补电视频道节目的调谐器。

　　在我国，早期生产的彩电使用的是全频道电子调谐器，而现在生产的彩电均使用全增补电子调谐器。

4.1.2　对高频调谐器的性能要求

1. 与天线、馈线及中放级阻抗匹配良好

　　天线阻抗、馈线特性阻抗与高频调谐器输入阻抗相等时，天线感应来的信号才能最有效地传输到高频头中；否则，来自天线的信号将有一部分被反射，不但造成灵敏度下降，还会使电视屏幕出现重影干扰。同理，高频调谐器的输出阻抗也应与接到中放去的同轴电缆阻抗相匹配，以使中频信号最有效地传输到中放级。通常，高频调谐器的输入、输出阻抗均设计为 75 Ω。

2. 具有足够的通频带宽度和良好的选择性

　　高频调谐器应该具有从接收天线感应得到的各种电磁信号中选取所需要的频道信号，抑制邻频道干扰、镜像干扰以及中频干扰的能力，因此要求它有合适的通频带和良好的选择性。一般要求通频带应大于或等于 8 MHz，要求高频调谐器镜频抑制比大于 40 dB，中频抑制比大于 50 dB。

　　中频干扰是指频率等于中频的外来干扰信号。镜像干扰是指比接收频道的高频信号高 2 倍中频的外来干扰信号，当它进入混频器后，亦将变换成中频。以上两种外来干扰，由于所产生的频率与中频相同或相近，因此中频放大器无法对其抑制，只能以在高频调谐器中提高输入电路和高放级的选择性的方法加以抑制。

　　高频调谐器的频率响应曲线由输入回路、高放、混频级及其耦合回路的频率响应所决定。黑白电视机为了使画面杂波少而清晰，希望调谐器频率特性的通频带不要太宽，如图 4-2(a)所示，而彩色电视机除了希望通频带不要太宽外，为了减小彩色失真，还希望频率特性通频带内增益变化较平稳，如图 4-2(b)所示。

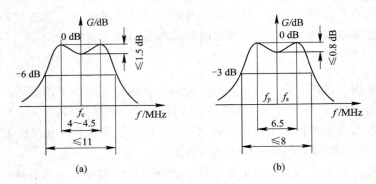

图 4 - 2　高频调谐器的幅频特性

（a）黑白电视的高频特性；（b）彩色电视的高频特性

3. 噪声系数小、功率增益高

放大器噪声系数 N_F 表示输入端信号信噪比与输出端信号信噪比的比值，即

$$N_F = \frac{输入端信噪比}{输出端信噪比}$$

噪声系数可理解为：信号通过放大器后，"信噪比"变坏了几倍。如果 $N_F = 1$，则输入端信噪比与输出端信噪比相同，表示放大器本身不产生附加噪声，这是理想化的。实际上，N_F 总是大于 1 的。整个电视接收输出信噪比的好坏，主要取决于高频调谐器高放级噪声系数的大小。多级放大器总的噪声系数为

$$N_F = N_{F1} + \frac{N_{F2} - 1}{A_{P1}} + \frac{N_{F3} - 1}{A_{P1} \cdot A_{P2}} + \cdots \tag{4-1}$$

式中，N_{F1}、N_{F2}、N_{F3}……为各级噪声系数；A_{P1}、A_{P2}……为各级功率增益。可见，若要降低调谐器的噪声，则提高它的功率增益十分重要。

噪声系数通常又用分贝来表示：

$$N_F = 10 \lg \frac{输入端信噪比}{输出端信噪比} \tag{4-2}$$

一般要求高频调谐器的功率增益不小于 20 dB，噪声系数低于 8 dB。

4. 本振频率稳定，本振辐射要小

通常要求 VHF 段本振漂移不大于 ± 300 kHz；UHF 段本振漂移不大于 ± 500 kHz。

5. 具有自动增益控制电路

为了适应不同的场强，且在天线输入信号电平剧烈变化时，使检波后视频输出电平基本保持不变，高放级和中放级应有自动增益控制。一般要求高频头自动增益控制范围在 20 dB 以上。

4.2　高频调谐器的功能电路

高频调谐器的功能电路主要由输入电路、高频放大器、本机振荡器以及混频器等四种电路构成，下面逐一分析其性能。

4.2.1 输入电路

输入电路的任务主要是：从天线接收下来的各种信号中选取所需频道的高频信号，有效地传输到高频放大器的输入端，并抑制掉不需要的其它干扰信号。

输入电路包括阻抗变换器、中频抑制电路和输入选频回路。

1. 阻抗变换器

电视接收机输入端阻抗多为一端接地不平衡式的 75 Ω。它可以和机内鞭状拉杆天线直接连用。当输入端与外接天线相连接时，由于外接天线大多采用 300 Ω 平衡扁馈线，因此输入端应加阻抗变换器，以便把 300 Ω 扁馈线和 75 Ω 一端接地的不平衡输入电路相连。否则，将破坏扁馈线的平衡性，使得从天线获得的能量有损失，并产生干扰。通常，为了使整个电视频道频率范围都达到匹配，应使用宽带阻抗变换器，如图 4 - 3 所示。

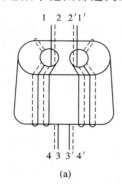 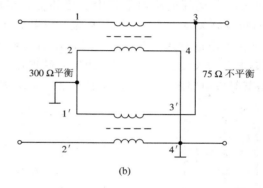

图 4 - 3 阻抗变换器

（a）结构；（b）磁芯绕组的连接

阻抗变换器用双根导线并绕在高导磁率的双孔磁芯上（如图 4 - 3(a)所示），并且两对绕组的圈数相同。这样，两对绕组相当于两个等效变压器，当磁芯两孔中四个绕组按图 4 - 3(b)相连后，输入端是两个变压器串联的，阻抗增加一倍；而输出端是两个变压器并联的，阻抗减小一半。所以，总阻抗变换比为 4∶1。即当输入端接 300 Ω 天线时，输出阻抗为 75 Ω，完成阻抗变换。又由于变换器输入端是中点接地，输出端是一端接地，因此还起到平衡—不平衡作用。

2. 中频抑制电路

为了提高高频头对中频干扰的抑制能力，通常在输入回路中加入中频吸收电路，或称为中频抑制电路。常用的几种中频吸收电路如图 4 - 4 所示。图(a)为并接在输入端的 LC 串联谐振电路，它对中频干扰产生谐振，从而将中频干扰短路，起到抑制中频干扰的作用。图(b)为串接在输入端的 LC 并联谐振回路，它对中频干扰产生并联谐振，呈最大阻抗，起到阻塞作用。图(c)为 T 型高通滤波器(C_1、C_2、L_1)和双串联谐振回路(C_3、L_2 及 C_4、L_3)组成的吸收电路。双串联谐振电路将中频短路，而对高频信号呈现阻抗；T 型高通滤波器对高频信号衰减很小，对中频及其以下频率衰减很大。图(d)为高通滤波器(L_2、C_2、L_4)和并联谐振电路(L_1、C_1 和 L_3、C_3)组成的吸收电路，抑制中频及以下的信号，中频以上的信号顺利通过。

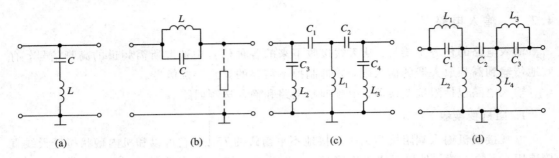

图 4 - 4　几种常见的中频吸收电路

3. 输入选频回路

输入选频回路用来完成选频及阻抗匹配两个任务,它是输入电路中的主要电路。为了满足选频的要求,选频电路通常是由电感和电容组成的单调谐谐振回路。为了实现与天线、馈线阻抗及高频放大器输入阻抗匹配,获得最佳功率传输,以及为了克服低阻抗的馈线和高放级输入阻抗对选频电路品质因数 Q 值的影响,实际上采用电感插头或电容分压的方式使选频电路与天线、馈线及高放级输入端连接。常用的选频电路如图 4 - 5(a)所示。图 4 - 5(b)是其等效电路图,R_{sr}、C_{sr} 分别等效为高放管 V 的输入电阻及电容。

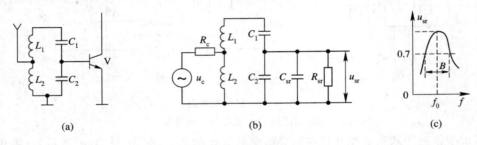

图 4 - 5　输入选频回路

1) 选频

图 4 - 5(b)中,L_1、L_2、C_1、C_2、C_{sr} 组成并联谐振回路,它具有选取频率的特性。当输入信号频率等于该回路固有谐振频率 f_0 时,可在回路两端产生最大电压;而当输入信号频率偏离 f_0 时,回路处于失谐状态,对输入信号旁路。其中,$f_0 = \dfrac{1}{2\pi\sqrt{LC}}$,$L = L_1 + L_2$,$C = \dfrac{C_1 \cdot (C_2 + C_{sr})}{C_1 + (C_2 + C_{sr})}$。输入回路的选频特性如图 4 - 5(c)所示。

2) 保证选择性且完成阻抗匹配

输入回路选择性的好坏可由其有载品质因数 Q_{fz} 的大小来衡量。Q_{fz} 越高,回路选择性越强。其中,

$$Q_{fz} = \frac{R_0'}{2\pi f_0 L}$$

由此可知,欲想有较高的 Q_{fz},R_0' 值必须很大,而

$$R_0' = \frac{1}{\dfrac{1}{R_c} + \dfrac{1}{R_{sr}}}$$

实际上，由于天线内阻 R_c（75 Ω）及高放管工作时输入阻抗 R_{sr}（100～250 Ω 左右）都较小，当它们并接在输入回路两端时，势必造成 R_0' 很小，导致选择性变差。

为此，将电感 L 抽头与天线信号源相接，利用变压器阻抗变换关系：

$$R_c' = \left(\frac{L_1 + L_2}{L_2}\right)^2 \cdot R_c$$

使信号源内阻折合到回路两端，从而电阻变大。再利用电容分压的阻抗变换关系：

$$R_{sr}' = \left(\frac{C_1 + C_2'}{C_1}\right)^2 \cdot R_{sr}, \quad C_2' = C_2 + C_{sr}$$

又使 R_{sr} 折合到回路两端，从而阻值提高。同时，选择好 L 与 C 的抽头、分压点，可满足 $R_c' = R_{sr}'$，实现阻抗匹配。所以说，采用电感抽头，电容分压，既保证了回路选择性，又能完成天线与高放输入阻抗间匹配。

4.2.2　高频放大器

1. 对高频放大器的要求

高频放大器的主要任务是放大高频电视信号，它的增益、噪声系数等主要指标对整机性能有极其重要的影响。

对高放级的要求是：

（1）因为整机的噪声系数主要由高放级决定，因此要求高放级的噪声系数尽可能小，一般应小于 5 dB。故要求采用噪声系数小于 3 dB 的晶体管。

（2）有较高而稳定的功率增益，且要求对不同频道的增益比较均匀。高放级增益约 20 dB 以上，频道之间的增益差应小于 10 dB。

（3）具有良好的选择性和足够宽的通频带。要求幅频特性 -3 dB 带宽大于 8 MHz，-6 dB 带宽小于 18 MHz。

（4）具有自动增益控制作用，高放级的增益可控范围应大于 20 dB。

2. 高频放大器基本原理电路

高频放大器的基本电路如图 4 - 6 所示。

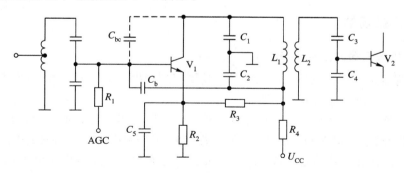

图 4 - 6　高频放大器基本电路

1）直流偏置

图 4 - 6 中，V_1 为高频放大管，R_4 为集电极供电电阻，R_2 为 V_1 的发射极直流负反馈电阻，用来稳定 V_1 的直流工作点，R_1 为 AGC 电压基极供电电阻，C_5 为高频旁路电容。

2）输出回路

C_1、C_2、L_1 组成初级调谐回路；C_3、C_4、L_2 组成次级调谐回路。同时，为与混频输入阻抗相匹配，次级回路采用 C_3、C_4 分压与混频级相连。

双调谐回路的频率特性如图 4-7 所示。改变初次级耦合程度可获得不同的谐振曲线。例如，在一定耦合程度下，谐振曲线是单峰状，并且输出电压最高，这时初级耦合到次级有最大功率输出，称这种耦合为临界耦合；当耦合程度小于临界耦合时，双调谐回路频率特性虽然仍是单峰，但输出电压幅度变小，这时为弱耦合；当耦合程度大于临界耦合时，谐振曲线为双峰状，有两个最大值，称为强耦合。由图 4-7 可知，强耦合频带宽、增益

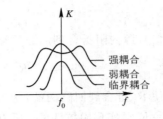

图 4-7 双调谐回路的谐振曲线

高，且两峰外侧曲线下降急陡，即选择性好。一般高放双调谐回路初级都调谐在信号频带中间频率上。

通常，输入电路为单峰曲线，高放输出回路调成双峰曲线（两峰外侧曲线越陡，选择性越好），两条曲线组合成一条带宽为 8 MHz、接近理想矩形的高放总特性曲线。

3）中和电路

由于 VHF 高放级一般采用共射级电路，而该电路在工作频率较高时，晶体管集电极和基极间的极间电容 C_{bc} 可以把高放管的输出信号反馈到输入端，会导致高放管工作不稳定甚至产生自激，因此，往往采用中和电路，即在基极人为地加一反馈电压，这个电压与通过 C_{bc} 反馈来的电压大小相等、相位相反而互相抵消，从而使输出端电压不影响输入端。

中和原理参见图 4-8。其中，C_1、C_2、L 构成集电极谐振电路，C_{bc} 为集电极与基极间的极间电容，C_N 为中和电容。适当调整 C_N 的值，使通过 C_N 反馈到基极的电压和通过 C_{bc} 反馈到基极的电压大小相等、相位相反而互相抵消，以达到中和的目的。

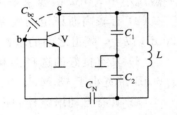

图 4-8 中和原理

4.2.3 本机振荡器

1. 对本机振荡器的主要要求

本机振荡器是一个正弦波自激振荡器，其作用是产生一个比图像载频高 38 MHz 的等幅正弦信号。对本机振荡器有如下要求：

（1）振荡频率稳定度高，电压和温度漂移小。本振频率应随频道变换而改变，且始终比被接收电视频道高 38 MHz 的固定中频。若本振频率稳定性差，将使图像中频和伴音中频偏移，造成图像和伴音质量下降，严重时失去图像和伴音。黑白机要求本振频率偏移小于 ±200 kHz，而彩色机则要求小于 ±100 kHz，需另增设自动频率微调（AFT）电路。

（2）本振频率必须可以微调，以使本振频率能准确地调谐，获得最佳接收效果。其频率微调范围一般为 ±1.5～±5 MHz。

（3）本振电容对外辐射小。一般本振信号幅度为 100～200 mV，且需将整个高频头用

金属外壳屏蔽。

（4）本振输出波形要良好，谐波成分要小，以防止产生较多的组合频率干扰。

2. 本机振荡器基本原理电路

本机振荡器的基本电路如图 4 − 9(a)所示，它采用的是变形电容三点式振荡电路(科拉普电路)。

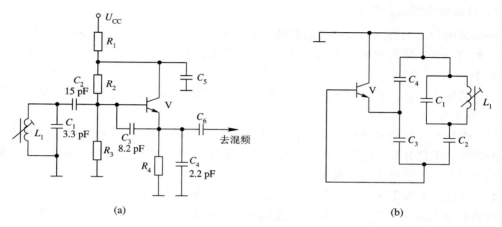

(a)   (b)

图 4 − 9 高频头本机振荡器电路

图 4 − 9 中(a)，R_2、R_3、R_4 是偏置电阻，R_1、C_5 为去耦电路。略去 R_2、R_3、R_4，并将 C_5 短路，则得到其交流等效电路，如图 4 − 9(b)所示。该电路为共集电极科拉普电路，C_1、C_2、C_3、C_4 与 L_1 构成并联揩振回路，C_1 与 L_1 并联后的阻抗可等效成电感 L_1'，则有

$$\frac{j\omega L_1 \frac{1}{j\omega C_1}}{j\omega L_1 - \frac{1}{j\omega C_1}} = j\omega \frac{L_1}{1-\omega^2 L_1 C_1} = j\omega L_1'$$

所以

$$L_1' = \frac{L_1}{1-\omega^2 L_1 C_1} \tag{4-3}$$

设 $1 > (1-\omega^2 L_1 C_1) > 0$，则 $L_1' > L_1$。也就是说，并联 C_1 以后，L_1 可以减小，即可以适当减少本振电感的圈数。由于增设 C_2 与 L_1 串联，因此在同一振荡频率下，C_3、C_4 可取大些，因此对电压和温度敏感的晶体管极间电容对实际的 C_3、C_4 值的影响就可以减小，对本振频率的影响也就可以减小。该电路振荡频率可写成：

$$f_0 = \frac{1}{2\pi \sqrt{LC}} = \frac{1}{2\pi} \sqrt{\frac{1}{L_1'}\left(\frac{1}{C_2}+\frac{1}{C_4}\right)} \tag{4-4}$$

式中，L_1' 如式(4 − 3)所示。

如果满足 $C_2 \ll \dfrac{C_3 C_4}{C_3+C_4}$，则式(4 − 4)可简化为

$$f_0 = \frac{1}{2\pi \sqrt{L_1' C_2}}$$

可见本振频率主要由 L_1' 和 C_2 决定，C_3 和 C_4 在电路中只起分压和反馈作用，其值变化对振荡频率影响很小，加入 C_2 提高了本振频率的稳定度。图 4 − 9(a)电路中，C_2 为 15 pF，取

值较大是为了适当增加反馈量的缘故，虽然不能满足 $C_2 \ll \dfrac{C_3 C_4}{C_3 + C_4}$ 的条件，但由于 C_2 的串入，C_3、C_4 对本振频率的影响仍然被削弱了。

4.2.4 混频器

1. 对混频级的主要要求

混频级的作用是将从高放级送来的高频电视信号的载频与本机振荡器送来的高频等幅信号差频出一个固定的中频载频(38 MHz)，然后送给中频放大器进行放大。对混频器的要求如下：

(1) 混频功率增益要大。一般混频器输出的中频功率与输入的高频信号功率之比应大于 10~20 dB。

(2) 应具有良好的选择性和较小的噪声系数。为了减小其它干扰信号进入中频放大器，混频器必须具有良好的选择性，为此，输出端通常采用中频双调谐电路。由于混频器处于信道前部，因此要求本身噪声系数小。

(3) 混频失真和干扰要小。我们只要求混频后的载波频率由高频变为中频，而代表图像和伴音信息的高频电视信号调幅波的振幅和瞬时频率的变化规律不变，否则将会使图像和伴音产生失真。

(4) 应有较好的匹配特性，以获得最佳功率传输。因此，混频器输入端与高放输出端连接采用电感抽头，而混频器输出电路与中放输入端也常采用电容抽头等方式以实现阻抗匹配。

2. 混频器基本电路

混频器根据输入信号和本振信号输入位置的不同，电路接法有多种形式。一般采用共射极电路，如图 4-10 所示。

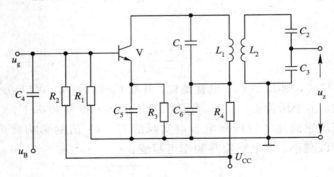

图 4-10 混频器的基本电路

这种电路接法是将高频电视信号和本振信号都加到混频管基极，其优点是基极输入阻抗高，所需信号功率小，电路功率增益大。图中，C_1、L_1、L_2、C_2、C_3 为双调谐回路负载；R_1、R_2、R_3、C_5 为偏置电路；C_6、R_4 为退耦电路；C_4 为本振耦合电容。混频器的负载就是中频谐振选频回路。

混频器的作用是将高放输入的高频电视信号(包括调幅图像信号 f_{tg}、调频伴音信号 f_{bg})和本振信号 f_B 进行混频，以获得固定的中频信号。其中，图像中频信号 $f_{tz} = f_B - f_{tg} = 38$ MHz，伴音中频信号 $f_{bz} = f_B - f_{bg} = 31.5$ MHz，混频示意图如图 4-11 所示。

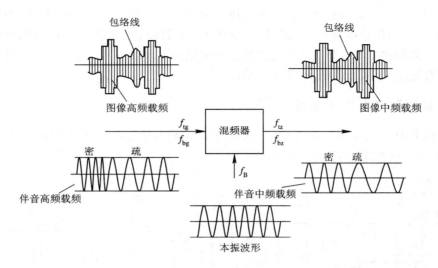

图 4 - 11 混频示意图

混频管是一个非线性元件。将两个不同频率的信号电压加到一个非线性元件上，如图 4 - 12(a)所示(二极管混频)。由于两信号的互相作用，输出端除了原来两个频率的信号以外，又产生了许多新的频率成分，其中有和频、差频及高次谐波等。只要在输出端设置选频回路，便可选出所需的成分，在超外差机中，都是选出差频作为中频的。

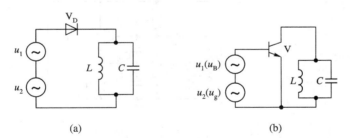

图 4 - 12 混频原理图

(a) 二极管混频；(b) 三极管混频

图 4 - 12(b)所示为三极管混频原理图，本振电压 $U_1(U_B)$ 和高频信号电压 $U_2(U_g)$ 同时加在混频管 V 的输入端。V 的 be 结可等效为一个二极管，混频原理和二极管混频相同，不过它对输入信号还有一定的放大作用。

高频电视信号的混频过程可用图 4 - 13 的频谱图来表示。

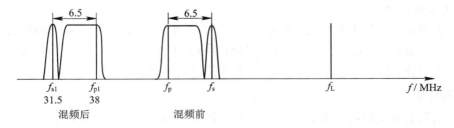

图 4 - 13 混频前后的信号频谱图

图 4-13 中，f_L 为本振频率、f_p 为图像高频载波，f_s 为伴音高频载频、f_{p1} 为图像中频（38 MHz），f_{s1} 为伴音中频（31.5 MHz）。由图可见，混频后得到的差频信号的频谱和原高频电视信号的频谱基本一致，只是把频谱从频率轴的高频段移到了中频段，并且由原来的伴音高频载频 f_s 比图像载频 f_p 低 6.5 MHz。

4.2.5　高频调谐器实例分析

下面以 KP12-2 型高频头为例来分析高频调谐器各功能电路之间的联系。图 4-14 所示为 KP12-2 型 VHF 高频头电路图。

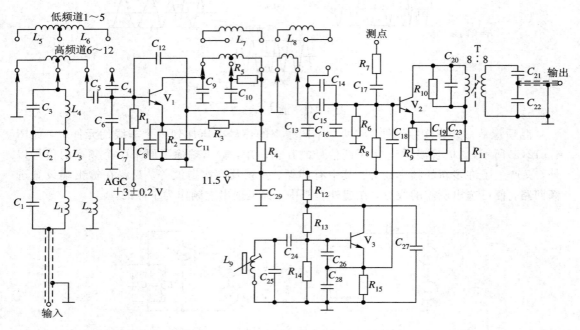

图 4-14　KP12—2 型 VHF 高频头电路图

1. 输入回路

1）高通滤波器

高通滤波器由 L_1、L_2、L_3、L_4、C_1、C_2、C_3 组成。其中，L_1、C_1 与 L_4、C_3 组成并联谐振回路，阻止图像中频通过由 L_2、C_2、L_3 组成的高通滤波网络，对中频以下信号旁路吸收。适当选择 L_2、C_2、L_3 的数值，可抑制低于一频道的干扰信号，而让高频电视信号顺利通过。

2）输入调谐回路

输入调谐回路采用电感抽头、电容分压电路，并且 1~5 频道和 6~12 频道采用两组不同电感与电容分压比，以保证 1~12 频道间增益相差不大。其中，L_5、L_6、C_5、C_6 为 6~12 频道的输入回路；L_5、L_6、C_4、C_5 为 1~5 频道的输入回路。

2. 高放级

采用双调谐共发射极放大电路，V_1 为高放管，R_1、C_7 和 AGC 电压为基极偏置；C_8 为射极旁路电容，R_2 是射极电流负反馈电阻；R_3 为调高放管 V_1 射极电位的电阻；C_{12} 是中和电容。为了保证高、低频道增益相差不大，在 1～5 频道时，L_7/R_5、C_9/C_{10}、C_{11} 组成双调谐初级回路，R_5 作为阻尼电阻，降低了此时的高放增益；在 6～12 频道时，C_9、C_{11}、L_7 组成双调谐初级回路，L_8、C_{13}、C_{14}、C_{16} 组成双调谐次级回路。

3. 本振电路

本振管 V_3 选用高频低噪声晶体管。振荡部分采用变形三点式共集电极电路，其振荡频率取决于 C_{24}、C_{25}、C_{28}、L_9。其中，C_{24} 为串联补偿电容。另外，R_{12}、C_{27} 组成电源滤波电路；C_{18} 为耦合电容；C_{27} 对高频短路，使本振为共集电极电路。

4. 混频级

V_2 为混频管，它采用共发射极双调谐放大电路。其中，C_{20}、R_{10}、T、C_{21}、C_{22} 组成双调谐初次级回路。R_{10} 用来调整带宽，初次级都调谐在中心频率 34.5 MHz 上，为了满足阻抗匹配，混频级输入回路与混频管采用电容分压方式连接。该混频级采用本振信号与高频电视信号同时注入混频管的基极方式。值得注意的是，混频管工作在非线性区，静态电流约为 1.5～2 mA，其工作点由 R_8 与 R_6 决定。

切换 L_5～L_9，可完成频道转换。

4.3　电子调谐器

电子调谐器与机械调谐器内部电路的组成原理是相同的，两者的区别是：机械调谐器是通过切换电感绕组来改变频道的，而电子调谐器是通过改变调谐谐回路变二极管两端反压从而改变回路电容来进行选频的。电子调谐器结构简单、可靠性高、寿命长，便于进行预选和采用遥控等送台方式，因此这种调谐方式已在电视机中得到广泛应用。

4.3.1　变容二极管和开关二极管

1. 变容二极管

电子调谐器的核心元器件是变容二极管。电子调谐是利用变容管 PN 结电容随所加反偏电压改变而改变的特性，来实现调谐回路谐振荡率的。所谓变容二极管，实质上就是结电容变化范围比较大的晶体二极管。由于所加的是反向直流电压，因此 PN 结上是没有电流流过的，所以它属于电压控制元件。图 4-15 所示是变容二极管反向偏压与结电容关系曲线。

变容二极管是在反偏电压下工作的。从曲线可以看出：变容二极管反向偏压越大，结电容越小；反向偏压减小，结电容增大。

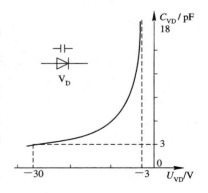

图 4-15　变容二极管曲线

2. 开关二极管及频段切换

由图 4-15 可见，当加在变容二极管上的反压由 -3 V 变到 -30 V 时，其结电容量变

化范围约为 $18\sim3$ pF。电容比 $K_C=\dfrac{C_{\max}}{C_{\min}}=\dfrac{18}{3}=6$。而甚高频 VHF 频段的 12 个频道高放回路的中心频率要从 52.5 MHz 变到 219 MHz，根据公式：

$$\frac{f_{\max}}{f_{\min}}=\frac{\dfrac{1}{2\pi\ \sqrt{LC_{\min}}}}{\dfrac{1}{2\pi\ \sqrt{LC_{\max}}}}=\sqrt{\frac{C_{\max}}{C_{\min}}}$$

求得电容比：

$$K_C=\frac{C_{\max}}{C_{\min}}=\left(\frac{f_{\max}}{f_{\min}}\right)^2=\left(\frac{219}{52.5}\right)^2=17.4$$

这说明要将甚高频(VHF)1~12 频段全部覆盖，必须满足 $K_C\geqslant17.4$。但目前变容二极管的电容比 K_C 还达不到这个数值，因此，采用开关二极管切换频段的办法，将甚高频(VHF)的 12 个频道划分为两个频段，即 1~5 频道为低频段(中心频率 52.5~88 MHz)，6~12 频道为高频段(中心频率 171~219 MHz)。这样，两个频段的电容比是：

$$\text{低频段}\ K_{C1}=\frac{C_{\max1}}{C_{\min2}}=\left(\frac{88}{52.5}\right)^2=2.8$$

$$\text{高频段}\ K_{C2}=\frac{C_{\max2}}{C_{\min2}}=\left(\frac{219}{171}\right)^2=1.64$$

显然，这就解决了变容二极管变容比小的问题，实现了 1~12 频道的覆盖。

图 4-16 所示是用开关二极管切换频段的电子调谐回路示意图。图中，V_{D1} 为变容二极管，它与大电容 C_1 串联，对高频而言，C_1 相当于短路，调节 R_w(即改变偏压)可改变变容管的电容量。开关 S 接 +12 V 时为低频段，此时开关二极管 V_{D2} 截止，调谐回路中的电感量为 $L=L_1+L_2$，调节 R_w 可选 1~5 频道。开关 S 接 -4 V 时为高频段，V_{D2} 导通，L_2 被 V_{D2} 和大电容 C_2 短路，调谐回路中的电感量减小，$L=L_1$，调节 R_w 可选择 6~12 频道。对开关二极管的要求是：正向微分电阻小于 1.2 Ω；反向偏置结电容 $C_j\leqslant1$ pF。

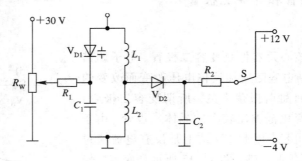

图 4-16   电子调谐回路示意图

4.3.2   电子调谐器电路分析

下面以 VTS-7ZH7 型全频道电子高频调谐器为例来分析电路工作原理，其电原理图如图 4-17 所示。

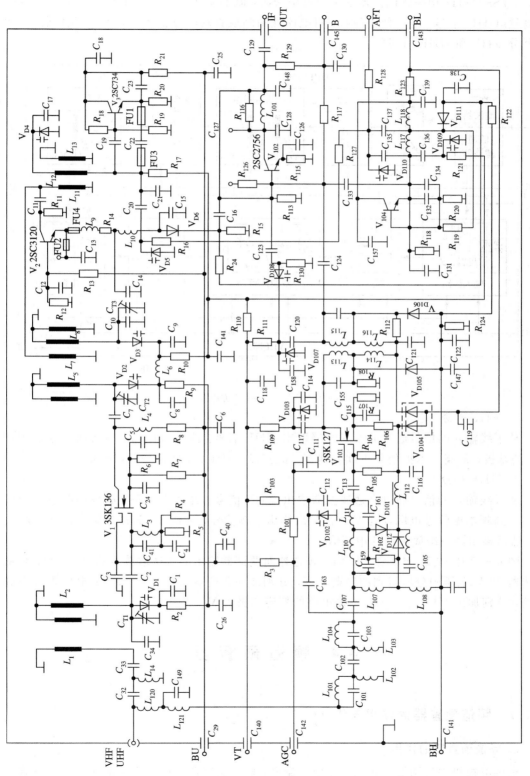

图 4 - 17　调谐器（VTS-7ZH7）电原理图

　　VTS—7ZH7 型高频调谐器是全频道调谐器，既能接收甚高频(VHF)信号，又能接收特高频(UHF)信号。为了便于理解，将电原理图画成直观的方框图，如图 4-18 所示。调谐器分 VHF 和 UHF 两部分。

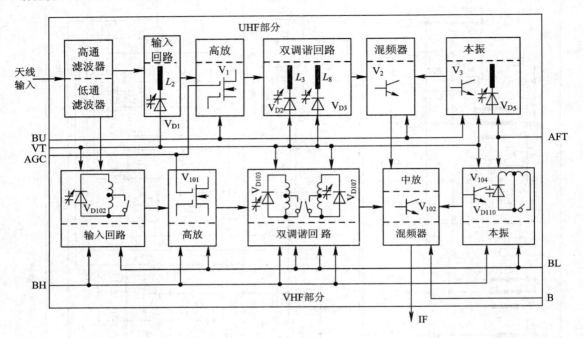

图 4-18　VTS—7ZH7 方框图

　　1) VHF 部分

　　从天线输入的信号通过低通滤波器取出 VHF 信号。经输入回路、高放回路送混频管 V_{102} 的基极，甚高频本振信号也耦合到 V_{102} 的基极。混频后，输出中频(IF)信号。

　　2) UHF 部分

　　从天线输入的信号通过高通滤波器取出 UHF 信号。经输入回路、高放回路送混频管 V_2，特高频本振信号也耦合到 V_2，混频后输出中频信号，再送 VHF 混频管 V_{102} 作中频放大，然后输出经一级放大后的中频信号。

　　图 4-17 中，BL、BH 和 BU 均是预选器向调谐器输出的所选取波段的电源。VT 是从预选器 33 V 电压中分压得到的调谐电压，分别加在各变容二极管上。AFT 电压来自中放通道，分别加到 UHF 和 VHF 本振电路的变容二极管 V_{D5} 和 V_{D110} 上。

4.4　频道预置器

4.4.1　频道预置器的作用与组成

1. 频道预置器的作用

　　彩色电视机中的调谐方式均采用电子调谐。电子调谐器是依靠改变加在变容二极管上的调谐电压来进行频道选择的。因此，为了使用方便，不论电视机工作在 VHF、UHF 的哪个频段(即 L、H、U 频段)，都必须事先将对应每一频道的调谐电压(0～30 V)用一个相应的电位器调整好。需要收看多个频道时，就要用多个电位器供给变容二极管相应的调谐电压，并分别用相应的频道选择开关控制各频道工作。完成这种功能的电路称为频道预置器。频道预置器给用户带来方便，尤其适用于遥控，所以目前频道预置器已成为电子调谐器必不可少的附属电路。

频道预置器的种类和电路形式较多，有机械式、电子式，有的装有触摸开关、轻触开关，有的采用红外线或超声波遥控，等等。

2. 频道预置器

频道预置器实际上是一种电子选台装置，电视接收机面板上通常有 8～12 个按钮或传感器，相应地有 8～12 个频道预置电路，每个预置电路均可事先调好一个适当电压。收看节目时，只要用手按下某一按钮或触摸传感器，这时相应的调谐电压就送到高频调谐器中的变容二极管，接收机就自动工作于对应频道，达到频道预置的目的。下面以电位器式频道预置器为例来说明频道预置器的组成，如图 4-19 所示。

图 4-19 中，R_{W1}～R_{W8} 电位器作为 8 个记忆方，可记忆 8 种状态的调谐电压，此 8 种电压可分别使变容二极管的结电容呈现 8 种

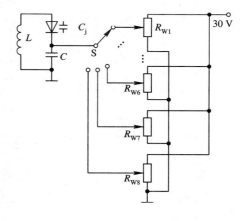

图 4-19　电位器式频道预置器原理图

容量值，最多可对准 8 个频道的调谐频率值，即可任意对 8 个电视频道调谐。由于这些调谐状态是预先已调好，并保持在各电位器中的，因此当正式收看时，便可随意地切换预置开关 S 的位置，随心所欲地选择某个事先已预调好的电视台节目，而不需要临时调整。

4.4.2　频道预置器实例分析

图 4-20 所示是飞跃牌 47C2-2 型彩电频道预置器的电原理图。

1. 频段选择

频段选择由波段选择开关来完成。从图 4-20 可见，它是由 8 个并排二极管 V_{D1001}～V_{D1008}，并在其负极连接 8 个 3 挡开关构成的。

8 个频段开关又受频道选择开关 S_{1002} 的控制。S_{1002} 是 8 挡独立的按键式双联开关，其一端连接频段选择开关，另一端连接选频电位器 R_{1017}。当按下 S_{1002} 其中某一挡时，这挡的开关使 V_{D1001}～V_{D1008} 中相应的一只二极管与+12 V 电源接通。+12 V 电源通过这个相应二极管被送到频段选择开关，从而实现了频段选择开关向调谐器输出所选频段的电源的要求。与此同时，频道批示器(发光二极管)V_{D1009}～V_{D1016} 中相应的一只也随之发光，在机器板面上起指示信号作用。

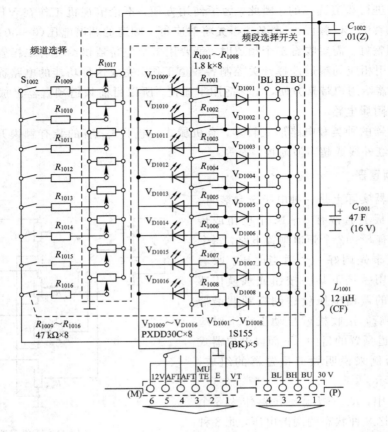

图 4-20　实际频道预置器电路

2. 频道选择

频道选择由 R_{1017} 来完成。R_{1017} 由 8 个相同的电位器组成，每个电位器的动点分别与 8 只限流电阻 R_{1009}～R_{1016} 相连。当按下 S_{1002} 某一挡时，VT(调谐电压)便与 R_{1017} 中相应一只电位器的动点相接。调节电位器的阻值，可改变调谐电压 VT，便输出该频道的 VT，因而能起到预选的作用。VT 的变化范围是 0～30 V。

4.5　高频调谐器常见故障分析

高频调谐器的作用是从天线所接收的各种频率的微弱信号中，选择出用户所需频道的电视节目信号，进行放大，再经过混频后变为固定的中频信号。调谐器按选频方式不同，可分为机械式调谐器和电子调谐器两类。电子调谐器与频道预置器相配合，可以任意选择 1～68 频道的电视信号之一。随着电视技术的发展，现在的彩电都已采用了电子调谐器，因此，我们只对电子调谐器的常见故障进行分析。电子调谐器的工作原理及电路分析已在 4.3 节作过讨论，本节将着重从使用和故障检修的角度进行分析。

4.5.1　彩色电视机中常见的电子调谐器

电子调谐器的种类很多，国产彩色电视机中常见的有 TDQ－1 型、TDQ－2 型和 TDQ－3 型。如金星 C37－401 及同类机型彩色电视机中常采用 TDQ－1 型电子调谐器，其日本产品对应型号是 ET543 型；莺歌 C47－4 及同类机型彩色电视机中常采用 TDQ－2 型电子调谐器，其日本产品对应型号是松下 ET－17C 型；飞跃 47C2－2 及同类机型彩色电视机中常采用 TDQ－3 型电子调谐器，其日本产品对应型号是夏普 VTS－7ZH7 型。

1. 电子调谐器外形及引脚功能

电子调谐器的外形基本相似，均由前后两个罩盖与一个基座组成，内部都采用微型贴片元件和表面安装工艺。基座用约 1 mm 厚的镀铅锡钢板冲制而成，具有良好的可焊性与防锈作用；罩盖用约 0.5 mm 厚的镀锡钢板冲制，除适量的加强筋增加机械强度外，四周弯边上都有弯曲的夹爪，能与基座框架保持紧密的结合，以达到电磁屏蔽的作用。TDQ－1 型的外形如图 4－21 所示。

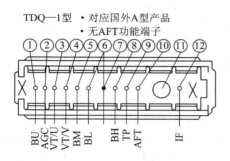

图 4－21　TDQ－1 型电子调谐器外形

TDQ－2 型和 TDQ－3 型为小型和超小型结构，其外形及有关尺寸如图 4－22 和图 4－23 所示。它们的元件装配密度更高，尤其是 TDQ－3 型电子调谐器，更加小巧玲珑，具有重量轻、体积小、分布参数小等特点。

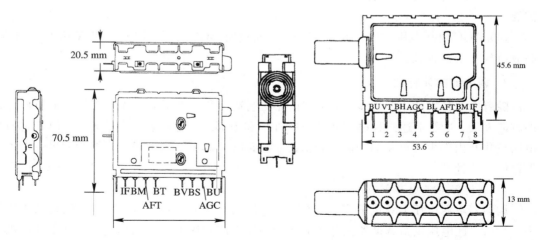

图 4－22　TDQ－2 型电调谐高频头的
　　　　　　外形和有关尺寸

图 4－23　TDQ－3 型电调谐高频头的
　　　　　　外形和有关尺寸

电子调谐器均属全频道调谐器，可以接收 VHF 和 UHF 的全部频道。现在的彩电均采用全增补频道电子调谐器，不但可接收传统的 VHF 和 UHF 的全部频道，还能接收增补电台的频道。电子调谐器由不平衡的 75 Ω 同轴电缆将天线上感应的电视信号引入，经过调谐器内部选台、放大及混频后，输出中频信号。其中频输出电路为单调谐电路，输出阻抗仍为不平衡式 75 Ω。电子调谐器下部的引脚一般有 8～12 个，它们的功能、符号及正常工作电压值如表 4-1 所示。

表 4-1 调谐器各引脚的功能、符号及电压值

引脚功能	符号	TDQ—1		TDQ—2		TDQ—3	
		编号	电压/V	编号	电压/V	编号	电压/V
调谐器电源电压输入	BM	⑤	12	⑨	12	⑦	12
VHF 频段工作电压输入	BV			⑤	12		
VHF 低频段工作电压输入	BL	⑥	12			⑤	11.5
UHF 高频段工作电压输入	BH	⑧	12				11.5
UHF 频段工作电压输入	BU	①	12	②	12	①	11.5
开关电压输入	BS 或 BSW			④	30		
调谐电压输入	BT 或 VT			⑦	0.5～30	②	0.5～30
VHF 频段调谐电压输入	VT/V	④	0.5～30				
UHF 频段调谐电压输入	VT/U	③	0.5～30				
高放 AGC 电压输入	AGC	②	7.5～0.5	③	8～0.5	④	7.5～0.5
自动频率微调电压输入	AFT			⑧	6.5±4	⑥	6.5±4

国内彩电使用的电子调谐器基本上都是引进的日本的生产线，因此它们有共同的性能：

(1) 电源电压为 12 V±5%。

(2) AFT 电压为 6.5 V±4 V。

(3) 调谐电压范围一般为 0.5～30 V，能满足 VL、VH 及 U 频段的频道调谐电压需要。

(4) AGC 电压范围一般为 0.5～7.5 V，属负向 AGC 方式。即外加的 AGC 电压越高，高放级放大增益越大。

2. 调谐器的外特性

随着电子技术的不断进步，电子调谐器的制造工艺不断提高，越来越向着小型轻量化的方向发展。虽然上述三种电子调谐器的外形和内部结构存在着一定的差异，但是它们的电路程式及内部主要电路的功能是相似的。下面以 TDQ-3 型电子调谐器为例讨论电子调谐器的外特性。

1) 调谐器电源电压 BM

调谐器电源电压 BM 的输入，在不同型号的调谐器上引脚编号虽不同，但其电压值均为 +12 V。此电压供给调谐器内部各晶体管和场效应管作为直流工作电压。只要电视机电源一接通，无论它工作在什么频段、什么频道，此脚上均应有正常的工作电压，否则将出现所有频道均无图像、无伴音的故障现象。

2) 频段切换电压

频段切换是靠切换调谐器有关引脚上的电压来实现的。以 TDQ - 3 型为例，BL、BH 及 BU 三个引脚中，同一时刻只能有一个引脚接上±12 V。当 BL＝＋12 V，BH、BU 为 0 V 时，可接收 VL 频段(1～5 频道)；当 BH＝＋12 V，BL、BU 为 0 V 时，可接收 VH 频段(6～12 频道)；当 BU＝＋12 V，BL、BU 为 0 V 时则可接收 U 频段(13～68 频道)。

频道切换的实质是通过改变调谐器有关引脚(BL、BH 和 BU)的电压，以改变调谐器内部开关二极管的导通和截止，从而等效地切换谐振回路中的电感线圈。

需要强调的是：无论是工作在 VHF 频段，还是工作在 UHF 频段，调谐器的电源电压 BM 应始终为＋12 V。切换频段时仅仅是让＋12 V 分别加到 BL、BH 和 BU 脚上而已。

3) 频道调谐电压 BT(VT)

在确定了频段切换电压以后，频道的具体选择是通过调节加到调谐器内变容二极管上的反偏电压来实现的。因为加到变容二极管的反压发生变化时，就会改变变容二极管的结电容，从而改变了调谐回路的谐振频率，达到选择频道的目的。

改变调谐器的 BT(VT)端引脚电压，就可实现调谐选台。在某一选定的频段范围内，调谐电压 BT(VT)的变化规律是：随着 BT(VT)脚上外加电压值的升高，所接收电视节目的频道数也相应升高，其变化的一般规律如图 4 - 24 和表 4 - 2 所示。

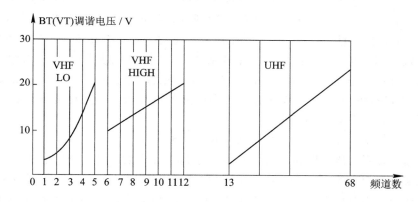

图 4 - 24　调谐电压特性曲线

表 4 - 2　调谐电压典型变化值

频　段	VHF—L			VHF—H			UHF		
频　道	1	3	5	6	9	12	13	32	57
标准电压/V	3.0	8.9	18	9.0	12.6	18	1.4	9.5	24
允许范围/V	±1.5	±2	±2	±2	±2	±2	+1.1～ -0.5	±3	±3

4) 自动频率调节电压(AFT)

自动频率调节采用将中频取样电压叠加在调谐电压上的方式，去控制电子调谐器中本机振荡器的谐振回路，最终使电子调谐器输出频率正确的图像中频信号。AFT 电压引脚的电压值一般为 6.5 V±4 V。

5) 自动增益控制电压(AGC)

现在生产的电子调谐器，其高放管普遍采用了双栅的 MOS 场效应管，因此，其高放

AGC 电压的动态范围较大，而且都采用反向 AGC 控制方式。静态时或外来信号较弱时，AGC 引脚端的电压为 7.5 V。当外来信号过强时，高放 AGC 起控，图像中频通道送到电子调谐器 AGC 电压端的电压值开始降低，使高放双栅 MOS 管的电压增益下降，达到自动增益控制的目的。当外来信号很强时，高放 AGC 端电压可能会下降到零点几伏。

4.5.2 电子调谐器常见故障分析

1. 电子调谐器常见故障现象

电子调谐器的故障常引起以下几种故障现象：

(1) 有光栅、无图像、无伴音，各个频段都收不到信号。

(2) 整机灵敏度低、荧光屏上噪波点很严重。

(3) 某一频段收不到电视节目。

(4) 某一频段中的高端或低端收不到电视节目。

(5) 开机一段时间后，彩色、图像及伴音逐步消失(逃台)。

2. 电子调谐器常见故障检测

在近期生产的电视机中，常采用小型化或超小型化的电子调谐器，其内部元件小，密度高，用新的贴装工艺生产。若调谐器内确实出现故障，一般采用更换的方法解决，而不予修理。因为更换元件后的调谐器往往很难达到原来的技术标准，尤其是 UHF 频段采用谐振腔电路，元件的形状、安放的方位、引线的长短均会对频率和特性产生严重影响。

大量实践证明，电子调谐器部分的许多故障往往是由外围供电电路的故障而引起的。

前面已经介绍了电子调谐器电路的基本工作原理，熟悉了各引出脚的功能及正常工作时的电压值。这样，就可以通过检测有关外围电路的电压值，来判断出故障的部位，确定各种故障现象的检测重点及检测方法。

1) 有光栅、无图像、无伴音，各频段均收不到电视节目

光栅正常，说明扫描电路在正常工作；图像和伴音均无，说明公共通道中有问题，但故障是否确实在高频调谐器部分，还需要进行判断。方法是：焊开高频调谐器中频输出点与中放级的焊点，用万用表或金属工具碰触(注意安全)中放通道的中频信号输入端，如果光栅上有明显的噪粒闪动，表明中放通道基本正常，故障很可能在高频调谐器部分。为了避免故障在天线端发生，还应先检查天线插头及有关输入电路。在确认天线输入系统及图像中放以后的电路基本正常的情况下，再将检测的重点集中于高频调谐器部分。

由于 VHF 频段和 UHF 频段均不能收到电视节目，因此故障很可能出在它们共用的供电电路及共用的内电路中。首先检查高频调谐器的电源供给端 BM 脚上有无 12 V 的直流电压，若此电压为零或偏低，可将供电线路与调谐器暂时脱开进行检查。若脱开后供电线路上的电压仍然为零或偏低，说明故障在外部的低压供电线路中；若脱开后供电线路上的电压恢复正常，说明此高频调谐器内部与该电压相关的线路上有短路或漏电故障。

如果 BM 脚上的电压正常，可进一步检测高放 AGC 脚上的电压、频段切换电压和调谐电压 BT(VT)是否符合要求。若这些引脚上的电压也正常，则可考虑更换一只电子调谐器试试。

2) 整机灵敏度低，荧光屏上噪波点严重

电视机只能收到个别强信号的电视节目，而且不甚清晰、噪波多。造成此类故障的原

因除了接收环境差以外，调谐器灵敏度低是主要原因。可能的故障有：① 高放 AGC 电压失常；② 调谐器内某一变容二极管特性不好；③ 高放电路有故障。

当高放 AGC 电压电压失常时，轻则灵敏度降低，彩色时有时无，图像不稳或扭曲，荧光屏上有较严重的噪波点；重则出现无图像的故障现象。检测时可先让电视机不接收电视台信号（置于空频道），测量高放 AGC 电压的静态值，一般应为 7.5 V 左右。如果电压异常，则故障可能在高放 AGC 电压供给电路，也可能是中放通道集成电路 TA7680AP 出现故障，还可能是调谐器内部接触不良。这时可暂时断开高放 AGC 电压供给电路与输入脚的连线，再检查供给的 AGC 电压值，若供给的电压值正常，而且可调，表明故障在高频调谐器内部，可能是内部电容短路或漏电而引起。

若高放 AGC 电压正常，则可能是由于调谐器内某一变容二极管的特性不好而引起的。电子调谐器对内部各级变容二极管的配对要求很严格，若某一个损坏后被更换，则新更换的变容二极管与原机上的其它变容二极管很难配对。由于特性不一致，便会造成灵敏度低的故障现象，特别是双调谐回路中的一对变容二极管，若只换了一个，则对调谐回路影响很大，最容易出现灵敏度低的现象。如果碰到此类情况，最好是更换一只新电子调谐器。

若高放 AGC 电压正常，变容二极管没有换过，天线输入系统也没有发现问题，即使在离电视台较近的强信号地区接收，也是图像不理想，雪花噪波点多，则应怀疑调谐器中的高放管是否损坏。这是高频调谐器中的常见故障，一般采用代换法解决。

3）某一频段收不到电视节目

一个地区有多套电视节目可供接收，若在 VHF—L、VHF—H 和 UHF 三个频段中有一个频段收不到，而另外的频段可以接收，则表明调谐器中共用部分的电路基本正常，而故障仅仅在频段转换的有关电路中。

例如，某一城市有 2、4、8 三个频道的电视节目，其中 8 频道可以正常收看，2、4 频道突然接收不到，此时可检查频段转换有关引出脚上的电压。对于 TDQ—1 和 TDQ—3 这两种调谐器，主要检查 BL 引脚上有无 12 V 左右的工作电压；对于 TDQ—2 及同类型的高频调谐器，则需要检查 BV 和 BS 两个脚上的电压，只有当两个脚上的电压同时达到要求时，才能正常工作。由于 VHF—L 和 VHF—H 在调谐器中共用一个调谐电路，因此故障很可能是节目预选器中的频段转换开关引起的。

如果 VHF—L 和 VHF—H 均能正常接收，而 UHF 频段无法接收，则不仅要考虑节目预选器中的频段转换开关，还要考虑调谐器中的电路是否出故障。如果检测中发现 BU 脚上的电压为零或很低，可将它的供电线暂时断开，若断开后供电线上的电压恢复正常，则表明调谐器中的 UHF 电路出了故障。

4）某一频段中的高端或低端收不到电视节目

若 2、4、8 三个频道可供接收，第 4 频道的电视台广播仍然正常，但电视接收机中的图像突然收不到了，则此情况属于 VHF—L 中的高端不能正常接收。由表 4-2 和图 4-27 可知，此时调谐电压输入脚上的电压应在 9 V 以上才属正常。若反复调节节目预选器上有关电位器，此电压升不上去，则可脱开调谐电压输入脚上的连线再调。如果此时调谐电压的变化范围很宽，可达 0.5～30 V，表明节目预选器中的有关电路正常，故障在调谐器内部；反之，则故障在节目预选器的有关电路中。

对于此类故障，主要是检查调谐电压的变化范围。但是，有时在开关电压输入脚上不该有开关电压时,发生了电压漏入现象,也会有类似的故障现象。当调谐器内部的开关二极管不能可靠地截止,调谐回路中的电容变值时,都有可能产生频段两头边缘少数频道收不到的情况。

5) 逃台

逃台也叫频漂。它是指这样一种故障现象:刚开机时彩色、图像和伴音均正常,但收看时间一长,信号逐渐变弱,彩色、图像和伴音先后消失,有时重新调节频道微调电位器,又可捕捉到图像和伴音,但过一段时间后再次逃掉。

逃台的根本原因是调谐器内本振频率发生了变化。我们要求电视接收机本振频率与所接收电视信号的图像射频的差拍始终为 38 MHz。若本振频率严重漂移,则检修时首先监测调谐电压输入引脚上的电压,看是否随时间而变化。当万用表的表笔并到 BT(或 VT)脚上时,图像可能会有变化,这是正常现象,为了能迅速而准确地反映出电压的变化,最好能用数字电压表进行监测。如果时间一长,调谐电压便随之升降,必然使各谐振回路的频率漂移。此时,可断开调谐器的调谐电压引入端,进一步鉴别引起电压升降的原因是在外部电路,还是在调谐器内部。

如果监测的结果表明,BT 脚上的电压并无明显变化,而逃台故障仍然存在,应考虑调谐器内部本振回路中决定本振频率的元件是否不稳定,如变容二极管、瓷片电容等是否随温度、时间的增长而出现轻微漏电,这时可考虑更换一只电子调谐器。

习 题

4.1 绘出高频调谐器原理框图,并说明各部分的作用。

4.2 放大器各级噪声系数 $N_{P1}=6$、$N_{P2}=12$、$N_{P3}=8$,功率增益 $A_{P1}=20$、$A_{P2}=10$,问总的噪声系数是多少?相当于多少分贝?

4.3 在我国电视制式中,要求调谐器高放级的中心频率、本振频率与接收频道的图像载频保持什么关系?

4.4 在电视接收机中为什么特别要求高放级具有低噪声系数和较大功率增益?

4.5 高放级为什么要采用中和电路?简述其工作原理。

4.6 简述电子调谐器的工作原理。

4.7 电子调谐器与机械式调谐器有什么区别?

4.8 在电子调谐器中使用的变容二极管和开关二极管各有何作用?

4.9 什么叫频道预置器?如何实现频道预置?

4.10 TOQ-3型电子调谐器有哪些引脚?在正常工作时,各引脚的电压应为多少伏?

4.11 电子调谐器的常见故障有哪些?

第 5 章　　图像中频通道

　　彩色电视机与黑白电视机的公共通道(包括高频调谐器、中频放大、视频检波、预视放和自动增益控制等电路)的电路组成和工作原理基本相同。上章介绍了高频调谐器,本章主要介绍由中频放大、视频检波、预视放、自动增益控制电路等单元电路组成的图像中频通道。图像中频通道是超外差式电视接收机的重要组成部分,电视接收机的灵敏度、选择性及通频带等技术指标,在很大程度上取决于图像中频通道的质量。

5.1　图像中频通道的功用及性能要求

5.1.1　图像中频通道的组成及作用

　　高频调谐器将各个不同频道电视信号差频为中频信号(图像中频 38 MHz,第一伴音中频 31.5 MHz)后,通过特性阻抗为 75 Ω 的同轴电缆馈至图像中频通道。图像中频通道包括滤波器、中频放大器、视频检波器、自动增益控制(AGC)电路、自动消噪电路(ANC)、预视放等几部分,其组成方框图如图 5-1 所示。

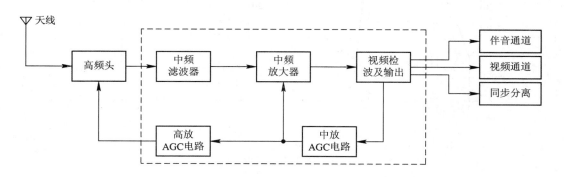

图 5-1　图像中频通道组成方框图

　　由图 5-1 知,图像中频通道有选频、放大、检波解调的作用,即从高频调谐器输出信号中选出包括 38 MHz 的图像中频信号和 31.5 MHz 的第一伴音中频信号,再将选出的信号放大到能满足视频检波器正常工作所需的电平;视频检波电路从 38 MHz 图像中频信号中解调出 0～6 MHz 的视频全电视信号,同时,38 MHz 图像中频信号与第一伴音中频信号经差频解调产生 6.5 MHz 第二伴音中频(调频信号)信号,送往伴音通道;视频检波输出电路还要送出自动增益控制及同步分离信号。自动增益控制(AGC)电路在图像中频通道中属辅助电路，起稳定工作、提高信号传递质量的作用，它包含中放 AGC 和高放延迟 AGC。

5.1.2 图像中频通道的性能要求

图像中频通道的主要作用是对从高频头输出的较弱的图像中频信号进行放大，使之达到视频检波器所需求的电压幅度，并用陷波器吸收邻近的特殊干扰，同时将图像和伴音信号分离。对图像中频通道的主要性能要求如下。

1. 足够的放大增益

图像中频通道的增益是由接收机的整机灵敏度和显象管对调制电压的要求决定的。一般要求显像管视频调制信号峰峰值为 30～80 V，其值与屏幕大小、偏转角度等有关。根据国际规定，乙级机的极限灵敏度在 75 Ω 输入时应小于 100 μV。假设显像管调制电压为 50 V，则整机增益为 50/100 μV＝5×10^5 倍，即 114 dB 左右。通常图像中频通道的增益占整机增益的 60%，它对整机灵敏度起决定性作用，一般一级中频放大器的增益为 20～30 dB，因此图像中频通道通常由三级或四级中频放大器组成。

2. 特殊的幅频特性

中频放大器幅频特性是表征中频放大器对不同频率分量信号放大能力的重要特性。电视机整机频率特性主要由中频放大器的幅频特性决定。中频放大器通道(包括中频滤波及中频放大器)应具有的幅频特性曲线如图 5-2 所示，其中，图(a)为宽带型，图(b)为窄带型。

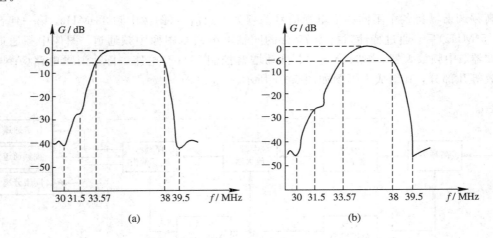

图 5-2 图像中频通道幅频特性
(a) 宽带型；(b) 窄带型

图 5-2 中，38 MHz 为图像中频，为使残留边带信号解调后不失真，必须要求38 MHz对准特性曲线斜边中点相对幅度 50% 处，即幅度衰减 6 dB；伴音中频 31.5 MHz 应处在特性曲线相对幅度 5% 处，为图像中频幅度的 1/20，即衰减 26 dB，以防止伴音信号过强会干扰图像。特别是在彩色电视接收机中副载波中频(33.57 MHz)与伴音中频(31.5 MHz)相差 2.07 MHz，正好落在视频通带内时，会造成对图像的严重干扰，所以更要对伴音中频进行抑制。从图中可以看出，频率特性曲线在 30 MHz 和 39.5 MHz 处各有一个吸收点，其相对幅度小于 1%，即衰减大于 40 dB，以抑制邻近高频道的高频图像载频与本频道本振频

率差频产生的 30 MHz 的干扰，以及邻近低频道的伴音载频与该频道本频频率差频产生的 39.5 MHz 伴音中频干扰。因为它们分别与所收看频道的图像中频与伴音中频相差只有 1.5 MHz，所以易产生串台干扰，造成选择性不好。

选择性是指对通频带外的杂波和邻近频道信号干扰的抑制能力。我国电视广播标准规定每个电视频道有 8 MHz 的频带宽度，每个相邻频道载频之间只有 1.5 MHz 的间隔。由图 5-3(a)中的 1～3 频道电视信号频谱结构可以看出，比二频道图像载频低 1.5 MHz 的是第一频道的伴音载频，比二频道伴音载频高 1.5 MHz 的是三频道图像载频，如果它们一起进入电视机，经变频变为中频，即相邻高频道的图像中频变为 $95.75-65.75=30$ MHz，相邻低频道的伴音中频变为 $95.75-56.25=39.5$ MHz，如图 5-3(b)所示的频谱结构。

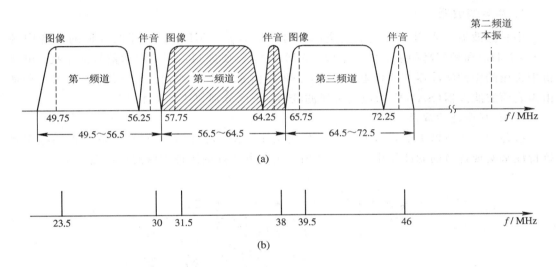

图 5-3 邻近频道频谱

以上两种信号进入通带就会干扰第二频道的正常图像，为了抑制这种干扰将图像中频幅频特性曲线的 30 MHz 处衰减到 3%。

3. 工作稳定性要好

中频放大器是一个多级高增益放大器，往往会因为分布电容或引线的杂散电容耦合、电源内阻的耦合以及三极管内部的结电容耦合等因素而引起自激，以致影响整机正常工作。所以，必须采取相应的措施以防止自激，保证中放通道正常工作的稳定性，如加强电源耦合电路、加设中和电容、对中频放大器进行屏蔽等。

4. 足够大的自动增益控制范围

由于天线上接收到的射频电视信号的强度要从几十微伏到几十毫伏之间变化，对于变化如此大的信号，如果中放增益固定不变，就容易使晶体管放大器产生阻塞，或者中放末级由于信号过强而产生图像失真和同步信号受到压缩，从而影响电视机的正常工作。为此，必须设法使信号增强时，中放的增益也相应地自动下降，保持视频检波输出不变，这就是自动增益控制功能。为保证良好的信噪比和灵敏度的要求，通常自动增益作用于中放第一、二级及高放级，一般要求 AGC 的控制范围不小于 40 dB。

5.2　图像中频通道的功能电路

图像中频通道的功能电路主要由中频滤波器、中频放大器、视频检波与输出电路和自动增益控制(AGC)电路等组成。另外，彩色电视机的图像中频通道还增加有自动频率微调(AFT)电路。

5.2.1　中频滤波器与中频放大器

1. 中频滤波器

中频滤波器主要用来衰减本频道的伴音中频(31.5 MHz)、相邻低频道的伴音中频(39.5 MHz)和相邻高频道的图像中频(30 MHz)，以便抑制它们对图像信号的干扰。电视机中常用的中频滤波器有两种电路形式，一种是由RLC网络组成的带通滤波器；另一种是由声表面波滤波器(SAWF)组成的带通滤波器。下面分别叙述其工作过程。

1)RLC带通滤波器

这种中频滤波器主要是由R、L、C分离元件构成，利用LC串联或并联谐振的频率阻抗特性来实现各自的滤波作用。图 5-4 所示为一种实际的图像中频滤波电路。

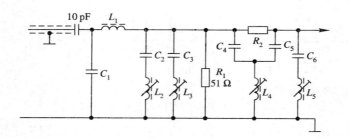

图 5-4　图像中频滤波电路

图中，L_1C_1为低通滤波，滤去来自高频头混频级的中频以上的高次谐波。L_2C_2串联谐振于本频率伴音中频 31.5 MHz，对该信号进行吸收，只保留相对幅度的 5% 左右送到中放级去放大。L_3C_3用来吸收 40.5 MHz，以保证从 39.5～41 MHz 的频率范围内都有足够的衰减，衰减量≥20 dB。L_5C_6用来吸收相邻高频道的图像中频 30 MHz。$L_4C_4C_5R_5$组成桥 T 型吸收电路，主要用来吸收相邻低频道的伴音中频 39.5 MHz。R_1为匹配电阻。

上述RLC分离元件带通滤波器制作工艺麻烦，调整复杂，目前基本上被声表面波滤波器(SAWF)所取代。

2)声表面波滤波器(SAWF)

目前世界上生产的黑白和彩色电视机均采用声表面波滤波器(SAWF)完成中频滤波任务。它是利用压电晶体表面传播机械波(超声波)时引起周期性机械形变，以及压电效应使机械振动与交变电信号相互转换这一特点而制成的固体元件。经过合理设计叉指形电极的几何结构，可使该元件对中频信号的频率响应符合中频滤波器的要求。使用声表面波滤波器后，可一次性形成中放所需的幅频特性，从而实现了中放级的无调整化。声表面波滤波器的原理示意图如图 5-5 所示。

图 5-5　SAWF 的原理示意图

从图 5-5 中可以看出，在压电介质基片上，制备着两组叉指形换能器(IDT)。信号加到输入 IDT 时，交变电场激起声表面波；声表面波传到输出 IDT 时，恢复出电信号。其传输特性主要取决于 IDT 的几何形状。为减小界面反射，两端 IDT 外表面敷有吸声材料。声表面波集中在电介质的表面传播，激发和检取较便利。声表面波在基片表面的传播速度比电磁波的传播速度小 10^5 数量级，且与频率无关，因而这种滤波器的体积小，对各频率分量的延时都一样。图 5-6 所示为实用电路之一例，为了补偿 SAWF 的插入损耗，在其前面加一级前置中频放大器。

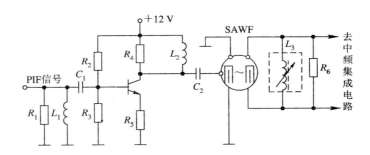

图 5-6　SAWF 实用电路

因 SAWF 的输入、输出电容大，故常在外电路并接电感，R_1、L_1 用来与调谐器匹配，输出换能器并接电感 L_3，并谐振于中心频率。输入端的 L_2 是高频扼流圈，故输入端处于失谐状态，目的是减少反射波的干扰。图 5-7 所示是一个典型的图像中频滤波器的特性曲线。

2．中频放大器

中频放大器是电视机总增益的主要提供电路。要达到增益高、频带宽和选择性

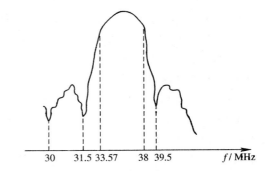

图 5-7　SAWF 中频特性曲线

好的要求，中频放大器应由三级单调谐或双调谐放大器组成，其总增益分贝数等于各级增益的分贝数相加。单调谐回路是单峰曲线，双调谐回路一般为双峰曲线，中频放大器的总频率特性曲线就是各级放大电路频率特性曲线之合成。

图 5-8 所示给出了一种单双调谐回路参差调谐方式的中频放大器。中放一、二级采用单调谐回路,高频头的混频输出级和中放末级采用双调谐回路。双调谐回路在紧耦合时出现双峰,一级双调谐回路振曲线相当于两级单调谐回路放大器的组合,并且双调谐回路带宽较宽、选择性强。这样,另外两级单调谐回路放大器可加大回路电容和并联阻尼电阻,让 Q 值低些,使得该级施加 AGC 起控电压时,对晶体管输入和输出阻抗影响变小。所以,该种组合方式主要靠混频输出和中放末级的双调谐回路来满足总的增益与选择性要求。

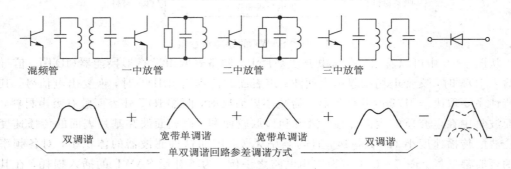

图 5-8　单双调谐回路参差调谐方式

目前生产的黑白和彩色电视机的中频放大器均采用集成电路来完成。图像集成中放电路型号较多,它们的电路结构大致相同。集成中放电路通常采用三级具有恒流源、直接耦合、宽通带的差分放大器。由于集成中放电路本身无谐振电路,因此都采用声表面波滤波器,以便一次性形成集成中频放大器所需要的幅频特性。

5.2.2　视频检波与输出电路

1. 视频检波器的作用及性能要求

视频检波器的主要作用就是由图像中频信号检出极性正确的视频信号,送往视频通道与同步分离电路;同时还利用视频检波器的非线性元件,将图像中频信号和伴音中频信号在检波器中再一次进行混频,产生出一个频率为 6.5 MHz 的第二伴音中频信号送往伴音通道。

对视频检波器的性能要求如下:

(1) 检波失真要小,效率要高。

(2) 频带要足够宽,滤波性能要好。

(3) 输入阻抗要高,对中放的影响要小。

(4) 检波输出电压的极性要正确,以保证最终加入显像管阴极的视频信号为负极性图像信号。

2. 视频检波器的电路形式

电视图像信号采用调幅方式发送,所以图像信号的解调通过幅度检波器来完成。分离元件组成的黑白和彩色电视机中,通常采用二极管包络检波器,而集成电路组成的黑白和彩色电视机,则普遍采用同步检波器。下面分别叙述它们的工作原理。

1) 二极管包络检波器

二极管包络检波器的电路如图 5-9(a)所示。设在 L_1、C_1 并联谐振回路两端加入一个如图 5 - 9(c)所示的高频调幅波,为了分析方便,把调幅波的一部分在时间轴上加以拉长,如图 5 - 9(b)所示。当调幅波为正半周时,二极管 V_D 导通,给电容 C 充电。由于二极管正向电阻很小,充电电流很大,因此在很短的时间内,电容 C 上的电压就接近于高频调幅波的峰值,这个电压对二极管来说是个反偏压。当高频调幅波由最大值逐渐减小时,它的数值只要小于电容两端的电压,二极管就截止,这时(图 5 - 9(b)中 t_1 以后)电容 C 开始通过 R 放电。由于负载电阻 R 比检波二极管的正向电阻 R_D 大,因此放电的时间常数(RC)大于充电的时间常数($R_D C$)。又因 RC 的时间常数大于高频调幅波载频的周期,故电容 C 两端的电压下降到 t_2 时,下一周期的中频电压又将超过电容 C 上的电压,使二极管导通,而且在很短的时间内,再次使电容上的电压接近高频调幅波的峰值。这样周而复始地重复上述过程,就得到了 RC 上的电压波形,如图 5 - 9(d)所示。由图中可以看出,检波器负载上的电压变化规律和高频调幅波的包络线基本一致,只不过带有锯齿状波纹,如果把这些高频锯齿状波纹成分再经过低通滤波器滤掉,就可得到如图 5 - 9(e)所示的比较平滑的信号。

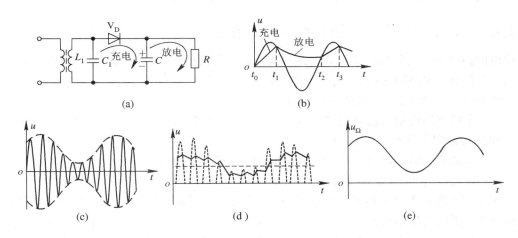

图 5 - 9　二极管包络检波原理图

2) 同步检波器

在集成化的图像中频通道中,普遍采用了具有低电平线性检波、差拍干扰小、增益高等优点的同步检波器。同步检波器又称为双平衡模拟乘法检波器,其方框图如图 5 - 10 所示。

图 5 - 10　同步检波器方框图

图 5 - 10 中包括限幅放大器、模拟乘法器和低通滤波器。从图像中频放大器送来的信号是载频为 38 MHz 的调幅波,经过限幅放大器后变换为等幅波,作为模拟乘法器的第一输入信号。此外,调幅波直接送到模拟乘法器作为第二输入信号。

设调幅波包络的低频调制信号是一个正弦波 $U \cos\Omega t$,则调幅波信号可表示为

$$U_2(t) = U_2(1 + m \cos\Omega t)\cos\omega_0 t$$

式中,U_2 为图像中频载波的幅度;ω_0 为中频角频率;m 为调幅度。

$U_2(t)$经过限幅放大器后变为等幅波,此等幅波可表示为

$$U_1(t) = U_1 \cos\omega_0 t$$

设 K 为模拟乘法器的传输系数,则模拟乘法器的输出电压应为

$$U_{sc}(T) = KU_1(t) \cdot U_2(t)$$

$$= KU_1U_2(1 + m\cos\Omega t)\cos^2\omega_0 t$$

$$= \frac{1}{2}KU_1U_2 + \frac{m}{2}KU_1U_2\cos\Omega t + \frac{1}{2}KU_1U_2(1 + m\cos\Omega t)\cos2\omega_0 t$$

上式中,第一项为直流分量,第二项为检波得到的低频信号,第三项为中频载波的二次谐波。经过低通滤波器以后,把中频载波的二次谐波滤去,便得到低频信号的输出。

从上述分析过程可知,检波过程完全是直线性的,与输入信号的电平无关,因此,即使检波器的输入电平低到 5 mV,检波的直线性仍然良好。

从模拟乘法器的输出电压表达式可知,检波器输出的信号为 $\frac{m}{2}KU_1U_2\cos\Omega t$,所以检波器有增益,其值为 $\frac{mKU_1}{2}$。一般双平衡乘法器的增益可达 20 dB 以上。还可看出,在检波器输出的信号中,无中频载波 ω_0,因此检波级的辐射对图像中频放大器的寄生反馈基本上消除,这有助于提高图像中频通道的稳定性。

典型的双平衡乘法检波器的技术指标如下:

(1) 在检波器的输入信号电平低到 2 mV 时,检波器的微分增益为 2 dB,微分相位为 $10°$。可见检波器的线性特性良好。

(2) 检波器的谐波辐射能量,比二极管检波器减小了约 20 dB。

(3) 检波器的 3 dB 处频宽可达 6 MHz。

图 5-11 所示为同步检波器的电路图。实际上,经过限幅器以后得到的中频载波已变成矩形波,所以模拟乘法器的第一输入信号 U_1 是一矩形波,而且它的幅度也比较大,因此,$V_1 \sim V_4$ 工作在开关状态,$V_5 \sim V_6$ 工作在线性放大状态。模拟乘法器的第二输入信号 U_2 是 38 MHz 的中频调幅波,对称地输入至 V_5 和 V_6 的基极之间。由于 $V_1 \sim V_4$ 开关作用,在输出将得到全波式检波信号的输出 U_0。

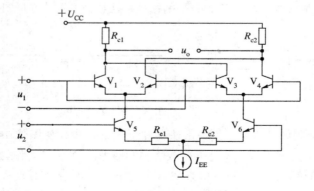

图 5-11　同步检波器

3. 视频检波输出电路

视频检波输出电路又称为预视放电路。前面已经谈到，视频输出电路除要完成分离 0～6 MHz 视频信号送给视频通道和 6.5 MHz 第二伴音中频信号送往伴音通道外，同时还要送出自动增益控制和同步分离信号，因此要求它具较强的负载能力和电路隔离作用。

预视放电路都采用高输入阻抗和低输出阻抗的射极跟随器，以此作为阻抗变换及匹配。图 5-12(a)所示为典型的预视放电路图。

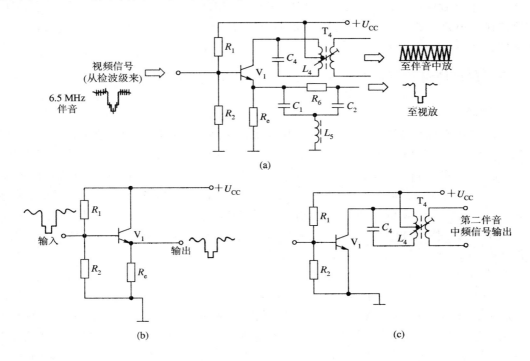

图 5-12　预视放电路

图 5-12(a)中，V_1 为预视放管，R_1、R_2 为其偏置电阻，R_E 为发射极负载电阻，L_4、C_4 构成 6.5 MHz 并联谐振回路，L_5、R_6、C_1、C_2 是桥 T 型吸收网络，谐振在 6.5 MHz 频率上。在预视放基极输入的是从检波级送来的视频信号及 6.5 MHz 第二伴音中频信号。预视放电路对视频信号和 6.5 MHz 第二伴音中频信号的输出呈现出两种完全不同的电路特性。

1) 视频信号输出等效电路

对于 0～6 MHz 的视频信号而言，V_1 集电极的 L_4、C_4 并联回路处于失谐状态，呈现出很低的阻抗，而发射极的桥 T 型 6.5 MHz 吸收网络(串联谐振)也处于失谐状态，故呈现出很大的阻抗。显然，对视频信号而言，预视放电路等效为一射极跟随器，其等效电路如图 5-12(b)所示。该等效电路把 L_4、C_4 当作短路，而把桥 T 型吸收回路当作开路，电路仅从发射极输出视频信号送往视频通道、同步分离电路和 AGC 电路。这时，输出电路等效为射极输出器，在发射极输出的视频信号与输入相位相同，对于检波级呈现高输入阻抗，提高了视频检波器的效率和负载能力，实现了阻抗的匹配作用。

2）第二伴音中频信号输出等效电路

由于 L_4、C_4 在 6.5 MHz 时处于并联谐振状态，因而对 6.5 MHz 第二伴音中频信号而言，回路呈现很高的阻抗，而 V_1 发射极的桥 T 型吸收网络则对 6.5 MHz 的第二伴音中频信号而言，处于串联谐振状态，呈现出很低的阻抗，其等效电路如图 5-12(c)所示。显然，对于 6.5 MHz 的第二伴音中频信号来说，预视放电路等效为一共射极的伴音中频放大器，在 L_4、C_4 通过变压器 T_4 耦合输出，提供 6.5 MHz 的第二伴音中频信号送往伴音通道。

桥 T 型吸收网络的谐振频率一定要校正在 6.5 MHz 上，只有这样才能对于 6.5 MHz 的第二伴音中频信号相当于短路，6.5 MHz 的伴音信号就不会串到显像管而引起伴音干扰图像。

5.2.3　自动增益控制(AGC)电路

1. 概述

自动增益控制电路简称 AGC 电路，是电视机稳定工作不可缺少的重要组成部分。由于气候条件、收看环境、频道不同、距离远近等诸多原因，会使天线接收信号强弱有很大差别。这一方面会直接引起收看效果不良；另一方面，由于通道各级晶体管动态范围较小，如果信号过强，会使放大器(特别是中放末级和视放输出级)进入截止和饱和，造成非线性失真，甚至电视信号峰值被压缩或切割，从而造成同步不稳、彩色失真及灰度失真等。AGC 电路的作用就是根据检波器输出电平的变化，自动调节高频放大级和中频放大级的工作状态，以使检波器输出信号保持在一定电平上。

对 AGC 电路主要有下面几点要求：

（1）控制范围要宽。通常中放 AGC 控制范围为 40 dB，高放 AGC 控制范围为 20 dB，总控制范围为 60 dB，也就是说，当天线接收的高频输入信号电平在 50 μV～50 mV 范围内变化(变化 60 dB)时，检波器输出视频信号电平变化不超过 1.5 dB。AGC 对通道增益和输出电压随输入信号的变化特性示意图如图 5-13 所示。图中，U_{i1} 为 AGC 的起控电压。

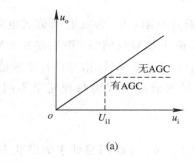
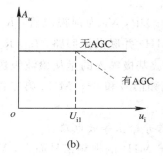

图 5-13　AGC 控制示意图

（2）控制性能要稳定。当 AGC 电路工作时，受控放大级对前后级影响要小，并不致影响通道的频率特性，AGC 电压不能受图像信号内容变化的影响。AGC 电路在温度变化和外来干扰下应能正常工作。

（3）控制速度应适当，应能跟上输入信号电平的变化。

（4）应有延迟控制特性。要求输入信号增强到大于灵敏度值后 AGC 才起控。首先起控中放，这时高放仍处于最大增益状态。只有当中放 AGC 控制深度达 30～40 dB 后，高放 AGC 才开始起控。高放起控过早会使输出信噪比降低。

2. AGC 控制基本原理

1）AGC 电路的组成

无论是分立元件还是集成电路，AGC 电路的基本组成框图是相同的，如图 5 - 14 所示。

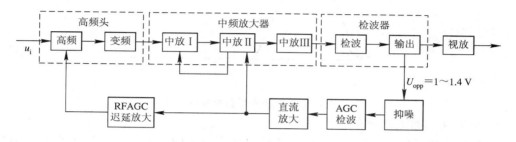

图 5 - 14　AGC 功能方框图

AGC 电路实质上是一个闭环负反馈系统。当天线输入信号 U_i 处在电视机灵敏度值附近，或者说检波输出信号 U_{opp} 为 1～1.4 V 时，高放、中放都处在最大增益状态。而当 U_i 大于灵敏度值，即 U_{opp} 大于 1～1.4 V 时，则通过 AGC 检波器把 U_{opp} 相应变化的值检波出来，转换成直流控制电压去控制中放Ⅰ、Ⅱ的工作点，使其增益下降，以维持 U_{opp} 基本稳定。在分立元件电视机中，中放末级不受控，因为此级在大信号下工作，如控制其工作点改变将会引起失真。

根据要求，高放增益采用延迟控制方式，当 AGC 使中放增益下降 40 dB 以后，U_{opp} 仍有增长趋势，才开始控制高放增益，使其下降，即 RFAGC 电压开始变化，以维持检波输出 U_{opp} 基本不变。为防止混入输入信号 U_i 中的脉冲干扰破坏 AGC 正常工作，在 AGC 检波前加有抗干扰电路。

2）放大器增益控制方式

AGC 的控制目的是减小放大器增益，而这种控制作用都是通过用 AGC 电压改变三极管的静态 I_E，也即改变放大器工作点来实现的。于是就有两种控制方式：利用增加 U_{AGC}（I_E）来减小增益的方式叫做正向 AGC；利用减少 U_{AGC}（I_E）来减小增益的方式叫做反向 AGC。三极管的增益与 U_{AGC}（或 I_E）的关系如图 5 - 15 所示。显然，对于普通三极管，AB 段为反向 AGC，BC 段为正向 AGC。由于 BC 段特别平缓，难以实现控制深度的需要，而若为了满足控制深度，需把 I_E 加至很大，这是不允许的。通常采用 AGC 专用管（如 3DG75、3DG56 等）进行正向 AGC 控制，只需很小的 U_{AGC}（或 I_E）变化，就能很容易地获得 20 dB 的控制深度。

目前，AGC 的两种控制方式均有采用。正向 AGC 控制能力强，但所需控制功率大，被控放大级工作点变动范围大，放大器两端阻抗变化也大，因而对前后级调谐回路影响也大；反向 AGC 的优点是所需控制功率小，对前后级频率特性影响小，但控制范围也小，当 U_{AGC} 减小（$I_c\downarrow$、$I_b\downarrow$）时很容易进入管子的非线性区（甚至截止区），易使信号失真。

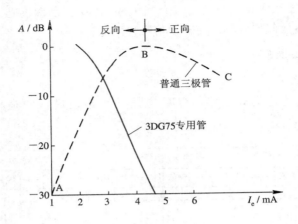

图 5-15　三极管增益衰减特性

3）AGC 电路形式及特点

AGC 电路的任务是要获取一个随输入信号电平变化的直流电压，来控制中放和高放的增益。根据 AGC 电压的取得方式，可以分成三种：平均值式 AGC 电路、峰值式 AGC 电路和键控式 AGC 电路。

平均值式 AGC 是将检波器输出信号的平均值作为 AGC 电压。显然，AGC 电压不仅与接收信号强弱有关，而且还与图像内容有关，因而这种控制方式会使图像质量变差，一般不宜采用。

键控式 AGC 是利用行扫描逆程脉冲作为键控（选通）脉冲，从全电视信号中取出同步脉冲（同步头），再对此同步脉冲进行峰值检波，取得 AGC 电压的。此电压只反映输入信号的强度，与图像内容无关，并且消除了逆程期间之外的干扰对 AGC 电压的影响。但是，它对同步要求比较高，当某种原因使行频偏离时，则行逆程脉冲与全电视信号中的同步脉冲错位，则 AGC 门管导通时间与同步脉冲错开，误将图像信号选通。这时 AGC 电压不再正比于同步头，而随图像内容变化，以此 AGC 电压改变增益过高而进入非线性区。如果外来信号较强，则同步头被压缩或被切割，则又进而使电视信号失真，也会使图像质量变差，因此目前也较少采用。

峰值式 AGC 是采用峰值检波器，检波输出的 AGC 电压仅反映输入信号的峰值（即同步头），而与图像内容无关。该电路对于幅度低于同步信号峰值的干扰脉冲是有抑制能力的，但当有比同步脉冲幅度大的强干扰时，AGC 电压将会反映出干扰峰值，使 AGC 工作不正常。因此必须在进行峰值检波之前，将强脉冲干扰消除。

4）典型 AGC 电路分析

图 5-16 所示是一种典型的 AGC 电路，其自动增益控制属峰值式正向 AGC，对中放、高放均有延迟作用。图中，V_1 是 AGC 门控管，V_{D1} 是峰值检波二极管。V_1 基极输入的是经消噪后的正极性视频信号，当其幅值小于某一电压时，V_1 处于深度饱和工作状态，使 V_{D1} 和 V_2 均截止，这时整个 AGC 电路不工作，故中放 AGC 也是延迟式的。只有当加到 V_1 的视频信号幅度足够大时，才有可能在视频信号的同步期间，使 V_1 由饱和区退回到放大区，并在集电极上输出被放大和倒相了的同步脉冲电压。这个输出的同步脉冲是正极性的，且幅度正比于输入视频信号的强度。该脉冲电压经 V_{D1} 峰值检波，在电容 C_1 上形成

AGC 检出电压；然后，经 V₂ 直流放大，在其射极电阻上得到 AGC 控制电压；再经箝位二极管 V_{D2} 加至中放级，去控制中放级受控管基极偏置电压，从而达到控制中放级增益的目的。

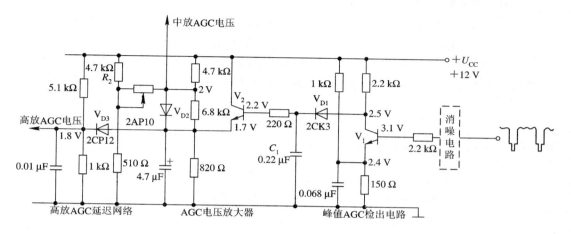

图 5-16　峰值式 AGC 电路

随着输入信号增大，V₂ 射极电位随之升高，中放 AGC 电压随之增大。当增大到某值时，V_{D2} 截止，此后中放 AGC 电压基本维持恒定。V_{D2} 截止时，V_{D3} 导通，输出高放 AGC 电压，高放级开始受高放 AGC 电压控制。可见，高放级晚于中放级起控，调节 V_{D3} 负极上的 5.1 kΩ 的电阻，可改变高放 AGC 的起控电压。高放 AGC 控制特性如图 5-17 所示。

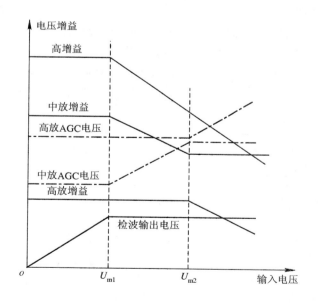

图 5-17　延迟式 AGC 特性曲线

5.2.4　自动频率微调(AFT)电路

为了克服高频调谐器本振频率的不稳定所带来的彩色失真、图像质量下降等影响，通常在彩色电视机的图像通道中加入了自动频率微调电路(以下简称 AFT 电路),使其本振频率能自动地稳定在正常值,以保证电视机所收看的彩色电视图像质量稳定。

1. AFT 电路的组成

AFT 电路的作用就是自动检出图像中频频率(38 MHz)的误差分量,并将其转换成脉动直流电压反馈至高频调谐器中的本振电路,使本振电路严格按照被接收的频道节目,始终跟踪一个固定的中频频率。AFT 电路的组成如图 5-18 所示,它由中放限幅级、鉴频器(它谐振于图像中频 f_{iv})、直流放大级以及频率控制器件(多采用变容二极管)等部分组成。

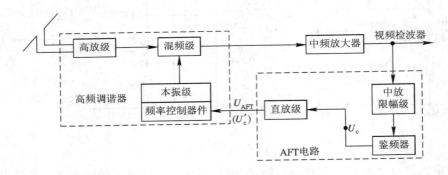

图 5-18　AFT 电路的组成

图 5-18 中,中放限幅级的任务是将图像中频信号限幅放大为等幅信号。鉴频器的作用就是将经中放限幅级输入的频率偏差 Δf 转换成对应的输出电压 U_c,其鉴频特性曲线如图 5-19 所示。高频调谐器中本振级的频率控制器件受外部 AFT 电路的输出控制电压 U'_c(即图 5-18 中的 U_{AFT})的控制关系曲线,称为频率控制特性曲线。通常频率控制器件多由变容二极管来充当,变容二极管的频率控制特性曲线如图 5-20 所示。当加在变容二极管上的外部控制电压 U'_c(负压)越大时,其本振级输出的本振频率正偏差就越大。

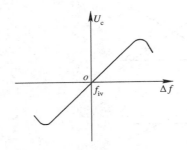
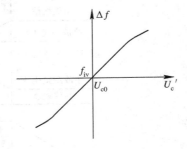

图 5-19　鉴频器的鉴频特性曲线　　　　图 5-20　变容二极管的频率控制特性曲线

2. AFT 电路的工作原理

经中频放大器输出的中频信号除送入视频检波器进行检波外,还送入鉴频器进行鉴频。鉴频器的作用是:当本机振荡器由于某种原因引起本振频率产生一个正 Δf_g 频偏(即本振频率$=f_g+\Delta f_g$)时,混频后得到的中频信号亦将产生一个大小和方向都相同的频偏,使中频信号变为 $f_i+\Delta f_g$。正是由于这个正的 Δf_g 的存在,使鉴频器输出一个正的直流电

压 U_c，称为控制电压。这个直流控制电压经过直流放大器倒相放大后，得到一个负向的直流电压 U_{AFT}，叠加在频率控制器上（即本振回路中变容二极管的负极），使加在本振回路中变容二极管的负压变小，则变容二极管的结电容增加，即本机振荡回路的等效电容值增加，从而使本振频率减小。这样，经过 AFT 电路的反馈达到动态平衡后，使得本振频率保持在正常值。

当图像中频低于 38 MHz 时，鉴频器的输出将是一个负的直流控制电压 U_c，此电压经直流倒相放大后，输出一个正向的 AFT 电压 U_{AFT}，这个电压送至（严格来说应是叠加在原直流分量上）高频头本振回路的变容二极管的负极上，使变容二极管的结电容容量减小，导致本振频率升高，于是高频头输出的图像中频也升高，直到回到正确的频率值。

当图像中频高于 38 MHz 时，AFT 电路输出一个负向的 AFT 电压 U_{AFT}，使本振频率降低，从而导致高频头输出的图像中频降低，直至回到正确的图像中频 38 MHz 为止。

5.3　电视机图像中频通道实例

近年来生产的电视机，其图像中频通道均已集成化。常用的图像中频通道处理芯片有：TA7680AP、TA7607、TA7611、HA11215A、HA11440A、HA11485NBT、M51354AP 等。下面分析夏普 NC－2T 机芯图像中频通道的实际电路。该机芯的图像中频通道主要由 TA7680AP(IX0718CE) 集成芯片及有关外围元件构成。

5.3.1　图像中放集成块 TA7680AP 简介

TA7680AP 集成块内包含图像中放、视频检波、视频放大、AGC、AFT、ANC 等功能电路以及伴音中放、鉴频、电子音量控制及伴音前置低放等功能电路。

该集成块的内部功能方框图及各引脚的功能见图 5－21 及表 5－1。

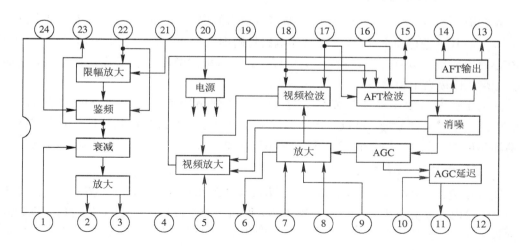

图 5－21　TA7680AP 内部功能框图

表 5 - 1　TA7680AP 各引脚的功能

引脚号	功　　　　能	引脚号	功　　能
①	音量控制	⑬	AFT 输出
②	音频放大负反馈输入	⑭	AFT 输出
③	音频信号输出	⑮	视频输出
④	伴音接地点	⑯	AFT 移相网络
⑤	中频 AGC 滤波电容	⑰	图像中频谐振电路
⑥	滤波电容	⑱	图像中频谐振电路
⑦	图像中频信号输入	⑲	AFT 移相网络
⑧	图像中频信号输入	⑳	12 V 电源
⑨	滤波电容	㉑	伴音中频信号输入
⑩	高放 AGC 延迟	㉒	伴音中频鉴频线圈
⑪	高放 AGC 输出	㉓	去加重电容
⑫	图像中频接地点	㉔	伴音中频鉴频线圈

5.3.2　图像中频通道实例

NC－2T 机芯图像中频通道由预中放(V_{201})、声表面波滤波器(SF201)、TA7680AP 内的图像中频系统电路及有关外围元件组成。图 5 - 22 所示是由集成块 TA7680AP 及有关外围元件组成的图像中频通道方框图。

1. 预中放及声表面波滤波器

预中放由三极管 V_{201} 组成。从高频调谐器输出的中频信号(IF)经电容 C_{201} 耦合到预中放管 V_{201} 的基极进行预中放(该部分具体电路见附图二)。V_{201} 对图像中频信号放大 20 dB,以补偿声表面波滤波器的插入损耗。L_{202} 与 V_{201} 集电极的分布电容形成谐振电路,谐振于图像中频,以提高中频增益。

从预中放输出的图像中频信号,经 C_{203} 耦合到声表面被滤波器 SF201 的输入端。SF201 是一个带通滤波器,可以一次性形成图像中放通常所需的幅频特性。由声表面波滤波器输出的中频信号,输入到 TA7698AP(IC201)的⑦、⑧脚,进行图像中频差分放大。

2. 图像中放及 AGC 电路

图像中放由 TA7680AP 内电路完成。集成块 TA7680AP⑦、⑧脚平衡输入的图像中频信号,经过内部差分放大器组成的三级中放,得到 1000 倍以上的放大,然后送至视频同步检波器。⑥、⑨脚外接电容 C_{206} 的作用是滤除中频,以消除交流信号对内部直流负反馈的影响,保证电路增益稳定,如图 5 - 22 所示。

图像三级中放均有自动增益控制(AGC)作用,随着输入信号的增强,AGC 电压先控制第三级中放,然后再逐级控制第二、第一级。最大中放 AGC 控制深度为 -60 dB。

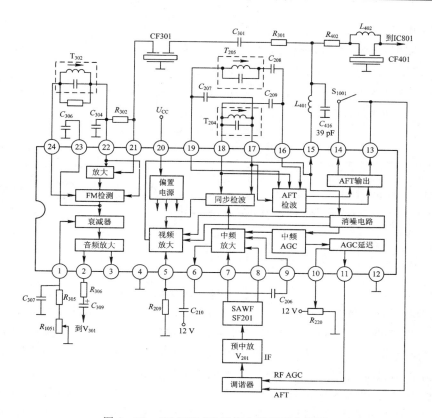

图 5-22　TA7680AP 图像中频通道方框图

AGC 电路由 AGC 检波、AGC 放大组成。其工作过程是，由视频检波输出的视频信号，经视频放大后送入消噪电路，在抑制噪声后，有一路输出送到 AGC 检波电路。经 AGC 检波，输出 AGC 控制电压，分为两路，一路送中放 AGC 放大电路，经放大逐级控制三级中放的增益；另一路送高放 AGC 放大电路，经延迟调整，从 TA7680AP 的⑪脚输出高放 AGC 电压，送高频调谐器去控制高放管的增益。

TA7698AP⑤脚外接 C_{210} 为 AGC 滤波电容，⑩脚外接 R_{220} 为调节高放 AGC 延迟量电位器，实现高放 AGC 延迟。

3. 视频检波及视放电路

视频检波电路由 TA7680AP 内部的限幅放大器和同步检波器两部分组成，它的主要作用是从图像中频调幅信号中检出视频包络，即彩色全电视信号（FBAS），再利用检波电路的混频特性，产生 6.5 MHz 第二伴音中频。视频检波电路输出的两个信号（即 0～6 MHz 的图像信号和 6.5 MHz 的第二伴音中频信号）经视频放大电路放大及射极跟随，从 TA7680AP 的⑮脚输出。TA7680AP 的⑰、⑱脚外接的 T_{204} 为图像中频谐振回路，⑮脚外接的 L_{401}、C_{416} 为检波后 2 倍中频残留分量的滤波网络。

从 TA7680AP⑮脚输出的视频信号，经过 L_{401} 和 C_{416} 进一步滤除残留中频，然后分两路传输：一路经隔离电阻 R_{402}、匹配线圈 L_{402} 和滤波元件 CF401 滤除 6.5 MHz 第二伴音中频信号，送入 PAL 彩色解码器和同步分离电路；另一路经 R_{301}、C_{301} 及 CF301 带通滤波器，选出 6.5 MHz 的伴音中频信号，送往 TA7680AP 的㉑脚，在内部进行伴音中频信号处理。

4. AFT 电路

AFT 电路即自动频率微调电路，是彩电中特有的电路，它产生本振频率自动控制电压，使调谐器中本振频率保持稳定。

TA7680AP 的 AFT 电路有关引脚为⑬、⑭、⑯、⑰、⑱、⑲，它们之间的关系及内部功能如图 5-23 所示。

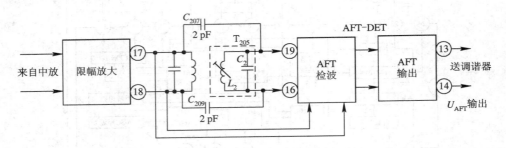

图 5-23　AFT 电路方框图

AFT 检波采用双差分鉴相电路，它有两路输入信号。其中一路直接取自视频检波电路的限幅放大级；而另一路则由⑰、⑱脚经外接的电容 C_{207}、C_{209} 和 T_{205} 移相 90°后，从⑯、⑲脚输入。两路信号在 AFT 检波器内进行相位比较。当图像中频载波恰好为 38 MHz 时，移相网络正好将信号移相 90°，AFT 检波器无误差电压输出；当图像中频载波偏离 38 MHz 时，移相网络的移相将大于或小于 90°，AFT 检波器将输出负的或正的误差校正电压 U_{AFT}，其大小取决于偏离标准频率的多少。此校正电压经内部的 AFT 输出级作直流放大，然后从⑬、⑭两个脚输出。⑬脚输出的 U_{AFT} 叠加到电子调谐器本振级的调谐电压上，控制振荡回路中变容二极管的电容量，使本振频率恢复到准确值；⑭脚输出的 U_{AFT} 供给 AFT 静噪控制电路。由于⑬脚与⑭脚输出的 U_{AFT} 电压变化方向相反，在开机的瞬间 V_{202} 导通，⑬、⑭被短路，变化的 U_{AFT} 电压正负抵消，无 U_{AFT} 输出，达到 AFT 静噪抑制的目的。⑬、⑭脚外接电容 C_{211} 和 C_{212} 用来消除 AFT 直流电压中的脉动成分。

由于限幅放大输出的信号中混有 6.5 MHz 的第二伴音中频信号，为了消除它对 AFT 电路的干扰，由 C_{208} 与 T_{205} 组成串联谐振回路，谐振于 6.5 MHz，使它对第二伴音中频信号呈短路状态，在⑯和⑲脚间旁路，不进入 AFT 检波器。

5. 电源供给电路

TA7680AP 内部电路的工作电压由⑳脚供给，在 12 V 直流电压供给电路中接有 C_{219}、C_{308} 和 C_{322}，它们用来消除供电电源内阻上的高、低频成分，避免由电源内阻耦合而可能产生的各种寄生振荡。⑫脚为图像中放部分的接地端。

5.4　图像中频通道常见故障分析

图像中频通道常见故障现象很多，而且错综复杂。现以夏普 NC-2T 机芯为例，对图像中频通道的常见故障进行分析，并介绍检修方法。

1. 无图像、无伴音

故障现象：彩电光栅正常，但无图像、伴音。

故障分析：有正常光栅，说明开关电源和行、场扫描及显像管馈电回路工作均是正常的。又由于同时无图像、伴音，很可能是它们的公共通道有问题，故障一般产生于高频调谐器或中放通道。当它们出现故障时，会使电视信号阻塞，而无法传输给视放和伴音通道，此时电视机便出现无图像、无伴音的现象。

故障检修：检修时首先要区分故障的大致部位，一般先进行直观检查，即通过现察屏幕上噪波点的多少来判别故障是在高频调谐器，还是在中放通道。若发现屏幕上有明显的雪花噪波点，则表明中放通道工作基本正常。因为中放增益很高（约 60 dB），即使未收台，也能把元器件内的电子躁动放大反映在屏幕上，形成噪波点。若有噪波点而收不到电视图像及伴音，则说明故障在高频调谐器或频道预置器；若无噪波点，则为中放通道异常。

检修中放通道时，可用干扰法在中放集成块 IC201（TA7680AP）⑦、⑧脚注入干扰脉冲。若屏幕无反映，则故障一般出现在该集成电路及其外围元件；若屏幕有反应，则说明该集成块及后续电路大致正常，故障可能在预中放级或声表面波滤波器（SAWF）及有关耦合元件。

对 SAWF 可用电容（100PF）将其输入、输出端直接跨接来试验。对于预中放 V_{201} 则可通过检测 V_{201} 各级和 IC201 的⑤～⑳脚电压来判断，根据电压异常位置，进行进一步判断。

检测预中放 V_{201} 集电极电压应为 8.2 V 左右，其发射结约为 0.7 V 正偏；检测 IC201 ⑤脚和⑪脚电压，无信号时应分别为 8 V 和 6 V。若测得电压偏低或偏高，则表明 AGC 电路有问题，造成电视信号阻塞，此时屏幕上完全无噪波点。修理时可先检查⑤、⑩及⑪脚外接元件。若⑤、⑪脚电压及外接元件均正常，再测⑮脚电压是否在有信号时发生变化（接收强信号时，该脚为 3.5 V，无信号时升为 5 V），倘若无信号时反而低于 3.5 V，则可判断为 IC201 内部损坏，还可以从⑯、⑲脚电压是否相等来证实。另外，⑥、⑦、⑧、⑨ 4 个脚的电压在有信号时应相等，如有一处电压异常，则为 IC201 损坏。如果在测试⑥脚或⑨脚时突然出现图像、声音，则很可能是⑥、⑨脚之间的电容 C_{206} 虚焊开路所致。如果测得集成块 IC201 各脚电压都正常，且前级电路也无故障，而荧光屏上呈现为一片白光栅，则很可能是 L_{401} 开路造成的。

2. 无图像、有伴音

故障现象：彩电光栅正常但无图像，虽有伴音但并不清晰，有时音轻或失真。

故障分析：光栅正常而无图像，但有伴音，表明故障在图像通道。造成这种现象的相关电路单元有高频调谐器、图像中频通道及视频通道。无图像、有伴音的故障原因，就图像中放电路而言，主要原因有以下几点：

（1）声表面波滤波器 SF201 性能不良，使中放幅频特性偏移，图像信号被抑制衰减。

（2）T_{204} 失调或 AGC 失控。当 AGC 失控时，屏幕呈现一片白光，间有不规则的灰暗斜条，严重时伴音断续、嘶哑。

（3）IC201 的⑮脚或 L_{401} 接触不良，形成轻微开路，这样在开路点相当于一只小电容，所以伴音信号可以通过，而图像信号（视频信号）被隔断，导致无图像有伴音。

检修时，可用一只 0.01 μF 电容跨接在 SF201 输入、输出端，若出现图像，则是 SAWF 损坏，应予更换。对 AGC 故障的判断可按无图无声方法进行，也可用导线短接 IC201 的 ⑮ 脚与 L_{401} 输出端，以鉴别 L_{401} 是否开路。

3. 灵敏度低

故障现象：图像淡薄、雪花噪粒明显，是整机有限噪声灵敏度下降的主要表现，与此同时，还将出现伴音干扰噪声大、无彩色或彩色时有时无的征状。

故障分析：主要原因是公共通道增益低于额定值，但电视信号尚能通过公共通道，因被放大的电视信号电压幅值低于额定值，此时解码电路中消色电路动作，出现自动消色，故同时伴有无彩色现象。但值得注意的是，中放电路和高频头电路故障，均会造成灵敏度低的故障，此时要进行仔细分辨。一般可通过屏幕雪花噪粒的浓淡、大小来判别。通常，中放电路的故障，在无节目频道时，雪花噪粒比较浅淡、颗粒细小；高频头故障引起灵敏度低时，则屏幕雪花噪粒要相对浓密一些，颗粒也稍大。当然这只能大致判断，要准确找出故障所在，还必须借助电压法、信号注入法等检测手段。

灵敏度低的故障原因，就中放电路而言，有以下几种：

(1) 预中放管 V_{201} 不良，使预中放级增益下降，而不能弥补声表面波滤波器的插入损耗。若当预中放管 V_{201} 击穿时，预中放级还将起衰减作用。此时虽能收到强信号台节目，但图像上噪粒明显增多。

(2) 声表面波滤波器(SAWF)开路或不良，使信号衰减很大。

(3) 6.5 MHz 陷波器 CF401 不良，对视频信号有严重的衰减。

(4) 中频调谐回路 T_{204} 失调，使中频特性曲线变化，导致信号衰减，同时有伴音干扰图像现象。

(5) 预中放管 V_{201} 集电极电感 L_{202} 或 SAWF 输出端所接电感 L_{203} 开路，也会引起中放增益下降，同时还会出现图像模糊的现象。

(6) 中频集成电路(IC201)性能变坏，导致中放增益衰减或伴有其它不良现象。

故障检修方法与步骤：

(1) 首先区分是高频头，还是中放电路故障(按前述方法鉴别和判断)。

(2) 试调 RFAGC 电位器 R_{220}，看故障是否消除。

(3) 若调 RFAGC 故障不能消除，应查预中放电路的有关元件。

(4) 不能解决问题时，再查声表面波滤波器是否良好，可用应急代用法进行(即用一只 100 pF 电容跨接在 SF201 的输入、输出端之间)。

(5) 若跨接电容仍无法消除故障，则应查 6.5 MHz 陷波器 CF401 和有关元件。

4. AFT 电路失控

故障现象：将图像调到最佳后，接下 AFT 开关，图像质量反而变差；将图像调到偏离最佳位置，按下 AFT 开关，也无改善。

分析检修：AFT 电路也叫自动频率控制(AFC)或自动频率跟踪(AFS)电路。它的任务是保证调谐器的本振频率保持稳定，也就保证了混频差拍 38 MHz 中频不变，使图像彩色稳定不变。电路的基本原理是：在鉴频器中将中频信号的频率误差(与标准中频 38 MHz 比较)转为误差电压，送到调谐器的本振回路，控制变容二极管的容量，自动调整振荡频率。

飞跃 47C2－2 型机中，AFT 控制电压由⑬、⑭脚输出，其中⑬脚电压送到调谐器，同时与⑭脚输出端一起连接面板上的 AFT 开关 S1001。当开关闭合时，⑬与⑭脚短路，AFT 无输出，⑬脚只有 6 V 固定电压送到调谐器。⑬、⑭脚外接的电容都是滤波元件。

AFT 失控的原因有以下几个：

（1）T_{205} 失调，使 AFT 电路产生误动作。这是使用多年旧彩电的常见故障。轻微的 AFT 失控，可用无感改维调节 T_{205} 的磁芯，同时观察图像。在按下 AFT 开关后，把图像调节到最清晰。若调节无效，应更换 T_{205}（D0148CE）元件。

（2）集成块⑬脚开路，调谐器未受控。

（3）AFT 开关不良或 V_{202} 击穿，使集成块⑬、⑭脚始终处于短路状态。

（4）集成块 TA7680AP 损坏。

检测 AFT 电路，可按下 AFT 开关，微调选频电位器，并观察 TA7680AP 的⑬脚电压和调谐器 AFT 输入脚电压。若两处电压都不变化，表明⑬、⑭脚被短路，或集成块损坏；若⑬脚电压有变化，而调谐器 AFT 脚无变化，则是两端间有开路；若两处电压都有变化，AFT 仍不正常，则大多是 T_{205} 失调或是集成块损坏。

习　题

5.1　图像中频通道的主要作用是什么？

5.2　中频滤波有哪几类？一般情况下在电路中吸收什么频率信号？

5.3　画出理想的中频放大器的幅频特性，并注明图像中频、伴音中频处的相对幅度以及邻道伴音中频和图像中频的吸收点频率。

5.4　图像中频 f_p 为什么要处在中放幅频特性曲线右斜坡－6 dB 位置上？

5.5　什么叫正向 AGC 和反向 AGC？各有什么优缺点？

5.6　简述峰值式 AGC 电路的工作原理。

5.7　彩色电视接收机中为什么设置自动频率微调电路（AFT）？说明它的工作过程。

5.8　图像中频通道有哪些常见故障现象？

5.9　中频信号在 TA7680AP 中受到哪些处理？试分析其信号流程。

第6章 伴音通道

伴音通道的作用，就是将从图像中频通道分离出的第二伴音中频信号加以放大及限幅，抑制寄生调幅等干扰脉冲，然后送至鉴频器；鉴频器将伴音调频信号解调，得到音频信号；音频信号再经去加重网络和音频放大电路，输出足够幅度的音频信号驱动扬声器，获得动听的伴音。

从道理上讲，电视接收机的伴音通道应从接收天线算起，但是这里所指的伴音通道是指视频图像信号与第二伴音中频信号分离之后的那一段伴音处理电路，本章讨论的就是这部分电路。

6.1 伴音通道的功用及性能要求

6.1.1 伴音通道的组成及作用

我国电视标准规定，图像信号采用调幅制，伴音信号采用调频制，伴音载频频率比图像载频频率高 6.5 MHz。单通道超外差式电视接收机的接收天线将高频图像信号和伴音信号接收以后，经高频头变频，变为固定的图像中频（38 MHz）和伴音中频（31.5 MHz），在中放级进行放大后送到视频检波电路，在那里取出视频图像信号和 6.5 MHz 第二伴音中频信号（38 MHz−31.5 MHz＝6.5 MHz），直至预视放级，视频图像信号与第二伴音中频信号才分离开来。伴音通道的组成如图 6-1 所示。

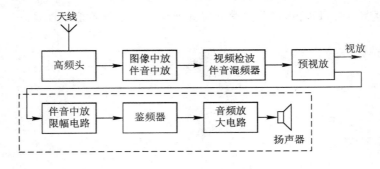

图 6-1 伴音通道组成方框图

6.1.2 伴音通道的性能要求

伴音通道主要包括伴音中放限幅电路、鉴频器及音频放大电路等三部分组成，对它们的性能要求如下所述。

1. 对伴音中放限幅电路的要求

1）足够的放大增益

一般经视频检波混频后，输出的第二伴音中频信号的电压幅值约为 1 mV，而为使鉴频器能正常工作所需的输入信号电平为 1 V 左右，因此，要求伴音中放的电压增益应达到 1000 倍（即 60 dB），并且还要求伴音中放级的工作保持稳定不自激。

2）较宽的通频带和良好的选择性

我国电视标准规定，电视伴音调制信号的最高频率 $f_{max}=15$ kHz，最大频偏 $\Delta f_{max}=50$ kHz，因此调频信号的频带宽度为 $B=2(\Delta f_{max}+f_{max})=130$ kHz。考虑到实际电路受温度、电源电压和元件参数变化引起的中心频率漂移等因素的影响，一般通频带都要留有一定余量，要求中频放大电路应有 250～300 kHz（—3 dB 以内）带宽。

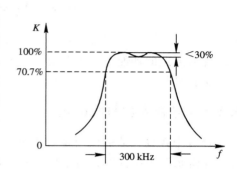

图 6-2　伴音中放频率特性曲线

此外，还要求伴音中放电路具有良好的选择性，其频率特性曲线在通频带之外应有良好的衰减，近似呈矩形状，如图 6-2 所示。

3）限幅性能好

调频波之所以有抗干扰强、音质好的优点，是因为接收机中的伴音电路设有限幅电路，可以有效抑制各种脉冲干扰。因此，伴音通道中必须采用性能良好的限幅器，以抑制调频信号中可能存在的调幅信号及各种脉冲干扰信号。

2. 对鉴频器的要求

1）鉴频灵敏度要高

通常要求输入鉴频器 1 V 左右的第二伴音中频信号时，鉴频器能够输出不小于 50 mV 的伴音音频信号电压。

2）非线性失真小

为了能准确地重现电视台发送的音频信号，要求鉴频器输出的音频信号电压与调频信号的频偏成线性关系，以减小可能产生的非线性失真。

3）具有 S 形幅频特性曲线

为保证在一定频偏下，不失真地输出音频电压，要求鉴频器的幅频特性曲线呈 S 形，如图 6-3 所示。要求 S 形曲线的中点频率正好处于 6.5 MHz 处，S 形曲线的 250～300 kHz 中间部分应为直线，且上下要对称。

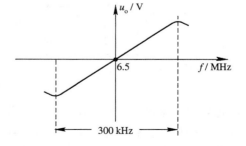

图 6-3　鉴频器幅频特性曲线

3. 对音频放大器的要求

1）足够的输出功率

我国电视标准规定，电视接收机伴音电路的不失真输出功率为：甲级机≥1 W，乙级机≥0.5 W。因此，要求音频放大器具有足够的增益和输出功率，以保证有相当的音量输出。

2）频率响应宽，非线性失真小

为保证伴音的音质清晰、悦耳，要求音频放大器具有一定的频率响应范围，且非线性失真要小。

6.2 伴音通道的功能电路

伴音通道的功能电路主要由伴音中放与限幅电路、鉴频器及音频放大器等组成，下面逐一进行分析。

6.2.1 伴音中放与限幅电路

伴音中频放大器的作用是向鉴频器提供幅度足够的 6.5 MHz 等幅的第二伴音中频信号。分离元件的伴音中放与限幅电路通常由三级放大器和双二极管限幅电路组成。第一级中放是普通的宽频带阻容耦合放大器，第二级中放是单调谐放大器，在并联谐振输出回路上并有两只彼此反接的开关二极管 V_{D1}、V_{D2}，如图 6-4 所示。它是双向限幅器，当谐振回路两端电压超过开关二极管的导通电平时，回路电压便限制在 ±0.7 V 之间，从而消除了寄生调幅的干扰，防止伴音失真和产生蜂音。T_1 的初级和回路电容 C_1 组成 6.5 MHz 调谐电路，以滤除在限幅过程中产生的谐波，消除可能产生的非线性失真。并在调谐回路的电阻 R_1 主要起降低 Q 值、展宽频宽的作用，以满足伴音中放所要求的 300 kHz 频带宽度。

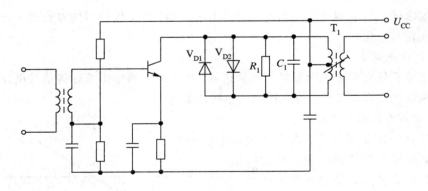

图 6-4 二极管限幅电路

经过限幅、滤波之后的调频波，其输出幅度较小，不足以激励鉴频电路，故又设置了第三级伴音中放，它是以鉴频器为负载的双调谐放大器。

目前生产的电视机均采用集成电路来完成上述功能。

6.2.2　鉴频器

鉴频器又叫调频检波器，其作用是从已调频波中解调出调制信号。对于电视伴音而言，就是要从载频为 6.5 MHz 的伴音调频信号中检出音频信号。一般鉴频器的工作过程为：首先，将等幅调频信号变为既调频又调幅的信号，使其振幅的变化正比于频率的变化，即包络变化规律与频率变化规律相同；然后，利用幅度检波器检出幅值变化的包络线，从而获得包络信号，即音频信号。

鉴频器的种类很多，常用的有斜坡鉴频器、参差调谐鉴频器、比例鉴频器及相位鉴频器等。由于比例鉴频器兼有限幅作用，其输出电压几乎不受输入信号寄生调幅的影响，因而在电视接收机的伴音通道中一般都采用这种鉴频器。

图 6-5 所示是一种常用的对称式比例鉴频器，它主要由调频—调幅变换和振幅检波电路组成。下面讨论它的工作原理。

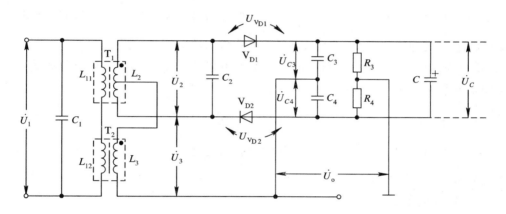

图 6-5　对称式比例鉴频器

图 6-5 中，$C_3 = C_4$，$R_3 = R_4$，$L_1 = L_{11} + L_{12}$（为初级回路电感），L_2 的中心抽头将 $\dot{U}_2$ 平分。L_1、C_1 和 L_2、C_2 组成双调谐回路，它们均调谐于 6.5 MHz。回路间采用互感耦合，$\dot{U}_1$ 与 $\dot{U}_2$ 之间的相位关系与频率有关。T_2 为强耦合，$\dot{U}_1$ 与 $\dot{U}_3$ 为同相或反相，这里取同相。C_3、C_4 对高频短路，所以加在二极管上的高频电压为

$$\dot{U}_{V_{D1}} = \dot{U}_3 + \frac{\dot{U}_2}{2}$$

$$\dot{U}_{V_{D2}} = \dot{U}_3 - \frac{\dot{U}_2}{2}$$

因为是矢量相加，所以 $\dot{U}_{V_{D1}}$、$\dot{U}_{V_{D2}}$ 的大小不仅取决于 $\dot{U}_2$、$\dot{U}_3$ 的幅模，而且取决于它们之间的相位差。输出电压 U_o 为

$$U_o = U_{C4} - \frac{1}{2}U_C = U_{C4} - \frac{1}{2}(U_{C3} + U_{C4})$$

$$= U_{C4} - \frac{1}{2}U_{C3} - \frac{1}{2}U_{C4}$$

$$= \frac{1}{2}(U_{C4} - U_{C3})$$

下面分析 $\dot{U}_2$、$\dot{U}_3$ 之间的相位。初级回路电流为

$$\dot{I}_1 = \frac{\dot{U}_1}{j\omega L_1}$$

$\dot{I}_1$ 通过互感 M 在 L_2 内感应的电动势为

$$\dot{E}_2 = j\omega M \dot{I}_1 = \frac{M}{L_1}\dot{U}_1$$

此式表明 $\dot{E}_2$、$\dot{U}_1$ 同相。次级等效回路如图 6-6 所示。C_2 中的电流 $\dot{I}_2$ 比电压 $\dot{U}_2$ 超前 90°，次级回路电流为

$$\dot{I}_2 = \frac{\dot{E}_2}{r_2 + j\left(\omega L_2 - \dfrac{1}{\omega C_2}\right)}$$

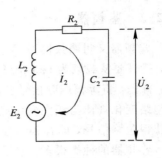

图 6-6　鉴频器次级等效电路

式中，r_2 为 L_2 的损耗电阻。由此可见，$\dot{I}_2$ 与 $\dot{E}_2$ 的相位关系与频率有关。

下面分三种情况讨论：

(1) $f = f_0$(6.5 MHz) 时，$\omega L_2 - \dfrac{1}{\omega C_2} = 0$，次级回路为纯电阻，故 $\dot{I}_2$ 与 $\dot{E}_2$ 同相位，即与 $\dot{U}_3$ 同相位，此时 $\dot{U}_2$ 与 $\dot{U}_3$ 相位差 90°。矢量图如图 6-7(a) 所示。可见，矢量 $\dot{U}_{V_{D1}}$ 和 $\dot{U}_{V_{D2}}$ 的模相等，即 $U_{V_{D1}} = U_{V_{D2}}$，则二极管电流大小相等，在 C_3、C_4 上充电值相等，$U_{C3} = U_{C4}$，输出电压为

$$U_o = \frac{1}{2}(U_{C4} - U_{C3}) = 0$$

(2) $f > f_0$ 时，$\omega L_2 > \dfrac{1}{\omega C_2}$，电路呈感性，则 $\dot{E}_2$ 超前 $\dot{I}_2$ 一个角度 θ，而 $\dot{U}_2$ 与 $\dot{I}_2$ 的相位差仍维持 90°，故 $\dot{U}_2$ 落后 $\dot{U}_3$ 相位大于 90°。矢量图如图 6-7(b) 所示。$U_{V_{D1}} < U_{V_{D2}}$，则 $U_{C3} < U_{C4}$，输出电压 $U_o > 0$。

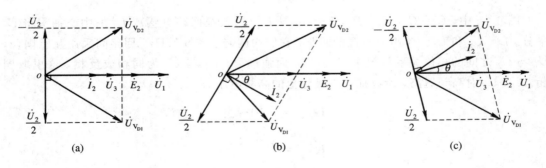

| (a) | (b) | (c) |

图 6-7　鉴频器矢量图

(a) $f = f_0$；(b) $f > f_0$；(c) $f < f_0$

(3) $f < f_0$ 时，$\omega L_2 < \dfrac{1}{\omega C_2}$，电路呈容性，则 $\dot{I}_2$ 超前 $\dot{E}_2$ 一个角度 θ，则 $\dot{U}_2$ 落后 $\dot{U}_3$ 相位小于 90°。矢量图如图 6-7(c) 所示。结果 $U_{V_{D1}} > U_{V_{D2}}$，$U_{C3} > U_{C4}$，输出电压 $U_o < 0$。

由此可见，当输入信号为 6.5 MHz 时，$U_o = 0$；当输入信号频率大于或小于 6.5 MHz 时，U_o 将为正或负，显然，频偏越大，输出电压幅度越大。在一定范围内，输出电压 U_o 与

频偏($f-f_0$)之间为线性关系,如图 6-8 所示。这条曲线称为鉴频特性曲线(常称 S 曲线)。利用这种 S 特性,就可检出音频调制信号。

根据以上分析还可以画出鉴频器对应波形,如图 6-9 所示。图(a)为输出信号的频率变化规律,实际上它相当于调制波形状;图(b)为输入调频信号;图(c)为 $U_{V_{D1}}$ 的波形;图(d)为 U_{C3},即 $U_{V_{D1}}$ 的包络检波输出;图(e)为 $U_{V_{D2}}$ 的波形;图(f)为 U_{C4},即 $U_{V_{D2}}$ 的包络检波输出;图(g)为总输出 $U_o=\dfrac{1}{2}(U_{C4}-U_{C3})$。由图可直接看出比例鉴频器的工作过程。

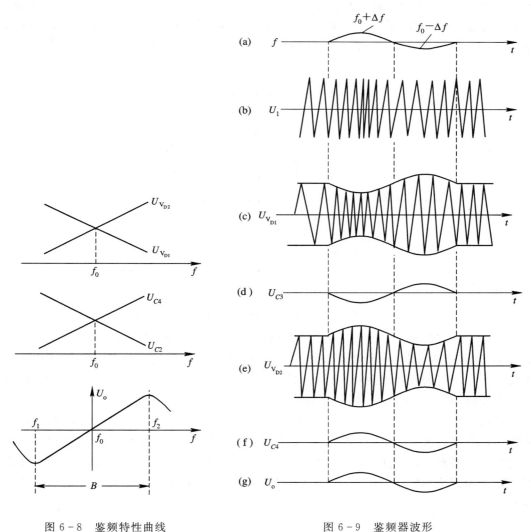

图 6-8　鉴频特性曲线　　　　　图 6-9　鉴频器波形

比例鉴频器限幅原理如下:

$$U_o = \frac{1}{2}(U_{C4}-U_{C3}) = \frac{1}{2}(U_{C4}+U_{C3}-2U_{C3})$$

$$= \frac{1}{2}\left(U_C - \frac{2U_{C3}U_C}{U_{C3}+U_{C4}}\right) = \frac{1}{2}\left(U_C - \frac{2U_C}{1+U_{C4}/U_{C3}}\right)$$

式中，$U_C=U_{C3}+U_{C4}$。由于 C_5 容量大，所以当输入信号 U_1 幅度有较大变化时，U_C 仍保持不变，即 U_C 为常数，因此 U_o 仅是比值 U_{C4}/U_{C3} 的函数，比例鉴频器由此而得名。U_{C4}/U_{C3} 只与频偏大小有关，而与输入幅值无关，所以比例鉴频器的输出不受变化较快的寄生调幅的影响，故采用比例鉴频器，前级可不加限幅器。

6.2.3 音频放大器

音频放大器的作用是将鉴频器输出的伴音信号进行电压放大和功率放大，推动扬声器还原成声音。音频放大器一般由前置级、激励级和输出级组成。前置级主要提供电压增益，并使后级与鉴频器隔离，减少对鉴频器的影响；激励级提供足够的推动电流；输出级提供功率增益。电视接收机的音频放大器一般采用互补推挽 OTL 电路，其基本电路形式如图 6-10 所示。

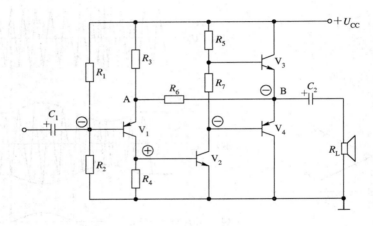

图 6-10 OTL 电路基本形式

图 6-10 中，V_1 为前置级，它是采用 PNP 管的共射放大器；R_1、R_2 为基极偏置；R_3 为交直流负反馈电阻；R_4 为集电极负载；V_2 为推动级，它也是共射放大器；R_5 是它的集电极负载；V_3、V_4 为互补推挽管；R_7 为它们提供一定的起始电流，以克服交越失真；静态时，C_2 上压降为 $U_{CC}/2$；R_6 为负反馈电阻。

设输入正弦信号经 V_1、V_2 放大后，V_2 集电极电位在正半周变化，V_3 导通，V_4 截止，B 点电位上升，C_2 充电，为负载 R_L 提供正半周电流；当输入信号使 V_2 集电极电位在负半周变化时，V_4 导通，V_3 截止，C_2 通过 V_4 放电，为 R_L 提供负半周电流。结果 V_3、V_4 交替导通。R_L 中流过完整的正弦信号。由于 C_2 容量很大，因此在工作过程中 C_2 上的电压基本保持 $U_{CC}/2$。

6.3 电视机伴音通道实例

近年来生产的电视机，其伴音通道均已集成化。常见的伴音通道集成块很多，下面以 NC-2T 彩电机芯为例，分析其伴音通道的信号流程。NC-2T 机芯的伴音通道主要由

TA7698AP 和 IX0365(LA4265)两片集成块组成,其中 TA7680AP 的部分电路完成伴音中放和鉴频,LA4265 集成块则完成功放任务。

6.3.1　伴音中放与鉴频

1. 三级伴音中放

IC201(7680AP)⑮脚的视频图像信号及 6.5 MHz 第二伴音中频信号,经 L_{401}、C_{416} 组成的低通滤波器后分为两路,一路送视频处理电路;另一路经由 C_{301}、C_{302}、C_{319}、L_{301} 组成的高通,再由 6.5 MHz 滤波器 CF301 取出 6.5 MHz 信号,送回 IC201 第㉑脚伴音中放输入端,输入集成块内进行伴音限幅放大,如图 6-11 所示。

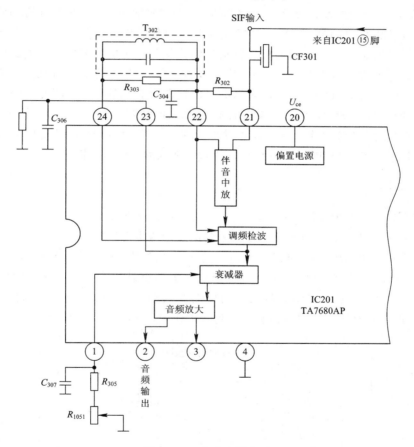

图 6-11　伴音中放电路

伴音中放限幅放大器由三级直接耦合差分放大器组成。IC201 第㉒脚外接 C_{304} 接地,对伴音中频信号来说,相当于㉒脚对地短路,信号是单端输入、单端输出;对频率较低的干扰信号来说为双端输入,可抑制调幅成分的干扰。

2. FM 检波(鉴频)

经内部三级限幅放大后的伴音中频信号送 FM 检波器进行频率检波。鉴频器有两路输入信号:一路是伴音中放限幅放大器的输出信号;另一路是将此输出信号移相 90°后的信号。调节 IC201 第⑫、⑭ 脚外的 T_{302}，可使移相电路对 6.5 MHz 信号的移相为 90°，此时鉴频器无输出，对偏离 6.5 MHz 的信号的相移分别大于或小于 90°，鉴频器的输出与频偏成比例，从而完成了频率检波。

IC201 第⑬脚外接的 C_{306} 为去加重电容，以适当减少发送端预加重时提升的高频成分。

3. 电子音量控制电路

经检波输出的音频信号加至电子音量控制电路。R_{1051} 为直流音量调节电位器，调节 R_{1051} 可使 IC201 的①脚的直流电压在 0~8 V 之间变化，以改变 IC201 内差分低频放大器的电流大小，从而改变音频信号的输出幅度，达到调节音量的目的。采用直流音量控制方式，可免除传统的电位器衰减音量控制方式所造成的接触噪声和接线引入的干扰。音频信号经电子音量控制，再经音频前置放大后，从 TA7680AP 的②脚输出送往后面的伴音功放电路。

这里需要特别提出的是：TA7680AP 内部设有一级音频前置放大器，其中 TA7680AP 的③脚为伴音信号输出端；②脚为负反馈信号输入端，以便从外部的功放电路引入负反馈信号，以减少音频放大器的失真。但是，作为夏普 NC－2T 机芯的伴音功放电路，采用了集成块 IX0365CE(LA4265)，该芯片内部也包含有音频前置放大级，因此鉴频后的音频信号就不需要通过 TA7680AP 内的音频前置放大级，而直接从其②脚输出音频信号。而以黄河 HC47－Ⅲ 为代表的东芝 TA 两片机的功放电路仍采用的是分离元件，所以鉴频后的音频信号就经过 TA7680AP 内部的音频前置放大级放大后，从③脚输出。

6.3.2 伴音功放

TA7680AP 的②脚输出的音频经 R_{306}、C_{309}、C_{310} 等外围元件耦合，送入 IX0365CE (LA4265)，在 C_{309} 与 C_{310} 之间还接有音调控制以及静噪电路。

音频信号从 IX0365CE(LA4265) 的⑩脚输入，经内部前置放大、激励放大和 OTL 功放，由 IX0365CE 的②脚输出。一路经 C_{316} 耦合去推动喇叭；另一路经 R_{310}、C_{312} 交流反馈至 IX0365CE 的⑨脚，送内部前置放大器的反馈输入端，以改善音质。集成块的⑧脚通过内部二极管和 V_{D301} 对输入信号作限幅，并起保护作用，如图 6-12 所示。

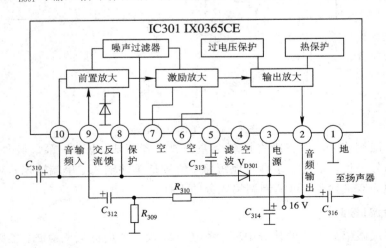

图 6-12　IX0365CE 伴音功放电路

IX0365CE 内部还设有过流和过电压保护装置,从而使集成芯片的可靠性大为提高。

6.3.3　静噪电路

NC-2T 机芯在伴音通道中设置了 AFT 静噪及伴音静噪电路。

1. 静噪电路的作用

伴音静噪:电视机开、关电源或切换频道时,扬声器中因有较大冲击电流流过,而发出"扑、扑"声,当响声过大时,扬声器的可靠性降低。若设静噪电路能在开、关电视机或切换频道瞬间,伴音无输出,则扬声器中将无"扑、扑"声,从而有效地抑制伴音静噪。

AFT 静噪:因为 AFT 引入范围宽,为了避免选台时误将伴音载波引入 AFT,所以必须设有 AFT 静噪电路。

2. 静噪电路的工作原理

伴音及 AFT 静噪电路如图 6-13 所示。从图可见,其电路由晶体管 V_{101}、V_{102}、V_{103}、V_{D101} 和场效应管 V_{202} 等组成。

静噪电路的工作过程为:开启电源瞬间,+12 V 电压通过 R_{103}、R_{106} 对 C_{102} 充电,当 R_{106} 两端电压大于 0.7 V 时,V_{102}、V_{103} 相继导通,这时,V_{103} 集电极电压约为 11 V,则 V_{301}、V_{202} 也导通。由于 V_{301} 导通,其集电极与地之间视为短路,使得 TA7680AP 的②脚输出至伴音功放 IX0365CE 的⑩脚的音频信号对地短路,因此扬声器无声。

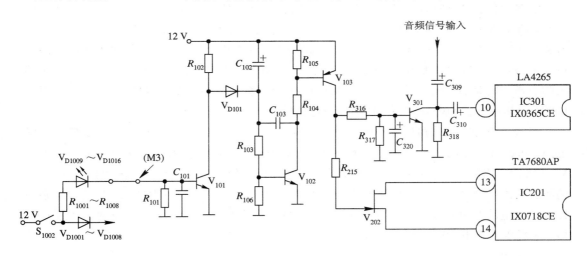

图 6-13　伴音及 AFT 静噪电路

另外,由于 V_{202} 导通,TA7680AP 的⑬与⑭脚 AFT 电压相等,AFT 电路不起作用。

在切换频道瞬间,V_{101} 基极电压为零,其集电极电压为 +12 V,V_{D101} 导通,故 V_{102}、V_{103}、V_{301}、V_{202} 也相继导通,此时伴音及 AFT 的静噪电路起作用。

在信号进入后,R_{101} 两端为 0.7 V 高电平,此时 V_{101} 导通,V_{D101} 截止。随之 V_{102}、V_{103}、V_{301} 和 V_{202} 均截止,静噪电路停止工作。AFT 进行正常工作,音频信号经 C_{309} 耦合到 IX0365CE 的⑩脚,伴音功放正常工作。

6.4 伴音通道常见故障分析

伴音通道常见故障有：有图像、无伴音；伴音音轻；伴音杂声大；伴音失真；音量失控等。其中伴音失真又分为伴音变调、伴音发闷、伴音太尖几种现象。下面以 NC—2T 机芯为例对主要常见故障进行分析判断。

1. 有图像、无伴音

故障现象：电视机有光栅、图像且色彩正常，但听不到电视伴音，即使将音量电位器开到最大，仍然听不到伴音。

故障分析：公共通道和伴音通道有故障都会造成无伴音，现在公共通道工作正常，故障一般出在伴音通道。

对于 NC—2T 机芯彩电（以飞跃 47C2—2 为例），出现无伴音、图像正常故障，既可能是伴音电路有故障，也可能是静噪电路有问题。在伴音电路中原因有：IC201 集成电路损坏；IC301 集成电路损坏，或者是交流负反馈电容 C_{312} 短路、V_{D301} 击穿、伴音供电电源开路；伴音中放到功放的耦合电路开路或伴音功效集成块 IC301 的②脚到地之间开路；音量电位器开路等。

故障检修：检修时首先开大音量，用干扰法碰触中放集成电路 IC201（TA7680AP）的②脚，听喇叭中是否有"喀喀"声，若有声，则故障在伴音前级。可断续碰触 IC201 的㉓脚，若喇叭中有"喀喀"声，则故障一般在从 IC201 的⑮脚输出至 IC201 的㉑脚输入通路及限幅放大电路，此时应检查 CF301、C_{301}、C_{319}、R_{301} 等元件。若碰触㉓脚无声，而碰触 IC201 的①脚有声，则是音量电位器 R_{1051} 或插座 D 接触不良或虚焊；如果碰触①脚无声，则是 IC201 损坏或 C_{306}、C_{304} 有严重漏电或短路故障。

当碰触 IC201 的②脚时，若喇叭中无"喀喀"声，则故障一般出在伴音末级及伴音静噪电路。可断开 V_{301} 的集电极，再碰触②脚，若此时有声，则为伴音静噪电路故障，应检查 V_{101}、V_{102}、V_{103} 及 V_{301} 等元件；若仍无声，则故障出在伴音功放电路。可进一步碰触 IC301 的⑩脚，若有"喀喀"声，则故障范围在 IC201 的②脚至 IC301 的⑩脚之间；若无声，则为伴音功放电路及喇叭有故障。因该机型有高、低音两只喇叭，所以无声故障通常不在扬声器，应着重检查 IC301 各脚电压和外围元件，找出故障所在。

2. 伴音失真

伴音失真包括伴音沙哑、伴音沉闷、伴音太尖等故障现象，虽然它们之间存在一些差异，但故障实质是相似的。

1) 伴音沙哑

伴音沙哑属于音质差的范畴，故障常发生在伴音功放和鉴频电路。故障原因通常有如下几点：

(1) 扬声器纸盆脱胶、音圈引线断股及音圈与磁铁摩擦。

(2) 伴音功放电路中其中一只功放管损坏，或 β 值变小及静态工作电流变小。

(3) 鉴频器特性不良，"S"形曲线偏离 6.5 MHz。

（4）伴音集成电路性能变坏或软损坏。

检修时，首先判断故障的大致部位，一般采用信号注入法进行，即在音频低放电路信号输入端注入信号，监听音质判定。有条件的情况下，可利用信号发生器和示波器再检测。

2）伴音发闷

伴音发闷是指声音含混有阻塞发闷的感觉，故障一般发生在鉴频电路和伴音中放电路。故障原因通常与以下三种情况有关：

（1）鉴频回路不对称。

（2）伴音中放增益过高。

（3）鉴频与伴音中放电路的调谐回路失调。

检修时主要是检测集成块有关引脚电压、电阻值予以判断。

对于鉴频与伴音中放电路的调谐回路失调引起声音发闷故障的检修，首先应仔细倾听伴音中是否同时产生蜂音，若有蜂音则是失调的原因所致。此时应重调调谐回路磁芯，其方法是先将磁芯方位在固定外罩上作好标记，然后一边倾听伴音的变化，一边调整，直至故障消除为止。

3）伴音太尖

伴音太尖表现的故障特征是，伴音声响基本正常，但听起来如同女高音且太刺耳膜。产生这种故障的根本原因，主要是去加重电路出了故障。去加重电路是用来衰减伴音高频分量的电路，因为伴音信号是用调频方式发送的，所以为了提高抗干扰能力，改善伴音中高频分量的信噪比，在发射过程中，往往把高音频分量的信号振幅预先相对地提高，这一过程称之为"预加重"。在接收过程中，应对高音频分量加以衰减，以便恢复发送时调制信号的原状，这样才能真实地恢复伴音，这一过程称为"去加重"。去加重电路常为电阻与电容组成的 RC 电路，电路并不复杂。有实际检修中，对低放电路所设置的 RC 负反馈电路和有些彩电设置的音质调整电路也应予以重视，因为它们均是用来改善音质的，若发生问题也将引起伴音太尖的故障现象。

3. 伴音失控

伴音失控是指调节音量电位器时，音量无变化而对音量失去控制。此故障一般多为音量电位器损坏，引线脱落，接插件接触不良等，也可能是 IC201 集成电路损坏。

这类故障的特征很明显，检修也比较简单，采用电阻测试法和电压测试即可判断故障所在。可以通过旋动音量电位器，同时检测与中心头相连的 IC201 的①脚电压有无变化来判断。

4. 伴音干扰图像

伴音干扰图像的特征是：图像随伴音的出现产生细横条干扰或随伴音的大小呈现鱼骨形干扰。前者是伴音中频 6.5 MHz 对图像的干扰；后者则为伴音信号与色度信号差拍的 2.07 MHz 对图像干扰，亦即声色干扰。彩电的色度中频为 33.57 MHz，伴音中频为 31.5 MHz，在视频检波电路中，由于检波器的非线性引起载波中频的差拍，即 33.57 MHz−31.5 MHz＝2.07 MHz，而此差频正好在视频带宽之内，因此受到视放各级放大，从而在图像上产生鱼骨形干扰。为克服这种干扰，彩电中一般在视频检波前对伴音进行充分衰减（衰减约 50 dB），通常加入 31.5 MHz 的伴音陷波器来实现，倘若陷波器开路或损坏，就可能产生这种故障现象。

习　题

6.1　电视机中的伴音通道由哪些电路组成？各电路有什么作用？

6.2　比例鉴频器的电路有何特点？为什么称它为比例鉴频器？

6.3　在伴音通道中为什么设置去加重网络？

6.4　从电视接收天线到伴音通道的扬声器，伴音信号经过哪些变换过程？它的频率与幅度有什么变化？

6.5　静噪电路的作用是什么？

6.6　伴音通道的常见故障现象有哪些？

6.7　简述 TA7680AP 中伴音信号的流程。

第 7 章　同步扫描电路

在电视接收机的荧光屏上要正确地显示电视台发射的图像信号，显像管中电子扫描必须与摄像管中电子束的扫描保持严格同步。如果两者之间的扫描不同步，则显然图像不稳定或画面发生位移，甚至不能形成图像。本章将详细分析电视接收机中同步扫描电路的工作过程。

7.1　概　　述

为实现电视发送端与电视接收端的扫描同步，电视台通常将复合同步信号、亮度信号、消隐信号等叠加在一起发射出去，而在接收机里，取出复合同步信号加到相应的扫描电路，对接收机的扫描过程进行同步控制，以实现收发两端电子束扫描的同步。

同步扫描电路通常由同步分离电路、行频自动控制电路（AFC）、行振荡电路、行激励放大和行输出电路、场积分电路、场振荡电路、场锯齿波形成电路、场激励放大和场输出电路等几个部分组成。同步扫描电路的组成框图如图 7 - 1 所示。

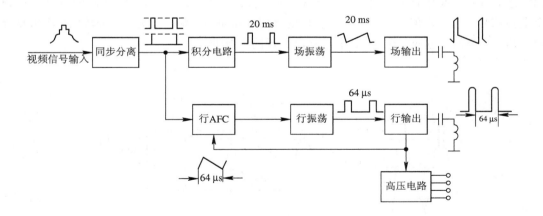

图 7 - 1　同步扫描系统方框图

对行、场扫描电路的主要要求是：

（1）光栅的非线性失真和几何失真要小。一般行扫描的非线性失真系数小于 12％。由于人眼对垂直方向失真比较敏感，因此场扫描的非线性失真系数要小于 8％。光栅的非线性失真主要取决于行、场扫描电路的设计。光栅的几何失真一般要求小于 1.5％～3％，它主要由偏转线圈的绕制模具和绕制工艺决定。

（2）行、场扫描电路同步性能要好，同步稳定可靠，对干扰信号的抑制能力强，场扫描电路和隔行扫描性能好，不产生并行现象，清晰度高。行扫描电路的同步引入范围和保持范围要适当，一方面保证温度变化和电源电压波动时同步良好；另一方面又要保证抗干扰能力优良，不产生图像顶部扭曲。

（3）振荡频率稳定，不受环境温度，电源电压变化的影响。

（4）电路效率高、损耗小，行、场扫描电路的效率主要取决于行、场扫描电路的输出级。

（5）行、场扫描电流的周期，正、逆程时间要符合国家现行电视制式标准。

7.2 同步分离与抗干扰电路

同步分离电路的作用是从视频全电视信号中分离出行、场同步信号，送给行、场扫描电路，使接收机的行、场扫描被复合同步信号中分离出来的同步信号所同步。同步分离的任务有两个：一是幅度分离，由于同步信号的幅度比图像信号的幅度高，因此可以利用幅度分离电路将之从视频全电视信号中分离出来；另一个是脉冲宽度分离，因为行同步脉冲（脉宽为 $4.7~\mu s$）与场同步脉冲（脉宽为 $160~\mu s$）的宽度相差很大，因此可以利用微积分电路把行同步脉冲和场同步脉冲从复合同步信号中区别开来。

7.2.1 幅度分离电路

图 7-2 所示是典型的幅度分离电路。这一电路完成箝位、幅度分离、脉冲放大三种作用。它是由一只晶体管和电容 C、电阻 R_b、R_c 构成的。输入信号是经检波后的负极性视频全电视信号，通常峰值在 $2~V$ 左右，经幅度分离电路箝位、幅度分离、脉冲放大，输出复合同步信号。为简单起见，图 7-2 中只画出了行同步脉冲。

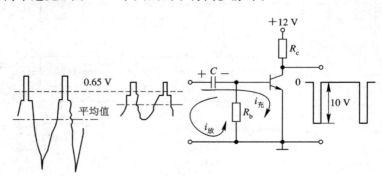

图 7-2 幅度分离电路

幅度分离电路的工作原理分析如下。

晶体管不加直流偏置，无信号时处于截止状态，R_b 上无压降，输出端的电平为电源电压 $+12~V$。当视频全电视信号到来时，晶体管的发射结与电容 C、电阻 R_b 构成一个类似检波的电路。在信号电压大于 $0.65~V$ 的同步脉冲时间内，发射结导通，电容 C 被充电，充电的路径如图 7 - 2 中所示。当同步脉冲过去后，信号电压低于 0.65 V，发射结不导通，电容 C 上的电压经过 R_b 和信号源放电，放电的路径如图 7 - 2 中所示。如果信号波形重复若干个行周期，则这个充、放电过程便稳定地平衡下来。电容 C 上的电压等于信号电压的平均值，换言之，即电容 C 把信号电压的直流分量（平均值）隔断。晶体管只在同步脉冲期间内导通，晶体管集电极输出的电压如图 7 - 2 所示的负脉冲。脉冲幅度为电源电压减去晶体管的饱和压降，大于 10 V。这样就完成了把同步脉冲从视频全电视信号中切割下来的作用。图 7 - 2 所示的电路中还具有箝位作用，它使同步头的电平始终箝位在 0.65 V 左右，发射结起箝位二极管的作用。

箝位的必要性：图像信号的平均值随图像内容发生变化。当画面较暗时，平均电平就向上移动，趋近于黑色电平。反之，当画面出现明亮的场景时，平均电平就向下移动，趋向白色电平。此外，接收信号的强弱因地点、天线方向和周围建筑物分布情况等因素会有较大的变化。尽管接收机采用自动增益控制（AGC）电路，但是中放输出电平也会有百分之十以上的变化。因检波后视频全电视信号其幅度仍有一定的变化，所以不宜采用固定的电平来切割同步头。否则，当信号幅度和平均值发生变化时，切下来的同步头高度就不同，甚至可能切到图像信号电平上，于是同步就不稳定，影响收看效果。

图 7 - 2 电路的特点是，当输入信号幅度变化时，电容上的平均电平也随之变化，维持基极导通电压在 0.65 V 左右。晶体管工作在开关状态，在同步脉冲到来时瞬时导通，当同步脉冲过去之后，大部分时间是截止的。要输出波形良好的同步脉冲，就应该用开关晶体管，并且晶体管的饱和压降要低，保证有 10 V 电压输出。

电容 C 的值要恰当，不宜太小，其充电时间常数应比同步脉宽大几倍，否则输出场同步脉冲顶部会跌落。但电容 C 若太大，则不能适应图像信号内容（平均值）的变化，使得画面快速切换时同步脉冲丢失（C 上充的电压来不及泄放，后续的若干行脉冲不导通）。通常 C 的值在 1 μF 左右。

7.2.2　抗干扰电路

当室内照明、家用电器开关时或室外的工业、雷电干扰串入电视机电路中时，会造成干扰，破坏同步工作，因此，在幅度分离电路之前通常加有一级抗干扰电路，有时称之为消噪电路（ANC 电路）。下面介绍一种常用的分立元件抗干扰电路，如图 7 - 3 所示。

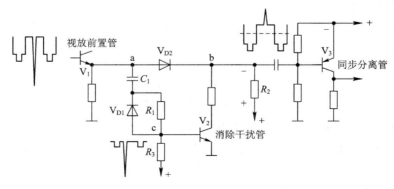

图 7 - 3　消除干扰电路

在一般的情况下，三极管 V_2 基极加有正偏压，V_2 是饱和导通的，故在 R_3 上有较大的压降。使 b 点的电位低于 a 点，则二极管 V_{D2} 是导通的。信号电压能由 V_1 经二极管 V_{D2} 传送给同步分离三极管 V_3。在无信号时，由于 c 点电位被箝位在 $+0.65$ V 左右，而 a 点电位较高，故 C_1 两端的电压是上正下负，且 V_{D1} 是截止的。当同步头到来时，在视放管发射极约有 $1\sim2$ V 的负脉冲，次负脉冲将通过 C_1 并使 V_{D1} 瞬时导通，c 点电位也下跳，使 V_2 饱和变浅，但仍然不能脱离饱和区。这样，在正常同步头到来时不致于影响 V_2 的集电极电流，也不影响 b 点的电位，V_{D2} 仍保持导通，同步信号能顺利地通过 V_{D2} 而加到 V_3。当大干扰脉冲到来时，a 点的电位下跳幅度很大，由于 C_1 两端的电压不能突变，故 c 点电位也随着大幅度下跳，致使 V_2 退出饱和区而进入放大区，甚至进入截止区。这时 b 点的电位上跳，使得 b 点的电位高于 a 点的电位，这时 V_{D2} 截止，使干扰脉冲不能加到同步分离管 V_3 的基极，从而消除干扰的影响。这种抗干扰电路可以消除很大的干扰，效果令人满意。还有一些抗干扰电路，如简单的 RC 并联电路，当串接于同步分离管的基极电路中时，也可以削弱干扰脉冲对基极的作用。

7.2.3 脉宽分离电路

幅度分离电路分离出来的是复合同步信号，其中包含行、场同步信号。这两种同步信号的区别在于脉宽不同，场同步脉宽接近于 $160~\mu s$，而行同步脉宽只有 $4.7~\mu s$。通常采用脉宽分离电路将行、场复合同步脉冲分离开来。

最简单的脉宽鉴别电路是积分电路和微分电路。图 7-4(a) 是 RC 积分电路。当行、场复合同步脉冲加到它的输入端时，输出波形如图 7-4(b) 所示。对于 $4.7~\mu s$ 的行同步脉冲，积分输出很小，而 $160~\mu s$ 的场同步脉冲来到时，积分后输出一个幅度较大的锯齿波，如图 7-4 中所示。因此，在积分电路输出端，行同步脉冲几乎消失，只剩下场同步脉冲，这样就实现了把场同步脉冲从行、场复合同步脉冲中取出来的任务。这个锯齿波被送往场振荡器电路去同步场振荡脉冲的发生时间。

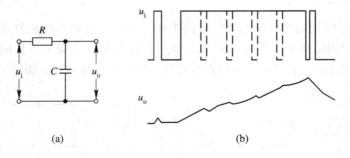

图 7-4 RC 积分电路
(a) 电路；(b) 波形

通常选择积分电路时间常数 $\tau=RC$ 为 $30\sim100~\mu s$，比行同步脉宽 $4.7~\mu s$ 大许多倍。在积分电路的输出端，场同步脉冲的幅度比行同步脉冲的幅度大几十倍。在实际的电路中，通常采用两节 RC 积分电路作为脉宽分离电路。图 7-5 给出一个实际使用的积分电路。它有两节 RC 积分电路，这两节 RC 积分电路的时间常数分别为 $79.2~\mu s$ 和 $39.6~\mu s$。行同步脉冲的幅度的峰峰值大约为 0.07 V，场同步脉冲幅度为 2 V。

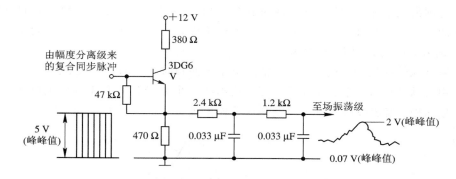

图 7 - 5　两节 RC 积分电路

利用微分电路可以去掉场同步脉冲而取得行同步脉冲，这是因为微分电路只对脉冲的上升沿和下降沿跳变有反应，对输入脉冲的宽度没有反应。微分电路的原理图如图 7 - 6 所示。当 RC 微分时间常数比脉冲的宽度小很多时，在输入锯形脉冲 U_i 中的上升和下降边缘，形成两个尖头脉冲，向上的尖头对应 U_i 脉冲上升沿，向下的尖头对应 U_i 脉冲下降沿。因为电容 C 很小，U_i 脉冲前沿到来时，电容 C 两端立即充满电荷，于是在脉冲平顶时间内输出电压 U_o 下降为零。在 U_i 下降沿到来之前，电容两端的电压不能突变，U_o 也下跳相同的幅度，随着电容 C 放电而形成负向尖脉冲。因此输出 $U_o(t)$ 是输入 $U_i(t)$ 的微分。这种微分电路对于宽或窄的同步脉冲的反应均是一对向上、向下的尖头脉冲，于是场同步脉冲消失，仅剩下行同步脉冲信号。通过微分电路的行同步脉冲再经整形放大就加到行 AFC 电路上去，同步行扫描振荡电路。

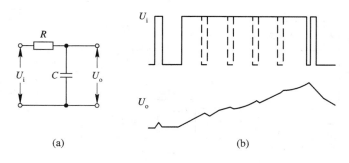

图 7 - 6　RC 微分电路

（a）原理电路；（b）波形图

7.3　行 扫 描 电 路

7.3.1　行扫描电路的作用与组成

1. 行扫描电路的作用

行扫描电路的作用如下：

（1）供给行偏转线圈以线性良好、幅度足够的锯齿波电流，使电子束在水平方向作匀速扫描。行锯齿波电流的周期、频率应符合行扫描的要求,且能与电视台发射的行同步信号同步。即 $f_H = 15\,625\ Hz$,$T_H = 64\ \mu s$,其中行正程时间 $T_s = 52\ \mu s$,逆程时间 $T_r = 12\ \mu s$,理想的行锯齿波电流如图 7 - 7 所示。

(2) 给显像管提供行消隐信号,以消除电子束回扫时产生的回扫线的影响。

(3) 用行脉冲信号控制行输出管,使行输出级产生显像管所必需的供电电压,包括阳极高压、加速极、聚焦级所需电压以及视放管输出级所需电源电压。

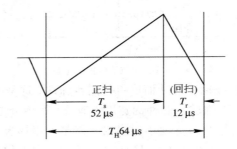

图 7 - 7　行锯齿波电流

2. 行扫描电路的组成

行扫描电路由行 AFC(自动频率控制)、行振荡、行激励、行输出和高/中压整流电路等几部分组成,其组成原理图如图 7 - 8 所示。

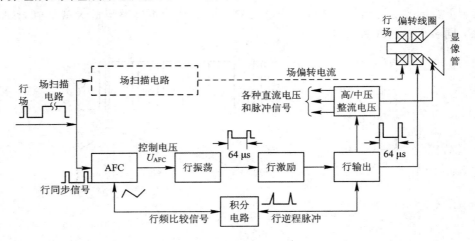

图 7 - 8　行扫描电路的组成

行输出级在行频脉冲电压控制下,主要用来为行偏转线圈提供线性良好的行锯齿波电流,并在行逆程(回扫)期间为行输出变压器提供很高的反峰脉冲电压。行振荡级主要用来产生行输出级需要的行矩形脉冲电压,行激励级将此脉冲放大。行 AFC 电路是实现行扫描同步的电路。这里采用间接同步的方法,把行输出的信号与外来的同步信号相比较,由行 AFC 电路比较行输出信号与同步分离电路产生的行同步信号,根据两者的相位差输出一个误差信号电压,加到行振荡电路,间接地控制行振荡器的频率和相位,从而达到同步的目的,并且大大提高电路的抗干扰能力。

7.3.2　行振荡级

行振荡级的任务是产生矩形脉冲波，这个脉冲波的周期为 64 μs，脉冲宽度为 18～24 μs，幅度为 2～4 V。行振荡器应是一种压控振荡器(VCO)，其振荡频率和相位受 AFC 电路输出的控制电压的影响。在分立元件电路中，应用最多的是电感三点式变形间歇振荡器。下面分析这种电路的组成和工作原理。

1. 电路组成

电感三点式变形振荡器的组成如图 7-9(a)所示。

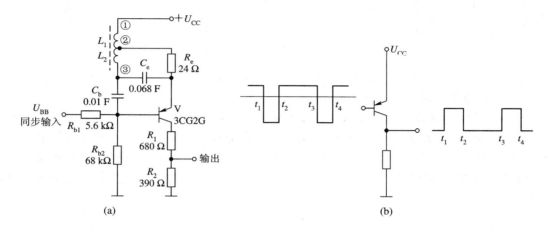

图 7-9　行振荡器的组成

(a) 电感三点式振荡器电路；(b) 矩形脉冲电压的产生

电感三点式变形振荡器是由振荡管 V、自耦式振荡线圈和基极电阻 R_{b1} 和 R_{b2}、电容 C_b、发射极电阻 R_e、电容 C_e 及集电极负载 R_1 和 R_2 等组成的。其中，振荡线圈绕在塑料骨架上，有两组线圈 L_1 与 L_2，L_1 与 L_2 的匝数比为 1∶3 或 1∶2；骨架中有一个铁淀氧磁芯，磁芯可调出或调入，以改变振荡频率。

2. 振荡过程

为了得到矩形脉冲电压，振荡管要轮换工作于饱和与截止状态。当管子饱和时，c—e 极间内阻很小，晶体管电流最大，$I = U_{CC}/(R_e + R_1 + R_2)$，晶体管的饱和压降 $U_{ces} \approx 0.2$ V，$u_c \approx U_{CC}$，R_1、R_2 分压形成较高的电压输出。当管子截止时，$i_c = 0$，输出也为零。这样，它输出如图 7-9(b)所示的矩形脉冲波。

为了使振荡管能轮换工作于饱和与截止状态，应在它的基极输入如图 7-9(b)所示的矩形脉冲波。$t_1 \sim t_2$ 时输入幅度较大的负脉冲，振荡管饱和，在它的集电极输出正脉冲；$t_2 \sim t_3$ 时输入正脉冲，振荡管截止，集电极 u_c 变为零。行振荡级就是要求在晶体管的基极形成这样的脉冲。

下面结合图 7-10 讨论振荡过程。振荡电路一个周期分为四个阶段。为分析方便，我们把基极偏压 U_{BB} 和偏置电阻 R_{b1}、R_{b2} 用 U_b 和 R_b 等效，如图 7-10 所示。

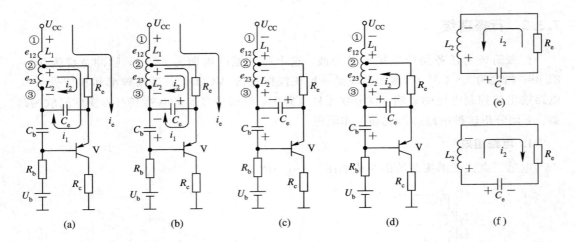

图 7-10 电感三点式振荡器的工作过程

1) 脉冲前沿（从导通到饱和）

接通电源后，在振荡管各极相继出现电流 i_b、i_c、i_e，且有 $i_c \approx i_e = \beta i_b$。当 i_c 从零增大并流经 L_1 时，必将在 L_1 中产生自感电动势 e_{12}，其方向是①正②负。L_1 与 L_2 顺向串联，所以 L_2 上也必然产生一个②正③负的电动势 e_{23}，③端出现的电压通过 C_b 加到振荡管 V 的基极，由于其为 PNP 型管，i_c 增大又使 e_{12}、e_{23} 增大，因此 i_c 再增大。这是个正反馈过程：

$$i_b \uparrow \rightarrow i_c \uparrow \rightarrow e_{12} \uparrow \rightarrow e_{23} \uparrow \rightarrow u_b \downarrow \rightarrow i_b \uparrow$$

振荡管 V 很快达到饱和，此时 i_c 达到最大值，$i_b < i_c/\beta$，由于在本电路中，L_1、L_2 是自耦变压器的绕组，耦合得很紧，C_b 容量也较大，因此正反馈作用很强，脉冲前沿的跳变时间很短，形成的脉冲前沿很短。这个过程的电流和自感电动势的极性如图 7-10(a) 所示。

2) 平顶阶段（保持饱和）

当晶体管 V 进入饱和状态后，等效于将 L_1 突然接入 U_{CC} 中，流过 L_1 的电流还是缓慢上升。自感电动势 e_{12}、e_{23} 在晶体管 V 达到饱和时达到最大值，e_{23} 将经 R_e 向 C_e 充电，形成电流 i_2，充电的方向是左负右正，使 u_e 上升，以维持饱和；e_{23} 又经 V 向 C_b 充电，形成电流 i_1，充电方向是上负下正，使 u_b 上升，这将使 i_b 和 i_c 降低。由于 C_e 充电较快，较早达到稳定值，而 C_b 充电较慢，因而使 u_{be} 逐渐上升，即 i_b 逐渐降低。当降到 i_b 又可以控制 i_c，即 $i_b = i_c/\beta$ 时，管子就结束饱和状态。平顶阶段的 e_{12}、e_{23} 和 i_1、i_2 的方向如图7-10(b)所示，u_b、u_e 的波形图如图 7-11 的 $t_1 \sim t_2$ 期间。

平顶阶段的时间要求为 18～20 μs。时间的调整主要是调整 C_b 和 R_b。C_b 越小，i_1 对它充电时 u_{cb} 上升较快，平顶阶段的时间越短。在这个阶段中，U_{CC} 还通过 L_1、L_2、C_b 向 C_b 反向充电，使 C_b 的电压上正下负，恰与 i_1 对它充电时的电压极相反。由于有 e_{12}、e_{23} 存在，这个电流较小，但还会影响间歇时间的长短。R_b 越小，影响越大，平顶阶段将延长；反之，R_b 越大，则平顶阶段的时间相对缩短。应用时，调节 R_b（实际上是 V 的下偏置电阻）较为方便。

3) 脉冲后沿（从饱和到截止）

平顶阶段结束，i_b 又可以控制 i_c，但由于 i_b 是下降的，i_c 也下降，因此 L_1 的自感电动

势 e_{12} 反向，即上负下正，e_{23} 也是如此，使 u_b 上升。产生的正反馈过程如下：

$$i_b \downarrow \rightarrow i_c \downarrow \rightarrow e_{12} \downarrow \rightarrow e_{23} \downarrow \rightarrow u_b \uparrow \rightarrow i_b \downarrow$$

振荡管很快就趋于截止，i_b、i_c、i_e 都等于零，形成了脉冲的下降沿。在达到截止的瞬间，由于电流变化很大，L_1、L_2 都产生一个较大的上负下正的自感电动势，叠加在 u_b 脉冲上，使管子截止。该阶段的 e_{12}、e_{23} 的方向如图 7 - 10(c)所示，u_b、u_e 的波形图如图 7 - 11 的 t_2 时刻。

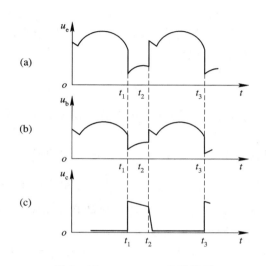

图 7 - 11 u_b、u_c、u_e 的波形图

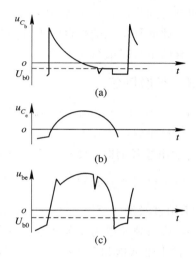

图 7 - 12 间歇阶段 u_{be} 的合成波形

4）间歇阶段（从截止到再导通）

当振荡突然截止时，$i_e = 0$，L_2 储存的磁场能要释放，它向 C_e 放电形成 i_2，磁场能转变为电场能，使 u_{C_e} 上升，C_e 电压为左正右负，如图 7 - 10(d)、(e)所示，使管子保持截止；L_2 向 C_e 放电完毕，C_e 又向 L_2 反向放电，如图 7 - 10(f)所示，L_2、C_e 形成一个 LC 振荡回路，其振荡的半周期约等于间歇时间。另一方面，在间歇阶段，电源 U_{CC} 通过 L_1、L_2、C_b、R_b 向 C_b 充电的方向为上正下负，使基极的电压按指数规律逐渐降低，如图 7 - 12(a)所示。这两个电压的叠加就是 u_{be} 的变化曲线，如图 7 - 12(c)所示。当曲线下降到 PNP 型振荡管导通电平 U_{b0} 时，管子结束间歇阶段，开始下一个周期的振荡。

对本来就恢复导通的振荡管来说，单有 U_{CC} 对 C_b、R_b 的充电回路就可以了，但从它的充电曲线（见图 7 - 12(a)）可知，在它临近 U_{b0} 时，曲线几乎平直，如稍有干扰就会使振荡管提前振荡，因此其稳定性差，情况如图 7 - 12(a)中虚线所示。加了 L_2、C_e 振荡电路后，u_{C_e} 的放电曲线如图 7 - 12(c)所示，下降沿较陡直，不易受干扰信号影响，所以这个电路叫稳频电路。当然，下降沿也不能太陡直，否则较弱的同步信号就不起作用了。为降低振荡回路的 Q 值，引入了电阻 R_e，使得正弦波振荡幅度不致过大。

电感三点式振荡器将振荡电路与稳频电路合二为一，具有使用元件少，结构简单，性能稳定等优点，在分立元件电视机中应用较多。影响间歇时间长短的主要有以下几个因素：

（1）L_2、C_e：其自由振荡的周期为 $T = 2\pi \sqrt{L_2 C_e}$，它的半周期等同于间歇时间。实际上，电视机的行频调节就是调节 L_2 的磁芯位置，从而改变 L_2 值大小。间歇时间为 $44\sim$ $46\ \mu s$，调节 L_2 使间歇时间变化，行周期也就变化。

（2）$C_b R_b$：若 $C_b R_b$ 小，U_{CC} 对 C_b 充电，它的电压上升速度越快，u_{C_b} 的上升速度就越快，间歇时间就越短。

（3）u_b 的大小：严格地说，u_b 除电源提供的静态偏压外，还包括 AFC 电路输出的控制电压，这个电压的正向值越大，将越能减缓上面使振荡管 u_{be} 有下降趋势的两个因素的影响，间歇时间将增大，反之亦然。由于控制电压 u_b 可以改变间歇时间，也就可以改变振荡周期，因此此种形式的振荡器称为压控振荡器。当然，改变静态偏置电压也可以改变间歇时间，有的电视机的行频调节器就是在偏置中设置一个电位器。

7.3.3 行激励级

行激励级的作用是把行振荡级送来的脉冲电压进行功率放大并整形，用以控制行输出级，使行输出管工作在开关状态。

行输出管导通时，要求工作于充分饱和状态，这就要求激励级提供足够大的增益给输出管，以提供过激励基级电流 i_{b+}。一般设计为 $i_{b+} > \dfrac{2I_{cp}}{\beta}$（$I_{cp}$ 为流过输出管集电极的最大电流）。采用过激励的原因是为了提高状态的转换速度，以便得到速度更快的脉冲响应，如果 i_b 不足，则行输出管将工作于浅饱和状态，使管耗增大，扫描线性变坏。

行输出管从饱和变为截止的下降时间应尽量短，要求小于 1 ns，这时即使 $i_b=0$，也会由于输出管饱和时晶体管的基极、集电极积累了过多的电荷，i_c 不会立即为零，而是按指数规律下降。当输出管一旦进入截止状态，就会在行偏转圈两端感应出很高的逆程反峰电压。为使输出管由饱和迅速转变为截止状态，即 i_c 迅速降为零，应使 i_b 反向，即在晶体管的发射结加上反偏压，且要求 $|i_b| \geqslant \dfrac{3I_{cp}}{\beta}$。反向电流越大，截止所需时间越短，但要注意，反偏压不能超过行输出管发射结的击穿电压值，否则将损坏输出管。

当行输出管导通时，如果输入激励电流不足，将会使逆程脉冲前沿变缓且变形，扫描锯齿波电流亦减少且失真。

行激励管一般是按开关方式工作的，它对行输出管的激励方式可有两种：同极性激励和反极性激励。在行输出管导通时，行激励管也导通；行输出管截止时，行激励管也截止，这种工作方式叫同极性激励。在这种方式中，当行激励级的电流截止时，由于激励变压器的初、次级电路都开路，因此在激励变压器中将感应很高的反电动势，这个反向电动势容易使输出管的发射结击穿。反极性激励方式在行输出管导通时，行激励管截止；行输出管截止时，行激励管导通。反极性激励优点较多，应用比较广泛。下面介绍反极性行激励级电路，电路组成如图 7-13 所示。

（1）在 $t_1\sim t_2$ 期间，行激励管输出电压 u_{b1} 为正压，使激励管 V_1 导通，变压器 T 的初级产生感生电动势，上负下正，这个负压对输出管 V_2 反向偏置，输出管截止。

（2）在 $t_2\sim t_3$ 期间，激励管输入电压 u_{b1} 为反向，使激励管的集电极电流 i_{c1} 被截止，激励变压器初级产生上负下正的感生电动势，次级产生上正下负的感生电动势，使行输出管 V_2 导通。并且，在行输出管 V_2 正向导通期间，基极电流对 C_3 充电，在 C_3 两端产生一个

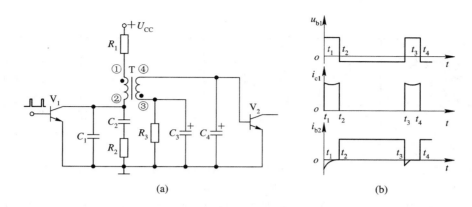

图 7 - 13　反极性行激励级工作过程

（a）电路；（b）波形

下正上负的直流电压，这个电压是给行输出管的自给负偏压。

（3）在 t_3 时刻，激励管输入电压 u_{b1} 再次变为正向，使激励管 V_1 导通，次级产生上正下负的感生电动势，与电容 C_3 上电压的叠加增大了行输出管 V_2 基极的反向电压，加速了行输出管 V_2 的截止，于是有效地降低了行输出管 V_2 的功耗。由于电容 C_3 上的负偏压反映到激励变压器初级，因此在 $t_3 \sim t_4$ 之间也有一个尖峰。电路中，C_1 可消除行振荡级的高频自激振荡；R_1 可调节激励的强弱，R_1 越小，激励越强。

反极性激励的优点：

（1）有良好的隔离作用，使行输出管的输入阻抗变化不致反映到行振荡级，有利于振荡级的稳定。

（2）由于激励管和输出管交替工作，激励变压器的磁芯始终有磁通 ϕ 通过，从而磁通的变化较小，不致产生高频寄生振荡。虽然管子的延时作用也会产生振荡，不过幅度较小，可加 $R_2 C_2$ 阻尼电路予以吸收。

7.3.4　行输出级

行输出级工作在高电压、大电流状态下，其功率消耗较大，甚至可达到整机功率消耗的一半。行扫描输出电路的作用是向行偏转线圈提供线性良好、幅度足够的锯齿波电流，使显像管中的电子束作水平扫描。

1. 行输出级工作原理

典型的阻尼式行输出级的原理电路如图 7 - 14（a）所示。

行激励级送来的脉冲电压经激励变压器 T_1 送至行输出管 V_1 的基极，行输出管 V_1 工作在开关状态，行偏转线圈 L_Y 及回扫变压器 T_2（又称为逆程变压器）均作为行输出级负载。C_S 是 S 形校正电容，C 为逆程电容。图中，V_{D2} 是高压整流管，V_{D1} 为阻尼二极管，是特制的专用管，它不同于一般的普通二极管，它的开关特性好，反向击穿电压相当高，一般为 $400 \sim 1500$ V，在电路中起开关作用，同时也对偏转线圈与逆程电容之间（因电磁场能交换所引起）的自由振荡起阻尼作用。由图可见，电源 U_{CC} 对校正电容 C_S 充电，使其上总保持有上正下负、数值为 U_{CC} 的电压。为分析方便起见，可将 C_S 等效成数值为 U_{CC} 的电源，

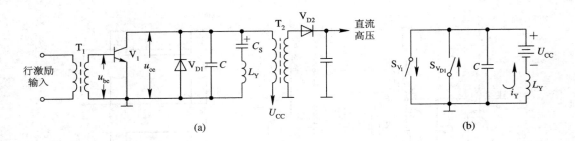

图 7 - 14 阻尼式行输出级原理电路图

(a) 原理电路；(b) 等效电路

串入偏转支路，这对分析输出级工作原理并无影响；逆程变压器 T_2 的初级电感量远比行偏转线圈 L_Y 的电感量大，故其等效阻抗极大，分析时可不考虑它的影响；行输出管 V_1、阻尼二极管 V_{D1} 均工作在开关状态，可用开关 S_{V_1}、$S_{V_{D1}}$ 等效之；由于行频较高，行偏转线圈的直流电阻与偏转线圈的感抗相比可以忽略不计，所以偏转线圈可等效为一电感 L_Y。可将图 7 - 14(a) 中所示的电路等效为图 7 - 14(b) 所示。

　　行输出级在矩形脉冲的激励下，会在偏转线圈中产生锯齿波电流 i_Y，其波形如图 7 - 15 所示。i_Y 由三部分组成：$0 \sim t_1$ 期间，行输出管的导通电流形成扫描正程右半段所需电流，随 t 线性增长，最大幅值为

$$I_{Ym} = \frac{U_{CC}}{L_Y} \cdot \frac{T_s}{2} \tag{7-1}$$

其中，T_s 是扫描电流的正程时间。$t_1 \sim t_3$ 期间，行输出管与阻尼二极管均截止，L_Y 与 C_S 发生电场能与磁场能交换，产生半周期自由振荡，形成了逆程扫描电流；改变自由振荡的周期，就可以改变逆程时间 T_r 的长短，使其符合扫描逆程时间宽度的要求；在 $t_3 \sim t_4$ 期间，阻尼二极管开始导通，L_Y 中储能通过阻尼二极管放电，使 i_Y 从负最大值减小到零。

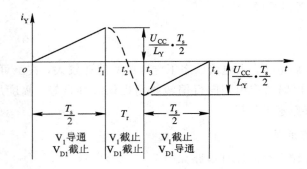

图 7 - 15 行输出级偏转电流

　　下面对照图 7 - 14 和图 7 - 16，分不同时间段来分析行输出级的工作过程及波形。

　　1) $0 \sim t_1$ 期间(行扫描正程后半段)

　　在此期间 u_{be} 为高电平，行输出管 V_1 饱和导通，开关 S_{V_1} 闭合，等效电路如图 7 - 16(b) 所示。由于在 $0 \sim t_1$ 期间，行输出管饱和导通，因此其内阻可以忽略不计。电容 C_S 上的电压通过 V_1 对 L_Y 充磁。由于自感电动势的存在，通过线圈的电流 i_Y 不能突变到它的稳定值 U_{CC}/R(R 为线圈的直流电阻)，而是按指数规律从零开始逐渐上升。

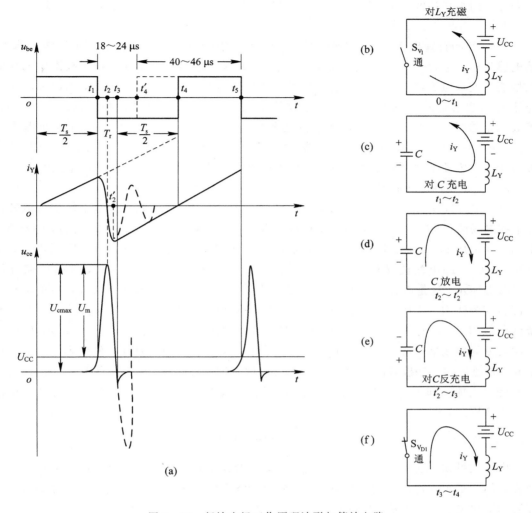

图 7 - 16　行输出级工作原理波形与等效电路

（a）波形；（b）$0\sim t_1$ 期间等效电路；（c）$t_1\sim t_2$ 期间等效电路；（d）$t_2\sim t_2'$ 期间等效电路；

（e）$t_2'\sim t_3$ 期间等效电路；（f）$t_3\sim t_4$ 期间等效电路

$$i_Y = \frac{U_{CC}}{R}(1 - e^{-t/\tau}) \qquad (7-2)$$

其中，$\tau = L_Y/R$，R 为等效充磁回路中的总损耗，包括偏转线圈的损耗及 V_1 的导通内阻。当 $\tau \gg T_s/2$ 时，有：

$$i_Y \approx \frac{U_{CC}}{L_Y} \cdot t \qquad (7-3)$$

由上式可见，偏转电流在 $0\sim t_1$ 期间近似为线性增长，当 $t=T_s/2$ 时出现最大值，即

$$I_{Ym} = \frac{U_{CC}}{L_Y} \cdot \frac{T_s}{2} \qquad (7-4)$$

式(7-3)表明偏转电流与 U_{CC}、t 成正比，而与 L_Y 成反比。当 U_{CC} 与 L_Y 恒定时，I_{Ym} 与 t 成正比，即通入 L_Y 的电流是线性增长的。i_Y 要达到一定的数值，行扫描才能满幅；如果

i_Y 过小，则水平幅度变窄。根据式(7-4)可知，增大 U_{CC} 或减小 L_Y，可使行幅增大。

2）$t_1 \sim t_2$（行逆程前半段）

从 t_1 开始行输出管 V_1 受负脉冲作用而截止，集电极电流 i_c 为零，由于偏转线圈 L_Y 的电感特性，电流 i_Y 不能立即截止，于是 i_Y 向并联的电容器 C 充电，偏转线圈中储存的磁场能转变为电容器 C 中的电场能，从而形成自由振荡。由于是 LC 振荡，因此偏转线圈电流 i_Y 与电容器 C 上的电压 u_C 呈正弦规律变化。$t_1 \sim t_2$ 是该回路自由振荡的 1/4 周期，等效电路如图 7-16(c)所示。随着 i_Y 的逐渐减小，C 两端的电压逐渐上升，其方向是上正下负。在 $t=t_2$ 时，i_Y 减小到零，电容器 C 上的正极性电压达到最大值，线圈中的磁场能全部转变为电容器 C 中的电场能。此时，晶体管的集电极与发射极之间要承受很高的电压。

3）$t_2 \sim t_3$ 期间（行逆程后半段）

在 t_2 时刻，u_C 达到最大值，此时，$i_Y=0$，偏转线圈 L_Y 中的磁场能全部转变为电容器 C 中的电场能，此时 u_b 仍为负脉冲，行输出管 V_1 受负脉冲作用仍截止。t_3 之后，电容器 C 上的正向电压 u_C 又通过电感线圈 L_Y 放电，使 L_Y 中有反向电流流过。u_C 不断减小，i_Y 不断增大，C 中的电场能又逐渐转变为线圈 L_Y 中的磁场能。$t_2 \sim t_2'$ 期间，等效电路如图 7-16(d)所示。这是由 $L_Y C$ 组成的自由振荡的另一个 1/4 周期。当 $t=t_2'$ 时，C 中的电场能全部转变为线圈 L_Y 中的磁场能，$u_C=U_{CC}$，i_Y 达到反向最大值，和正向最大值 I_{Ym} 两者的幅度近似相等。此时阻尼二极管仍截止，只有在 t_2' 以后，自由振荡进入 3/4 周期，磁场能再次转变为电场能，再次对逆程电容反方向充电，如图 7-16(e)所示，使电容电压为上负下正，并超过阻尼二极管的导通电压，即 $t=t_3$ 时刻时，阻尼二极管 V_{D1} 导通。V_{D1} 的导通对 $L_Y C$ 的自由振荡起了阻尼的作用。从 $t_1 \sim t_2'$ 是行逆程时间，它恰等于由 $L_Y C$ 组成的自由振荡的 1/2 周期，即

$$T_r = \frac{T}{2} = \pi \sqrt{L_Y C}$$

由上式可知，改变 L_Y 或 C 均可改变 T_r，一般改变 C 比较方便。调节 C 的大小可改变逆程时间的长短，故 C 称为逆程电容。实际上，公式中的 C 还包括电路中的分布电容、晶体管的输出电容等，但是它们的容量较小。

4）$t_3 \sim t_4$ 期间

t_2' 时刻后，反向电流继续流过 L_Y，并对 C 反向充电，L_Y 中的磁场能全部转变为电容器 C 中的电场能。如果电路中没有接入阻尼二极管，则磁场能与电场能的转换还要继续下去，形成正弦自由振荡。当 $t=t_3$ 时，反向电流对 C 充电，使 C 上的反向电压达到阻尼二极管的导通电压值时，有阻尼二极管开始导通，偏转线圈 L_Y 中的电流流过二极管，V_{D1} 的导通将迫使 $L_Y C$ 的自由振荡停止。这时，阻尼二极管电流 i_d 将对电源充电，将线圈 L_Y 中的磁场能馈还给电源。等效电路如图 7-16(f)所示。这时有

$$i_Y = I_{Ym} e^{-L_Y t/R_{id}} \tag{7-5}$$

式中，R_{id} 为阻尼二极管的导通内阻，L_Y/R_{id} 为放电时间常数。当 L_Y/R_{id} 较大时，i_Y 近似为一线性变化电流，且在 $t=t_4$ 时 $i_Y=0$。实际上，为改善行扫描线失真，当 $t \geqslant t_4'$ 时，NPN 型三极管集电极加有负电压，其集电极有反向电流。所以，电流除流经二极管外，还反向流过输出管。在 $t_4' \sim t_4$ 期间，由 L_Y、电源、阻尼二极管、行输出管等构成电流回路。

5) $t=t_4$ 时

在 $t=t_4$ 时，u_b 又变为正向脉冲，行输出管饱和导通，继而重复上述过程。从 $0\sim t_4$ 完成了产生锯齿波电流的一个周期。

综上所述，行扫描电流是行输出管电流 i_c 和阻尼二极管电流 i_d 叠加形成的，基本上是线性的，它可以分为三个阶段：

（1）$0\sim t_1$ 期间，为正程扫描的后半段。此阶段电流 i_Y 从零上升到 I_{Ym}，行输出管导通，阻尼二极管 V_{D1} 截止，$i_Y=i_c$。

（2）$t_1\sim t_3$ 期间，为行扫描的逆程。此阶段电流由 I_{Ym} 降到 $-I_{Ym}$，行输出管和阻尼二极管 V_{D1} 均截止（实际上，V_{D1} 从 t_2' 开始已导通）。逆程时间 T_r 取决于 L_Y、C 参数的选择，即要求 L_Y、C 产生的自由振荡周期的一半等于行逆程时间 T_r。因此把 C 叫逆程电容。

（3）$t_3\sim t_4$ 期间，为行正程扫描的前半段。此阶段电流由 $-I_{Ym}$ 变为零，阻尼二极管 V_{D1} 导通，行输出管截止（实际上，从 t_4' 时刻已提前开始导通），$i_Y=i_d$。由于 $0\sim t_1$ 或 $t_3\sim t_4$ 均等于正程时间 T_s 的一半，因此正向或反向电流 i_Y 的最大值为

$$I_{Ym}=\frac{U_{CC}}{L_Y}\cdot\frac{T_s}{2}$$

式中，T_s 为行扫描正程时间。

从图 7-15 可知，当 i_Y 从正向最大值很快下降到负向最大值时，即在 $t_1\sim t_2'$ 期间，电容器 C 上将产生一个很高的正向脉冲，这个脉冲电压等于偏转线圈 L_Y 两端的电压 u_Y 加上电源电压 U_{CC}。由于 u_Y 是由 L_Y、C 的自由振荡产生的，于是可以按此来估算：

$$u_c=u_Y+U_{CC} \qquad (7-6)$$

式中，$u_Y=\omega L_Y I_{Ym}$（其中 $\omega=1/\sqrt{L_Y C}$）。所以

$$u_Y=L_Y I_{Ym}\frac{1}{\sqrt{L_Y C}} \qquad (7-7)$$

将 $T_r=\pi\sqrt{L_Y C}$ 及公式 $I_{Ym}=\dfrac{U_{CC}}{L_Y}\cdot\dfrac{T_s}{2}$ 代入式（7-7）有

$$u_Y=U_{CC}\cdot\frac{\pi}{2}\cdot\frac{T_s}{T_r} \qquad (7-8)$$

而行输出管集电极电压（也叫行反峰电压）U_c 为

$$U_c=u_Y+U_{CC}=U_{CC}+U_{CC}\cdot\frac{\pi}{2}\cdot\frac{T_s}{T_r}=U_{CC}\left(1+\frac{\pi}{2}\cdot\frac{T_s}{T_r}\right) \qquad (7-9)$$

可见，正程时间越长，逆程时间越短，则 U_c 电压越高。当 $T_r=12\ \mu s$，$T_s=52\ \mu s$ 时，$U_c=7.8U_{CC}\approx 8U_{CC}$。实际上，当不加外来同步信号时，行扫描周期可能比 $64\ \mu s$ 长，这时，行反峰电压 U_c 可达 $(8\sim 10)U_{CC}$。这就要求行输出管必须有足够的耐压性能。但另一方面，我们可以利用行反峰脉冲来产生显像管所需要的高压。

值得注意的一个问题是，对行激励脉冲宽度（即行振荡脉冲宽度）必须有要求。从图 7-15(a)可以看出，激励脉冲的负向最小宽度 $t_1\sim t_4$ 不能小于行逆程时间 T_r（即 $t_1\sim t_2'$）。如果小于 T_r，则当 u_b 变为正电压时，行输出管导通后将因集电极有很高的电压而产生很大的电流，甚至损坏晶体管。为了安全起见，并考虑到可能因打火现象等异常情况而使行输出管过早导通，一般要求行激励脉冲负向宽度为 $18\sim 24\ \mu s$（至少要大于 $16\ \mu s$）。

2. 行扫描电路中的非线性失真及其补偿

为了使电视机能够不失真地再现电视图像,要求电视机的行扫描电流为理想的锯齿波形。尤其在正程扫描期间,希望行偏转电流 i_Y 是线性增长的。实际上,行扫描电流的波形失真是不可避免的,因此应了解引起波形失真的原因,并且采取措施进行校正及补偿。

引起行扫描电流波形失真的原因主要有两个方面。

1)电阻分量引起的波形失真

扫描电流的非线性在电阻分量上的反映是偏转线圈上的电阻 R_H。行输出管的导通电阻 R_i 及阻尼二极管导通电阻 R_{id} 的存在,使扫描电流不会是理想的线性输出电流,而是按指数规律变化的输出电流。

(1)首先分析 R_i 和 R_H 对行扫描正程后半段的影响。如图 7-17(a)所示,当行输出管导通时,等效开关 S 闭合(将行输出管等效为开关 S)。偏转线圈中电流

$$i_Y = i_c = \frac{U - i_c(R_i + R_H)}{L_Y} \cdot t \tag{7-10}$$

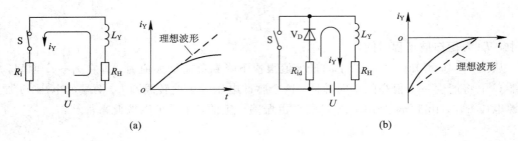

图 7-17 电阻分量引起的非线性失真

(a)考虑 R_i 和 R_H 对扫描正程后半段的影响;(b)考虑 R_{id} 对扫描前半段的影响

当 i_c 很小时,有

$$i_Y \approx \frac{U}{L_Y} \cdot t \tag{7-11}$$

i_Y 为近似线性波形,当 i_c 较大时,电流在 R_H 及 R_i 上的压降不能再被忽略了,它使 i_Y 增长变慢,而且 i_c 越大,i_Y 增长越缓慢,因此在扫描正程结束时,偏离线性规律较多。为了补偿这种失真,通常在行偏转线圈电路中串接行线性调整线圈 L_T。

行输出级电阻分量引起的图像失真如图 7-18 的示。

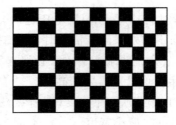

图 7-18 行输出级电阻分量引起图像失真

如图 7-19(b)所示,线圈 L_T 的磁芯比较特殊,绕线部分的截面较小,因而这部分容易达到饱和。在线圈磁芯旁有一块永久磁铁,改变磁铁离开磁芯的距离或转动永久磁铁的

方向，就可以改变永久磁铁在线圈磁芯中产生的磁通 Φ_{m}。当线圈 L_{T} 中通过行偏转电流 i_{Y} 时，在线圈磁芯中也产生与偏转电流相应的磁通 Φ_{T}。显然，在 $\Phi_{\mathrm{m}}+\Phi_{\mathrm{T}}$ 的作用下，L_{T} 的电感量将产生变化。当偏转电流 i_{Y} 为负值或较小的正值时，线圈磁芯不饱和，L_{T} 的电感量较大；在正程扫描期间，偏转电流 i_{Y} 为较大的正值时，$\Phi_{\mathrm{m}}+\Phi_{\mathrm{T}}$ 使线圈磁芯饱和，L_{T} 的电感量下降。这样，在正程扫描末期，偏转电流增加较快，补偿了原来电流减慢的情况，扫描线性得到了改善。改变永久磁铁的位置和方向可以调整校正量。

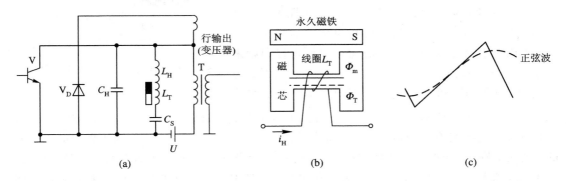

图 7 - 19　行扫描非线性失真的校正

(a) 校正电路；(b) 线圈 L_{T} 的磁芯结构；(c) 行扫描正程的 S 形校正曲线

（2）下面分析阻尼二极管内阻 R_{id} 对行扫描正程前半段电流线性的影响。在行扫描正程前半段，行输出管截止时，等效开关 S 断开，负向的偏转电流主要流过阻尼二极管。假设阻尼二极管电阻 R_{id} 和偏转线圈内阻 R_{H} 小到可以忽略，即 $i_{\mathrm{Y}} \approx U_{\mathrm{T}}/L_{\mathrm{Y}}$，可以认为电流是线性变化的。而实际上，阻尼二极管的内阻是与导通的程度有关的，在大电流时它的内阻很小，小电流时它的内阻就增大了，因而锯齿波电流在较小时就会出现非线性。如图 7 - 17(b) 所示，这将使图像靠近中间的部位压缩，严重时电流中断，中间出现垂直亮线，产生所谓的交越失真。这种失真的校正方法有三种：

① 对于由阻尼二极管内阻较大引起的非线性失真，可以选用内阻较小的阻尼二极管。

② 如果阻尼二极管是硅管，由于内阻较大，使用其它方法校正线性仍不理想，则可以将加到阻尼二极管的电压升高，使其在正程扫描后半段仍处在较大电压状态，其电流的线性就会得到改善。方法是改变阻尼二极管的接点，把它接到比原来接点多 1~2 圈的行逆程变压器的初级绕组上，如图 7 - 19(a) 所示。这样，通过阻抗变换作用，使归算到偏转线圈两端的二极管内阻减少，从而减小其对偏转电流非线性的影响。

③ 使行输出管提前导通。本来行输出管与阻尼管各导通 26 μs，各占行正程时间的一半，现在使行输出管提前 20 μs 导通，这时还是处于偏转线圈放电阶段，其自感电动势是上负下正，因而行输出管反向导通，出现负向电流。将此负向电流与流过阻尼二极管的放电电流叠加就可以校正其失真。正如对行输出级的分析，本来 U_{be} 从 t_4 时刻开始重又导通，但为了克服阻尼二极管小电流时阻抗较大而引起的扫描线性失真，可以让行输出管提前导通，如图 7 - 16(a) 所示，u_{be} 从 t_4' 已经开始变为正压，行输出管反向导通，补偿阻尼二极管小电流时阻抗较大而引起的扫描线性失真。

2）显像管荧光屏曲率引起的非线性失真

如图 7 - 20 所示，显像管内电子束在偏转磁场作用下作水平方向扫描时，即使扫描的角速度是均匀的，但由于荧光屏曲率半径较大（为了观者方便，荧光屏的曲率半径总是较大，使屏幕接近于平面），而电子束扫描轨迹的球面半径较小使电子束偏转中心到荧光屏上各点的距离并不相等，因而从荧光屏上来看，相当于出现了左右两边被扩展的非线性失真。这种失真叫延伸失真。

显像管荧光屏曲率与电子束扫描轨迹曲率不同引起的非线性失真

图 7-20　显像管荧光屏曲率引起的非线性失真

　　对于显像管荧光屏曲率所引起的非线性失真，可采用 S 校正。由于图像两边扩展相当于扫描线速度较快，因而可以通过减慢偏转电流在行扫描正程期始末两端的增长率来补偿。这时扫描电流呈 S 状曲线。为了实现 S 形校正，可在行偏转线圈中串接一个电容器 C_S，如图 7-19(a)所示，由 L_Y 和 C_S 构成串联谐振电路，其谐振频率为 $\omega_S = 1/\sqrt{L_Y C_S}$。由于自由振荡电流具有正弦波形状，因此若使其频率低于行频，并在行扫描正程内取正弦波的一部分，则 i_Y 稍呈 S 形波形。这样就能使整个荧光屏上扫描的线速度均匀一致。显然，ω_S 越高，波形变曲程度越大，S 形补偿越显著。一般要根据扫描的失真程度来选择 C_S。例如，C_S 取 $0.47 \sim 10\ \mu\text{F}$。

　　在现代大屏幕电视机中，显像管荧光屏曲率所引起的非线性失真更为突出，使屏幕光栅呈图 7-21(a)所示的枕形。前面介绍的两种补偿方法对黑白电视机适用，对彩色电视机，由于附加磁场影响彩色会聚与色纯度，因此需设专门的枕形校正电路。枕形失真分水平失真和垂直失真两种，如图 7-21(b)、(c)上方图形所示。校正这两个方向的枕形失真所需要的扫描电流波形如图 7-21(b)、(c)下方图形所示。

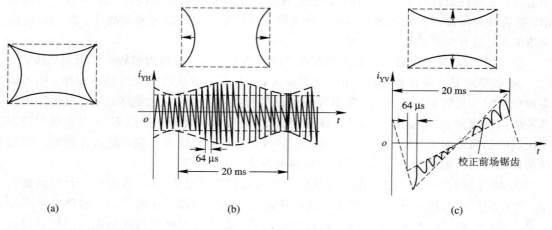

图 7-21　枕形失真及扫描电流的校正波形
(a) 枕形失真；(b) 枕形水平失真及扫描电流的校正波形
(c) 枕形垂直失真及扫描电流的校正波形

　　由水平光栅枕形失真可知，行扫描电流幅度不应相同，否则在屏幕中部光栅最短，因此需要利用场频抛物波去调制行扫描锯齿波电流，使场正程内各行的偏转电流幅度不同，并使对应屏幕中部的 i_{YH} 最大，而每场始、末时的扫描电流幅值不需校正。如图 7-21(b)所示，i_{YH} 便可以校正水平枕形失真。

垂直光栅枕形失真的校正方法是利用行频抛物波叠加到线性场偏转电流上来实现的。每场扫描起始或结束处的抛物波幅度最大，对应的校正量最大，因此此两处光栅歪曲最严重；光栅越靠近中间部分，失真越小，所需的校正量也越小。对于每行而言，抛物分量最大处对应着光栅的中间部分，因为每一行光栅两端不需校正，而中间所需垂直校正量最大。因此 i_{YV} 每行的抛物量相当于使垂直偏转附加一个磁场，上半场使每行光栅向下偏移量逐渐减小，屏幕中间抛物量最小，可不用校正；下半场使每行光栅向下偏移量逐渐增加。所以上半场光栅与下半场光栅所需抛物分量方向正好相反。

在实际电路中，水平枕形校正电路与垂直枕形校正电路工作原理相差不多，都是利用磁饱和变压器来进行校正的。这里仅介绍水平枕形失真的校正原理。图 7-22 所示是一种典型彩色电视机的水平枕形校正电路。

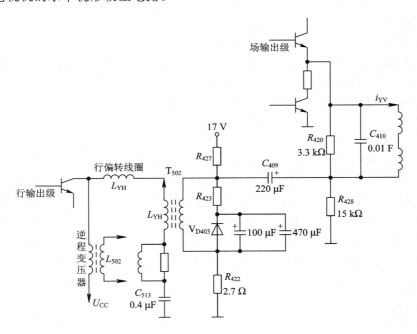

图 7-22　水平枕形失真的校正电路

图中，T_{502} 是水平枕形校正电路所用的磁饱和变压器，它的次级串在行偏转线圈支路中，L_{502} 是行线性调整电感，C_{513} 是 S 形校正电容；T_{502} 的初级串接在场偏转线圈支路中，C_{409} 为场 S 形校正电容，R_{423} 为改善场扫描电流线性的负反馈电阻；C_{410} 为避免行频干扰场偏转回路的行频旁路电容，R_{420} 为阻尼电阻，用来防止自由振荡，R_{422}、V_{D403} 为消波器，防止扫描逆程感应电动势过大。另外，T_{502} 通过 C_{409} 并接在 R_{428} 的两端，由于流过电感的电流是其两端电压的积分，因此当 R_{428} 两端加有场频锯齿波电压时，通过 T_{502} 初级的电流便是场频抛物波。

下面分析枕形校正原理。在未加交流信号时，17 V 电源通过 R_{427}、R_{423}，使 T_{502} 初级通过一个直流，它使 T_{502} 呈半磁饱和状态。当初级加有场频锯齿波电压时，抛物形电流流过 T_{502} 初级，使 T_{502} 呈磁饱和状态，从而 T_{502} 次级电感降低，于是行偏转线圈支路电流 i_Y 幅度就加大。初级流过的抛物分量电流最大处，正好对应着场扫描锯齿波电压正程中点，此时，T_{502}次级电感降低最多，使此时 i_Y 的幅度最大，这样，便得到图 7-21(b)所示的幅度受到调制的行偏转电流 i_Y。这相当于场频抛物波调制了行频锯齿波。

3. 行输出级高压产生电路

由前述可知，在行输出级电路的输出端，可得到一个约$(8\sim10)U_{CC}$的脉冲电压，即行逆程脉冲。行逆程脉冲电压的出现有利有弊，其弊是对行输出管、阻尼二极管、逆程电容的耐压值要求较高；其利是将此高压脉冲接到变压器的初级，经升压整流后可获得电视机显像管各电极所需的各种高压和中压。行输出级高压电路的关键器件是行输出变压器，又称逆程变压器。行输出变压器的初级称为低压包，专供升压整流用的次级称为高压包。以前，高压包、低压包是分开绕制的，分别绕制在 U 型锰锌铁氧体磁芯的两侧。但由于分布参数以及漏感的影响，会使电视机收看的质量下降，因此现在许多电视机都采用一种新型的逆程变压器，称为一体化多级一次升压式变压器。下面介绍一种一体化结构的三级一次升压式变压器（FBT）。

FBT 采用玻璃直接沉积在硅片 PN 结上，绕成玻璃封装高压整流二极管，它体积小、耐压高、热稳定性好，将几个整流二极管分别串行接入分段绕制的行输出变压器高压线圈中，完成多级一次升压功能，如图 7-23(a)所示。图 7-23(b)所示是 FBT 的剖面结构图。其次级高压线圈分成 L_I、L_{II}、L_{III} 匝数均相等的三段，它们均为初级线圈数的几倍。高压整流二极管 $V_{D1} \sim V_{D3}$ 与分段次级线圈串接，C_1 为各绕组本身分布电容，C_2 为绕组对地分布电容，每个二极管可看做一个一般的整流二极管，C_1 和 C_2 作为整流后的滤波电容。当初级输入的交流反峰脉冲正脉冲的幅值为 U_i 时，L_I 两端感应的交流反峰脉冲正脉冲的幅值为 nU_i，V_{D1} 将 L_I 上的脉冲整流。由于供电负载较轻，因此可以认为 A 点整流后的直流电压近似为 nU_i。而 A 点因 C_2 的旁路作用，交流电位为零。同理，B 点直流电位在 A 点的基础上再加一个 nU_i 值，而交流电位仍为零。C 点直流电位为 A 点直流电位的 3 倍，交流电位仍为零。可见，这种升压电路对交流而言均可视为单独的整流器；对直流而言，它们整流后的直流电位相叠加，使最后获得的直流高压 U_H 为 $3nU_i$。如果采用四个整流管，那

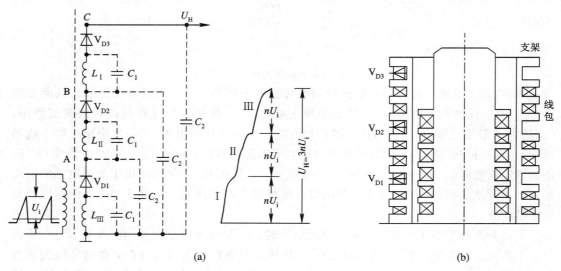

(a)   (b)

图 7-23　三级一次升压高压整流电路及 FBT 剖面结构图

么便可再升高一个 nU_i。

这种整流器不专门加滤波器，由于它利用行频脉冲整流，而行频比市电频率高出
300 倍，因此滤波电容可大为减小，它利用分布电容及显像管内外管壁石墨层之间存在的
$1\sim2$ nF 的电容，就可以满足滤波要求。

另外，彩色显像管所需的聚焦电压也很高，约为 $4\sim5$ kV，可从变压器 A 或 B 点引出。
通常把行输出变压器、多级一次升压变压器及聚焦电位器封装在一起，其具有良好的绝缘
性能，工作稳定、可靠。

4. 行输出级电路实例

图 7-24 所示是一个完整的小屏幕黑白电视机行输出级电路。T 是行输出变压器；L_1、
L_3、L_4 为低压包，其中 L_3 绕组经 V_{D2}、V_{D3} 整流滤波后产生 400 V 和 100 V 电压，L_2 是高
压包；V_{D1} 是高压硅堆，由于高、中压的输出电流都很小，因此采用半波整流即可达到要
求；C_2、C_3 是滤波电容，由于要滤除的基波频率为行频，因此使用较小容量的电容，即可
达到滤波的要求。高压不接滤波电容，它是利用显像管锥体的内、外层导体形成的电容来
滤波的。由于高压包、硅堆内阻都很大，输出的电流很小，因此即使触上高压，由于可输出
的能量有限，对人体的危害也较小，但也不能麻痹大意。

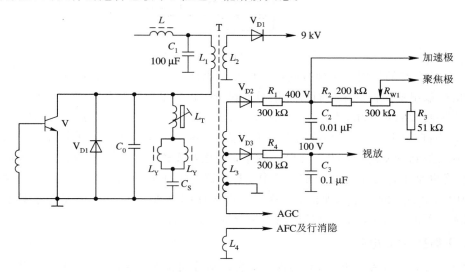

图 7-24　行输出级电路

L_1 是行逆程变压器的初级，要求它的电感 $L_1 \gg L_Y$，这样在它接入后，将对原电路的
性能影响小。

图 7-24 中，L_T、L_Y、C_S 是行偏转的通路。L_T 是行线性校正线圈，L_Y 是行偏转线圈。
C_S 的作用有三个：一是 S 形校正；二是隔直流；三是在锯齿波电流形成过程中代替电源
U_{CC}。这是由于在电源接通后，U_{CC} 通过 L_T、L_Y 对它充电，极性是上正下负，这个电压很快
上升到电源电压，即 $U_{C_S} \approx U_{CC}$，而它的容量较大，在行输出级正常工作时它的电压变化
不大。

大屏幕黑白电视机阳极高压在 15 kV 以上，彩色电视机则在 20 kV 以上。要产生这样
高的电压，除增加高压包的圈数外，还需采用倍压整流，但这样一来会使结构庞大、绝缘

困难、热可性变差。如前所述，20世纪70年代后期生产了一种多级一次升压一体化逆程变压器。这种变压器是把高压线圈分成若干段(如分成三段)，每段和用玻璃沉积在PN结上构成的耐高温的高压整流二极管相串联，然后把这些元件和线圈总装在一起，用环氧树脂封罐成形。这样的行逆程变压器与用外电路多次倍压整流的相比，其重量减小70%，体积缩小80%，性能也显著提高，故在大屏幕黑白机和彩电中都得到了广泛的应用。

7.3.5 行扫描自动频率控制(AFC)电路

行扫描自动频率控制电路简称行AFC电路，是由鉴相器、低通滤波器和RC积分电路组成的，其组成方框图如图7-25所示。

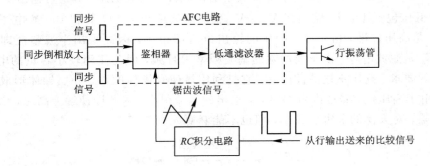

图7-25　AFC电路方框图

行AFC电路的作用是实现行同步。其工作原理是：把接收到的行同步信号送到鉴相器，与由行输出变压器送来的行脉冲信号通过RC积分电路形成锯齿波，在鉴相器中进行比较。如果两者同频同相，则鉴相器输出无误差电压，不改变行振荡器原来的工作状态；如果两者不同频同相，则鉴相器输出或正或负的误差电压，经低通滤波器变为平滑的直流误差电压，加到行振荡管，改变其振荡频率，使之与发送端电子束扫描同步。集成电路行AFC电路也是由这三部分组成的，其中，鉴相器的工作原理同中频放大级自动频率控制(AFC)中的鉴相器的工作原理相似，这里不再作详细分析。行AFC电路有平衡型和不平衡型两种，下面以分立元件AFC电路为例分别加以介绍。

1. 平衡型AFC电路

图7-26所示是平衡型AFC电路图。它包括分相管V、鉴相器、行脉冲锯齿波形成电路、低通滤波器等部分。

(1) 分相管V：静态时截止，当电视机接收到信号时，经同步分离级传来正同步脉冲使它导通，由发射级输出正脉冲，集电极输出负脉冲。调整R_e与R_c，可使两者的幅度相等。

(2) 鉴相器由V_{D1}、V_{D2}、R_1、R_2、C_1、C_2组成，要求$R_1 = R_2$，$C_1 = C_2$，V_{D1}与V_{D2}的特性相同。实质上，它是两组检波器，V_{D1}、V_{D2}为检波管，R_1C_1与R_2C_2分别是它们的负载。

(3) 行脉冲锯齿波形成电路：由行逆程变压器反馈回来一个行逆程脉冲，为了便于比较，让这个矩形脉冲通过RC积分电路，形成锯齿波。形成锯齿波的过程，可以正逆程脉冲为例来加以说明：当正行的逆程脉冲来到时(t_1时刻)，正脉冲等效于一个正电源，它对C充电，u_C按指数规律上升，行逆程脉冲结束时(t_2时刻)，u_C的电压上升到一个数值。行逆

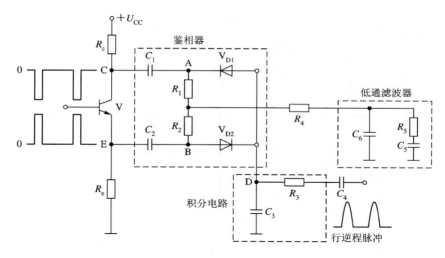

图 7 - 26　平衡型 AFC 电路图

程脉冲结束后，行扫描进入正程（$t_2 \sim t_3$），C 经 R 和逆程变压器次级线圈等放电，放电也是按指数规律下降。由于充、放电的时间常数都较大，因此在 C 上就形成了一个锯齿波电压，如图 7 - 27(a)所示。这个锯齿波电压在扫描正程是逐渐降低的，称为负向锯齿波。同理，如果比较信号是取负向的行逆程脉冲，则经 RC 积分后，形成正向锯齿波，如图 7 - 27(b)所示。取什么极性的行脉冲作比较信号，取决于行振荡管的类型。

　　（4）低通滤波器：由 C_6、R_5、C_5 组成，其主要作用是滤除鉴相器输出误差电压的交流成分，使输出的控制电压较为平滑。滤波电路是由 RC 组成的。

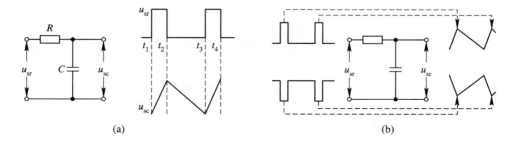

图 7 - 27　行锯齿波的形成

（a）行锯齿波比较信号的形成；（b）两种行锯齿波比较信号的形成

　　图 7 - 26 所示电路中的低通滤波器的交流等效电路如图 7 - 28 所示。下面分析它的工作原理。

　　（1）当未输入比较信号时，鉴相器只受同步脉冲作用。正同步脉冲使 V_{D2} 导通，其检波电流 i_2 经 $C_2 \rightarrow V_{D2} \rightarrow A \rightarrow$ 比较信号形成网络 $\rightarrow$ 地，对 C_2 充电；负同步脉冲使 V_{D1} 导通，其检波电流 i_1 经比较信号形成网络 $\rightarrow A \rightarrow V_{D1} \rightarrow C_1 \rightarrow$ 地，对 C_1 充电，极性与 C_2 的相反。由于电路是对称的，因此 $i_1 = i_2$，$U_{C_1} = U_{C_2}$。同步信号过后，V_{D1}、V_{D2} 截止，C_1 经 $R_1 \rightarrow C_5$ 放电，在 C_5 上形成的电压为上正下负；C_2 经地 $\rightarrow C_5 \rightarrow R_2$ 放电，在 C_5 上形成的电压为上负下正。由于 $|U_{C_1}| = |U_{C_2}|$，其放电电流 $i_3 = i_4$，因此在 C_5 上形成的电压大小相等、方向相反。此时鉴相器无电压输出，对行振荡无影响。

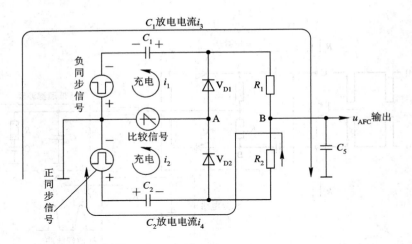

图 7-28 鉴相器的工作原理

（2）当有比较信号输入时，分三种情况，如图 7-29 所示。

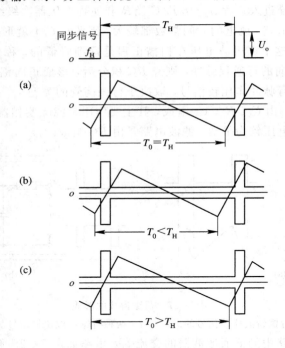

图 7-29 AFC 电路的工作情况

（a）当 $f_0=f_H$ 时，$i_1=i_2$，$i_3=i_4$，$u_{AFC}=0$；（b）当 $f_0>f_H$ 时，$i_1>i_2$，$i_3>i_4$，$u_{AFC}>0$

（c）当 $f_0<f_H$ 时，$i_1<i_2$，$i_3<i_4$，$u_{AFC}<0$

① 行振荡频率 f_0 与同步信号 f_H 同步，即 $T_0=T_H$，如图 7-29（a）所示。行同步信号到来的时刻恰在锯齿波比较信号的逆程中点，即在零电平时出现，此时加入的比较信号不影响同步信号在鉴相器中的检波过程，相当于没有比较信号输入，此时 $u_{AFC}=0$。

② $f_0>f_H$，即本振周期 $T_0<T_H$，如图 7-29（b）所示。当行同步信号到来时，不是出现在锯齿波比较信号的逆程中点，而是出现在它的后半段，即电平为正时。这个正的比较

电压对 V_{D1} 是正偏的，对 V_{D2} 是反偏的。它与原来的正、负同步脉冲相叠加，使 V_{D1} 导通时对 C_1 的充电电流 i_1 增加，而使 V_{D2} 导通时对 C_2 的充电电流 i_2 减小，所以 $|U_{C_1}|>|U_{C_2}|$。行同步脉冲过去后，C_1 的放电电流 i_3 就大于 C_2 的放电电流 i_4，在 C_5 上形成的电压将是上正下负的，即输出的 u_{AFC} 为正。

　　③ $f_0<f_H$，即本振周期 $T_0>T_H$，如图 7 - 29(c)所示。当行同步信号到来时，出现在锯齿波比较信号逆程的前半段，即负电平处。这个负的比较电压对 V_{D1} 是反偏的，对 V_{D2} 是正偏的。它与同步信号相叠加，将使 V_{D1} 对 C_1 的充电电流减小，而使 V_{D2} 对 C_2 的充电电流 i_2 增加，这样，$|U_{C_1}|<|U_{C_2}|$。行同步脉冲过去后，C_2 的放电电流 i_4 就大于 C_1 的放电电流 i_3，在 C_5 上将输出负的 u_{AFC}。

　　综上所述，当 $f_0=f_H$ 时，$u_{AFC}=0$；当 $f_0>f_H$ 时，$u_{AFC}>0$，为正值；当 $f_0<f_H$ 时，$u_{AFC}<0$，为负值。u_{AFC} 随 f_0 的变化曲线如图 7 - 30(a)所示。

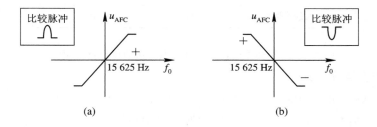

图 7 - 30　鉴相器的输出特性

　　我们知道，振荡管基极电压的变化，可改变其振荡频率。如果振荡管为 NPN 型，则当 u_b 上升时 f_0 升高，u_b 降低时 f_0 降低；如果为 PNP 型则相反，即 u_b 上升时 f_0 降低，u_b 降低时 f_0 上升。上述的 AFC 电路，如果被控的振荡管是 PNP 型的，则完全可由它输出的 u_{AFC} 去自动控制行振荡管的振荡频率，使之实现同步。

　　如果被控的振荡管是 NPN 型的，则必须取负的行逆程脉冲作比较信号，这个负脉冲经 RC 积分电路后形成正向锯齿波。这样，当行振频率 $f_0>f_H$ 时，行同步信号在逆程锯齿波的后半段，即负电平时出现，此时 u_{AFC} 为负值；当 $f_0<f_H$ 时，行同步信号在逆程锯齿波的前段出现，此时 u_{AFC} 为正值。u_{AFC} 与频率的曲线如图 7 - 30(b)所示。用具有这样特性的 u_{AFC} 去控制 NPN 型振荡管就可自动实现同步。

　　由上述鉴相器的工作过程可见，要使鉴相器正常工作，就必须满足以下条件：

　　(1) 分相管类型的选择与检波二极管 V_{D1}、V_{D2} 的接法都必须以在行同步信号到来时导通为准则，否则电路不工作。

　　(2) 行同步脉冲与比较锯齿波同时输入，两者缺一，鉴相器都无输出。

　　(3) 用来产生锯齿波比较信号的行逆程脉冲电压取正或负，取决于被控振荡管的类型。PNP 型管应取正行逆程脉冲作比较信号，NPN 型则取负行逆程脉冲作比较信号，即要求鉴相器的输出特性与振荡器的压控特性相配合，见图 7 - 31。

　　(4) AFC 电路能实现同步的行频范围是有限的。由图 7 - 29 可见，若同步信号在比较信号的逆程锯齿波之外就无法实现自动同步。实现同步的范围实际上只有几百赫兹。相对于 15 625 Hz 来说，这个差值是小的。

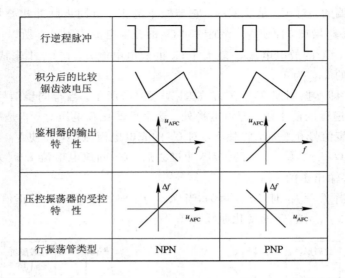

行逆程脉冲		
积分后的比较锯齿波电压		
鉴相器的输出特性	u_{AFC} / f	u_{AFC} / f
压控振荡器的受控特性	Δf / u_{AFC}	Δf / u_{AFC}
行振荡管类型	NPN	PNP

图 7-31 鉴相器的输出特性与振荡器的压控特性相配合

2. 不平衡型 AFC 电路

不平衡型 AFC 电路如图 7-32 所示。它与平衡型鉴相器比较,少了一个倒相三极管,输入的同步脉冲信号不用倒相,故也称为单脉冲型 AFC 电路。这种电路的结构简单,灵敏度高,但输出阻抗高,输出功率低。

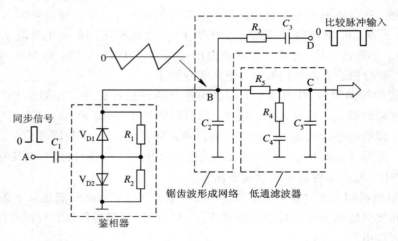

图 7-32 单脉冲型 AFC 电路

下面分析单脉冲型 AFC 电路的工作原理:

(1)只输入行同步信号时:正脉冲分成两条通路,一条由 V_{D2} 到地;另一条由 $V_{D1} \to C_2$ →地。由于 C_2 对同步脉冲来说近似接地,且 V_{D1} 与 V_{D2} 的特性相同,故同步脉冲加在 V_{D1}、V_{D2} 上的电压相等,B 点无电压输出。

(2)只输入行锯齿波比较脉冲时:从行逆程变压器反馈一负脉冲信号,经 $R_3 C_3$ 形成正向锯齿波。由于 C_3 隔直流,因此形成了对地来说是对称的正向锯齿波。这个锯齿波的正电压对 C_2 充了上正下负的电压,而负电压对 C_2 充了下正上负的电压,因此在一个周期内,

C_2 上充的正、负电压是相等的，故平均电压是零，B 点无电压输出。

（3）行同步与行锯齿波比较信号同时输入时。

① $f_0 = f_H$ 时：行同步脉冲恰好出现在锯齿波逆程时间的中间，如图 7 - 33(a)所示。此时，行同步信号使 V_{D1}、V_{D2} 导通，其动态电阻较小，将锯齿波 C_2 的充电电流旁路，C_2 不充电。在同步信号作用的时间内，C_2 少充的正电和负电电量相等，故 B 点的平均电压仍为零。

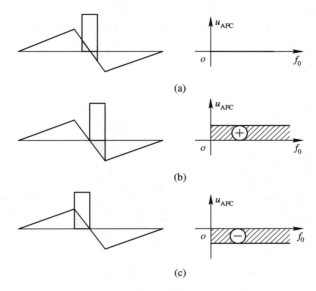

图 7 - 33　单脉冲型 AFC 电路的工作原理

(a) $f_0 = f_H$；(b) $f_0 > f_H$；(c) $f_0 < f_H$

② $f_0 > f_H$ 时：由于行振荡的周期短于同步信号的周期，因此行同步信号出现在锯齿波逆程的后半段，即负电平时，如图 7 - 33(b)所示。这时锯齿波对 C_2 充的负电被 V_{D1}、V_{D2} 旁路，在一个周期内，C_2 的负压小于正压，因而 B 点有正压输出，两者的相位差越大，输出的正压越大。

③ $f_0 < f_H$ 时：由于行振荡的周期大于同步信号的周期，因此行同步信号出现在锯齿波逆程的前半段，即正电平时，如图 7 - 33(c)所示。这时锯齿波对 C_2 充的正电被 V_{D1}、V_{D2} 旁路，在一个周期内，C_2 的正压小于负压，因而 B 点有负压输出，两者的相位差越大，输出的负压就越大。

不平衡鉴相器的输出特性如图 7 - 30(a)所示。如果受控的振荡管是 PNP 型的，则在一定的范围内可自动改变行振荡的频率，使之实现同步。

3. AFC 电路的主要性能指标

AFC 电路的性能指标主要有行同步保持范围、行同步捕捉范围和抗干扰能力。

1）行同步保持范围

行同步保持范围是指使电视机能维持同步状态的行频可调节的范围。当电视机的行频为 15 625 Hz 时，它使接收电视台处于同步状态，屏幕出现的图像位置准确、图像稳定。这时将行频缓慢地调高，由于电视机的周期 $T_0 < T_H$，电视台上一行的行消隐信号的一部分将出现在电视机的下一行扫描正程的前半段，屏幕左边出现由行消隐形成的黑带，屏幕图

像将向右移，如图 7-34(b)所示。当频率升高到某一数值后，图像不能再保持稳定，而是出现黑白相间的向右下倾斜的直线条纹，这个频率称为行保持的最高频率 f_H，设 $f_H = $ 15 875 Hz。同样，若将行频缓慢调低，则当行频低于 15 625 Hz 时，图像将向左移，且右端出现垂直消隐黑带，如图 7-34(c)所示。当频率低于某个数值后，将不能同步，这个频率称之为行同步保持的最低频率 f_L，设 $f_L = $ 15 375 Hz。$f_H - f_L = 500$ Hz，这是行同步的保持范围。行同步的保持范围与鉴相器的鉴相灵敏度有关。提高输入的同步信号和锯齿波比较信号的幅度，选择正向电阻小、反向电阻大且特性对称的检波二极管，适当增大 R_1、R_2，都可提高鉴相器的灵敏度，即可增大行同步的保持范围。

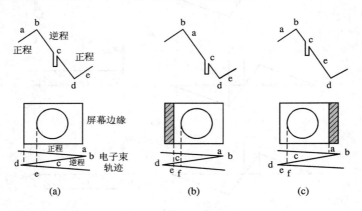

图 7-34 调节行频时图像中心位置的移动

(a) $f_0 = f_H$；(b) $f_0 > f_H$；(c) $f_0 < f_H$

2) 行同步捕捉范围

行同步捕捉范围又称行同步引入范围，是指电视机在鉴相器引入同步信号后，由不同步状态能自动回到同步状态的行频偏移的极限范围，设这个极限范围最高 $f_h = 15\ 725$ Hz，最低为 $f_l = 15\ 525$ Hz，则行同步捕捉范围为 $f_h - f_l = 200$ Hz，一般要求在 $\pm 200 \sim \pm 300$ Hz 之间。显然，行同步的捕捉范围小于保持范围，如图 7-35 所示。

行同步捕捉范围和行同步保持范围是两个不同的概念，但又有密切的联系。行同步捕捉范围是表示在不同步状态下，电视机能自动同步的行频偏移的最大范围；行同步保

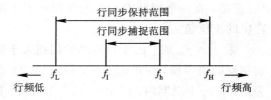

图 7-35 行同步保持范围与捕捉范围

持范围是表示在同步状态下，电视机在同步信号的作用下，图像尚能保持同步的行频偏移的最大范围。在调试电视机时，行频调节在同步捕捉范围内，一接收到电视信号图像就稳定。接收到图像后把行频调节到 $f_h \sim f_H$ 或 $f_L \sim f_l$ 之间，图像仍可保持稳定，但关机后再开机或转换一个频道，图像就无法实现同步了，这是由于行频已超出了捕捉范围。但行保持范围与捕捉范围又有密切的联系，保持范围宽的捕捉范围也宽。捕捉范围的宽窄还与低通滤波器的特性有关。

3) 抗干扰性能

抗干扰性能指抑制外界干扰脉冲的能力。这主要是由低通滤波器的特性决定的，低通

滤波器的 RC 时间常数越大，抗干扰的能力越强，这是由于 RC 滤波器中电容 C 的电压是不能突变的，只有脉冲宽度较大或脉冲宽度虽窄但是有连续的脉冲电压对它充电，才能"积累"一定电压，短暂的脉冲是不产生影响的。RC 时间常数越大，这个特性越明显。但是，如果 RC 的时间常数太大，则鉴相器输出的误差电压对电容 C 的充电显得缓慢，会失去压控作用，特别是对频率较高的误差电压，将使捕捉范围变窄。

反之，RC 如选择得过小，虽然捕捉范围可扩展，但干扰脉冲易于进入振荡级，破坏同步的稳定性。一般采用双时间常数滤波器（如图 7 - 36(a)所示）来解决这个矛盾。这个滤波器对不同范围的频率传输特性不同，其幅频特性如图 7 - 36(b)所示。

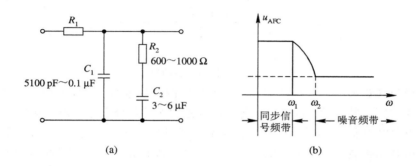

图 7 - 36　双时间常数滤波器

（a）电路；（b）传输特性

7.4　场　扫　描　电　路

7.4.1　场扫描电路的组成与作用

场扫描电路的作用与行扫描电路的作用相似。

（1）供给场偏转线圈以线性良好、幅度足够的锯齿波电流，使显像管中的电子束在垂直方向作匀速扫描。这个电流与电视台发出的场同步信号同步，它的频率为 50 Hz，周期为 20 ms，其中正程时间 19 ms，逆程时间 1 ms，如图 7 - 37 所示。与行锯齿波电流相比，其扫描正程的线性要求一样，但幅度较小，频率较低，正程与逆程时间也不一样。

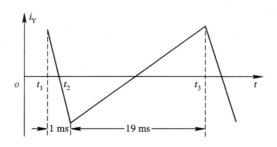

图 7 - 37　场锯齿波电流

（2）提供场消隐信号给显像管，以消除逆程时电子束回扫时产生的回扫线。

（3）场扫描电路工作要稳定，在一定的范围内不受温度和电源电压变化的影响。与行扫描电路相似，场扫描电路包含场振荡、场激励和场输出三大部分，如图 7 - 38 所示。

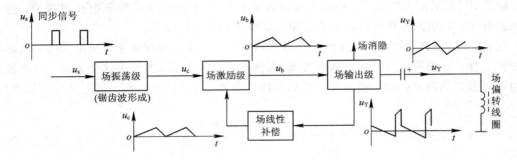

图 7 - 38　场扫描电路的组成

场振荡级包含矩形脉冲波振荡器和锯齿波形成两部分电路。振荡器产生一个脉宽和周期符合场扫描的矩形脉冲波，这个矩形脉冲波应通过 RC 积分电路后形成场锯齿波。

场激励级主要用来对锯齿波进行放大，它位于振荡级与输出级之间，起缓冲隔离作用。

场输出级是锯齿波的功率放大级，它给场偏转线圈提供线性良好、幅度足够的锯齿波电流，为保证场扫描线性良好，应在场输出级和锯齿波形成之间引入线性补偿电路。

由此可见，场扫描电路的组成虽然和行扫描相似，但锯齿波在场扫描电路的振荡级就形成了，而场激励级和场输出级主要是对它进行放大，因此只有场振荡级工作在开关状态，激励级和输出级均工作在放大状态。

此外，由于场同步信号脉冲较宽、频率较低、不易受到短暂脉冲的干扰，因此它可以经积分后直接送入场振荡级进行同步，不用鉴相器，免去了 AFC 电路。

7.4.2　场振荡级与场激励级

1. 锯齿波的形成

场锯齿波的形成比较简单，只要给 RC 积分电路定时地连续充电和放电，就能在积分电路的电容 C 两端产生锯齿波，如图 7 - 39 所示。

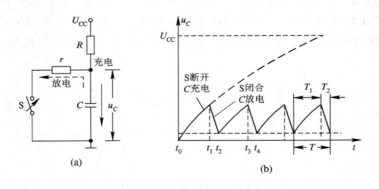

图 7 - 39　锯齿波电压形成原理

（a）锯齿波形成电路；（b）输出电压波形

当开关 S 断开时，电源经 R 给 C 充电，u_C 按指数规律上升；当开关 S 闭合时，电容 C 通过小电阻 r 放电。如果 C 充电的时间比放电时间长，则在 C 上就形成了锯齿波。实际上，这个定时开关是由场振荡器来完成的。振荡器产生的矩形脉冲波如图 7-40 所示。

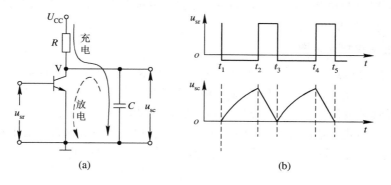

图 7-40　锯齿波电压的形成

（a）电路；（b）波形

在 $t_1 \sim t_2$ 期间，脉冲波为负压，V 截止，U_{CC} 经 R 向 C 充电，u_C 按指数规律上升。$t_2 \sim t_3$ 期间，矩形正脉冲电压来到时，V 饱和，C 经 V 放电，由于饱和时 V 的内阻很少，因此放电速度大于充电速度，所以在 C 两端输出锯齿波电压。

2. 间歇振荡器

现代的集成电路电视机场扫描电路中普遍采用集成电路多谐振荡器产生 50 Hz 的场频脉冲信号，在这里我们主要从原理角度介绍由分立元件组成的场振荡器。分立元件场振荡器多采用间歇振荡器，如图 7-41 所示。它包括场振荡管，脉冲变压器，基极偏置电阻 R_{b1}、R_{b2}、R_w，基极电容 C_b，保护二极管 V_D 和发射级电阻 R_e，电容 C_e。其中，R_e、C_e 也是锯齿波形成电路，R_w 是场频电位器。由于工作频率较低，脉冲变压器铁芯可采用坡莫合金或高硅钢片组

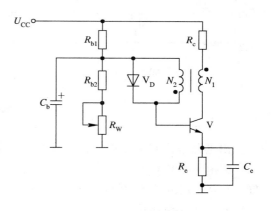

图 7-41　间歇振荡器

成。N_1 与 N_2 为初、次级线圈匝数，其匝数比在 1∶2 或 1∶3 之间。图 7-41 中，变压器线圈的黑点为初、次级的同名端。

间歇振荡器产生矩形脉冲电压的过程与行扫描电路中电感三点式间歇振荡器原理相似，一个振荡周期分为脉冲前沿、平顶阶段、脉冲后沿和间歇阶段。由于变压器耦合形成正反馈，前沿与后沿的时间很短，因此可以忽略；在场扫描电路中，平顶阶段是场扫描的逆程时间，约为 1 ms，间歇阶段是场扫描的正程时间，约为 19 ms，因此场振荡的周期基本上取决于间歇时间。

决定场振荡周期的因素有：

（1）基极电路 R_b、C_b 的时间常数。间歇时间基本上是由 R_b、C_b 的放电快慢来决定的，R_b、C_b 越小，间歇时间越短，故 R_b、C_b 又称为振荡电路的定时元件。

（2）基极的偏置电压 U_b。对 NPN 型振荡管而言，U_b 越高，间歇阶段越短。

（3）脉冲变压器的次级和初级变比。变比越大，间歇阶段越长。

上述三个因素前两个影响较大，故 R_b 一般都串联一个电位器 R_w，调节 R_w，可改变时间常数和 U_b，即改变振荡电路的振荡频率，使其与电视台发出的场同步信号同步，故此电位器 R_w 也称为场同步电位器。

3. 锯齿波电压形成电路

图 7-41 所示电路的简化电路如图 7-42(a)所示；锯齿波电压形成的等效电路如图 7-42(b)所示。$t_1 \sim t_2$ 期间，V 饱和导通，相当于开关 S 闭合，如图 7-42(c)所示，电源对 C_e 充电，形成锯齿波的上升沿，这是场扫描的逆程阶段；$t_2 \sim t_3$ 期间，V 截止，相当于开关 S 断开，C_e 向 R_e 放电，形成锯齿波的下降沿，这是场扫描的正程阶段。由于在场扫描的正程阶段，其锯齿波电压是下降的，因此形成的锯齿波为负向锯齿波。

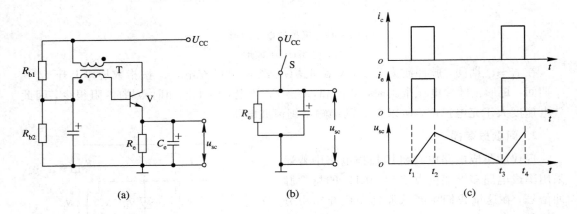

图 7-42 锯齿波电压形成电路
(a) 简化电路；(b) 等效电路；(c) 波形

由电路理论有关知识知：电容充电电压是按指数规律增长的，仅在开始阶段是线性的。在相同的时间内，RC 越大，形成电压的线性越好，但幅度大。为保证锯齿波的线性较好，又有一定的幅度，RC 一般取 30～50 ms。

4. 场振荡的同步

由于场频较低，场同步脉冲宽度较大，不易受到短暂信号的干扰，因此可用行场同步分离后的场同步信号直接控制场振荡电路，具体电路如图 7-43 所示。

图 7-43 所示是在场间歇振荡变压器上多加了一个绕组 L_3，将场同步信号经变压器耦合到振荡管 V 的基极。V_{D2} 是单向导通二极管，只允许场同步脉冲进入，而对场振荡器信号则处于反向截止状态，可防止场振荡信号窜扰到同步分

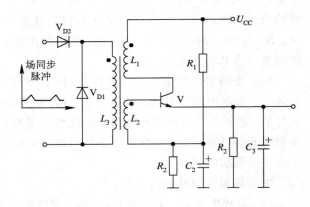

图 7-43 场同步的引入

离级，影响工作的稳定性。V_{D1}是阻尼二极管，保护分离管不致被振荡管截止瞬间产生的高压击穿。

实现场同步的原理是将经积分后的场同步信号加到振荡管基极，让振荡管基极电压提前到达导通电平，从而提前结束间歇期，达到控制场振荡频率的目的。

实现场同步的条件如下：

（1）输入的场同步信号的极性要与振荡管类型相匹配。NPN 型振荡管要输入正极性的场同步脉冲，PNP 型振荡管要输入负极性的场同步脉冲。

（2）场振荡管的周期 T_0 要大于场同步信号的周期 T_z。如果场振荡周期短于场同步周期，则在场同步信号尚未到来时，振荡管已结束了间歇阶段，场同步信号不能改变其振荡状态，这时画面将不断向下滚动，只有人工调节场同步电位器以降低振荡频率，才能实现场同步信号同步。

（3）场同步信号的幅度要足够大。如幅度过小，则不能实现同步。

5. 场激励级

场激励级的作用是把锯齿波适当放大，以满足场输出级对输入信号幅度的要求。同时，推动级还起着一个中间隔离的作用（缓冲作用）。如果把锯齿波形成电路直接与输出级相接，则由于输出级的输入电阻不高，它将使锯齿波形成级的放电时间常数缩短，影响锯齿波波形。对振荡级来说，如果它直接向输出级供给信号，则它的振荡易受输出端的影响造成振荡不稳定。因此，通常用一级推动级插在振荡级和输出级中间。推动级的原理与普通的低频甲类放大器相同，这里不作详细介绍。

7.4.3　场输出级

场输出级的作用是向场偏转线圈提供线性良好、幅度足够的锯齿波电流。电流的幅度由偏转线圈要求决定，通常在零点几安培（30 cm/12 英寸）至几安培（59 cm/22 英寸）之间。它的输入来自场推动级，也是锯齿波。场输出级是一个低频功率放大器，它的电流、电压幅度都比较大。14 英寸以下小屏幕的电视机多采用扼流圈耦合的甲类放大电路，大屏幕电视机则采用 OTL 放大电路（无输出变压器的电路）。

1. 扼流圈耦合场输出电路

扼流圈耦合场输出电路的组成如图 7-44(a)所示，这是一个甲类功率放大器，负载是由电感 L_Y 和电阻 R_Y 组成的场偏转线圈，L_Y、R_Y 的数值都较小，且 $R_Y \gg X_L = 2\pi f L_Y$（L_Y 的等效阻抗），故在场扫描正程可以将它看成是一个低阻值的纯电阻负载。场输出管 V 一般都应用大功率管，接成共射极电路形式，其输出阻抗也较低。因此，从阻抗匹配的角度来看可以直接耦合，但这样会使偏转线圈有较大的直流通过，使损耗增大并产生附加偏转磁场。这是不允许的，故通常采用扼流圈耦合。

扼流圈 L_0 是一个低频阻流圈，它的结构和低频变压器类似：铁芯是山字形，但线圈只有一个绕组，这个绕阻的电感 L_0 要求较大，即 $L_0 \gg L_Y$，这样，通入 50 Hz 的锯齿波电流时，其阻抗 $2\pi f L_0$ 就远大于偏转线圈的阻抗 $2\pi f L_Y$，它对锯齿电流的分流就小。但是电源的直流电流要通过它供给输出管，为减少损耗，应要求它的直流电阻 R_0 尽可能地小。

为了隔断直流，在输出管的集电极和偏转线圈 L_Y 之间还接了一个耦合电容 C_1，它的

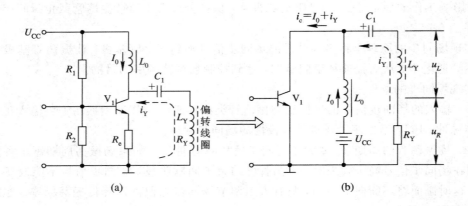

图 7 - 44　扼流圈耦合场输出电路

(a) 实际电路；(b) 等效电路

容量都取得很大。一般为 $500\sim2200~\mu F$，使它对 50 Hz 的锯齿波电流的阻抗很低。这个电容具有 S 形校正作用。

　　由上述分析可见，这种电路的实质是扼流圈馈电和电容耦合，扼流圈耦合只是习惯叫法而已。

　　图 7 - 44(b)所示是图 7 - 44(a)的等效电路，L_0 提供了直流 I_0 的通路，由于 $L_0 \gg L_Y$，因此流经偏转线圈的 i_Y 在 L_0 上的分流 I_0 可忽略不计。流入晶体管的电流 $i_c = I_0 + i_Y$。

　　扼流圈耦合电路使用元件少，结构简单，调试方便，这是它的优点。但是输出管处于甲类放大状态，静态电流很大，故效率很低，而且扼流圈制造工艺复杂，体积大，故大屏幕电视机大都采用无输出变压器的推挽功率放大电路，即 OTL 电路作输出级。

2. OTL 场输出电路

　　在大屏幕电视机场输出电路中应用较多的是互补型 OTL 电路，这种 OTL 场输出电路和音频 OTL 电路的结构原理完全一样。图 7 - 45 所示是一种典型的 OTL 电路。

　　在图 7 - 45 所示的电路中，V_1、V_2 是一对互补对称管，工作于甲乙类状态，偏置电压由 i_{c3} 流经 R_3、V_{D1}、V_{D2} 时的压降提供，静态时 $U_b = U_{CC}/2$。C_2 为自举电容，使 G 点和 E 点的电位跟随 B 点变化，以增大 V_1

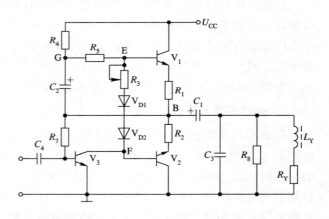

图 7 - 45　互补型 OTL 场输出电路

的动态范围，防止大信号输入时产生非线性失真。C_3 用来旁路可能窜入的行脉冲信号，并与 R_8 一起消除可能产生的高频振荡。

　　由于 OTL 两管是工作在甲乙类推挽工作状态，静态电流小，因此效率高。它可以不用扼流圈，使体积和成本都下降。逆程产生的感应电压相比于行输出级较低，一般只有 $1.5U_{CC}$ 左右，管子的 $U_{(br)ceo}$ 可小些，故得到广泛的应用。与普通的音频功率放大的 OTL 电路相比，场扫描 OTL 电路中对输出管 V₁、V₂ 的耐压要求还要高得多，所以作为场 OTL 输出级中用的晶体管都是大功率的低频放大管。它们的线性和两管对称性也要考虑。通常都加一些反馈电路，以改善扫描电流的波形，并降低对 V₁、V₂ 管在这方面的要求。

场扫描也可能产生非线性失真，其产生原因大致有以下几种：

（1）RC 电路形成锯齿波时产生失真。

（2）场输出管非线性引起的失真。

（3）扼流线圈的分流引起的失真。

（4）耦合电容引起的失真。

对于场扫描电路的非线性失真，通常可以采用积分电路和负反馈电路来进行补偿。

7.5　电视机典型行、场扫描集成电路分析

7.5.1　TA7698AP 介绍

本节以夏普 NC—2T 机芯的行、场扫描集成电路为例，具体分析行、场扫描集成电路的工作原理。

1. TA7698AP 的基本功能

夏普 NC—2T 机芯中采用大规模线性集成电路 TA7698AP（D7698）作为亮度、色度通道和行场小信号扫描电路。集成电路 TA7698AP 内部集成了视频信号处理、色度信号处理和行场扫描电路。它具有 TA7193AP 和 TA7609AP 的全部功能，并增加了亮度信号处理电路。另外，色度信号处理的功能也扩充了，可适用于 NTSC 和 PAL 两种制式。其方框图如图 7-46 所示。

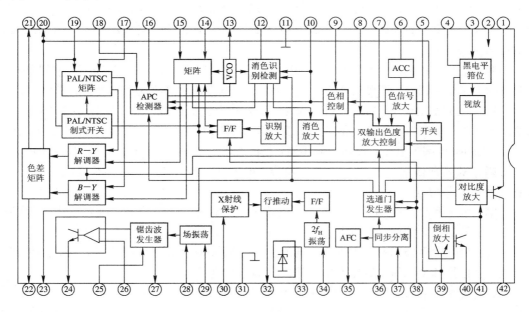

图 7-46　TA7698AP 电路方框图

各部分电路包括如下：

(1) 视频信号处理电路：包括倒相放大器、对比度控制放大器、直流电平控制、亮度控制电路和视频信号放大电路。

(2) 色度信号处理电路：包括具有 AGC 特性的带通放大器、色度相位控制电路(用于 NTSC 制)、对比度色度调节电路、色副载波压控振荡器(VCO)、APC 电路、消色电路、识别电路、PAL 开关电路、PAL/NTSC 制式开关电路(用于切换解调相位、振幅、PAL 矩阵增益、色调控制触发器)、PAL/NTSC 色度矩阵、色解调电路、$G—Y$ 色差矩阵电路等。

(3) 行、场扫描及同步分离电路：包括同步分离电路、色同步选通门发生器、二倍行频振荡器、分频电路、稳压电路、行预推动电路、场同步输入电路、场振荡电路、锯齿波发生器、场预推动电路等。

TA7698AP 同系列的产品有 TA7698P、TA7699AP、TA7699P 等。

在 TA7698AP 电路的内部，为了防止各个电路间的相互干扰，电源线和接地线分别使用了两组。8 V 电源由 IC801 的㉝脚输入，主要提供给 AFC 电路、行振荡电路及行推动电路。在 IC801 内部含有稳压电路，对于负载变化能自动调节。IC801 的电源在开启电源瞬间，有 115 V 电压通路，得到 IC801 的㉝脚电源电压，在行扫描工作时，就用来自回扫脉冲经整流后供电。另一组 12 V 电源由 IC801 的②脚输入，提供给同步分离电路、场扫描、视频信号处理电路和色度解码电路。为了防止电路接地线间的干扰，在 IC801 内部有各自独立的地线，分成两组后再引出。IC801 的⑪脚是视频信号处理电路和色度解码电路的地线；IC801 的㉛脚是同步分离电路和扫描电路的地线。

2. TA7698AP 各引出脚的功能及作用

①脚：对比度放大器外接电流负反馈电阻，改变其阻值可调节视频放大增益，该脚接入高频补偿电路可控制图像质量。

②脚：电源 U_{CC1} 端。视频放大，同步分离，场扫描电路均用此端作为电源，$U_{CC1}=12$ V。

③脚：黑色电平箝位输入端。接到视频亮度延迟线延迟后的交流耦合端，内部放大器的增益为 12.6 dB。

④脚：亮度控制端。外接亮度控制电路，可以控制－Y 信号输出的直流电平，此外用电阻与黑色电平箝位端相接，将视频分量重叠上去，改变电阻值就能改变直流再生的变化率。

⑤脚：色度通道第一带通放大器输入端。放大器中包含自动饱和度控制(ACC)电路，利用色同步脉冲门电路取出色同步信号的幅度，用来控制色度放大器增益，使色度信号输出保持恒定。另外，该端与色度滤波器线圈相接，其标准输入电平为 120 mV 的色同步脉冲。

⑥脚：ACC 滤波端。外接 ACC 检波电容，检出电压值与色同步脉冲幅度成正比，用以控制色度放大器增益。

⑦脚：色饱和度控制端，同时又是消色输出。该端子电压上升时，则色度信号振幅较大；当电压低到一定值时，消色器就工作了。

⑧脚：色度信号输出端。用色同步选通去掉色同步信号取得色度信号，然后经色度放大器放大、色饱和度控制、对比度单钮控制后输出色度信号。

⑨脚：色相控制端。用于 NTSC 制，用来控制色同步脉冲的相位。

⑩脚：色同步脉冲控制端。接入净化色同步脉冲的滤波器(即色同步脉冲的并联谐振电路)后会使色度信号与色同步信号产生一定相移，因此该电路可消除色同步脉冲以外的信号。

⑪脚：接地端之一。为视频放大器和色度通道的地线，需与 U_{CC1} 间接上退耦电路。

⑫脚：消色识别滤波端。消色信号用于 PAL 解码时，在行逆程脉冲的驱动下使双稳态电路正确翻转产生识别信号电平，可通过测量⑫脚外接滤波电容上的电压进行鉴别。在接收黑白电视信号时，⑫脚电压为 8 V，消色器工作强迫色度通道停止工作。接收彩色信号时，该脚电压升到 8.9 V 左右，消色器停止工作，色度通道恢复工作。在接收 PAL 制色度信号时，检测到的色同步信号相位若与双稳态电路相位不一致，则⑫脚电压下降。

⑬脚：副载波振荡驱动端。外接 4.43 MHz 副载波振荡电路。

⑭脚：副载波振荡器－45°输入端。

⑮脚：副载波振荡器 0°输入端。端子⑬与⑮脚之间接上晶振器，端子⑭脚和⑮脚之间接上 45°移相电路，从而构成副载波振荡器。假如⑭脚和⑮脚输入正确，则合成了色差信号解调用的基准副载波及鉴相器（APC）检测电路，消色/识别检测电路的基准矢量。

⑯、⑱脚：APC 滤波端。外接鉴相器低通滤波电路，用来滤除 APC 输出电压中的交流分量，使之变成直流电压去控制副载波振荡器的频率和相位，使之与发送端被抑制的副载波同频同相。

⑰脚：直通信号输入端。由⑧脚输出的色度信号经电平衰减后作为直通信号输入，（输入电平为 $0.25U_{pp}$）PAL 制时与延迟输入信号合起来使用。因为 PAL 矩阵电路在集成块内部完成，这样可以抑制延迟信号与直通信号之间的干扰。另外，用于 NTSC 制时只有该脚直通信号的输入，不需要延迟信号，内部电路增益需发生变化最终使输出维持不变。

⑲脚：延迟信号输入端，兼 PAL/NTSC 制式切换开关。用于 PAL 制时可将⑧脚输出的色度信号经一行延迟后送入该端子，输入电平为 $0.25U_{pp}$。此外该端子还作为 PAL/NTSC 制式的切换开关。当该端子电压低于 2 V 时就自动切换到 NTSC 制式，而加上经延迟线来的交流信号时，就变为 PAL 制式。当信号跌落同时直流电平下降时，又会自动切换到 NTSC 制。这样的切换方式可使外接元件大为减少。

⑳脚：$G－Y$ 色差信号输出端，兼作对比度、色度单钮开关。工作在 PAL 制时，该脚与地之间接入一只电阻就可得到 $G－Y$ 输出；工作在 NTSC 制时，电阻断开无 $G－Y$ 输出，同时电阻一旦开路时对比度、色度单钮调节就不工作，㊶脚仅起对比度调节作用。这个开关的主要功能是在 PAL/NTSC 中使 PAL 制时色相调节不起作用。

㉑脚：$R－Y$ 色差信号输出端。

㉒脚：$B－Y$ 色差信号输出端。

㉓脚：经对比度、亮度控制后的－Y 信号输出端。

㉔脚：场激励信号输出端。由于输出电流较大（约 20 mA），因此可以直接作为场输出推动信号。

㉕脚：场线性调节端。该端接上电位器，放电电流便可由这个电位器与㉗脚的锯齿波电容来决定。电容的大小取决于放电电流，输出的振幅又与电容的大小成正比，由于是恒电流放电就能得到线性较好的锯齿波。因此只要将场输出的一部分反馈到该脚，便可改善场扫描线性。

㉖脚：场输出交直流负反馈输入端子。该脚输入反馈电压的大小可决定场输出中点电压，即扫描电流的振幅。

㉗脚：外接锯齿波形成电路。在场扫描逆程期间，由集成块内电路充电过程决定，扫

描正程锯齿波电流则由接在外电路的放电时间常数决定，要获得良好的锯齿电流，外接电容的误差及损耗越小越好，一般采用 2.2 μF 的钽电解电容。

㉘脚：场同步信号输入端。由㊱脚输出的复合同步信号，经外接积分电路把分离出的场同步信号输到集成块场振荡器，控制场振荡频率使之与发送端同步。

㉙脚：外接场同步调整电路，该脚对地接入电容，且与 U_{CC1} 供电端接上充电电阻便形成振荡器的 RC 定时电路，改变充电电阻值便可调节场振荡频率。放电电阻在集成块内部。

㉚脚：X 射线保护端。当该脚外接电压超过 0.9 V 的门限电压时，行振荡便停止振荡，完成 X 射线保护。如果没有 X 射线保护电路，可将该脚接地。

㉛脚：地线端子之二。为行/场扫描、AFC 及同步分离电路的地线，可与 U_{CC1}、U_{CC2} 接上去耦电容。

㉜脚：行扫描输出端。即行预激励管集电极输出端，作为行激励管的开关信号输入。

㉝脚：U_{CC2} 行扫描供电。启动时用开关电源输出的 115 V 电压供电，正常工作时由行输出变压器产生的 12 V 电压供电。集成块内设有稳压电路。

㉞脚：外接行同步调整电路。该脚对地接入电容，且与 U_{CC2} 供电端接上充电电阻便形成振荡器的 RC 定时电路，改变充电电阻阻值便可调节行振荡频率，放电电阻在集成块内部。此外来自 AFC 电路的 AFC 电流也加在该端子。

㉟脚：AFC 输出端。

㊱脚：同步分离输出端。兼选通门发生器用的定时端子。

㊲脚：同步分离输入端。输入视频彩色全电视信号。

㊳脚：行逆程触发脉冲输入端，兼选通门脉冲输出端。用以供给黑色电平箝位电路的色同步选通脉冲，其内部的门限电平设定为 1 V。用于选通门脉冲时该脚电压箝位到 5 V，逆程脉冲控制在 5 V 以下，逆程脉冲同时还用于 F/F 分频电路。

㊴脚：视频彩色全电视信号输入端。该信号直接取自集成块 TA7680AP(15)输出的正极性全电视信号，并采用直流耦合，输入的信号动态电平范围为 2～6.5 V。

㊵脚：视频彩色全电视信号倒相输出端。将㊴脚的输入信号倒相放大后输出，并分两路送出，一路送入同步分离电路，另一路送入色宽通道的带通放大器。

㊶脚：对比度控制端。当⑳脚 $G-Y$ 输出端与地间接入电阻时，对比度与色饱和度同时控制，⑳脚与地开路时该脚外接调节电路仅起控制对比度的作用。

㊷脚：对比度控制后亮度信号输出端。该脚输出的信号用以推动亮度延时线，该脚与 U_{CC1} 供电端需接入负载电阻，改变负载阻值可使增益变化。

7.5.2　行、场扫描集成电路分析

1. 行扫描电路分析

行扫描电路主要由 TA7698AP 集成电路中的行振荡电路、同步分离电路、自动频率控制电路、保护电路及行输出电路组成。

1) 行振荡电路

行振荡器的作用是为行扫描电路提供行频开关脉冲的信号源。该部分等效电路如图 7-47 所示。它是由 IC801(TA7698AP)的㉞脚内部集成电路和㉞脚外部 RC 充放电定时电路

组成。C_{613} 为振荡定时电容，开关稳压电源产生的 25 V 电压经 R_{716} 降压为 8 V，经 R_{624}、R_{625}、R_{626} 向 C_{613} 充电，放电由㉞脚内部电路完成，调节 R_{626} 以调整充电的时间常数，即改变行振荡频率，使行振荡频率为 2 倍行频(31 250 Hz)。此时行振荡器是在自由振荡状态下工作，由行 AFC 电路比较行同步信号和行逆程脉冲(由行输出级产生)产生鉴相误差电压，由 R_{623} 加到 C_{613} 上，改变㉞脚的电位，从而使振荡器被同步分离级产生的行同步到信号所同步，得到稳定的 2 倍行频脉冲信号。2 倍行频脉冲信号再经 IC801 内的触发器二分频得到15 625 Hz 的行频脉冲，此行频脉冲送往行激励级放大后由㉜脚输出行频开关脉冲去行推动级。

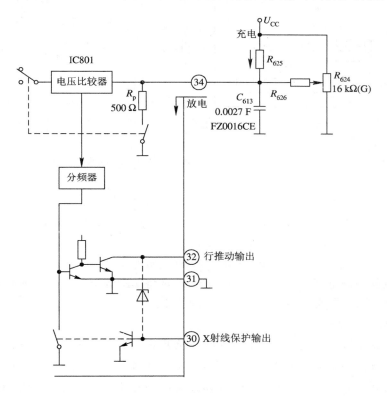

图 7 - 47　行振荡、行推动级等效电路

2) 同步分离和自动频率控制(AFC)电路

同步分离电路从视频信号中分离出行同步信号，作为同步控制脉冲。视频信号由 IC801 的㊴脚输入到内部倒相放大器倒相放大后由㊵脚输出，R_{609} 为负载电阻，㊵脚输出的视频信号一路去色度电路，另一路由 R_{610}、C_{602}、R_{612}、C_{603}、V_{D604} 等组成的脉冲箝位电路和抗干扰网络，防止干扰脉冲破坏脉冲箝位电平，影响同步分离的稳定性。此视频信号送入 IC801 的㊲脚内的同步分离电路，产生行同步信号，去㉟脚内的相位检波(AFC)电路，作为行 AFC 电路一路输入。行频锯齿波由行逆程回扫变压器⑥脚输出的行逆程脉冲经 R_{619}、C_{634}、R_{620}、C_{635}、R_{603} 积得到。此行频锯齿波由㉟脚送入 IC801 内部行 AFC 电路，作为行 AFC 电路的另一路输入。行 AFC 电路比较行同步信号和行频锯齿波，产生的差值将使㉟脚产生向里或向外的电流，这一电流经 R_{621}、C_{612} 生成的积分电压由 R_{623} 加到 C_{613} 上，调整 C_{613} 的充电时间，从而可改变振荡频率，使㉜脚输出的行频脉冲的频率与视频信号中的行同步信号同频同相。上述行频逆程脉冲与行同步脉冲比较，用误差电压调整振荡频率的过

程即为自动频率控制(AFC)过程。行 AFC 电路简化电路如图 7-48 所示。

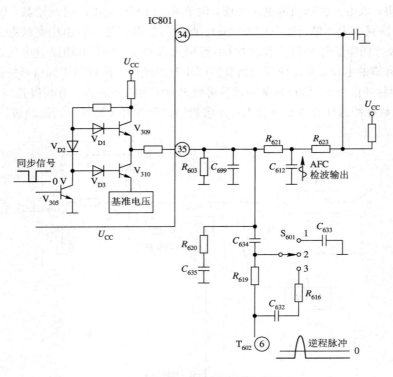

图 7-48 行 AFC 等效电路

配有微电脑控制电路的 NC—2T 机芯中，通常将㊱脚输出的行同步脉冲送入微电脑电路，作为电台识别信号或叠加字符产生电路的同步源。

3) 行推动和行输出级

行推动电路由 V_{601}、T_{601}(行推动变压器)及其它元器件组成。C_{618}、R_{634} 为阻尼元件，用以吸收行推动管截止而行输出管 V_{605} 还未导通时可能引起的高频振荡。C_{617} 可控制行脉冲前沿上升时间。IC801 的㉜脚输出的行频开关脉冲经 L_{601}、R_{633} 送到 V_{604} 行推动管的基极，经放大后的行频开关脉冲由 T_{601} 行推动变压器次级绕组加到行输出级行输出管 V_{605} 的基极。

行输出电路由 V_{605}、T_{602}(行输出变压器)及其它元器件组成。行输出管 V_{605}(2SD1554)内含阻尼二极管，其集电极电压由 115 V 经 R_{637}、行逆程回扫变压器 T_{602} 的③、①脚绕组送来，由于 V_{605} 的基极加有行频内开关脉冲，使得行输出管 V_{605} 工作在开关状态，集电极出现矩形电压。这个矩形电压加在与之并联的行偏转线圈上，使行偏转线圈中产生锯齿波电流，形成水平光栅。行输出级的原理在前面已作过详细分析。行扫描电流的通路由 V_{605} 的集电极、L_{604}、行偏转线圈、L_{603}、C_{622}、R_{639}、C_{624} 到地。其中，C_{622}、C_{623} 为逆程电容，L_{603} 为固定行线性补偿器，C_{624}、C_{625} 为 S 形校正电容，改变 S 形校正电容的大小可改变行幅度的大小。S_{602} 为行幅调试开关，开关接至 C_{624} 挡时，S 形校正电容为 C_{624}、C_{625} 并联电容，电容增大，行幅减小；开关接至空挡时，S 形校正电容为 C_{624}，行幅增大。行输出级等效电路如图 7-49 所示。

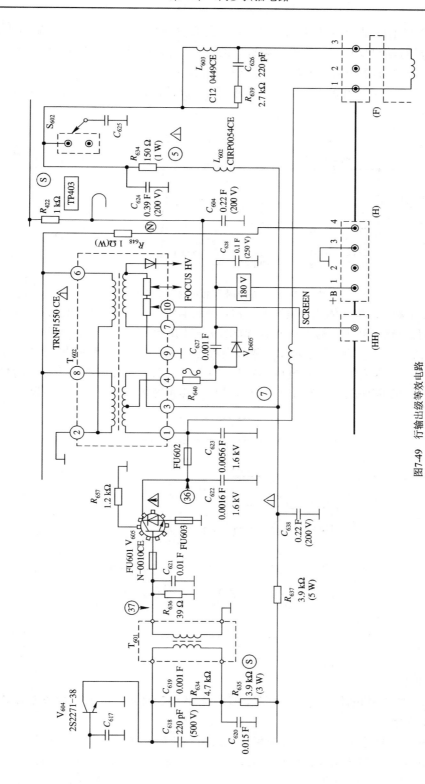

图7-49　行输出级等效电路

行中心调节电路是通过改变 AFC 脉冲相位的方法来实现的。行中心调节电路如图 7 - 50 所示。从行输出变压器 T_{602} 的⑥脚输出的行逆程脉冲，送至开关 S_{601} 的不同位置可以改变移相网络输出与输入的相位关系。当开关 S_{601} 接至 C_{633} 时，输出脉冲滞后于输入 AFC 脉冲，行中心向右偏；当开关 S_{601} 接至 R_{618} 时，输出脉冲超前于输入的 AFC 脉冲，行中心向左偏。

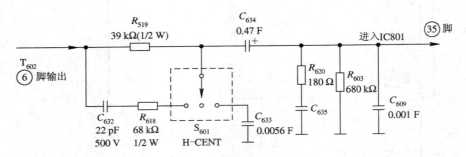

图 7 - 50   行中心调节电路的等效电路

行输出变压器 T_{602} 为一体化行输出变压器，聚焦电位器及帘栅电位器也封装在行输出变压器内。一体化行输出变压器的引脚及结构如图 7 - 51 所示。行输出产生的逆程脉冲，经 T_{602} 变换成各种电压。在 T_{602} 的④脚上取出正极性逆程脉冲降 V_{D605}、C_{628} 整流滤波后输出直流，与 115 V 叠加产生 180 V 视放级工作电压。在 T_{602} 的⑧脚上取出逆程脉冲作为显像管灯丝电压 (6.3 V)。在 T_{602} 的⑥脚输出 AFC 正极性逆程脉冲经移相网络送往 IC801 的㉟脚。

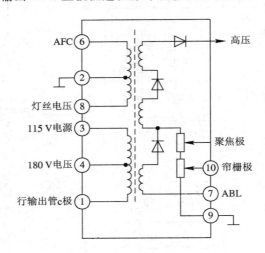

图 7 - 51   一体化行输出变压器的引脚图

4）保护电路

IC801 的㉚脚内外电路组成保护电路，具有阳极高压过压、束电流过流及场输出电容短路三个保护功能。

保护实施启动的过程是：当出现应保护状态时，检测电路动作使㉚脚 0 V 电压上升到 1.5 V 以上的高电平，造成㉚脚内的行频推动电路停止输出行频脉冲，从而关闭行输出电路。

保护动作之一，阳极电压过高时，回扫变压器 T_{602} 的⑧脚逆程脉冲也升高，经 R_{647}、V_{D608} 整流，C_{613} 滤波得到一个直流电压，当此电压大于 V_{D607} 击穿电压时，V_{D607} 导通，经

R_{644}、C_{630}加到㉚脚，保护电路动作。开机未显示光栅即进入保护状态。

保护动作之二，显像管束电流过大时，R_{424}、R_{422}上的压降增大，V_{D603}负端电位下降而导通，V_{606}的集电极电流在R_{643}形成压降，使 a 点电位上升，送㉚脚，保护电路动作。出现这种情况一般是开机后有光栅，光栅很亮而且有回扫线，或是单色光栅，然后是一条亮线，随即无光栅。

保护动作之三，C_{513}短路，直流电压经R_{645}加到㉚脚，保护电路动作。保护电路也可能因本身故障，造成误动作进入保护状态，如V_{606}、V_{D609}等损坏。

2. 场扫描电路分析

场扫描电路由 IC801(TA7698AP)集成电路中的场振荡电路，场推动电路及V_{601}、V_{651}场同步分离电路，IC501(IX0640CE)场输出电路组成。

1) 场同步信号处理电路

该机的场同步信号分离和处理是独立完成的。V_{401}视频缓冲级射极输出的视频信号经由R_{601}、C_{602}、C_{636}、V_{D602}组成的抗干扰电路送到基极放大同步分离电路。为防止弱信号的场同步头的丢失，电路专门设置了V_{651}及外围电路组成的同步校正电路。V_{401}射极输出经V_{D651}、R_{651}反向的检波电路，得到正向峰值信号，再由V_{651}反相放大仿真场同步信号(引申同步头)，此信号加到V_{651}基极与V_{401}，经与抗干扰电路送来的视频信号叠加，获得校正后的复合同步信号，并送入V_{601}进行同步分离。V_{601}集电极输出场同步信号经R_{606}、C_{607}、R_{707}、R_{608}、C_{608}积分电路，以加大时间常数，控制行同步脉冲，分离后的场同步信号经C_{609}加到 IC801 的㉘脚。

2) 场振荡电路与锯齿波形成电路

场振荡电路是由 IC801 的㉙脚内外电路组成的施密特振荡电路。㉙脚外接电容C_{501}、C_{502}为场振荡定时电容，外电源经R_{516}、R_{512}、R_{515}向C_{501}和C_{502}充电，㉙脚电压呈指数上升，放电由 IC801 内部电路完成。调节R_{512}可改变充电时间，即调整频率。㉘脚输入的场同步信号可使场频的相位锁定在视频信号的同步信号。场振荡脉冲为由㉗脚内外电路形成的场锯齿波。在 IC801 的㉗脚外接锯齿波形成电容C_{503}，通过对C_{503}的充、放电，就产生了线性的锯齿波。其放电的过程是由 IC801 的㉕脚对地的电阻来完成的。场幅与 IC801 的㉗脚的电位变化成正比。通过将场输出一路反馈到㉕脚来改善回扫部分的线性，并通过改变负反馈的深浅来改变场幅的大小。其等效电路如图 7-52 所示。

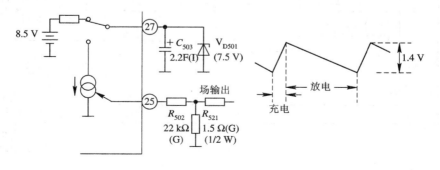

图 7-52　场锯齿波形成电路

场推动电路是负反馈放大器,如图 7-53 所示。上述电路产生的锯齿波由 IC801 内的推动电路放大后,再由㉔脚输出到场功率输出电路。㉕脚为场幅调节输入端,㉖脚为场输出电路的交直流负反馈输入端,用于稳定场线性和直流工作点。

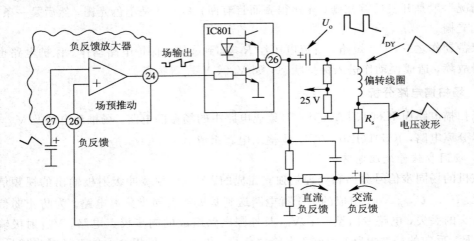

图 7-53 场推动电路

3) 场频功率输出电路

场输出电路由 IC501(IX0640CE)厚膜电路及外围电路组成,其等效电路如图 7-54 所示。

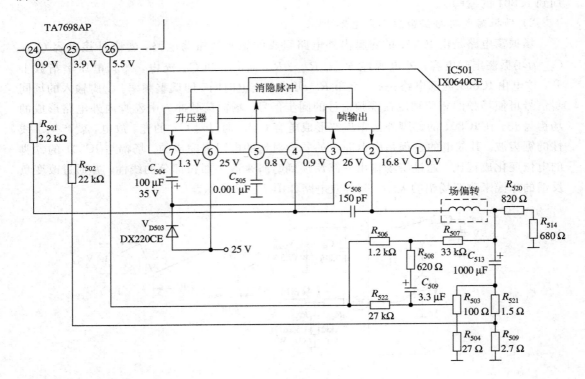

图 7-54 场输出电路

场输出集成电路 IX0640CE(LA7830)由激励放大、消隐脉冲、升压器和场输出等电路组成。

由 IC801 的㉔脚输出的场锯齿波从 IC501 的④脚输入。④脚是 IX0640CE 厚膜电路内 OTL 泵电源输出电路的输入端，②脚是 OTL 放大电路输出端。场锯齿波输入④脚，由②脚输出至场偏转线圈。场扫描电流通路是：由 IC501 的②脚，经场偏转线圈、C_{513}、R_{521}、R_{509} 至地，形成回路。另一路经 C_{513} 后，再经 R_{503}、R_{504} 至地，形成回路。R_{503} 上的压降代表了场锯齿波的波形（有 C_{513} 的隔直），从滑臂取出送 IC801 的㉖脚完成了交流负反馈，改善场线性。R_{503} 也作场幅调节元件。C_{513} 正端电位代表了 IC501 的②脚直流电位，此点电压经 R_{507}、R_{506} 加到 IC801 的㉖脚，作直流负反馈输入。

IC501 有逆升压电路。+25 V 电压加在⑥脚工作电源上，25 V 电源电压还经 V_{D503} 加在③脚上，C_{504} 为自举升压电容，正程时已充有电源电压，当正程后半段时，由 IC501 内泵电源切换，电路对⑦脚又充以电源电压，使 C_{504} 正端电压抬升到 2 倍电源电压，V_{D503} 反偏截止，使③脚获得 2 倍电压，以供功放电路在逆程时向 C_{513} 充电，扩大场线性动态范围。⑦脚也作场消隐脉冲输出，由 R_{426}、V_{D403} 加在亮度输出电路 V_{402} 的基极，实现场消隐。

S_{501} 开关及 R_{513}、R_{520}、R_{514} 组成场中心调整电路，S_{501} 位置不同，可在场偏转线圈中形成方向和大小不同的固定磁场，使图像垂直中心向上、向下或居中移动。

C_{513} 隔直电容短路保护（参见前述行扫描单元电路中有关保护电路的图及原理叙述）。C_{513} 短路 IC501 的②脚将产生大电流，会损坏 IC501。短路保护由 R_{509} 引电压至 R_{645}，使 IC801 的㉚脚电压升高，电路进入保护状态，行振荡停止。T_{602} 的⑧脚电位为 0 V，使 C_{613} 电位下降，V_{D609} 电压上升，使加在 IC501④脚的电压上升，②脚输出电压降低，使输出电流减少，得以保护。（IC501 的②脚无输出会造成屏幕一条水平亮线现象，C_{504}、V_{D503} 损坏会造成屏幕图像垂直压缩变成一窄条现象。）

7.6　同步扫描电路常见故障分析

本节以夏普 NC—2T 机芯为例，对其同步扫描电路的常见故障进行分析。

1. 行扫描电路常见故障的分析与维修

1）无光栅、有伴音

（1）故障分析。此种故障具体表现为开机之后，无光栅出现、伴音正常。造成无光栅的原因：一是机内保护电路启动；二是行扫描电路本身故障不工作；三是视放电路存在故障，四是亮度通道存在故障。

首先判断一下机内保护电路是否启动，可测量 IC801 第㉚脚的电压，若为 1.3 V，则保护电路动作；若为 0 V，则保护电路不动作。保护电路由 V_{606} 等组成，动作时，使 X 射线保护动作，行扫描电路停止工作。

当 IC801 第㉚脚的保护电路的控制端为 0 V 时，则可排除保护电路动作的可能性，故障发生在视放电路、亮度通道及行扫描电路。行扫描电路工作不正常而造成无光栅、有伴音现象，是由于行扫描电路的振荡级在 IC801 内部，通过 IC801 第㉞脚外接的定时元件的充、放电，产生 $2f_H$ 信号，再去触发 2∶1 双稳定分频电路，经内部行预激励，在㉜脚输出占空比为 50％ 的行频信号，行振荡脉冲由 V_{604} 作行推动，再经 T_{601} 阻抗变换，反相激励行输出管 V_{605}，V_{605} 内部含有阻尼二极管。C_{622}、C_{623} 为行逆程电容。V_{605} 集电极接有两路负载，一路为行偏转线圈，产生行锯齿电流，发生光栅与偏转相串联的 L_{603} 为行线性线圈，与行偏转相并联的 C_{624}、C_{625}、C_{638} 为 S 校正电容，C_{625} 上接有一开关，可作行幅调节；另一路负载是行输出变压器 T_{602}，T_{602} 的初级为①、④脚，③脚为初级的中心抽头，输出的行脉冲经 V_{D605} 整流滤波后为末级 R、G、B 三路视放提供 180 V 工作电压。次级有三组绕组，⑧脚输出的行脉冲作显像管灯丝交流电压和 X 射线保护电路的取样脉冲。⑥脚输出的行脉冲作为 IC801(TA7698AP) 内部彩电解码电路和扫描电路所需的行脉冲。高压绕组⑦脚为 ABL输出，其高压电流的变化通过 R_{422} 取样，加到 IC801 的㊶脚，作自动亮度限制，即 ABL作用。

行振荡不起振和行输出级不工作均可引起无光栅现象。可测量 V_{605} 基极有无负偏压，若有 0.3 V 的负偏压，说明行振荡电路工作正常，故障常见有 V_{605} 本身开路、行输出变压器 T_{602} 开路或匝间短路。若无偏压，则可观察 IC801 的㉜脚有否行振荡波形输出，同时测量 IC801 ㉜、㉝、㉞脚直流电平是否正常。若无形波或电压异常，说明故障在行振荡电路，振荡电路的常见故障为 IC801 失效以及 IC801 的㉞脚外接的行频定时元件 C_{613}、C_{612} 开路。可根据芯片手册中提供的各脚电压和对地直流电阻来判断 IC801 的好坏。

若行扫描电路工作正常，但显像管灯丝亮，则造成无光栅现象的故障在末级视放电路中。末级三路视放的集电极电压直接作为显像管阳极的工作电压，若此时电压过高，会引起显像管截止，从而发生无光栅的现象。这时可测量三路视放管的基极和发射极的电位，由此判断其是否处于截止状态。若基极电位过低，则可能是 C_{819}、C_{820}、C_{821} 漏电。IC801 内部的 R−Y、B−Y、G−Y 的解调与矩阵电路故障，或三路视放管的不良，也会引起阳极电位变高而显像管截止无光的现象。一般情况下，显像管漏气的一个明显特征是管颈内部有蓝光闪烁。

(2) 维修方法。首先测量插座的①脚是否有 160～180 V 左右电压输出。若有，则说明行扫描电路工作正常，此时无光栅可能是因为灯丝保护电阻 R_{648} 烧断，视放通道或显像管故障引起的。可以测量插座的③脚是否有灯丝电压的方法来判断故障所在。

若插座的①脚无 180 V 电压输出，则说明行输出级无输出，故障在行扫描电路。再测量 V_{604} 行推动管基极电压，正常直流电压为 0.3～0.4 V，也可以用示波器观察 V_{604} 基极的波形。当电容 C_{617} 漏电严重时，将造成行激励不足，从而引起无光栅的现象，此时仅从测量 V_{604} 基极的直流电压是无法判断的，可采用示波器观察 V_{604} 基极波形，据此可以知道行频脉冲的前沿上升时间增大。

若测量 V_{604} 基极的直流电压正常，则故障在行推动级和行输出级。测量行输出管 V_{605} 的基极电压，从 V_{605} 基极电压是否正常就可判断故障是在行输出级还是在行推动级。行推动级的常见故障是行推动变压器 T_{601} 开路或匝间短路、行推动管 V_{604} 失效。行输出级常见的故障是行输出管 V_{605} 击穿、行输出变压器 T_{602} 开路或匝间短路。行输出级开路时，V_{605} 基极虽然有 0.3 V 的负偏压，但 V_{605} 集电极 300 V 的电压为 115 V，应换上新的行输出管 V_{605}，行输出管应采用内部含有阻尼的二极管，如 2SC1942、2SC1895、2SC869 等。新的行输出管如为金属封装，则应考虑散热器的改装问题。

若测量行推动管 V_{604} 基极电压不正常，则故障在行振荡级。此时可测量 IC801 的 ㉝ 脚有无 8 V 电压。若有 8 V 电压，则为行振荡至行激励电路故障，应重点检查 C_{613}、C_{616}、L_{610} 等器件。若能用示波器观察 IC801 的 ㉜、㉝ 脚波形，则故障更易于判断。

若测量 IC801 的 ㉝ 脚无 8 V 电压，则为 V_{606} 组成保护电路动作或 8 V 电路通道有故障。

2）行不同步

（1）故障分析。此种故障具体表现为接收电视信号时，伴音正常，但图像水平方向出现斜形彩带或杂乱无章的彩色图像。引起行不同步的原因：一是行同步分离电路工作异常；二是 AFC 电路工作异常。

行、场同步分离电路是分开的，行同步分离电路是由集成电路 IC801 的 ㊲ 脚及其外围元件 R_{612}、R_{614}、C_{602}、C_{603}、C_{604} 以及 V_{D604} 组成的。行同步分离电路中任一元件失效或不良都会破坏同步分离电路的工作，使行同步信号不能送到 AFC 电路上而造成行不同步故障。行 AFC 电路从行输出变压器 T_{602} 的 ⑥ 脚输出的行逆程脉冲，经 R_{619}、C_{635} 及 C_{699} 积分后，变成锯齿波电压，叠加到 IC801 的 ㉟ 脚的输出电压上。由 ㉟ 脚输出的经合成后的 AFC 输出电压经 R_{612}、C_{512}、R_{623}、C_{613} 积分后送到 IC801 的 ㉞ 脚，控制行频漂移。当 R_{619}、C_{635} 及 C_{699} 积分电路发生故障时，使行逆程脉冲无法送到 IC801 的 ㉟ 脚上，将会造成行不同步。当 R_{621}、C_{512} 及 R_{623}、C_{613} 组成的积分电路发生故障时，AFC 输出电压无法送到 IC801 的 ㉞ 脚，即行振荡同步端，从而使行频失去同步。

（2）维修方法。首先调节行频控制电位器 R_{626}，若图像水平方向不能瞬时稳定，则故障在行振荡控制电路，应检查 IC801 及 R_{621}、C_{612}、R_{623}、C_{613}、R_{622}、C_{614} 等。

若图像水平方向能瞬时稳定，则说明行振荡电路工作正常，故障发生在 AFC 电路。造成 AFC 电路输出不正常的原因：一是行同步分离电路故障，使行同步信号丢失；二是行逆程脉冲积分故障，使行逆程 AFC 脉冲不能叠加到 AFC 电路中。判断行同步分离电路故障还是行逆程积分电路故障，可以通过测量 IC801 的 ㊲ 脚直流电压来进行。IC801 的 ㊲ 脚正常电压值为 −0.35 V，若正常，则行同步分离电路正常，而行逆程脉冲积分电路工作不正常；若不正常，则为行同步分离电路故障。

3）行幅异常大

（1）故障分析。此种故障的具体表现为接收电视信号时，水平方向幅度异常大。造成行幅偏大的常见原因是 S 校正电容中有一个开路。当 C_{638} 或 R_{624} 开路时，就会出现行幅偏大现象。当 C_{624} 开路时，行幅更偏大，并且 R_{638} 烧断。

（2）维修方法。检查 S 形校正电容 C_{624}、C_{625}、R_{638} 及行幅调节开关 S_{602} 是否失效。

2. 场扫描电路常见故障的分析与维修

1）一条水平亮线

（1）故障分析。此种故障的具体表现为光栅呈现水平方向一条亮线，伴音正常。这是一种常见的故障，说明了行扫描和显像管电路工作正常，只是场振荡级停振或场输出电路不正常均会引起此故障。场振荡电路及场锯齿波形成电路均由 IC801 组成，场输出电路由 IC501 及外围电路组成。

当场振荡电路及场锯齿波形成电路得不到正常的直流工作电压时，就会停止工作，从而出现帧一条光的常见故障。通过观察 IC801 的 ㉗ 脚的输出波形可找出故障原因。若没有波形，则应查找场振荡级的元件是否失效，常见有 C_{501}、C_{502} 漏电，R_{515}、帧同步电位器 R_{1024} 开路以及熔断电阻 R_{815} 开路，R_{725} 开路，使得 IC801 的②脚无 12 V 电压。对于 12 V 供电电压电路，若 V_{701} 组成的稳压电路工作不正常，则无 12 V 供电电压或 12 V 电压下降很多。另外，开关 S_{402} 不好或位置不正确，都会产生一条水平亮线。另外，场锯齿波形成电路中的 IC801 的㉗脚外接电容 C_{503} 严重漏电以及场输出电路中的 IC501 失效、场偏转接触不良、场输出耦合电容 C_{513} 开路等都是造成故障的原因。

（2）维修方法。一条水平亮线故障在场振荡电路、场锯齿波形成电路、场输出电路中产生时，可用分段判断法来区分故障发生在哪一部分电路中。

首先断开电阻 R_{501}，用万用表（1 K 挡）红笔棒接地，黑笔棒触碰 IC501 的④脚，观察荧光屏的一条亮线是否拉开。若不能拉开，则故障在场输出电路，常见的有场偏转线圈插头接触不良，C_{513} 因虚焊而开路。当 R_{501} 开路时，IC501 的②脚电压为 23.5 V。IC501 击穿时②脚电压为 0 V。

若用万用表黑笔棒触碰 IC801 的④脚时，光栅能拉开，则故障在场振荡电路及场锯齿波形成电路。用万用表测量 IC801 的②脚的电压是否正常，②脚的正常电压为 12 V。若电压不正常，则故障发生在熔断电阻 R_{815}、R_{725} 及 V_{701} 组成的稳压电路上。若 12 V 电压正常，则检查场反馈电路。一路经场偏转线圈、C_{513}、R_{503}、R_{522} 馈入 IC801 的㉖脚，作交流反馈，以改善场线性，改变 R_{503} 还能起到调整场幅的作用；另一路也经偏转线圈、R_{507}、R_{506} 馈入 IC801 的㉖脚，作直流反馈，以稳定场扫描电路的直流工作点。常见故障有反馈电阻 R_{507} 及耦合电阻 R_{501} 失效。

另外，对于场振荡电路及锯齿波形成电路的故障，可检查场振荡外接元件 C_{501}、C_{502}、R_{515} 及 R_{1024} 是否失效以及场锯齿波形成电路的 C_{503}、V_{D501} 及 IC801 是否失效。

2）场不同步

（1）故障分析。有图像、有伴音，但整幅图像上下翻滚，这就是场不同步现象。产生此现象的原因是由于场同步脉冲信号未到场振荡电路中，使得场振荡电路处于自由振荡状态。另外，场振荡电路的振荡频率偏离 50 Hz 太多，使得场同步脉冲信号不能控制场振荡频率。

若场同步脉冲信号丢失，则可检查场同步分离电路，包括 R_{601}、R_{602}、R_{604}、V_{D602}、C_{601}、C_{636}、C_{637} 及 V_{601}。若场振荡频率偏离 50 Hz 太多，则可检查场振荡电路，包括 C_{501}、C_{502}、R_{515}、R_{516}、R_{1024}。

（2）维修方法。首先调节场同步电位器 R_{1024}，观察图像能否瞬时稳定。若能瞬时稳定，则说明场振荡电路工作正常，只是没有场同步脉冲信号输入。此时可检查场同步信号分离电路，测量 IC801 的㉘脚的直流电压及波形是否正常。该脚的正常直流电压为 0.5 V 左右，电压波形峰峰值为 $1.7U_{pp}$。若直流电压为零，或没有波形，则是场同步分离电路发生故障，可检查这部分电路的元件是否失效。

当调节场同步电位器 R_{1024} 时，图像不能瞬时稳定，则说明场振荡频率偏离 50 Hz 太多，此时故障为 R_{1024} 接触不良，C_{501} 或 C_{502} 漏电，电阻 R_{515}、R_{516} 失效，IC801 损坏等。

3）帧上半部压缩，但不卷边

（1）故障分析。此种故障具体表现为图像上半部压缩，但不卷边。这是由于场输出电源电压下降以及场输出电路直流工作点发生变化，使得场 OTL 输出电路中心点电位发生变化造成的。

当开关电源变压器 25 V 电源绕组电压偏低时，将使得开关电源输出的 25 V 电压降低，加到场输出电路，引起场输出电路动态范围变小。另外，由于 V_{D710} 的正温度系数使 V_{710} 输出 12 V 电压上升，使得场锯齿波电压增大，造成图像上半部压缩。

（2）维修方法。首先测量 IC501 的②脚的场 OTL 输出电路的中心点电位，正常值为 15 V 左右。若大于 16.5 V，则故障为 R_{507} 阻值变大或电源开关变压器输出 25 V 偏低。若为 23 V 左右，可通过减小 R_{507} 的阻值来处理。

4）帧上半部线性变长

（1）故障分析。帧线性不良故障表现为帧上半部线性拉长，即屏幕的上半部扫描线的间隔变宽，严重的将影响场同步。

造成帧线性不良的原因发生在帧振荡部分或帧输出部分。较为常见的发生在场振荡电路，即场锯齿波形成时就有失真。场振荡电路在 IC801 的内部，内部场振荡是一个施密特振荡电路。IC801 的⑳脚外接有 C_{501}、C_{502}、R_{515}、R_{1024} 等组成场振荡的定时元件，而放电电阻 R_0 在 TA7698AP 内部。场振荡脉冲通过㉗脚外接的 C_{503} 电容充电和放电，形成了线性的场锯齿波，再经内部场预推动电路，锯齿波电压从㉔脚输出至 IC501 的②脚。

（2）维修方法。若存在帧上半部线性拉长的故障，可观察 IC501 的㉗脚的波形是否失真，若失真，则检查电容 C_{503} 是否漏电。若 C_{503} 漏电，则将使得帧扫描电流波形上端的电流速率比下端的速率大，因而光栅呈现上长下短的感觉。

5）帧幅缩小

（1）故障分析。此种故障的具体表现为图像被压缩，但线性较好，帧幅缩小。这种故障产生的原因：由于场交流负反馈太深，造成场激励到场输出的闭环回路增益下降，从而使得交流负反馈太深。常见有帧幅调节电位器 R_{503} 开路或 R_{504} 开路。

（2）维修方法。先调节帧幅电位器 R_{503}，观察帧幅是否有变化。若无变化，则是 R_{503} 或 R_{504} 开路。若有变化且能调好，则说明 R_{504} 虚焊等。

6）场回扫线

（1）故障分析。此种故障的具体表现为接收电视信号时，画面上出现场回扫线，且亮度、对比度电位器控制调节正常；当不接收电视信号时，场回扫线更明显。

屏幕上出现场回扫线，但亮度、对比度电位器控制调节正常，说明亮度通道电路工作不正常，故障在场消隐电路中。

（2）维修方法。场消隐电路的工作过程是将 IC801 的⑦脚输出的正脉冲信号通过 R_{426} 及 V_{D403} 加到 V_{402} 的基极，在场逆程期间使 V_{402} 截止，屏幕上不出现回扫线。当 V_{D403} 或 R_{426} 开路时，屏幕上出现回扫线。当 V_{402} 失效时，不但会出现场回扫线，而且亮度、对比度电位器控制调节失控。

3．保护电路常见故障的分析与维修

保护电路常见的故障是开机不久，光栅自动消失。

（1）故障分析。此种故障的具体表现为开机后，屏幕很亮，数秒钟后，光栅一亮，随后突然消失，而伴音正常。此时若检查中放及伴音通道，则均正常；行扫描电路中，行停振、行推动及行输出均不工作，IC801 的㉚脚 X 射线保护电平高。

保护电路动作时，X 射线保护电路对显像管高压超值、灯丝电压太高、束电流过大、帧输出电容短路情况进行保护。保护电路动作时，IC801 的 ㉚ 脚电压为 1.3 V；不动作时，IC801 的 ㉚ 脚为 0 V。

① 显像管高压超值的保护。由于行输出逆程电容开路或供电电压增高等原因，会引起显像管阳极电压增高(大于 25 kV)，此时行输出变压器 T_{602} 的 ⑧ 脚输出的脉冲值也同时增高，使经 V_{D608} 整流后的直流电压也随之升高，该变高的直流电压一旦大于 V_{D607} 管的齐纳击穿电压，将使流过 V_{D607}、IC801 的 X 射线保护电路输入端电压呈高电平，从而使 IC801 内部 X 射线保护电路开始动作。同时，使行推动的输出被控制为低电平，行输出管截止，从而破坏了产生过高压的条件。

② 显像管束电流过大的保护。引起束电流过大的原因有：三路视放管任何一路被击穿，视放管集电极对地间的放电保护间隙内部漏电，加速极电压调整电位器接地端开路，Y 通道放大管击穿等。当束电流过大时，流入行输出变压器 T_{602} 的 ⑦ 脚的电流也增大，因而使 V_{D603} 负极的电位下降，该电压一旦低于 6.6 V($=8$ V-0.7 V(V_{606} 的 e、b 结压降)-0.7 V(V_{D603} 的正向压降))时，V_{D603} 导通，电流流过 V_{606} 和 R_{643}，于是 IC801 的 ㉚ 脚变为高电平，也将使 IC801 内部的 X 射线保护电路动作，行输出管截止，高压和加速极电压降低，致使阴极电流，即束电流的流动中止。

③ 帧输出电容 C_{513} 击穿时的保护。在正常工作状态时，R_{509} 两端的电压由 R_{645} 和 C_{630} 积分后得到，R_{509} 上约有 $2U_{pp}$ 的锯齿波，C_{630} 上几乎无电压存在，不足以使 IC801 的 ㉚ 脚产生高电平。但当 C_{513} 击穿时，R_{645} 处便产生直流电压，R_{509} 两端将有 4 V 电压存在，C_{630} 上便有直流电压存在(约 1.5 V)，此电压加到 IC801 的 ㉚ 脚，其结果也是使行输出管截止。因而行输出变压器 T_{602} 的 ⑧ 脚也由此失去电压，致使 C_{631} 上的电压下降，C_{631} 上的电压一旦低于 8.4-0.7 V(V_{606} 的 e、b 结压降)-0.7 V(V_{D609} 的正向压降)，V_{D609} 及 V_{D606} 就均导通。V_{D606} 的集电极电流流过 R_{649}、V_{D601} 流入 IC801 的 ④ 脚，相应使 IC501 的 ② 脚变为低电平，使流过场偏转线圈的电流为零，从而起到了保护 IC501 及 R_{509} 的作用。

可见高压不正常时是通过 V_{D607} 的齐纳击穿将高电平传递给 IC801 的 ㉚ 脚来实现的；束电流过大时是通过 V_{D603} 和 V_{606} 的导通把高电平传递给 IC801 的 ㉚ 脚来实现的。因而在检修此类故障时，可以通过分别开路 V_{D607}、V_{D603} 和 V_{D609} 来判断故障所在部位。若开路 V_{D607} 后，光栅恢复，则说明故障是因阳极电压过高所致，常见为逆程电容开路等。若开路 V_{D609} 后，光栅恢复，则说明故障在帧输出级，一般为 C_{513} 击穿所致。若开路 V_{D603} 后，光栅恢复，则说明故障原因是束电流过大，这一种故障所引起的无光现象为最多。常见的有显像管加速、极电压过高、ABL 电路中有元件损坏等。例如，ABL 电路中的 R_{421} 开路，使得 V_{D603} 的负端电压变低而导通，V_{606} 导通，从而输出到 IC301 的 ㉚ 脚的电平为高电平，X 射线保护电路动作，最终引起开机 2 s 后出现无光栅的故障。

另外，由于行振荡停振、频率变化、行推动和行输出管的 β 值变小、行推动变压器和行输出变压器局部开路等原因，都会引起行输出变压器 T_{602} 的 ⑧ 脚绕组感应脉冲值减小或消失，使得 V_{D608} 整流后的输出也减少或消失，这样，由 R_{641}、V_{D609}、R_{650} 组成的偏流电路有电流流过，也会引起 V_{606} 导通，其集电极高电平通过 R_{643} 将加到 IC801 的 ㉚ 脚，使保护电路动作。此时即使将 V_{D607}、V_{D603}、R_{645} 均断开，保护电路仍旧动作。此时，可进一步断开 V_{D609} 或 R_{650}，这对 V_{606} 导通不产生影响，保护电路停止工作，然后可用示波器观察电路各级波形与幅度，以此来找故障点。

由于 V_{D601}、R_{649} 接在 V_{606} 的集电极上，且控制帧输出电路的输入端，在高电平时能使帧输出电路截止，因此不管何种原因使保护电路动作，帧输出级总是截止的。测量工作点电压时，其中点电压为 0 V，但这时不一定是帧输出电路损坏，所以维修时不要为表面现象而误判断。

当保护电路动作时，IC801(TA7698AP)部分脚上的直流工作点电压比标称值有明显的偏离，亮度通道末级放大管的工作点电压也会降低 1～2 V。

当然，保护电路本身故障，如 V_{D607}、V_{D609}、V_{D603} 或 V_{606} 漏电，也会引起此故障，通过测量以上这些管子的电压便能正确判断。

（2）维修方法。首先把亮度、对比度电位器旋到最小位置，看是否还有保护动作。若不动作了，则为自动束电流保护电路故障，应检查 V_{D408} 及 R_{419} 是否开路；若还动作，则将 V_{D603} 断开，观察保护电路还动作否。若不动作了，则为束电流保护动作，此时应检查 IC801 的④脚外围元件。若 V_{D609} 断开后保护电路仍动作，则再断开 V_{D603}，此时若保护电路不动作，则为帧保护电路动作，应检查 C_{513}。若 V_{D609} 断开仍动作，则再断开 V_{D603}，此时若不动作，则为高压过高保护，应检查行逆程电容 C_{623} 及 C_{622}。V_{D608} 断开仍动作，则为保护电路本身故障，应检查 V_{606} 等。

习　题

7.1　同步分离电路的作用有哪些？

7.2　幅度分离电路中切割动作是怎么发生的？箝位作用是哪部分产生的，为什么需要箝位？

7.3　为什么对扫描电流的线性要求严格？又为什么扫描要收、发端同步？不同步的现象是什么？

7.4　行扫描的任务是什么？

7.5　简述行频自动控制(AFC)电路的作用及工作过程。

7.6　比较行、场扫描电路的异同。

7.7　场输出应当是一种什么类型的电路？电视机中常用的场输出级电路有哪几类？

7.8　行、场扫描电流非线性失真的原因、现象及补偿方法有哪些？

7.9　行扫描锯齿波电路由哪些部分形成？如果阻尼管开路或逆程电容开路，那么对扫描电流波形有何影响？对行输出管有何影响？

7.10　设行输出级供电电源 $U_{CC}=110$ V，若让逆程时间比标准宽度缩窄 1/3(正程时间不变)，则此时，对一个耐压 $U_{(br)ceo}=1000$ V 的行输出管子是否会造成损害？

7.11　已知行逆程时间为 12 μs，行偏转线圈电感量为 380 μH，采用自举升压行输出电路，$U_{CC}=27$ V，试估计逆程电容的容量以及逆程脉冲电压的大小。

7.12　试述 TA7698AP 的行、场扫描集成电路的构成及作用，并指出其特点。

第 8 章 PAL 制解码器

彩色解码器的任务就是对经视频检波后的彩色全电视信号(FBAS)进行处理,恢复出红、绿、蓝三个基色信号去激励彩色显像管,使屏幕重现彩色电视图像。这个信号处理过程实际上是编码的逆过程。本章主要讨论 PAL 制解码器的基本组成及其典型电路。

8.1 概 述

彩色电视接收机在接收到电视信号后,先经高频调谐器放大及变频,形成中频图像及伴音信号,中频图像信号又经图像中频通道进行处理,然后从视频检波器输出彩色全电视信号(FBAS),最后再将彩色全电视信号(FBAS)送往彩色解码器。彩色解码器由三大部分组成,即亮度通道、色度通道、基色矩阵和末级视放电路。PAL 制解码器的组成如图 8-1 所示。

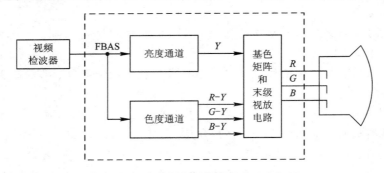

图 8-1 PAL 制解码器的基本组成框图

视频检波器输出的彩色全电视信号,经预视放送至彩色解码器(图中虚线框)。其中一路送入亮度通道电路,经 4.43 MHz 彩色副载波吸收回路后分离得到亮度信号 Y,亮度信号 Y 再经过亮度通道的勾边、箝位、延时、放大等电路,最后送至基色矩阵和末级视放电路;另一路送入色度通道电路,经过 4.43 MHz 带通放大器,选出色度信号,再经过延时解调电路,把色度信号分离为 F_U、F_V 两个分量,分别送至 U 同步检波器和 V 同步检波器,经基准色副载波进行同步解调,恢复出 $R-Y$、$B-Y$ 两个色差信号,并用矩阵合成得到 $G-Y$ 色差信号。最后将亮度通道输出的 Y 信号与色度通道输出的 $R-Y$、$B-Y$、$G-Y$ 色差信号在基色矩阵和末级视放电路进行矩阵运算及放大,还原为三种基色信号 R、G、B,送至彩色显像管的三个阴极,分别去控制 R、G、B 三个电子枪的束电流,利用空间混色法在屏幕上重现彩色图像。

8.2　亮　度　通　道

亮度通道是彩色解码器的组成部分之一，它的作用是将彩色全电视信号中的亮度信号分离出来，进行宽频带放大，实现亮度和对比度控制等。除此之外，还有一些附属电路对亮度信号进行必要的处理，以确保图像质量。

8.2.1　亮度通道的组成

PAL 制彩色电视机中的亮度通道的典型电路组成如图 8 - 2 所示。它一般包括副载波吸收电路（4.43 MHz 陷波器）、对比度调节与轮廓补偿电路、直流分量恢复与亮度调节电路、自动亮度限制（ABL）电路、亮度延时线以及行、场消隐电路。

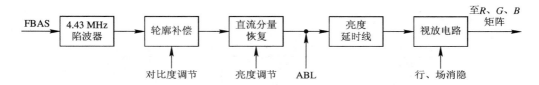

图 8 - 2　亮度通道电路组成框图

图 8 - 2 中的亮度调节、对比度控制、行场消隐等电路与黑白电视机相应电路原理基本一致。亮度通道中彩色电视机特有的电路是 4.43 MHz 陷波器、亮度延时电路、轮廓校正电路（勾边电路）和直流分量恢复电路（箝位电路）等。

8.2.2　副载波吸收电路

彩色全电视信号由亮度信号 Y 和色度信号 F 组成，色度信号调制在 4.43 MHz 的副载波上，以频谱交错方式插入到亮度信号频带的高频端。为防止色度信号进入亮度通道，必须在亮度通道的前端设置一个 4.43 MHz 彩色副载波吸收电路，以减小色度信号对屏幕图像构成的网状干扰。一般普通彩电常采用 LC 串联谐振电路进行陷波，也有的采用 T 型陷波电路进行陷波，如图 8 - 3 所示。这样的 4.43 MHz 陷波器电路虽然简单，但它使亮度信号中 4.43 MHz 左右的分量也受到陷波，会使图像的清晰度下降。目前，高档大屏幕彩电通常采用梳状滤波器来分离亮度信号 Y 和色度信号 F。

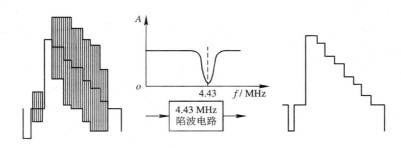

图 8 - 3　副载波吸收电路的输入输出波形

8.2.3　图像轮廓校正电路

亮度通道中接入副载波吸收电路,虽然有效地抑制了副载波的干扰,但却牺牲了带宽,损失了亮度信号的高频分量,影响了图像的清晰度,表现为图像轮廓比较模糊。为了提高清晰度,一般彩电常加入一个轮廓校正电路(俗称勾边电路)对图像的轮廓进行补偿。

在电视传送的图像中,常包含从白变黑或从黑变白的亮度突变部分,如图8-4(a)中二白一黑的竖条图像,其波形是个矩形脉冲波。在彩色电视机的亮度通道中,由于加接了色度吸收回路,高频特性变差,输出波形如图8-4(b)所示,前沿和后沿都较倾斜,于是图像的黑白交界处就出现了过渡区,黑白分界不清,降低了清晰度。轮廓校正电路能使图8-4(b)所示波形的前沿和后沿出现下冲和上冲,如图8-4(c)所示。使图像在过渡的边缘出现比黑更黑和比白更白的分界线,好像在图像的边缘勾了一条边,使图像轮廓突出,提高了清晰度,因此轮廓校正电路也叫勾边电路。

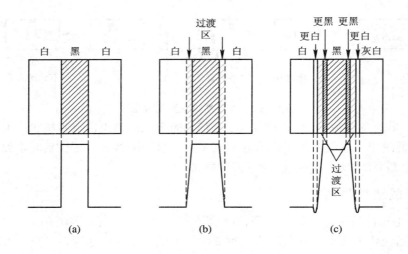

图 8-4　勾边原理

一种实际的轮廓校正电路如图8-5所示。此电路实质上是亮度信号电感二次微分电路。图8-5(a)中,电感L_1、L_2对亮度信号低频分量视为短路,小电容C_1对亮度信号低频分量视为断路。三极管V_1对亮度信号的高频分量而言相当于共射放大电路,而对其低频分量而言相当于射极跟随器。

假设输入的亮度信号为一方波信号,如图8-5(b)中u_i,则三极管V_1发射极输出的信号由于高频成分被C_1旁路和受电感L_1扼制而形成波形u_e;三极管V_1的集电极则仅有高频分量输出,即相当于三极管V_1的输出电阻与电感L_2对方波进行了一次微分,输入方波信号经V_1倒相和微分后,从某电极上得到的波形如图8-5(b)中u_c。u_c再经C_2耦合,由R_5与L_1进行第二次微分,得到波形u_d。从V_1集电极输出的、经两次微分的高频分量u_d和从射极输出的低频分量u_e在R_2上叠加,就得到具有勾边效果的波形u_o。与L_2并联的电阻R_4是阻尼电阻。

目前,普通彩电大多采用上述的勾边电路来实现图像轮廓补偿,高档大屏幕彩电则常采用延时型动态精细轮廓补偿及扫描速度调制轮廓补偿电路。

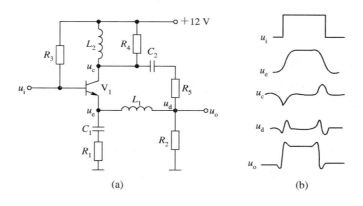

图 8-5　轮廓校正电路及波形

8.2.4　直流分量恢复电路

电视信号是一种以亮度为基础的信号，它以消隐电平作为黑色电平，整个图像的亮度标准是以黑色电平作为基准来衡量的。黑色电平是使显像管屏幕不发光的电平，又称为熄灭脉冲电平。因此，从电视信号的传输到重现过程中，固定黑色电平就非常重要。

彩色电视信号是单极性的，亮度信号也是单极性的，这种单极性信号具有直流分量，其大小等于信号的平均值。亮度信号若通过交流耦合，就会丢失直流分量而产生灰度失真和彩色失真。对于黑白电视机而言，直流分量的丢失，只会使图像的背景亮度稍有变化，这对观众来说还是可以容忍的，所以采用简化电路，黑白电视机一般不需要恢复电视信号的直流分量。而对于彩色电视机而言，直流分量的丢失，不但会使重现的彩色图像背景亮度发生变化，而且还会使彩色图像的色调和色饱和度发生变化。由于人眼对色调的变化很敏感，所以在彩色电视机中，必须恢复其直流分量。

传送直流分量一般有两种方法。一是在视频通道采用直接耦合，即从视频检波到显像管阴极均采用直流耦合电路。此方法虽可直接传送直流分量，但要采取较复杂的措施来克服电路的直流电平匹配和零点漂移问题，所以基本上未被采用。二是视频通道仍采用交流耦合，而在显像管之前对亮度信号采用箝位的方法来恢复其直流分量。目前，彩色电视机中一般都采用对消隐电平（黑色电平）箝位的方法来实现直流分量的恢复。因此，直流分量恢复电路通常又称为箝位电路，通过改变箝位电平的高低，还可以达到改变屏幕亮度大小的目的。

图 8-6 是一种典型的直流分量恢复电路。它主要由箝位三极管 V_{304} 等元件组成。

图 8-6 所示电路的作用是使经 C_{304} 交流耦合后的亮度信号中的消隐电平重新一致，消隐电平重新一致也就是恢复了直流分量。

此电路工作时，+12 V 电源经 R_{321}、V_{D306}、R_{322}、R_{324} 等分压，使 V_{304} 射极电位 U_e 约为 9.6 V。行同步脉冲经 L_{305} 延时到行消隐后肩上出现，此延时后的行同步脉冲又称为箝位脉冲。当无箝位脉冲时，V_{304} 截止，+12 V 电源通过 R_{311} 和 V_{302} 的发射极向电容 C_{304} 充电；当有箝位脉冲时，V_{304} 饱和导通，C_{304} 通过 V_{304} 放电，由于放电时间常数很小，C_{304} 右端迅速放电至 9.7 V。箝位脉冲过去后，V_{304} 又截止，C_{304} 又开始被充电，其充电时间常数由 V_{302}

的输入电阻($R_i = R_{311}(1+\beta) + R_{be}$)和 C_{304} 决定，其值远大于 64 μs。所以在一行时间内，C_{304} 右端电位上升很少，可以认为几乎不变。如此重复，就使视频信号的消隐电平箝位在约 9.7 V。

R_{324} 为亮度调节电位器，R_{321} 为副亮度调节电位器。调节 R_{324} 与 R_{321} 就是调节 V_{304} 发射极的箝位电平，从而调节亮度信号中的消隐电平，也就是调节了亮度信号中直流分量的大小，最终使屏幕图像的平均亮度发生变化。

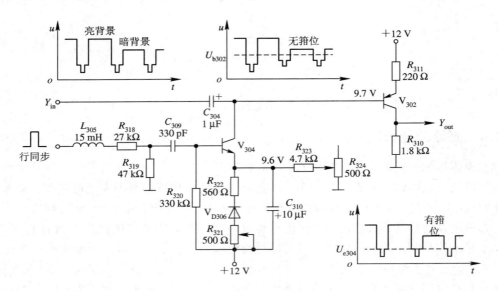

图 8-6　直流分量恢复电路

8.2.5　自动亮度限制(ABL)电路

当图像背景亮度太大时，显像管就会因束电流过大而太亮，这样不仅使显像管荧光粉过早老化，而且可能引起高压产生电路过载，造成高压输出不稳定，甚至元器件损坏等。所以，在彩色电视机中一般都设置有自动亮度限制(ABL)电路，用来限制显像管束电流，使之不超过某一限定值。图 8-7 是一种典型的自动亮度限制电路。

图 8-7 中电路的基本工作原理是对显像管电子束电流进行取样检测，即对屏幕亮度进行检测。当电子束电流小于限定值时，不对电路进行控制；当电子束电流大于限定值时，即屏幕过亮时，取样电路会自动控制，限制电流增长。

图 8-7 中的电子束电流是由 +58 V 电源经取样电阻 R_{715}、高压包 T_{703} 的①脚、高压整流二极管、显像管阳极和阴极而流通的。当屏幕亮度正常时，电子束电流 $I_束$ 小于限定值，取样电阻 R_{715} 两端的压降较小，A 点电位较高($U_A = +58\ V - I_束 \times R_{715}$)，远大于 12.7 V，这样二极管 V_{D301} 导通，将 B 点电位箝定在 12.7 V。B 点电位再经 R_{309} 连接到 V_{302} 基极，此时自动亮度限制不起控。如果由于某种原因，使显像管屏幕过亮，即电子束电流过大，导致取样电阻 R_{715} 两端压降增大，使 A 点电位低于 12.7 V 时，那么 B 点电位必低于 12.7 V，使 V_{302} 集电极电位上升，导致三个末级视放管的射极电位上升，最终使显像管 R、G、B 阴极电位上升，电子束电流减小，从而自动限制了屏幕亮度。

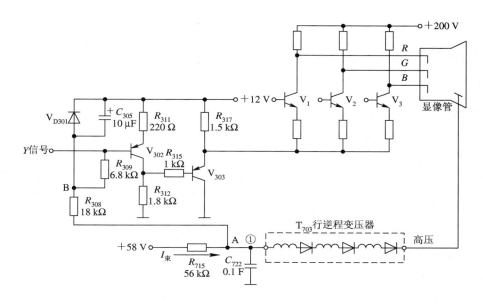

图 8 - 7　自动亮度限制电路

8.2.6　亮度信号延时电路

由网络理论可知，当具有一定频带的信号通过一个传输通道时，信号的延时与通道带宽成反比，即通道带宽越窄，信号的延时越长。在彩色电视机的解码器中，亮度信号和色度通道要分别通过亮度和色度通道传输，但亮度通道具有 0～6 MHz 的带宽，而色度通道是窄带传输，它只有 2.6 MHz 左右的带宽，因此在同一彩色全电视信号中的亮度信号通过亮度通道产生的延时比较小，而色度信号通过色度通道产生的延时比较大。为了使它们能够同时到达后面的基色矩阵和末级视放电路，只有在亮度通道中接入适当的延时网络，以补偿两者之间的延时差。所需延时精确时间，随接收机电路的不同而略有区别，一般在 0.5～1 μs 之间。

设某 20 英寸彩色电视机中的亮度信号超前色度信号 0.6 μs，若亮度通道未接入延时网络，那么荧光屏上呈现的景物轮廓和相应的彩色就不重合，形成所谓的色彩镶边，如图 8 - 8 所示。由于行正程时间为 52 μs，该 20 英寸彩色电视机的屏幕水平宽度约为 400 mm，则 0.6 μs 延时差对应的屏幕距离为 $L = 400 \times 0.6/52 \approx 4.6$ mm。显然，如不加补偿，会严重影响彩色图像的清晰度。补偿的办法是在亮度通道中，设置一个 0.6 μs 的延时电路。

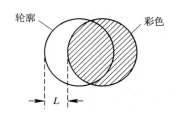

图 8 - 8　两通道延时差形成重现
图像色彩镶边

延时电路通常做成单体器件，称为"亮度延时线"。我国生产的彩色电视机一般采用集总参数延时线。例如，YC—600 ns/1500 Ω 就是一种由 20 节 LC 集总参数网络组成的亮度延时线，其外形尺寸为 10 mm×40 mm×30 mm，延时 600 ns(即 0.6 μs)，特性阻抗为 1500 Ω。亮度延时线的电路符号如图 8 - 9 所示。

亮度通道除了上述一些典型电路之外，还有对比度、亮度调节电路和消隐电路。

因为改变亮度信号的幅度可以调节图像的对比度，而改变亮度信号的直流电平可以调节图像的亮度，所以，对比度调节实际上是通过改变某视放级的增益（例如改变某视放级的负反馈量）来实现的。而亮

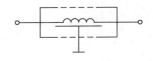

图 8 - 9　亮度延时线的电路符号

度调节在直流耦合的亮度通道中，是靠改变某视放级的直流工作点来实现的，在采用"箝位"电路来恢复直流成分的亮度通道中，可用改变箝位电平的方法来实现。

消隐电路的作用与黑白电视机的相同，用于消除在扫描逆程时间显像管出现的回扫亮线，以免影响图像质量。在黑白电视机中，常用正极性的行、场逆程脉冲加到视放输出级的发射极上，使其在逆程脉冲到来时截止，其集电极电压突然升至 100 V 加到显像管阴极上，使电子束截止而达到消除回扫亮线的目的。在彩色电视机中，可把逆程脉冲加到亮度通道中的视放前置级，使它在逆程时间截止而达到消隐目的；也可把行、场逆程脉冲分别加于亮度通道和色度通道进行消隐。例如，把行逆程脉冲加到亮度通道的视放前置级，而把场逆程脉冲加到色度通道的色差放大级，同样可以达到行、场消隐目的。

8.2.7　亮度通道实际电路分析

在早期的彩色电视机中，亮度通道全部采用分立元件电路。而在两片机芯、单片机芯及近期的大屏幕彩色电视机中，亮度通道均已集成化。下面分析夏普 NC—2T 机芯彩电的亮度通道电路。

夏普 NC—2T 彩色电视机属两片机芯，主要采用 IX0718CE（TA7680AP）和 IX0719CE（TA7698AP）这两片集成芯片。其中，IX0719CE（TA7698AP）包括亮度通道、色度通道和行场小信号处理电路，其亮度通道电路如图 8 - 10 所示。下面讨论亮度信号的处理过程及主要外围元件的作用。

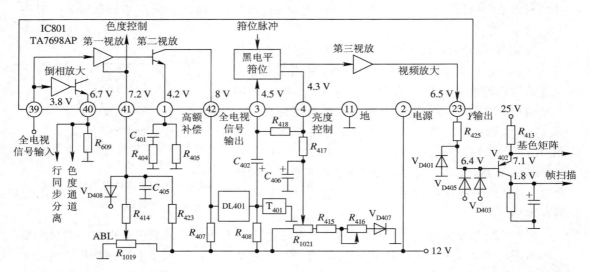

图 8 - 10　TA7698AP（IX0719CE）亮度通道

1. 对比度放大和高频信号补偿

由 TA7680 的⑮脚输出的正极性彩色全电视信号，经 SF401 和 L_{402} 组成的 6.5 MHz 滤波器，滤除第二伴音中频信号，然后输送到 TA7698AP 的㊴脚。输入后的信号在内部分成两路：一路输入倒相放大器，经处理后从 TA7698AP 的㊵脚输出送往色度处理电路；另一路输入到对比度放大器(第一视放)。彩色全电视信号在对比度放大器中进行放大后，再经第二视放放大，然后从其集电极(即㊷脚)输出。㊶脚为对比度控制脚，调节电位器 R_{1019} 可改变㊶脚直流电压的高低，从而改变对比度放大器的增益，以达到改变亮度信号幅度大小的目的。为实现亮度及色度信号联动控制，㊶脚外加的对比度控制电压还要同时去控制内部的色度放大器。㊶脚电压越高，㊷脚输出的亮度信号幅度就越大，即图像对比度也越大。㊷脚外接电阻 R_{407} 相当于内部第二视放管的集电极负载电阻。①脚为第二视放管的射极引出脚，因此改变外接电阻 R_{405} 的阻值，可以改变放大器的负反馈量，从而改变放大器的增益。R_{404} 和 C_{401} 串联后接在①脚上，可减少亮度信号中高频部分的负反馈量，从而使高频分量得到补偿。与前面介绍的分立元件亮度通道相比较，TA7698AP 亮度通道采用提升高频分量的方法以加强轮廓，改善图像质量。

2. 亮度信号延时和色副载波吸收

由 TA7698AP 的㊷脚输出的彩色全电视信号，经亮度延时线 DL401 延时及色副载波陷波器 T_{401} 的吸收，最后由 C_{402} 重新送回到③脚。R_{407}、R_{408} 阻值的选择是为了与亮度延时线 DL401 的特性阻抗相匹配，使信号获得良好的传输。

3. 直流分量恢复和视频信号激励

经过延时和陷波后的亮度信号由③脚回到 TA7698AP 内，经过内部黑电平箝位放大器恢复它的直流分量，再经内部视频放大器后由㉓脚输出。调节④脚外接的亮度电位器 R_{1021}，可以改变内部直流箝位电平的高低，从而实现屏幕亮度调节。④脚亮度电位越高，㉓脚输出的电平就越低，屏幕亮度就越大。改变跨接在③、④脚之间的电阻 R_{418}，可影响内部直流箝位电平。

TA7698AP 的㉓脚输出负极性的亮度信号(即同步头朝上)，再经分立元件的视频激励级 V_{402} 进行阻抗变换，送往基色矩阵电路，与色差信号混合。V_{402} 的基极不仅输入亮度信号，同时还要叠加行、场消隐脉冲信号。V_{D403} 引入场消隐脉冲，V_{D405} 引入行消隐脉冲。

8.3　色度通道

色度通道是彩色电视接收机解码电路的组成部分，它的作用是从彩色全电视信号中把色度信号取出来，经过色饱和度调节器，进入延时解调器中，把色度信号中的两个分量 U、V 分离开来，分别送到两个同步解调器中，将色差信号 $B-Y$ 和 $R-Y$ 解调出来，并经 $G-Y$ 色差矩阵电路，恢复出 $G-Y$ 色差信号。最后将这三个色差信号与亮度信号一起加到基色矩阵电路去组合成所需要的三基色信号 R、G、B。

8.3.1　色度通道的组成

PAL 制彩色电视机中的色度通道包括带通放大器、自动色度控制电路(ACC 电路)、色同步信号分离电路、自动消色电路(ACK 电路)、延时解调电路、副载波恢复电路、同步检波器和 $G-Y$ 矩阵电路等，如图 8-11 所示。

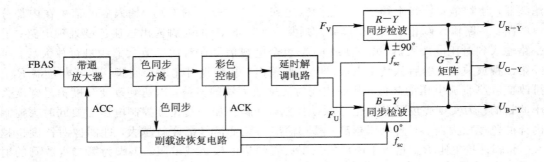

图 8-11 色度通道组成方框图

从图 8-11 中可以看出，色度通道的主要任务是从彩色全电视信号中取出色度信号，并把它还原为 $R-Y$、$G-Y$、$B-Y$ 色差信号。

8.3.2 色度带通放大器和 ACK 电路

1. 色度带通放大器

色度带通放大器的作用是从彩色全电视信号中分离出色度信号(包括色同步信号)，并将其放大到延时解调电路所要求的电平。由于色度信号在彩色全电视信号所占据的 6 MHz 频带中仅占有以 4.43 MHz 为中心的 2.6 MHz 的带宽，即频率范围为 3.13～5.73 MHz，因此色度放大器是一种采用 LC 双调谐回路作为负载的带通放大器。通常，在带通放大器的输出端还设有色饱和度调节电位器以调节彩色浓度。带通放大器的典型电路如图 8-12 所示。

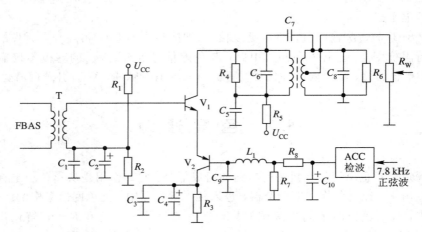

图 8-12 带通放大器典型电路

图 8-12 中，晶体管 V_1 为带通放大管，其集电极负载为双调谐选频回路，双调谐的中心频率为 4.43 MHz。R_W 为色饱和度电位器，通过调节 R_W 可改变输出的色度信号幅度。

以上电路虽然简单,但它使 4.43 MHz 的亮度信号也被分离出来,成为色度信号中的干扰信号,只不过这种干扰尚在允许的范围之内。在高档彩电的色度通道中,采用梳状滤波器技术可以很好地分离亮度信号和色度信号。

2. ACC 电路

ACC 电路又叫自动色度控制电路。ACC 电路实质上是带通放大器的 AGC 电路,它使色度信号与亮度信号应有的幅度比不受色度信号幅度波动的影响,并稳定色同步信号的幅度,这样就可以准确地重现所播放的彩色图像,并提高彩色电视机的工作稳定性。否则,重现图像的彩色将会发生浓淡的变化。

ACC 电路的形式很多,但通常都是从基准副载波恢复电路中取出色同步信号或 7.8 kHz 识别信号,再经过检波和滤波形成 ACC 直流控制电压,去直接或间接地控制色度信号带通放大器的增益。由于色同步信号和 7.8 kHz 识别信号的幅值都是随着色度信号的幅度成正比变化的,因此由它们得到的直流控制电压的大小也随着色度信号的大小成比例地改变。利用这个控制电压可以使色度信号过大时带通放大器的增益减小;色度信号减小时带通放大器的增益增大,从而达到自动稳定色度信号(包括色同步信号)幅度的目的。

ACC 电路的种类较多,图 8 – 12 是分离元件常用的一种发射极控制 ACC 电路。V_1 为带通放大管,集电极负载是谐振选频回路,V_2 串在 V_1 发射极起负反馈作用。其工作过程为:由副载波恢复电路产生的 7.8 kHz 正弦波识别信号是正比于色同步信号幅度的,经 ACC 检波及 C_{10}、R_8、R_7、L_1、C_9 等滤波后得到正的直流控制电压,送到 V_2 的基极。若接收信号较强,则色同步信号幅度较大,这样得到的 ACC 控制电压就较大,使 V_2 管导通程度下降,最终导致 V_1 负反馈增大而使带通放大器增益下降;反之,若接收信号较弱,则调节过程与上述相反,最终导致带通放大器增益增大。

8.3.3　色同步分离和 ACK 电路

1. 色同步分离

带通放大器从彩色全电视信号中取出色度信号和色同步信号,它们必须送入色同步分离电路,将色度信号和色同步信号分离,用分离出的色同步信号去控制副载波恢复电路。接收机使副载波与发射台同频同相。但是,色度通道并不需要色同步信号,有了反而会增加干扰,因此,通常在色度信号解调前消隐掉色同步信号。

色度信号和色同步信号虽然处于相同的频带内,但在时间上是互相分开的,前者存在于行扫描的正程,而后者处在行扫描的逆程。因此,如果用一个与色同步信号同时出现的矩形脉冲(可由行同步脉冲延时获得)去控制色度通道,就可以较好地分离它们。

图 8 – 13 是一种色同步信号分离电路。V_2 没有设偏置电路。经带通放大后的色度信号加到 V_1 和 V_2 的基极,延时后的行同步脉冲(与色同步信号同时出现)经 R_5、R_6 分别加到 V_1 射极和 V_2 基极作控制脉冲。行正程时无控制脉冲,V_1 导通 V_2 截止,色度信号可由 V_1 集电极输出,送往后级电路;当逆程控制脉冲到来时,V_1 因射极电位升高而截止,其集电极无色同步信号输出,实现了色同步消隐,而控制脉冲同时经 R_6 加到 V_2 基极而使之导通,色同步信号就从 V_2 集电极输出,经 T 耦合送往副载波恢复电路中。

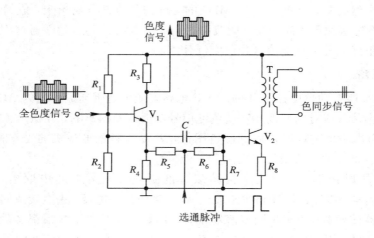

图 8 - 13　色同步信号分离电路

2. ACK 电路

ACK 电路又叫自动消色电路，它通常处于色同步分离电路与延时解调电路之间，其作用是用消色控制电压使受控色度信号放大器处于导通或截止的开关状态。

ACK 电路的消色控制电压的来源和 ACC 控制电压一样，它可以由色同步信号检波得到；也可以由 7.8 kHz 正弦波识别信号检波得到。通常，采用后者比较有利，因为 7.8 kHz 正弦波识别信号经过调谐放大，滤除了杂波干扰，提高了 ACK 电路的可靠性。

自动消色电路的原理电路如图 8 - 14 所示。当正常接收彩色电视节目时，有 7.8 kHz 识别信号产生，经过二极管 V_{D1} 检波，再经过 R_1、C_1、R_2、C_2 等平滑滤波后，得到一个直流正电压，使箝位二极管导通，A 点的电位被箝位在 B 点的电位上，从而使放大器 V_1 的基极获得稳定正常的偏置电压，处于导通状态，色度信号能够传送到后面的延时解调电路。当接收黑白电视节目或者当色度信号幅度很小时，7.8 kHz 识别信号为零或很小，使 V_{D1}、V_{D2} 都不能导通，A 点的直流电位趋于零，使 V_1 的基极无偏置而处于截止状态，从而关闭了色度通道，消除了色度通道的杂波干扰。

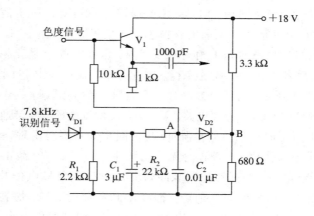

图 8 - 14　自动消色电路

8.3.4　延时解调电路

延时解调器又称为梳状滤波器，它的任务是把色度信号中的两个分量 F_U、F_V 分离开来。目前在彩色电视机中普通采用的是 PAL_D 解码方式，它采用延时解调电路来将相邻两行的色度信号平均，其基本工作原理在第 3 章已作详细分析，这里介绍它的电路组成。

图 8 - 15 所示是一种延时解调器的实际电路，V_1 是色度激励级，以弥补超声玻璃延时线 DL 的插入损耗。V_1 的集电极负载是两个串联相接的调谐回路：一个是 L_2、C_3、R_3 组成的并联谐振回路，其上取得直通信号，经 C_4、R_{W2} 和 C_5 等耦合到变压器 T 的次级绕组中心抽头；另一个是 L_1、C_2 和超声延时线 DL 的输入电容组成的并联谐振回路，回路两端的谐振电压激励超声延时线 DL 的输入端，延时一行的信号加到裂相变压器 T 的初级，T 的次级就呈现极性相反的两个延时信号。两延时信号分别与 R_4 上的直通信号相加和相减，获得的 F_U 分量加到 V_2 的基极，F_V 分量加到 V_3 的基极，经 V_2、V_3 放大后分别送住 U、V 同步检波电路。

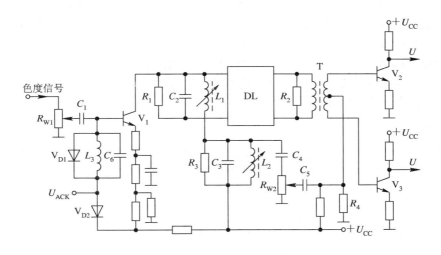

图 8 - 15　延时解调电路

为能完善地分离色度信号中的 F_U、F_V 两个分量，延时解调电路一般要进行两项调整：一项是幅度调整，另一项是相位调整。幅度调整要求延时一行的信号幅度必须与直通信号幅度相等，由于超声延时线 DL 对信号的插入损耗很大，所以直通信号也必须经 R_{W2} 调整衰减。相位调整要求延时信号与直通信号不产生附加相移，通常可调节两个并联谐振回路的 L_1、L_2，使它们都精确谐振在 4.43 MHz。R_1、R_2 为 DL 的输入、输出匹配电阻，R_1、R_3 分别对各自的并联揩振回路起展宽频带的作用，以保证色度信号整个频带都能顺利通过。

8.3.5　同步检波器

从延时解调电路分离出的色度信号的两个色度信号分量 F_U、F_V 都是抑制了副载波的平衡调幅信号，由于其包络不反映调制信号（即色差信号），因此不能用普通包络检波器，而必须采用同步检波器才能正确地还原出调制信号。

同步检波器是平衡调幅波检波器,可由色度分量 F_U、F_V 解调出相应色差信号 U_{B-Y}、U_{R-Y}。要使同步检波器正常工作,还必须恢复发送端被抑制掉的副载波信号。即必须输入两个信号:一个是待解调的平衡调幅波 F_U 或 F_V;另一个是接收机内再生的副载波信号 f_{sc}。两个信号应严格保持同频率、同相位,才能正常地完成检波过程,否则将降低检波效率,且使解调器输出互相串色,产生"爬行"现象。为此,$B-Y$ 同步检波器应输入 F_U 及相位为 0° 的再生副载波 f_{sc},才能检出 U(或 U_{B-Y})分量;$R-Y$ 同步检波器应输入逐行倒相的 F_V 及相位 ±90° 逐行倒相的再生副载波 f_{sc},才能检出 V(或 U_{R-Y})分量。检波器输出端应设置低通滤波器,以滤除输出信号中的残余副载波等高频分量。

同步检波器有抽样式、箝位式、平衡式、桥式、乘法器式等多种电路形式,但其实质都是用与色度信号副载波严格同步的解调副载波对色度信号进行取样。目前集成电路彩电中常用模拟乘法器作同步检波器,其电路原理如图 8−16 所示。图中,模拟乘法器有两个输入信号:一个是从延时解调电路分离出的色度分量 $u_2(\theta)$,另一个是与色度分量严格同步的本机再生副载波 $u_1(\theta')$。模拟乘法器中的同步解调过程实质上是用本机副载波去乘色度分量的过程,其乘积经过低通滤波器滤掉高次谐波后,输出的就是调制在同频同相的副载波上的色差信号。低通滤波器可以采用最简单的 LC 或 RC 电路。同步解调器的输出不仅与被解调信号 u_2 的幅度成正比,而且还与 u_2 和 u_1 之间的相位差有关。只有当 u_2 的相位 θ 与 u_1 的相位 θ' 相同,即二者同步时,检波器才有最大输出,且输出正比于 e_2 的幅度;当二者相位差 $\theta-\theta'=90°$ 时,解调输出为零;当二者反相时,检波输出和同步时反相。下面以色度分量 F_U 的同步检波过程为例作进一步分析。图 8−17 是同步检波器对平衡调幅信号 F_U 的解调波形。

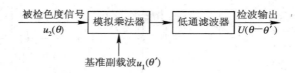

图 8−16　同步检波原理

图 8−17(a)为标准彩条信号的蓝色差信号,经正交平衡调幅后得到的色度信号 F_U 的波形,在每个彩条中只画了两个波形(实际上应有 30 个左右波形),以便看出其振幅和相位的变化。在青、紫、蓝三个彩条中,已调信号的相位和副载波信号的相位相同,在黄、绿、红三个彩条中,已调信号的相位和副载波信号的相位相反。

将这个色度信号分量 F_U 送到同步检波器(图 8−16)中去。根据同步检波器的要求,还应送进一个与原来在平衡调制过程中抑制掉的副载波同步的基准副载波,其波形见图 8−17(b)。根据同步解调器的上述基本性质,可得出解调输出的波形。在青、紫和蓝三个彩条中,由于图 8−17(a)、(b)的波形相同,所以解调输出极性相同,设为正,各彩条输出的幅度与色度信号的幅度成正比。同样,在黄、绿和红三个彩条中由于图 8−17(a)、(b)的波形反相,所以输出为负,幅度与色度信号成正比。按此分析画出的波形如图 8−17(c)所示,即得到色差信号 U(或 U_{B-Y})。同步解调器不仅反映了被检信号的幅度变化,而且也反映了被检信号的相位变化。

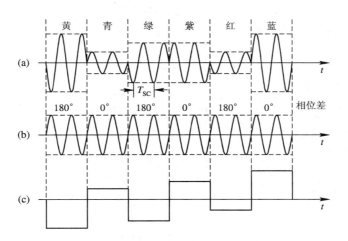

图 8 - 17　同步检波器对平衡调幅信号 F_U 的解调

(a) 色度信号 F_U；(b) 基准副载波；(c) 解调输出

　　根据正交平衡调幅原理可知，只有在原载波的正峰点对平衡调幅波取样，才能得到原来的调制信号。图 8 - 17(c)中的波形，就是图 8 - 17(b)波形的正峰点对图 8 - 17(a)波形的取样，如果将图中每个彩条中 30 个左右副载波周期的波形全部如实画出，这一点将更明显。事实上，所有的同步解调器都可以看成是一种取样装置。

　　必须指出：一个解码中必须有两个同步检波器，各从相应的色度信号分量中解调出色差信号来。这两个同步检波器按其工作对象分别称为 $R-Y$ 同步解调器（或 V 同步解调器）和 $B-Y$ 同步解调器（或 U 同步解调器）。由于两个色度分量是正交的，为满足同步解调器的同步要求，送到这两个同步解调器去的基准副载波也必须是正交的；又由于色度分量 F_V 是逐行倒相的，所以送到 $R-Y$ 同步解调器中去的基准副载波也必须是逐行倒相的。这两个基准副载波也相应地被称为 $R-Y$ 基准副载波（或 V 基准副载波）和 $B-Y$ 基准副载波（或 U 基准副载波）。

　　实际上，从同步检波器解调出的色差信号 U、V 还必须经压缩放大器，才能恢复出原来的色差信号 U_{B-Y} 和 U_{R-Y}。即通过适当安排色差信号放大器的增益给 U、V 信号以不同的放大倍数。具体些说，将 U 信号放大 1/0.493＝2.03 倍，V 信号放大 1/0.877＝1.14 倍，就分别成了 U_{B-Y} 和 U_{R-Y} 信号。

8.3.6　副载波恢复电路

　　前面已经讲过，对平衡调幅的色度信号解调，必须采用同步检波器，因此，电视接收机中就要产生副载波，并且要求恢复的副载波频率和相位必须与发送端抑制掉的副载波相同。此外，由于色度信号中 F_V 分量的副载波是逐行倒相的，为了使加入 V 同步检波器的副载波也有相应的逐行倒相关系，这就要求提供逐行倒相识别信号去控制 PAL 开关。本机副载波恢复电路的基准相位和 PAL 开关识别信号是由色同步信号提供的。

　　由此可见，副载波恢复电路的作用是产生 U、V 同步检波器所需的本振副载波信号，它们的频率与相位应和接收到的色度信号中的 F_U、F_V 分量的副载波频率和相位一致。副载波恢复电路的组成如图 8 - 18 所示。

图 8-18 由两大功能电路构成，一个是副载波锁相环电路，另一个是 PAL 识别与倒相电路。下面分别叙述其工作原理。

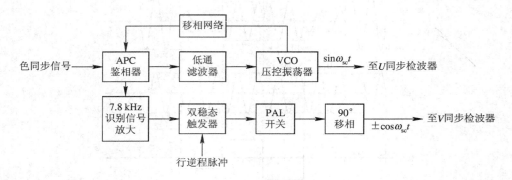

图 8-18 副载波恢复电路的组成

1. 副载波锁相环电路

副载波锁相环电路主要用来恢复发送端被抑制掉的副载波信号，由本机再生一个相位为 $0°$ 的副载波 $\sin\omega_{sc}t$，直接送往 $B-Y$ 同步检波器，以便从色度分量 F_U 中解调出色差信号 U_{B-Y}。为了确保本机再生的副载波相位准确，应由色同步信号提供基准相位。所需的色同步信号可由前述的色同步分离电路提供。副载波锁相环电路是一种反馈控制电路，由 APC 鉴相器、低通滤波器、VCO 压控振荡器及移相网络组成。

在电视机内多处使用了锁相环电路，例如行扫描电路中的 AFC 电路，是利用锁相环电路来实现自动行同步的；图像中频电路中的 AFT 电路，是利用锁相环电路来实现自动稳定本振频率的；在副载波恢复电路中，是利用锁相环电路来实现自动稳定晶振频率和相位的。

图 8-19 为副载波锁相环(APC)电路的原理框图。VCO 压控振荡器是晶体自激振荡器，可输出 4.43 MHz 的正弦波信号，它在直流控制电压作用下，可改变振荡频率及相位，并最终被锁定于确定的相位上。APC 鉴相器能够自动鉴别色同步分离电路送来的色同步信号和 VCO 压控振荡器经移相网络反馈来的副载波的相位，并完成相位误差—电压变换。在鉴相器输入端有两个信号电压：一是电视台提供的定相基准，即色同步信号，在 PAL 行，色同步信号相位为 $-135°$，在 NTSC 行，色同步信号相位为 $+135°$；另一个信号是从 VCO 来的样品信号，在环路锁定时是相位为 $+90°$ 的副载波。这里说的相位锁定，是指电视台送来的 F_U、F_V 分量中的副载波与 VCO 中产生的副载波已处于严格的同步状态。APC 鉴相器是一个双差分放大器，它的鉴相特性如图 8-20 所示。

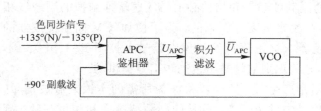

图 8-19 副载波锁相环电路原理框图

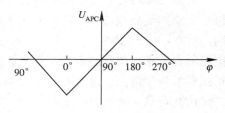

图 8-20 APC 鉴相器的鉴相特性

对于 NTSC 行，两信号相差＋45°，鉴相器输出端电压为负；对于 PAL 行，两信号相差＋135°，鉴相器输出为正电压，由于这两个电压的绝对值相等，因此两相邻行鉴相结果的平均电位为零。经积分电路滤除高频分量及噪波后，VCO 电路的频率控制端两端电位差为零（$\overline{U}_{APC}=0$），环路处于锁定状态。当由于某种原因环路失锁，即 F_U、F_V 信号分量的副载波不能与 VCO 所提供的副载波同步时，VCO 向 APC 环路的鉴相器提供的样品副载波将偏离 90°。从图 8-19 及图 8-20 可见，鉴相器输出两相邻行鉴相结果的平均电位不为零，于是将产生 $\overline{U}_{APC}$，将之送到 VCO 的频率控制端去改变 VCO 的振荡频率，最终使环路拉到锁定状态。

此外，APC 鉴相器还输出 7.8 kHz 的半行频识别信号，送给 PAL 识别与倒相电路。由于 7.8 kHz 半行频识别信号正比于输入色同步信号的大小，因此也可由它产生 ACC 控制电压和 ACK 控制电压。

2. PAL 识别与倒相电路

由 VCO 压控振荡器产生的 0°相位再生副载波（$\sin\omega_{sc}t$）不能直接送往 $R-Y$ 同步检波器，必须经过 PAL 开关和移相等电路，形成 ±90°逐行倒相副载波（$\pm\cos\omega_{sc}t$）后才能参与 $R-Y$ 同步解调。PAL 识别与倒相电路的主要任务是向 $R-Y$ 同步检波器输送相位正确的逐行倒相副载波。PAL 识别与倒相电路由 7.8 kHz 识别信号放大器、双稳态识别、PAL 开关及 90°移相等电路构成。

PAL 识别与倒相电路的具体工作过程如下：首先，由 APC 鉴相器产生的 7.8 kHz 识别信号被加到 7.8 kHz 识别信号放大器（7.8 kHz 识别放大电路多使用谐振于 7.8 kHz 的谐振放大器），进行整形、放大，接着，该信号经选频放大后，形成半行频正弦信号，然后被送往双稳态触发器。双稳触发器除了引入 7.8 kHz 半行频识别信号外，还必须引入行逆程脉冲信号。在这两种信号共同输入的作用下，双稳态触发器向 PAL 开关电路输送 PAL 开关信号，它是极性确定的 7.8 kHz 半行频矩形波，其中输入双稳态触发器的半行频识别信号具有识别、定相能力，可使触发器输出的半行频矩形波对应确定的倒相行和不倒相行，在电路上起主控作用，而输入的行逆程脉冲可使矩形波按行频翻转，在电路上起辅控作用。

双稳态电路器输出 PAL 开关信号，故它又称为 PAL 开关形成电路。由于 PAL 开关信号具有识别、定相功能，因此双稳态电路又称为 PAL 识别电路。这种识别电路的抗干扰能力较强，其根本原因是采用了上述两个输入信号来控制双稳态电路的翻转。行逆程脉冲是在本机行输出产生的，其幅度较大，几乎没有什么干扰脉冲能超过它。半行频识别信号来自同步信号，色同步信号的时间性很强，其它干扰信号一般也不可能通过色同步选通电路。同时，半行频识别信号又通过了识别放大电路进行选频放大，在频率上边滤去了任何混在它里面的干扰信号。

PAL 开关电路是实现再生副载波逐行倒相的电子开关，它受双稳态电路输出的半行频矩形波控制，而双稳态电路的工作又受鉴相器输出的 7.8 MHz 半行频识别信号和行逆程脉冲控制。PAL 开关电路多以开关二极管或三极管作开关元件，开关元件每一行（64 μs）转换一次饱和导通、截止状态，从而逐行输出相位相反的副载波。例如，前一行输出 0°相位副载波则，则下一行就输出 180°相位副载波。为了得到 ±90°逐行倒相的副载波，在 PAL 开关电路前面或后面还要放置 90°移相电路。

8.3.7　$G-Y$ 矩阵电路

由于电视发送端只传送了亮度信号 U_Y 和 U_{B-Y}、U_{R-Y} 两个色差信号,因此,当接收机从同步检波器解调后,就可以根据公式 $U_{G-Y}=-0.51U_{R-Y}-0.19U_{B-Y}$ 的关系,在接收机中恢复出 U_{G-Y} 色差信号。$G-Y$ 矩阵电路就是实现由 U_{B-Y}、U_{R-Y} 转换出 U_{G-Y} 的电路。$G-Y$ 矩阵电路如图 8-21 所示。

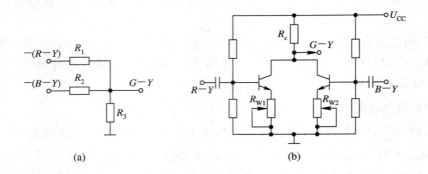

图 8-21　$G-Y$ 矩阵电路
(a) 电阻 $G-Y$ 矩阵电路;(b) 晶体管 $G-Y$ 矩阵电路

由图 8-21(a)所示的电阻 $G-Y$ 矩阵电路可知,电阻衰减网络的电阻值的选用比例应满足以下两式:

$$\frac{R_3}{R_1+R_3}=0.51,\qquad \frac{R_3}{R_2+R_3}=0.19$$

这样,从电阻 R_3 两端即可取出 $R-Y$ 色差信号电压的 0.51 倍及 $B-Y$ 色差电压的 0.19 倍,满足了组成 $G-Y$ 色差信号电压的比例要求,就可以在 R_3 上获得 U_{G-Y} 色差信号的输出。这个电路有个缺点,即会造成 $R-Y$ 和 $B-Y$ 这两个色差信号的互相串扰,故实际上采用的是图 8-21(b)所示的晶体管 $G-Y$ 矩阵电路。它是一个具有公共集电极负载的两级放大器,调节两个发射极上的负反馈电位器 R_{W1} 和 R_{W2},即可改变各自放大器的放大倍数,从而改变公共负载电阻 R_c 上 $R-Y$ 和 $B-Y$ 两色差信号的叠加比例。设计时,使 R_{W1}、R_{W2} 引入较深的负反馈,则负载电阻 R_c 上的输出电压 U_o 近似为

$$U_o=-\frac{R_c}{R_{W1}}(R-Y)-\frac{R_c}{R_{W2}}(B-Y)$$

只要适当选取 R_c、R_{W1}、R_{W2} 的值,使 $R_c/R_{W1}=0.51$,$R_c/R_{W2}=0.19$,就可得到 U_{G-Y} 色差信号。

8.3.8　色度通道实际电路分析

在早期的彩色电视机中,色度通道全部采用分立元件电路,由于这种电路元件较多,可靠性较低而早已淘汰。目前,彩色电视机的色度通道均已集成化,主要电路均设计在一块专用解码芯片上,如四片机中的 TA7193AP、两片机中的 TA7698AP 及单片机中的 LA7680/7681 等。下面以夏普 NC—2T 机芯为例来分析其色度通道的工作情况,其色度通道的信号流程如图 8-22 所示。

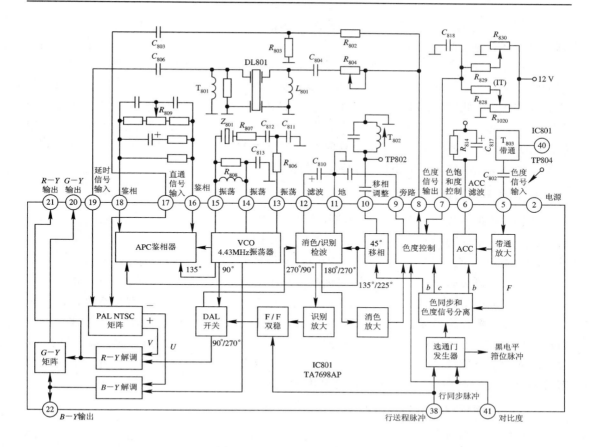

图 8 - 22　TA7698AP 色度通道

1. 输入电路

由 TA7698AP 的㊴脚输入的彩色全电视信号经集成块内部倒相放大后，从㊵脚输出，经 4.43 MHz 带通滤波器(T_{803})将其中的色度信号选出，然后再经电容 C_{802} 耦合重新回到⑤脚，进入色度通道的输入端。

2. 色度信号放大和 ACC 电路

色度信号和色同步信号由⑤脚输入，首先进入内部的带通放大器。该带通放大器中含有自动色度控制（ACC）电路，其基本原理是由后面的色同步分离电路取出色同步脉冲，以它的幅度作为 ACC 控制的依据，来控制带通放大器的增益，使输出的色度信号基本恒定。⑥脚外接的元件 R_{814}、C_{817} 为 ACC 检波电路的滤波元件。经带通放大后的色度信号和色同步信号，再送入内部的色同步和色度信号分离电路进行处理，将它们两者分离开。经分离的色同步信号又分为两路：一路作为 ACC 电路的取样信号；另一路经 45°移相后作为 APC 鉴相器及消色电路的控制脉冲。滤去色同步信号后的色度信号则经内部色度控制放大器放大后由⑧脚输出。⑦脚外接色饱和度控制电路，通过调节⑦脚外接的电位器 R_{1020}（位于预选板上），可使⑦脚的控制电压发生变化。⑦脚电压越高，则⑧脚输出的色度信号幅度就越大。色度放大器的增益还受㊶脚外接的对比度电位器的控制。应在调节对比度的同时调节色饱和度，以使它们保持原有的比例。

TA7698AP 内部还设有消色/识别检波及消色放大器，可以完成自动消色功能。在⑩脚接有由 T_{802} 组成的色同步脉冲净化电路，它衰减了除色同步脉冲以外的其它信号。当接收正常彩色电视节目时，⑩脚就能取出色同步信号并输入到消色/识别检波器，使⑫脚外接的滤波电容 C_{810} 上的电压升高($>8\text{ V}$)，导致内部消色放大器不工作，对色度控制放大器不起控制作用，此时⑧脚便有正常的色度信号输出；而当接收黑白电视节目或彩色电视节目很弱时，⑩脚无色同步脉冲输入消色/识别检测波器，则⑫脚外接的消色、识别滤波电容 C_{810} 上的电压就下降到 8 V 以下，导致内部消色放大器开始工作，从而关闭了色度控制放大器，使色度控制放大器输出端⑧脚无色度信号输出。

3. 延时解调电路(梳状滤波器)

⑧脚输出的色度信号分两路：一路经 R_{802}、R_{803} 分压，C_{803} 耦合后作为直通的 $F(t)$ 信号送入 TA7698AP 的⑰脚；另一路经电位器 R_{804} 作幅度调节，C_{804} 耦合，再经一行超声延时线 DL801 后，由 C_{806} 耦合送入⑲脚。⑰脚的直通信号 $F(t)$ 和⑲脚的延时信号在 TA7698AP 内部进行加、减法运算，从减法器输出色度信号的 F_U 分量，从加法器输出 $\pm F_V$ 分量。

在 TA7698AP 内部进行加减法运算时，直通信号和延时信号必须有非常准确的反相关系，且要求两者的幅度相等，才能正确地分离出 F_U 和 $\pm F_V$ 分量，否则将产生串色和爬行的故障现象。延时信号通道中的可变电阻 R_{804} 就是为了调节延时信号的幅度而设的，通过 R_{804} 的调节可保证两路信号的幅度相等。⑲脚外接的电感 T_{801} 为相位微调电感，通过调节磁芯可使直通信号和延时信号之间达到准确的反相关系。

4. 同步解调和 $G-Y$ 矩阵电路

经梳状滤波器分离后的 F_U 和 $\pm F_V$ 信号从 TA7698AP 内部送入各自的解调器进行同步解调。F_U 信号经 $B-Y$ 解调器后得到色差信号 $B-Y$ 从㉒脚输出；$\pm F_V$ 信号经 $R-Y$ 解调器得到色差信号 $R-Y$ 从㉑脚输出。$B-Y$ 和 $R-Y$ 两色差信号同时也加到 TA7698AP 内部的 $G-Y$ 色差矩阵，按一定的比例合成 $G-Y$ 色差信号从⑳脚输出。⑳、㉑、㉒脚输出的三路色差信号再送往基色解码矩阵和末级视放电路，以便恢复 R、G、B 三基色。

5. 副载波恢复电路

作为 $R-Y$、$B-Y$ 同步解调器所必需的基准副载波信号由压控振荡器、APC 鉴相器和 PAL 开关等产生。TA7698AP 的⑬、⑭、⑮脚外接的晶振 Z_{801} 等元件与内部电路一起构成 4.43 MHz 压控振荡器。4.43 MHz 振荡信号与同步选通后的色同步信号进行 APC 鉴相，鉴相电压由⑯、⑱脚外接的 C_{814}、C_{815}、C_{816}、$R_{809}\sim R_{813}$(图中未注)组成的低通滤波器平滑后获得，以控制压控振荡器的频率和相位，使再生副载波与基准副载波一致。

由压控振荡器输出的 0°相位再生副载波送往 $B-Y$ 解调器；经 90°移相后的再生副载波经 PAL 开关逐行倒相后再送往 $R-Y$ 解调器。PAL 开关受双稳态触发器的控制，而双稳触发器受㊳脚引入的行触发脉冲的触发。送往 $R-Y$ 解调器的再生副载波的倒相规律是否与发送端一致还要由识别电路判定。送往识别电路的再生副载波与⑩脚上的色同步头比较，若两者的倒相规律一致，则⑫脚的消色/识别滤波电容 C_{810} 上的电压较高(>8 V)；若两者的倒相规律不一致，则⑫脚电压立即下降，此时识别放大器就对双稳态触发器的工作状态进行校正，使其正确翻转，从而保证了送往 $R-Y$ 解调器的再生副载波的相位和倒相规律都正确。

8.4　基色矩阵和末级视放电路

由亮度信号 Y 和三个色差信号 $R-Y$、$G-Y$、$B-Y$ 相混合，从而获得 R、G、B 三个基色信号的电路称为基色矩阵电路。彩色电视接收机中的基色矩阵和末级视放电路是合为一体的，它们不仅将色差信号和亮度信号混合得出三个基色信号，而且还将三个基色信号进行放大，以满足激励显像管 R、G、B 阴极的幅度要求。

图 8-23 为一种典型的共 Y 串联式基色矩阵和末级视放电路。来自色度通道的三个色差信号 $R-Y$、$G-Y$、$B-Y$ 分别加到三个末级视放管 V_{101}、V_{102} 和 V_{103} 的基极，来自亮度通道的亮度信号 $-Y$ 则经 $R_{107} \sim R_{111}$ 分三路加到视放管 V_{101}、V_{102} 和 V_{103} 的发射极。三个色差信号和亮度信号在它们各自的视放管基极和发射极之间实现下列转换：

$$U_{R-Y} - (-U_Y) = U_R$$
$$U_{G-Y} - (-U_Y) = U_G$$
$$U_{B-Y} - (-U_Y) = U_B$$

再经过这三个视放管放大并倒相后，在它们的集电极上分别输出负极性的三基色信号 $-KU_R$、$-KU_G$、$-KU_B$，其中 K 为视放管的电压放大倍数。

这三个基色信号分别通过高频补偿电感 L_{101}、L_{102}、L_{103} 和隔离电阻 R_{115}、R_{116}、R_{117} 加到显像管的三个阴极。由于彩色显像管要求的调制信号电压较大，所以三个末级视放管的集电极电源电压达 $+190$ V。加到基极的色差电压与发射极的亮度电压只有几伏，而输出电压高达百余伏，因此这一级的电压增益要求较高。

R_{102}、R_{104}、R_{106}、R_{109} 和 R_{111} 为白平衡调整电位器，其中 R_{102}、R_{104}、R_{106} 为暗平衡调整电位器，R_{109}、R_{111} 为亮平衡调整电位器。

所谓白平衡，是指彩色电视机在接收黑白图像信号时，或接收彩色图像信号但关闭色饱和度时，尽管荧光屏上的三种基色荧光粉都在发光，但是其合成的光在任何对比度的情况下都无彩色，只呈现出黑白图像。白平衡不好，荧光屏显示彩色图像时就会偏色，产生彩色失真。如果彩色显像管的三条电子束具有完全相同的截止点和调制特性，并且三种基色荧光粉的发光特性也一致，那么当输入显像管的三基色电压相等时，就能达到完全的白平衡。但事实上，由于电子枪在制造和安装工艺上有误差，三条电子束的特性是不可能一致的，而且三基色荧光粉由于材料差异，其发光特性也不相同。因此，实际彩色电视接收机中必须增设白平衡调整电路，通过调整有关电路的参数完成白平衡调整。

所谓白平衡调整，就是使三个电子束的截止点和调制特性接近于一致，三个电子束电流的比例接近于实际要求的比例。白平衡调整一般分两步，即暗平衡调整和亮平衡调整。暗平衡就是指低亮度条件下的白平衡。暗平衡调整主要是使显像管三基色电子束的截止点趋于一致。亮平衡是指在较高亮度条件下的白平衡。亮平衡调整是在暗平衡调整的基础上进行的。暗平衡调整的结果，是使红、绿、蓝三个电子束的截止点趋于一致。但在高亮度区域，由于电子束调制特性的斜率不同，再加上荧光粉发光效率在不同亮度时也不一致，因此仍会使荧光屏带有某种彩色，所以还需进行亮平衡的调整。因电子束调制特性斜率是无法更改的，所以一般彩电都是通过调整 R、G、B 三个激励信号幅度的大小比例，使显像管在高亮度区获得正确的白平衡的。图 8-23 所示电路中的 R_{109}、R_{111} 即为亮平衡调整用的微调电阻，由于是相对关系，因此该电路中固定了蓝激励这一路的输入大小，只通过改变红、绿两路激励的大小来实现亮平衡的调整。在电视机整机电路图中常用红激励、绿激励来标志亮平衡调整电位器。

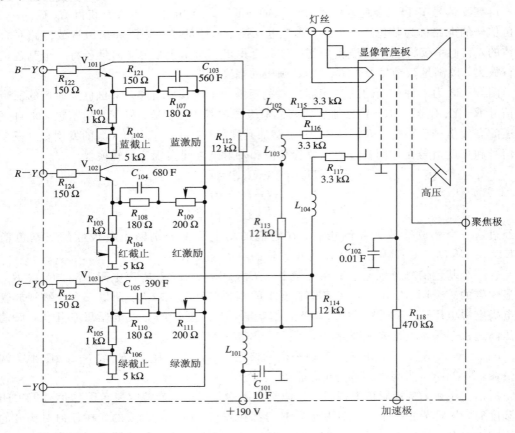

图 8-23　基色矩阵和末级视放电路

暗平衡调整和亮平衡调整往往互有影响，需反复调整才能获得较好的效果。其具体的调整方法和操作步骤可参见第 13 章实训九的有关内容。

8.5　解码电路常见故障分析

解码电路是彩电的重要组成部分，是黑白电视机中所没有的。彩电接收的电视信号必须经过复杂的解码过程，才能重现彩色图像。解码电路由亮度通道、色度通道以及基色矩阵和末级视放电路三部分组成。下面以 NC—2T 机芯彩电为例，对其常见故障进行分析。

8.5.1　亮度通道常见故障分析

亮度通道常见故障主要有：有伴音、无图像、彩色暗淡；有伴音、无光栅；亮度失控等等。下面结合 NC—2T 机芯(以飞跃牌 47C2—2 型为例)彩电进行分析检修。

1. 有伴音、无图像、彩色暗淡

这种故障的特点是屏幕上只有模糊的彩色影纹,没有清晰的图像,当关闭色饱和度电位器时画影消失,光栅极暗甚至无光,只有伴音。

从彩电原理上讲,彩色图像是在黑白图像上进行大面积着色而形成的,而黑白图像是由亮度信号构成的,色彩则由色度信号提供。由上述故障现象可知,有彩色影纹,说明色度信号正常,而没有清晰的图像,表明没有亮度信号,即亮度信号丢失了;有伴音则表明色度信号和亮度信号分离之前的公共通道也是正常的。显然,此故障只可能出现在亮度通道。

NC—2T 的亮度通道主要由 TA7698AP 的部分电路及相关外围元件构成(见图 8-10)。亮度通道丢失的故障原因主要有两点:第一是 TA7698AP 集成块内部功能电路故障,造成亮度信号无法传送到显像管;第二是有关外围元件虚焊、开路或损坏造成亮度信号丢失。检修中常通过测量集成块 TA7698AP 的有关引脚电压值及观察关键点波形来判断故障部位。

电压检测步骤是:测量 TA7698AP 的①～④脚、㉓和㉔脚电压。若某脚电压异常,应先查该脚外接元件是否损坏,确认无故障后,再试换集成块 TA7698AP。检测时应注意,整个亮度通道中,前后级直流电压是相互牵制的,一般单靠万用表检测往往不易准确地判定故障所在,应根据电路的工作原理进行分析,最好借助于示波器对波形进行检测。

用示波器检测集成块 TA7698AP 的几个关键点引脚的波形,能快捷地找出故障部位,检测步骤如下:

(1)接收标准彩条信号,用示波器检测㊷脚。若无波形,故障可能是集成块损坏,造成亮度通道阻塞;也可能是㊶脚外接的对比度调节回路 R_{414}、R_{1019}、R_{423}、C_{405} 不良;还可能是①脚外接的 R_{405} 开路。

(2)若㊷脚波形正常,则可接着检测③脚。若③脚无波形,说明故障在㊶脚与③脚之间,很可能是亮度延迟线 DL401 开路或 T_{401}、C_{402} 不良。

(3)若③脚波形正常,而㉓脚无波形,此时若检测外围元件良好的话,一般是 TA7698AP 内部损坏。

(4)若㉓脚波形正常,说明亮度通道基本上是正常的,故障部位就在㉓脚与基色矩阵和末级视放电路之间。常见的故障情况是 R_{831} 开路或是基色矩阵电路插头(K)接触不良。

2. 有伴音、无光栅

有伴音、无光栅的故障一般有两种情况:一种是开机时光栅就一直不亮,而伴音正常;另一种是开机后光栅迅速变得极亮,并伴有回扫线,随后又马上熄灭,屏幕上无光栅,而伴音始终正常。

有伴音,说明开关电源和公共通道是正常的。要使显像管发光,除要求显像管本身正常外,还要求其馈电电压正常,具体要求有以下几点:① 有阳极高压;② 有加速极电压;③ 有灯丝电压;④ 有正常的阴栅电压。

前三种电压只取决于行扫描电路,而第四种电压,即阴栅电压还与亮度通道有关。NC—2T 机芯的显像管栅极是接地的,故阴栅电压正常与否就决定于阴极电压。在阳极高压、加速极电压、灯丝电压都正常时,光栅的亮暗就主要取决于阴极电压的大小。一般情况下，显像管阴极电压为 125 V 左右，此时光栅亮度适中。当阴极电压在 $80\sim160$ V 之间变化时，光栅从最亮变到无光。当阴极电压大于 160 V 时，显像管束电子流截止，屏幕表现为开机后一直无光栅；当阴极电压低于 80 V 时，由于束电子流过大，会导致过流保护电路动作，也会造成屏幕上无光栅，但此时的现象是光栅先极亮，随后瞬间消失造成屏幕上无光栅，这是由于保护电路取样到过流信号时立该切断了行输出电路所致。

对于一开机就无光栅的故障检修，可先根据显像管座各脚电压变化，判断故障部位。若测得显像管的阳极、加速极，灯丝等电压正常而三个阴极电压偏高时，说明无光栅的原因是束电子流截止所致，应重点检查引起阴极电压偏高的亮度通道。可用万用表直流电压挡测 V_{402} 的射极电压 U_e，若高于 7.2 V，说明故障在亮度通道。再测 TA7698AP 的 ①～④、㉓、㊶、㊷脚以及 V_{402} 的 b、e 极电压，根据异常值找出故障点。常见的几种情况是：若㊶脚电压为零，而㉓脚和 V_{402} 的 b、e 极电压偏高，可能是 C_{405} 短路；若㊷脚电压为零，而㉓脚和 V_{402} 的 b、e 极电压偏高，可能是 T_{401} 短路；若上述各点电压普遍偏高，可能是集成块损坏；若各点电压普遍偏低，而 V_{402} 的 b、e 极电压升到 12 V，可能是㉓脚到 V_{402} 基极间开路，特别要查电阻 R_{425} 是否变值或开路，以及 V_{D406} 是否击穿。

对开机后先亮然后无光故障的检修，由于保护电路已动作，因此检测特点是显像管各引脚电压均为零，此时阴栅电位相同。为确定是否由于阴极束电流过大引起保护电路动作，可在开机瞬间监测阴栅电压。若发现一开机时阴栅电压极小（<60 V），一般可认为是过流保护引起行扫描无输出，此时应着重检查末级视放级或亮度通道，找出引起阴栅电压下降的原因。此故障在亮度通道的原因通常是由于有关元件短路引起的，检测时其电压会有明显的变化。

3. 亮度失控

此故障现象为图像画面很亮，调节亮度和对比度电位器无效。主要原因有如下几点：

（1）对比度电位器 R_{1019} 或 R_{414} 开路，造成 TA7698AP 的㊶脚电压升高，由于亮度通道的耦合作用，会使阴极电位变低，屏幕变亮，此时对比度电位器 R_{1019} 失去调节作用，亮度电位器 R_{1021} 虽可调节，但范围很窄。

（2）集成块④脚外部所接的 R_{415}、R_{416} 或 V_{D407} 之中有某个元件虚焊或开路，造成④脚电压升高而使屏幕变亮，此时亮度电位器 R_{1021} 失去调节作用；对比度电位器 R_{1019} 虽可调节，但范围有限，无法使屏幕亮度变暗。

（3）有时在 TA7698AP 的㊳脚无行逆程脉冲输入时，会使集成块内部黑电平箝位电路失去箝位脉冲，即失去了选通脉冲，导致亮度通道耦合到显像管阴极的直流电位降低，使光栅画面变亮。此时，虽然亮度电位器 R_{1012} 和对比度电位器 R_{1019} 均有调节作用，但效果不大，仍无法将光栅画面调暗。检修时可用示波器跟踪观察，从 TA7698AP 的㊳脚一直查到行输出变压器的⑥脚，观察行逆程脉冲在何处丢失，即可找到故障的所在。常见故障原因是 R_{616}、R_{617} 开路，T_{602} 的⑥脚虚焊或印刷线路板断裂等。

8.5.2 色度通道常见故障分析

色度通道是彩电解码电路的重要通道，是彩色电视机的特有电路。色度通道常见故障现象有：黑白图像正常而无彩色；彩色时有时无或转换频道时彩色出现较慢；彩色过浓或过淡；彩色失真；爬行等。下面仍以采用夏普 NC—2T 机芯的飞跃牌 47C2—2 型机为例，介绍色度通道几个典型故障的检修方法。

1. 无彩色

无彩色故障的现象是屏上只有黑白图像和伴音，开大色饱和度电位器仍无彩色。

有黑白图像和伴音，说明公共通道、伴音通道及亮度通道基本正常，没有彩色的原因仅限于色度通道，可能的原因有以下几点。

1）色度信号在某处开路或短路，使色度信号无法传到显像管

从前述的色度通道信号流程图可知，色度信号由左向右传输，分别经过了 4.43 MHz 带通滤波器、受控色度带通放大器（包括色同步信号分离电路）、自动消色和色饱和度控制（可简称彩色控制）、延时解调器、同步解调和矩阵电路。由输出端输出三个色差信号与亮度信号混合，经过基色矩阵和末级视放在显像管的荧光屏上呈现出彩色。如果传输通道中的某一环节开路，输出端即无色差信号输出，荧光屏上无彩色。采用 TA7698AP 的色度信号通道中，出现故障的可能部位有：

（1）从 R_{801} 到 TA7698AP 的⑤脚之间电路开路或短路。例如，R_{801} 开路，R_{803}、C_{802} 短路使色度信号无法输入到⑤脚。

（2）TA7698AP 的⑧脚到 R_{802} 之间的直通和延时信号公共通道开路，使色度信号没有加到梳状滤波器。这里必须两路信号都开路才会造成无彩色。如果直通支路或延时支路只有一路开路，或者是 DL801 内部对地短路，只有一路信号送到加减法电路，则彩电会出现爬行现象，但屏幕上还是会出现色彩的。

（3）TA7698AP 的⑦脚的外接电路开路或 C_{818} 短路，使色饱和度控制电压过低，造成无彩色。

（4）TA7698AP 集成块的色度通道损坏。

2）消色电路因故障起控，造成自动消色

自动消色即强制色度通道关闭，只显示黑白图像，这是解码器电路的一个重要功能。它是通过消色控制电路来执行的，相当于在色度信号传输通道中接入一个开关，当自动消色电路得到消色信号后立即将开关打开，截断色度通道，使色度信号不能再向后级传输。

TA7698AP 中色度通道产生自动消色现象的可能原因主要有：

（1）TA7698AP 的㊱脚外接电路开路而使行同步脉冲没有延时，㊳脚电路开路而没有行逆程脉冲输入，以及⑫脚外接滤波电容 C_{801} 开路或短路而使⑫脚电压降低等都会使消色电路起控，受控色度放大电路被截止。

（2）TA7698AP 的⑬～⑯、⑱脚的外接电路有故障，使副载波恢复电路停振，以及识别与消色检波电路的两个输入信号缺少一个逐行倒相副载波，也会使消色电路起控，受控色度放大电路被截止。

针对因消色电路起控而造成无彩色故障的检修一般采用迫停消色法。所谓迫停消色法，是指用人为的方法迫使消色电路不起控，即不进入消色状态，以便让各种引起消色电路起控的故障现象充分暴露出来，便于观察和检测，从而正确判断故障部位。

TA7698AP 是采用升高电压的方法实现迫停消色的，其具体方法是：在 TA7698AP 的⑫脚与＋12 V 电源供电端之间跨接一个 10～20 kΩ 左右的电阻，强行使⑫脚电位提高到＋9 V（或＋9 V 以上），使内部消色电路不工作，即打开"消色门"，然后再根据可能出现的下列现象之一进行进一步判断：

① 彩色正常。故障可能是 TA7698AP 的⑫脚开路、C_{810} 漏电或 TA7698AP 不良。

② 色调失真，即彩条位置错误。故障可能在㊱、㊳脚外接电路，因色同步信号没有分离出来，使恢复副载波相位有误差而造成色调失真。这时可检查与 PAL 开关有关的电路及元件，如㊳脚的脉冲幅度及 TA7698AP 等。

③ 彩色杂乱，即彩色不同步。此时整个画面彩色杂乱无章，可能是 TA7698AP 的⑯、⑱脚外接电路有故障，使恢复后的副载波频率不对造成的。此时应检查这两脚外接的低通滤波网络，有条件的话可用数字频率计测 4.43 MHz 振荡电路，若频率偏离在 ± 150 kHz 之内的话，则应考虑集成块内的 APC 鉴相器不良，色同步信号未能选出。

④ 仍无彩色。如果关闭消色器后，彩色还是不出现，说明无彩色故障原因是没有色度信号输入，与消色电路无关，此时应检查色度放大通道及梳状滤波器 DL801 等。

2. 彩色时有时无

彩色时有时无的原因有三个：

(1) 接触不良。色度通道某一元件即将损坏，处于好坏临界状态或电路接触不良。

(2) 色同步失调。色同步电位器 R_{809} 未调准，使 VCO 输出的色同步相位时而被色同步信号所同步，时而又失步。

(3) 消色器处于临界工作状态，间断地关闭和开启，使画面上彩色时有时无。这时测 TA7698AP 的⑦脚电压，读数会随画面色彩的有无而起伏，有彩色时为 6 V，无彩色时为 2.5 V。这是由于色彩的有无使内部的增益控制电路正常工作电压遭到破坏而造成的。

若⑫脚电压偏低，为 7 V(正常为 9 V)，说明内部消色识别电路工作不正常。造成此故障的原因大多是 C_{408} 开路。C_{408} 是行输出变压器 T_{602} 的⑦脚的外接电容，是 ABL 电路中的积分电容，它决定了 ABL 电路的时间常数，在亮度突变的情况下提供一个缓冲时间，使图像信号中的瞬时亮度不受限制。C_{408} 开路会使 T_{602} 的⑥脚输出的行逆程脉冲幅度压缩变小，使 TA7698AP 内的色同步选通门工作于临界状态，引起消色电路间歇性导通和截止。这时画面色彩每隔数秒钟周期性地时有时无。

3. 爬行(百叶窗效应)

接收彩色节目时，屏幕上光栅扫描线变粗，而接收彩条信号时，各彩条交界处色调不明显，且水平方向形成自下而上的条纹，类似百叶窗干扰，通常称为爬行现象。

爬行故障是 PAL 制彩电特有的故障，它与逐行倒相有很大关联。在 PAL 制彩电中，由于 F_V 分量逐行倒相的特点，使得相邻两行的色调有互补失真，因此设计制造时采用平均的方法，使相邻两行的失真互相补偿来克服传输系统中的相位失真。主要是采用延迟线实现电平均，亦即在色度信号检波之前，利用梳状滤波器把两行的色度信号实现电平均，这样解调出的色差信号，再不会因相邻两行的彩色失真相反而使相邻两行的亮度不同而导致"爬行"现象。如果梳状滤波器性能不良或 PAL 开关工作不正常，将会产生爬行故障。

爬行故障的实质是，由于延时解调电路(梳状滤波器)对 U、V 信号分离不彻底，使 U、V 信号都逐行改变极性，而显像管的非线性特性又使相邻行的亮度增减，于是出现较亮与较暗间隔的行结构；还因隔行扫描的缘故，使屏幕上的图像出现逐渐向上移动的条纹，所以形成这种百叶窗式的效应现象。

从飞跃 47C2—2 型机的解码电路来看，最易产生爬行故障的有 4 个部位：

（1）R_{804} 调整不当，使直通信号与延时信号幅度不等；

（2）T_{801} 调整不当，使延时相位不正好是 180°；

（3）DL801 延迟线不良（当延时误差超过标准值过大时）；

（4）集成块内 P/N 矩阵电路损坏。

爬行故障的检修要点是：在电视台播放测试信号时，用改锥调节 R_{804} 和 T_{801}，将爬行现象减到最小。如果调节无效，TA7698AP 的 ⑰、⑲ 脚两个波形幅度不等，则可能是外围元件损坏造成；否则，要试换延时线 DL801 及解码芯片 TA7698AP。潮湿环境下使用的彩电大多是由于 R_{804} 和 T_{801} 不良而造成"爬行故障"。

8.5.3　基色矩阵和末级视放电路常见故障分析

彩电中基色矩阵电路和末级视放电路的位置相当于黑白电视机中的末级视放，但它的任务与黑白电视机是完全不同的，它将色度通道来的三个色差信号和亮度通道来的亮度信号还原成红、绿、蓝三个基色信号（R、G、B），使彩色显像管重现彩色图像。图 8-23 已给出了基色矩阵和末级视放电路原理图，下面针对该图，介绍其故障的检修方法。

1. 彩色失真

彩色失真故障有三种情况：一是画面中缺少红、绿、蓝中的某一基色；二是在色饱和度电位器关闭后，画面仍带色；三是画面有局部彩色斑块，色饱和度电位器关闭后也不能消失。

彩色失真的第一种情况是红、绿、蓝三个电子枪中有一个电子枪截止，使三基色变成了二基色，这种彩色失真从图像画面上就可以看出来。若是红枪截止，画面呈青绿色；若是绿枪截止，画面呈紫蓝色；若是蓝枪截止，画面只有黄红色。造成画面缺色的原因，大多是视放末级有一个视放管开路或 be 极击穿，使与之对应的阴极电压升高，当超过 160 V 时，对应电子枪即截止；或者是隔离保护电阻 R_{115}、R_{116}、R_{117} 有一个开路，使相应电子枪没有电流回路；在使用多年的彩电中，视放管的引脚焊锡会爆裂脱焊，造成视放管开路。检修时，可测量显像管三个阴极和视放管引脚电压，调节亮度电位器使屏幕从最亮到无光，在正常情况下，阴极电压应在 80~170 V 之间变化。

彩色失真的第二种情况说明该机的暗、亮平衡需要重新调整。我们希望红、绿、蓝三条电子束电流相等，这样它们轰击荧光屏三个色点时才可得到白光。色饱和度电位器关闭后，应只显示黑白图像，而无彩色。由于彩色显像管三个电子枪的调制特性并不相同，三色荧光粉发光效率也不相等，因此要得到白光和黑白图像，还必须进行白平衡（即暗、亮平衡）校正。一般彩电在出厂前已完成了这一校正，但彩电使用久了，或因外界影响以及元件的参数变化等，也会在色饱和度关闭时，使图像带色。重调白平衡的具体方法是：关闭色饱和度电位器，调节 R_{856}、R_{857}、R_{858} 三个暗平衡电位器，用以改变三个末级视放管的射极电压，控制三个阴极的直流电平，使图像在最暗时不带色。R_{851}、R_{852} 是亮平衡电位器，用来调节加至两个视放管的亮度信号的大小，以改变三个基色信号的幅度比，使三个阴极的信号激励电压匹配，达到发光亮度一致的目的，从而使图像最亮时也不带色。这样反复调整，当图像在最亮、最暗时都只呈现黑白画面时，白平衡就调整好了。

彩色失真的第三种情况是显像管色纯不好引起的，需重新调整。具体方法参见第 13 章的实训九。

2. 无光栅、有伴音

基色矩阵和末级视放电路故障会使显像管束电流异常。束电流截止时，屏幕无光栅；而束电流过大时，会引起保护电路动作，光栅也会消失。

基色矩阵和末级视放电路中造成束电流截止无光栅的原因有：

(1) 无灯丝电压；

(2) 三个视放管截止不工作，其集电极电压升到电源电压＋190 V，使显像管阴极电压上升；

(3) 加速极电压跌落或加速极放电间隙对地漏电或短路。

基色矩阵和末级视放电路造成束电流过大的原因有：

(1) 三个视放管中有一个击穿；

(2) ＋190 V 供电电路开路，使阴极电位过低；

(3) 放电间隙短路，使阴极对地短路。

对于此故障的检修方法，可参照亮度通道造成无光栅、无伴音故障的检修方法。对于一开机就无光栅的故障，可先看显像管的灯丝是否点亮，用万用表测灯丝电压应为交流 4.5 V 左右。若灯丝不亮，则应检查灯丝电压的供电电路，以及从行输出变压器 T_{602} 的⑧脚开始到显像管的管脚之间的电路元件。

如果显像管阴极电压过高(超过 160 V)，引起束电流截止而无光栅，可测量视放管的基极、发射极电压。若为零，则要检查从主基板到管座板上的色差信号、亮度信号连线插座是否松脱或接触不良；若基极电压正常而射极电压偏高，则要检查亮度通道。

对于束电流过大而造成保护电路动作引起无光栅的故障，可根据以上谈到的三个原因，分别检测显像管阴极、视放管集电极电压，从电压异常处查找故障元件。

习　题

8.1　画出 PAL 解码器的原理框图，并叙述其各部分的作用。

8.2　亮度信号和色度信号在什么电路中依据什么原理被分离开？

8.3　亮度通道为什么要设置勾边电路、箝位电路、ABL 电路和亮度延时线？

8.4　简述轮廓校正电路的工作原理。

8.5　一台 16 英寸彩色电视机的亮度延时线被短路时，重现的图像将出现什么情况？屏幕上的彩色图像亮色失配距离是多少？

8.6　色度通道包括哪些电路？各有什么作用？

8.7　延时解调电路是如何将色度信号中的两个分量分开的？

8.8　简述 APC 鉴相器的工作过程。

8.9　用波形分析法分析同步检波器的工作原理。

8.10　ACC、ACK 电路有何异同？

8.11　电视机为什么需用 ACK 电路？

8.12　亮度通道的常见故障有哪些？如何检修？

8.13　什么叫白平衡？什么叫亮平衡？什么叫暗平衡？

第 9 章　电视机电源电路

在电视接收机中，电源电路是整机各功能电路的电能供应中心，它将工频交流电源转换成稳定的直流稳压电源，它的性能好坏直接影响着整机各功能电路的质量，因此对电视机电源电路的设计、调整与测试都提出了较高的要求。近年来，在黑白电视接收机与彩色电视接收机中，新颖和优良的电源电路不断出现。本章主要介绍使用较广泛的两类电源电路，即串联型线性稳压电源电路和开关型稳压电源电路。

9.1　概　　述

所谓线性稳压电源，是指担任稳压调节的三极管处于线性放大状态；而开关稳压电源则是指担任稳压调节的三极管处于非线性状态，即开关状态。

通常，黑白电视机的电源电路采用传统的串联型线性稳压电源电路，而彩色电视机则采用新颖的开关型稳压电源电路。在 35 cm(14 英寸)以下的黑白电视机中，其电源电路的输出电压 U_o 一般为 +12 V 左右，可给负载提供 1.2 A 左右的电流；而在 40 cm 以上的黑白电视机和所有的彩色电视机中，其电源电路的输出电压 U_o 一般为 +100 V 左右，可给负载提供 0.4 A 左右的电流。

对电源电路的基本要求可概括为：

(1) 有良好的稳压特性：电网交流电压在一定范围内变化(220 V±10%)或电源负载变化时，输出的直流电压应基本不变。

(2) 纹波电压小：输入的交流电源经整流、滤波和稳压后，应是纯净的直流电压，要求残留纹波电压越小越好，一般要求纹波电压小于 5～10 mV。

(3) 电源内阻小：电源内阻越小，负载能力越强，即输出电压受负载变动的影响就越小，一般要求电源内阻应小于 0.3 Ω。

(4) 受环境温度影响小：输出电压不应随使用时间及环境温度而变化。

(5) 有较好的保护措施，避免因负载短路或过流等故障而损坏电源。

(6) 损耗较小，效率高。

9.2　串联型线性稳压电源

串联型线性稳压电源在黑白电视机和早期彩色电视机中应用较多，其电路原理在电子技术课程中已作过详细分析,这里仅简要介绍串联型线性稳压电源的工作过程。

串联型线性稳压电源的组成框图如图 9-1 所示,它包括工频变压器、整流滤波电路、调整元件、取样电路、基准电压电路和误差比较放大电路等六个部分。

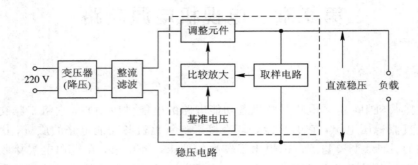

图 9-1 串联型线性稳压电源方框图

从图 9-1 可以看出,取样电路对输出电压 U_o 取样,然后与基准电压进行比较,得到的误差电压经放大后,再去调节调整管的导通程度,使调整管 c、e 极之间的等效电阻发生改变,从而使输出电压 U_o 得到稳定。

下面以莺歌 145 型 μPC 三片机的电源电路(见图 9-2)为例,对串联型线性稳压电源的工作过程作简单分析。

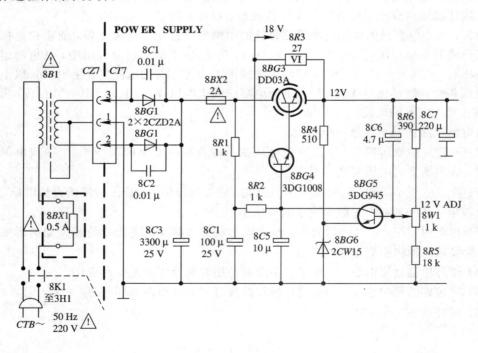

图 9-2 串联型线性稳压电源实例

该电源的稳压部分由调整管 8BG3、误差比较推动管 8BG4、误差取样放大管 8BG5 等组成。220 V 的交流市电经过工频变压器 8B1 降压输出,再经 8BG1、8BG2 全波整流及电容 8C3 滤波后，输出约＋18 V 左右的未稳压的直流电压，并送至调整管 8BG3 的集电极。调整管 8BG3 工作在放大状态，其发射极输出的是经过稳压的约＋12 V 左右的直流电压。该电源的稳压工作过程如下：输出直流电压经取样电阻 8R5、8R6 及 8W1 取样得到取样电压，该取样电压与基准稳压二极管 8BG6 两端电压比较后产生误差电压，误差电压改变了 8BG5 的导通程度，在误差取样放大管 8BG5 的基极产生误差电流 $\Delta i_{\rm b}$，该误差电流 $\Delta i_{\rm b}$ 经 β 倍放大后形成 $\Delta i_{\rm c}(=\beta\Delta i_{\rm b})$。$\Delta i_{\rm c}$ 的分流作用使得误差比较推动管 8BG4 的基极电压发生变化，经放大后改变调整管 8BG3 的导通程度，即相当于改变调整管 8BG3 集电极和发射极之间的等效电阻 $R_{\rm ce}$。整流滤波输出未稳定的约＋18 V 左右的直流电压，经 $R_{\rm ce}$ 与等效负载 $R_{\rm L}$ 分压后，等效负载 $R_{\rm L}$ 上就会得到稳定的直流电压输出。整个电路构成一个负反馈系统，保证在输入交流电波动或等效负载 $R_{\rm L}$ 改变时输出电压始终稳定，从而达到稳压的目的。

9.3　开关型稳压电源原理

9.3.1　概述

开关型稳压电源因具有功耗小、效率高、稳压范围宽等优点，近年来得到了广泛应用。目前，绝大部分彩色电视机以及某些黑白电视机中均采用了开关型稳压电源，而且在其它声像设备和电子仪器中，开关型稳压电源的应用也越来越普遍。

1. 开关型稳压电源的特点

开关型稳压电源的工作模式是：交流电经整流后变成脉动直流，再经振荡器将脉动直流变成脉冲电压，最后由脉冲整流电路产生稳压的直流电压输出。开关型稳压电源有许多优点，主要表现在以下几个方面：

（1）效率高。开关型稳压电源的调整管工作在开关状态，因此，功耗很小，效率可大大提高。其效率通常可达 80％～90％。

（2）重量轻。开关型稳压电源常采用电网输入的交流电压直接整流，省去了笨重的工频变压器。

（3）稳压范围宽。输入交流电压在 130～260 V 之间变化时，都能达到良好的稳压效果，输出电压的变化在 2％以下，与此同时仍保持高效率。

（4）保护功能全。在开关型稳压电路中，具有过压、过流和短路等多种保护电路。

（5）滤波电容容量小。由于开关信号频率高，滤波电容的容量可大大减小。

（6）功耗小，机内温升低。由于晶体管工作在开关状态，不需采用大散热器，机内温升低，因此整机的可靠性和稳定性也得到一定程度的提高。

开关型稳压电源也有缺点，具体表现在以下几方面：

（1）安全性差。由于省去了工频变压器，整机电源部分带电，因此，在维修时宜加装一个功率不小于 100 W 的隔离变压器，以保证维修人员和仪器设备的安全。

（2）存在开关干扰。由于稳压电源的调整管工作在开关状态，因此会对图像产生干扰信号。

(3) 电路较复杂,维修不便。

2. 开关型稳压电源的种类

1) 按开关晶体管的连接方式分类

(1) 串联型开关稳压电源。串联型开关稳压电源的方框图如图 9-3 所示。

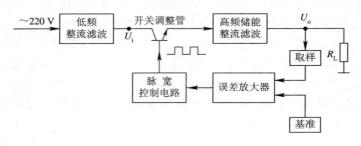

图 9-3　串联型开关稳压电源方框图

由图 9-3 可知,开关调整管串联在输入电压与输出负载之间。正常工作时,开关脉冲信号经推动级放大整形,驱动开关晶体管,使开关晶体管周期性导通、截止,这样,输入未稳压的直流电压 U_i 通过开关晶体管控制后,得到的输出电压 U_o 与开关脉冲信号的占空比有关,即 $U_o = U_i T_c / T$。其中,T_c 是开关晶体管的导通时间,T 是开关脉冲信号的周期。当输入的交流电压或电视机负载变化时,会引起输出电压 U_o 的变化,这时,就可通过取样电路取出其变化量,并与基准电压相比较,得到误差电压,此误差电压经误差放大器放大后,再去控制脉宽控制电路输出的脉冲宽度(即占空比),从而达到稳定直流输出电压的目的。

(2) 并联型开关稳压电源。并联型开关稳压电源的方框图如图 9-4 所示,图中的开关晶体管(简称开关管)与输出负载是并联的,其工作过程与上述串联型开关稳压电源相似。

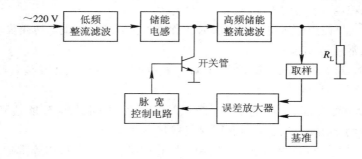

图 9-4　并联型开关稳压电源

(3) 脉冲变压器耦合并联型开关稳压电源。脉冲变压器耦合并联型开关稳压电源的原理框图如图 9-5 所示。图中,开关晶体管与脉冲变压器初级串接后并接在输入端,开关晶体管在开关信号控制下,周期性导通、截止,使初级未稳压的直流电源变换成高频矩形脉冲,由脉冲变压器耦合到次级,再经整流滤波后获得直流输出电压。其稳压过程也与上述串联型开关稳压电源一样,通过取样电路与基准电压的比较,将其误差电压由比较放大器放大后,再去控制开关脉冲的占空比,最终达到稳定输出电压的目的。

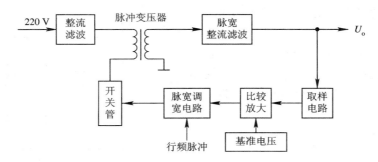

图 9 - 5　变压器耦合并联型开关电源组成框图

2）按开关电源的激励方式分类

（1）自激式：自激式电路是利用开关管、脉冲变压器等构成的正反馈环路来形成自激振荡，使开关稳压电源产生电压输出。

（2）他激式：这是一种需附加一个振荡器来产生开关脉冲以触发开关管工作的激励方式。开关脉冲作用于开关管，使电源电路产生电压输出，待电视机正常工作后，再由行频脉冲作为开关脉冲以维持开关管的工作，此时，附加振荡器就不起作用了。

3）按开关电源的稳压控制方式分类

（1）脉冲宽度控制方式（调宽式）：用改变开关管导通时间 T_{on} 的方法来调节输出的电压，使 U_o 稳定。

（2）脉冲频率控制方式（调频式）：保持开关管导通时间 T_{on}（或截止时间 T_{off}）不变，通过控制开关脉冲频率（周期），相应地调节脉冲占空比，使输出电压达到稳定。

4）按开关电源输出电压与输入电压的大小关系分类

（1）升压式。

（2）降压式。

9.3.2　变压器耦合并联型开关电源工作原理

脉冲变压器耦合并联型开关稳压电源在彩色电视机中应用较多，这里对该电路作较详细的分析，其基本电路组成如图 9 - 6 所示。

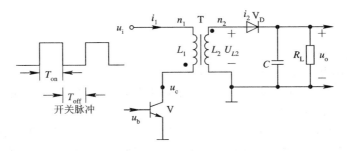

图 9 - 6　变压器耦合并联型开关电源等效电路

图 9 - 6 中，V 为开关调整管；T 是脉冲变压器（又称储能变压器），由于工作频率较高，故采用铁氧体材料的铁心，同名端如图中所标；V_D 为脉冲整流二极管；C 是滤波电容器，也有储能作用；R_L 为电源的负载。电路的工作过程类似于行输出电路，设 V 为理想开

关管，则电路的工作电压、电流波形如图 9 - 7 所示。

在 $t_0 \sim t_1$ 期间，正脉冲作用到开关管 V 的基极，使其饱和导通（$U_{ce} = 0$），则脉冲变压器初级线圈 L_1 上产生的感应电压 U_{L1} 为上正下负，此时

$$U_{L1} = L_1 \frac{\mathrm{d}i_1}{\mathrm{d}t} = U_i \qquad (9-1)$$

即

$$i_1 = \frac{U_i}{L_1} t + I_1(0) \qquad (9-2)$$

式中，$I_1(0)$ 由初始状态决定。由式（9 - 2）可见，初级线圈电流 i_1 线性上升，脉冲变压器次级感应的电压 U_{L2} 为上负下正，此时二极管 V_D 截止。在开关管 V 导通期间，随着 i_1 的上升，变压器中磁能增大，在 t_1 时刻达到最大值 $L_1 I_{1m}^2 / 2$。

在 $t_1 \sim t_2$ 期间，负脉冲作用到开关管 V 的基极，开关管 V 处于截止状态，$i_1 = 0$。此时初级线圈 L_1 上感应的电压为上负下正，由同名端连接可知，次级线圈 L_2 感应的电压为上正下负，于是，二极管 V_D 导通，脉冲变压器储存的磁能开始使电容 C 充电，从而获得输出直流电压 U_o。如果忽略变压器的损耗，初级的所有能量全部转移到次级，则初、次级能量关系应满足：

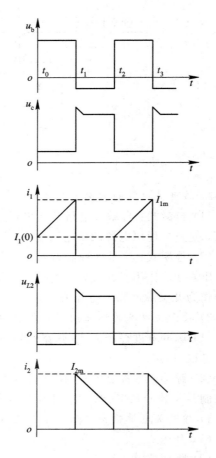

图 9 - 7 并联型开关电源的工作波形

$$\frac{1}{2} L_1 I_{1m}^2 = \frac{1}{2} L_2 I_{2m}^2 \qquad (9-3)$$

由此可得

$$I_{2m} = \sqrt{\frac{L_1}{L_2}} I_{1m} \qquad (9-4)$$

式中，I_{1m}、I_{2m} 分别为初、次级电流的最大值。

在 $t_1 \sim t_2$ 期间，次级电流 i_2 从 I_{2m} 开始线性下降，该电源的能源就是开关管 V 导通时由变压器中储存的能量提供的。

t_2 时刻，正脉冲又作用到开关管 V 的基极，开关管 V 又导通，则二极管 V_D 截止，于是脉冲变压器又开始储存能量，此时 i_1 又从 $I_1(0)$ 开始上升。在开关管 V 导通、V_D 截止期间，负载所需电流由电容器 C 放电来供给。

为讨论方便，我们仅考察电路工作在平衡状态后的稳态情况。开关管 V 导通时，脉冲变压器储存能量，设能量的增加量为 ΔW_1；当开关管 V 截止时，二极管 V_D 导通，脉冲变压器储存的能量被负载消耗，设能量的减少量为 ΔW_2。平衡状态时，一个周期内增加的能

量应与消耗的能量相等，即有

$$\Delta W_1 = \Delta W_2$$

因为

$$\Delta W_1 = \frac{1}{2} L_1 \Delta I_1^2 \tag{9-5}$$

$$\Delta W_2 = \frac{1}{2} L_2 \Delta I_2^2 \tag{9-6}$$

其中，ΔI_1 为脉冲变压器初级电流的增加量，所以由式(9-2)可得

$$\Delta I_1 = \frac{U_i}{L_1} T_{on} \tag{9-7}$$

式中，T_{on} 为开关管 V 的导通时间。

同样，次级电流为线性下降的波形，ΔI_2 为脉冲变压器次级电流的减小量，因此有

$$\Delta I_2 = \frac{U_o}{L_2} T_{off} \tag{9-8}$$

式中，T_{off} 为开关管 V 的截止时间。

由式(9-5)～式(9-8)可得

$$U_o = \sqrt{\frac{L_2}{L_1}} \frac{T_{on}}{T_{off}} U_i = \frac{n_2}{n_1} \frac{T_{on}}{T_{off}} U_i \tag{9-9}$$

上式说明，输出电压 U_o 与输入电压 U_i 成正比，与变压器匝数比成正比，与开关晶体管导通时间和截止时间的比值 T_{on}/T_{off} 成正比。

调宽式开关稳压电源受行频同步，即周期 $T = T_{on} + T_{off} = T_H$ 为 64 μs，是固定不变的，所以输出电压 U_o 可通过控制 T_{on}/T_{off} 的值，即控制脉宽来调节，而保持 T_{on}（或 T_{off}）不变，通过改变脉冲周期 T 来调整 T_{on}/T_{off} 的值就是调频式的原理。

从上述工作过程可以看出，开关管 V 和二极管 V_D 是反极性激励关系：V 导通时，V_D 截止；而 V 截止时，V_D 则导通。此外，开关管仅工作在导通和截止两种状态，管耗很小，故开关稳压电源的效率比线性稳压电源高得多，一般可达 80%～90%。

9.4　开关型稳压电源电路实例

本节具体分析日本夏普公司的 NC—2T 机芯开关电源电路，以加深对开关电源电路工作原理的理解。在 NC—2T 机芯中，夏普公司的"电源输出模块"的部品管理号为 IX0689CE，就是日本三洋公司生产的 SK7358 厚膜集成电路。该开关电源采用与机架隔离的开关变压器，构成自激式开关电源。开关电源部分与整机其它电路部分的公共接地点不直接相连，而是经过 R_{703}、R_{702}、C_{703}、C_{704} 与整机其它电路部分的公共接地点相悬浮连接，整个主机板除了开关电源底板为"热"底板外，其它部分均为"冷"底板，从而增加了安全性。

NC—2T 机芯开关电源是由厚膜集成电路 IC701(IX0689CE)和外围电路组成的。厚膜集成电路 IX0689CE 的内部电路原理图如图 9-8 所示。

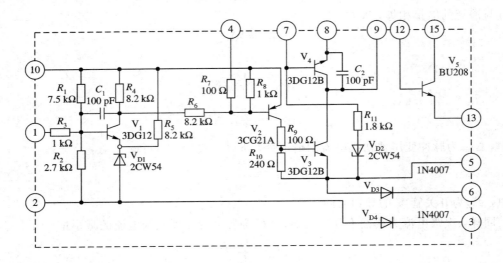

图 9 - 8 IX0689CE 内部电路原理图

表 9 - 1 列出了厚膜集成电路 IC701(IX0689CE)的各引脚功能及工作电压。

表 9 - 1 厚膜集成电路 IC701(IX0689CE)各引脚功能及工作电压

引脚	引 脚 功 能	工作电压/V
①	内部通过 R_3 接取样比较管，外接电容 C_{709}	−20.0
②	取样比较电路公共端，外接取样滤波电容	−27.0
③	取样端	+0.42
④	内接振荡管 V_2，外接 R_{709} 振荡回路电阻	−0.25
⑤	反馈电路滤波端，外接 C_{712} 滤波回路电阻	−2.50
⑥	反馈端	+0.32
⑦	过流保护端，外接电网过压保护稳压管 V_{D706} 及 R_{711}	−1.83
⑧	内接过流保护管 V_4 的发射极，外接开关电源地	0
⑨	过流保护电路输出端	−1.67
⑩	集成块内部接地端	+0.32
⑪	空脚	
⑫	开关调整管 V_5 基极	−1.48
⑬	开关调整管 V_5 发射极	+0.32
⑭	空	
⑮	开关调整管 V_5 集电极	+300

图 9 - 9 给出了简化的 NC—2T 机芯开关电源电路的原理图。

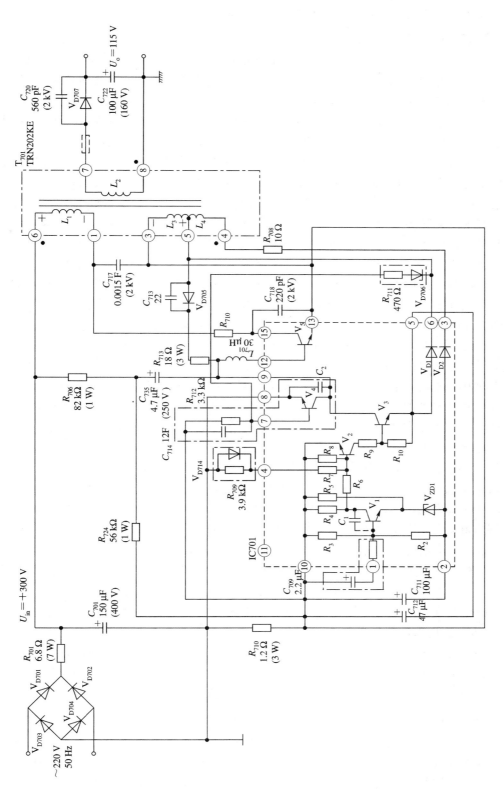

图 9-9 NC－2T型开关电源电路原理图

下面分析该机芯开关电源电路的基本工作过程。

1. 自激振荡开关电路

从图 9-9 可知,当电源开关合上时,电网电压就经过 $V_{D701} \sim V_{D704}$ 整流、R_{701} 限流、C_{706} 滤波后形成约 300 V 的直流电压 U_{in}。U_{in} 一方面通过开关变压器初级线圈及 R_{710},加至厚膜集成电路 IC701 内部 V_5 的发射极 e 和集电极 c 的两端;另一方面通过 R_{706} 对 C_{735} 充电,产生 V_5 的基极电流,使 V_5 得到偏置电流,由截止变为导通状态,于是 V_5 的集电极将产生电流。V_5 的集电极电流流过开关变压器初级线圈 L_1,即开关变压器 T_{701} 的①、⑥脚,于是在①、⑥脚两端就会产生感应脉冲电压。这样,在正反馈绕组 L_3 上也会产生反馈电压。此反馈电压的一端直接送至厚膜集成电路 IC701 的⑬脚,即内部 V_5 的 e 极;另一端则通过二极管 V_{D705}、电阻 R_{713} 及电感 L_{701} 加至 V_5 的基极。由于此时 L_1 产生的感应脉冲电压为上正下负,即开关变压器的⑥脚为正、①脚为负,因此,根据同名端法则,在 L_3 上耦合的感应脉冲电压的极性应是⑤脚为正、③脚为负。这样,L_3 上耦合的感应脉冲电压就由 C_{713}、V_{D705}、R_{713}、L_{701} 反馈至 V_5 的基极和发射极之间,这是个正反馈过程,因此,V_5 很快饱和导通。

V_5 饱和后,U_{in} 通过 R_{710}、V_5 对 L_1 充电,充电电流 I_{c5} 呈近似线性上升,此电流在 R_{710} 上产生的压降 $U_{R710} = I_{c5} \times R_{710}$ 也随之上升。电压 U_{R710} 通过电阻 R_{709} 以及厚膜集成电路 IC701 的内部电阻 R_7 加到 V_2 的基极。当 U_{R710} 小于 V_2 的 be 结之间的最小导通电压 0.5 V 时,V_2 是截止的,V_3 也因基极无电流而截止,于是 V_3 对开关管 V_5 不产生任何影响。在此期间,因 I_{c5} 上升使 L_1 感应出上正下负的感应电压,所以在开关变压器次级 L_2 上将产生上负下正的感应电压,此时 V_{D707} 截止,开关变压器次级 L_2 无电流向负载提供,而由 C_{722} 储存的能量向负载提供电流。随着 I_{c5} 的上升,使得 R_{710} 上的压降也随之上升,当压降 U_{R710} 大于 V_2 的 be 结之间的最小导通电压 0.5 V 时,V_2 的基极就会得到偏置电流,从而在 V_2 集电极产生电流 I_{c2}。此时,V_3 因得到电流 I_{c2} 而进入放大状态。

由于 V_3 集电极电流 I_{c3} 的分流作用使维持 V_5 饱和的基极电流 I_{b5} 减小,因此当 V_5 的基极电流 I_{b5} 减小到临界点($I_{c5} = I_{b5} \times h_{fe}$)时,$V_5$ 就会退出饱和区而进入放大区。此时 I_{c5} 不再继续增大反而开始减小。当 I_{c5} 开始减小时,由电感的特性可知,L_1 线圈立刻感应出上负下正的感应电压,于是开关变压器 L_3 线圈也感应出⑤脚为负、③脚为正的电压,使 I_{c5} 继续减小。这是一个正反馈雪崩过程,很快就会使 V_5 由导通转为截止。

此时,在开关变压器次级 L_2 线圈上就感应出上正、下负的电压,使 V_{D707} 导通,向负载提供电流,并向 C_{722} 充电。即 V_5 导通时 L_1 所储存的能量通过 L_2 释放给负载。与此同时,L_1 上的电压(上负下正)与 U_{in} 叠加向 C_{717} 与 C_{718} 充电,L_1、C_{717} 及 C_{718} 构成振荡回路。于是,L_3 绕组上也会感应出振荡电压波形。

L_3 绕组上感应的振荡电压一旦达到 V_5 的导通电平时,V_5 便会再次导通,从而使 V_5 因正反馈而饱和,如此周而复始,重复下去。

2. 稳压控制电路

如上分析,V_5 的截止是由于 V_2、V_3 的导通,也就是 R_{710} 上的压降使得 V_2 导通所致。开关变压器次级 L_2 线圈输出电压 U_0 的高低取决于 L_1 上储存能量的多少,而 L_1 上储存能量的多少又取决于 V_5 导通时间的多少。V_5 导通的时间取决于 V_2、V_3 开始导通的时刻。V_2、V_3 的导通时刻一方面取决于 V_5 集电极电流的变化率;另一方面,取决于 V_1 集电极的电压。因此，只要控制 V_1 的集电极电压就可控制输出电压的高低。V_1 集电极电压的控制是由取样比较电路来完成的。L_3、L_4 为取样绕组，在 V_5 截止时，V_{D707} 导通，L_2 上电压与 L_3 及 L_4 上的电压为线性匝数比关系，$L_3 + L_4$ 上电压为上正下负，此电压经 V_{D2} 整流、C_{711} 滤波，在厚膜集成电路的②、⑩脚上产生约 27 V 的取样电压，作为 V_1 的工作电压。取样电压经电阻 R_1、R_2 分压接到 V_1 的基极。这样，取样电压越高，V_1 的基极电流就越大，集电极电位就越低；反之，取样电压越低，V_1 的基极电流就越小，集电极电位就上升。稳压控制电路的工作过程是：假设输出电压 U_o 上升时，使得取样电压也上升，即有 $I_{c1} \uparrow \rightarrow$ $U_{c1} \downarrow \rightarrow V_2$ 提前导通 $\rightarrow V_3$ 也提前导通 $\rightarrow V_5$ 提前截止，从而缩短了 V_5 的导通时间，于是，输出电压 U_o 下降；反之亦然。

3. 过流、过压保护电路

为防止负载短路或过重等情况可能造成元器件的损坏，开关电源内设有过电流限制电路，如图 9 - 10 所示。电路由 V_4、V_5、R_{710}、R_{712}、R_{713} 及 V_{D706} 等组成。当负载短路或过重时，电源开关调整管 V_5 的电流 I_{c5} 增大，使得 V_5 发射极电阻 R_{710} 的两端压降也增大。电压 U_{R710} 通过电阻 R_{712} 加到 V_4 的基极与发射极两端。当 U_{R710} 增大到 V_4 的起始导通电压 0.5 V 时，V_4 进入放大区，在 V_4 集电极产生电流。此电流是 V_5 基极的旁路电流，分去 V_5 基极的一部分反馈电流，使得 V_5 的基极电流减少，缩短了 V_5 的导通时间。I_{c5} 越大，则 U_{R710} 也越大，V_5 的导通时间就越短，从而达到限制 I_{c5} 过大的目的。

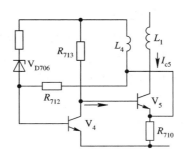

图 9 - 10　过电流限制电路

当负载过轻或输入电压过高时，输出电压也会相应升高，可能对显像管及其他单元电路造成损坏。为了避免这种情况发生，开关电源中一般都设置了过压保护电路。

过压保护电路的工作过程如下：当输入的市电电压过高时，V_5 的集电极的电流增大，即 $\Delta I_{c5} / \Delta t$ 增大，从而使反馈电压 U_{L4} 也增大，于是反馈至 V_5 的基极电流也增大。当 U_{L4} 升高到一定值时，U_{L4} 与 U_{R710} 的叠加会使稳压管 V_{D706} 导通，导致 V_4 的导通，流过 V_4 的集电极电流使反馈至 V_5 的基极电流减小。输入的市电电压越高，反馈电压 U_{L4} 就越高，反馈至 V_4 的基极电流也越大，即 V_4 的集电极电流也越大；V_4 的集电极电流越大，使 V_5 的基极分流电流也越大，从而缩短了 V_5 的导通时间，降低了输出电压，以免造成显像管及其他单元电路的损坏。

为了防止开关电源本身发生故障时，引起输出电压 U_o（$U_o = 115$ V）升高而损坏负载电路元器件，在开关变压器 T_{701} 的次级 115 V 电源输出端接有过电压保护用的稳压二极管 V_{D708}。V_{D708} 的稳定电压为 140 V 左右，如果开关电源取样回路发生故障，会使输出电压 U_o。

升得很高。如果输出电压 U_o 由 115 V 升高到 140 V 以上，V_{D708} 会被立刻击穿，从而短路，于是，开关电源振荡电路马上停振，输出电压 U_o 就降为 0 V，从而实现了过压保护。

9.5 开关电源电路常见故障分析

由于开关电源处于高电压、大电流的开关工作状态，而且与整机各个部分都有供电联系，当开关电源外部的负载或电源部分本身发生故障时，都会使输出电压不正常，从而使整机不能正常工作，因此，开关电源部分的故障是较为常见的故障。开关电源工作于自激振荡状态，只要有一处故障就会使整个振荡器停止工作，故障检修较复杂。在检修开关电源部分的故障时，由于开关电源部分直接与电网相连，人体触及时会有生命危险，因此修理时必须使用隔离变压器。另外值得注意的是，开关电源部分严禁负载开路时通电。下面分析几个开关电源部分较为常见的故障。

1. 无光栅、无图像、无伴音、烧保险丝

烧保险丝不能开机这一故障，主要是开关电源中有元器件被击穿或短路。由于开关电源本身有过流保护电路，因此此故障范围在电网进线至开关电源的变压器初级部分之间，可采用测各关键点电阻的方法来判断故障位置。

2. 无光栅、无图像、无伴音、不烧保险丝

出现了"三无"（无光栅、无图像、无伴音）、不烧保险丝的现象，通常是由于负载短路或过流或开关电源振荡电路中元器件损坏等情况而使开关电源振荡电路停振，造成无电压输出。通常可用检测各关键点电压和波形的方法来判断故障位置。

3. 输出电压偏低

输出电压偏低，除了行输出电流等负载过重以外，应重点检查开关电源中的稳压控制电路。

习　题

9.1 开关型稳压电源与串联型线性稳压电源相比具有哪些特点？
9.2 试用波形说明脉宽控制方式和频率控制方式这两类开关电源的稳压调节原理。
9.3 试分析 NC—2T 型开关稳压电源的输出电压降低时，稳压电路的调节过程。
9.4 画出 NC—2T 型开关电源电路的组成框图。

第 10 章　彩色电视机遥控系统及整机分析

遥控电视是指在离电视一定距离内可对选台等操作进行无线控制的电视，它由电视接收机和遥控系统组成。由于大规模集成电路以及单片微处理器芯片技术的迅猛发展，现在出品的彩色电视接收机均采用了遥控技术，这极大地方便了用户的操作和使用，因而具有广阔的发展前途。本章主要以三菱 M50436－560SP 遥控系统为例，分析典型彩色电视接收机遥控系统的组成及工作原理，并对 NC—2T 彩色电视机整机电路作详细的分析。

10.1　彩电红外遥控系统概述

10.1.1　红外线遥控信号

早期研制的遥控系统是采用超声波来传送信息的，它由遥控发送器和接收器两部分组成。超声波的载波频率一般选为 40 kHz。接收器在收到遥控信号后，经变换及识别处理，得到各种控制电信号，最终控制执行电视机的有关功能。由于超声波传感器的频宽较窄，易受噪声干扰，可靠性差，而且多种控制信息的传输需要采用数字编码技术，超声波传送方式就不能满足要求，因而被红外线传送方式所取代。目前，遥控电视机所采用的控制信息的传输，都是以红外线为其传输载体的。

红外线同无线电波一样，都是电磁波的一种，其中无线电波的频率为 $10^4 \sim 3 \times 10^{12}$ Hz，而红外线的频率为 $10^{12} \sim 3.9 \times 10^{14}$ Hz。人眼对红外线并无感觉，但人们的身体却能感觉到它(温度)。

红外线遥控是以红外线为载体来实现调制信号的传输的。彩电的红外线遥控信号是由红外发光二极管发出的，接收机采用红外光电二极管将其接收，经解调后送单片微处理器处理，实现各项遥控操作。与超声波遥控器相比较，红外线遥控器具有方向性好、保密性强、干扰小、传输效率高、易于调制与编码、体积小、工作稳定等特点。由于红外线为无障碍直线传播，只能在有限的可视范围内起作用，对其它非本遥控器控制的电器几乎无干扰，也不受周围环境的电、磁干扰，因此可广泛应用于家用电器(电视、空调、音响等)、工业控制及防盗报警场合。

为实现多种控制功能，遥控系统的发送端通常采用数字信号调制，即先用编码脉冲对 38 kHz 左右的载波信号进行脉冲幅度调制，然后再去驱动红外发光二极管发出遥控信号，这样既降低了发送端的功耗，又提高了信号传输的抗干扰性。在接收端，用红外光电二极管将遥控信号接收下来，先对信号进行解调，得到编码脉冲，然后由单片微处理器对编码脉冲信号进行解码，根据不同的控制指令，实现对操作功能的各种控制，如选台、色彩控制等。

10.1.2 彩电红外遥控系统的组成

　　彩色电视机红外线遥控系统主要由遥控发射器、遥控接收器、中央微处理器、存储器、接口电路和本机键盘矩阵等组成。图10-1是彩电红外遥控系统的组成方框图。下面简述各组成部分的作用。

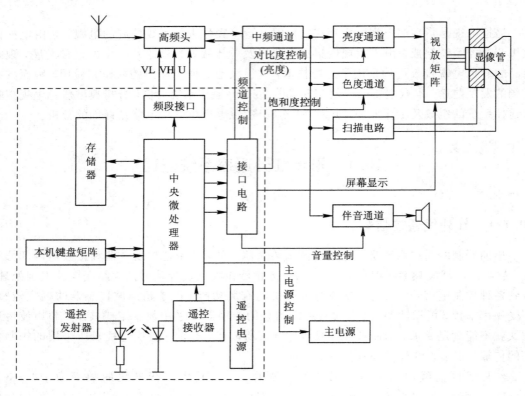

图10-1　彩电红外遥控系统方框图

1. 遥控发射器

　　红外遥控发射器主要由键盘矩阵、遥控器专用集成芯片、激励器和红外发光二极管组成。其工作过程是：首先，由专用集成芯片将每个按键的键位码经内部遥控指令编码器转换成遥控编码脉冲；然后，用编码脉冲对38 kHz左右的载波进行脉冲幅度调制；最后，用已调制的编码脉冲激励红外发光二极管，使其以中心波长为940 nm的红外光发出红外遥控信号。

　　常见的遥控发射集成芯片有M50460P、M50462P、SAA3010、TC9012F等。

2. 遥控接收器

　　红外遥控接收器一般由红外光电二极管、前置放大器、解调等电路组成。红外光电二极管属光敏元件，它对红外光线相当敏感，无红外光照时，其内阻极高(约几兆欧)；有红外光照时，内阻可下降为几千欧。因红外光电二极管的结电容较小，故其频率响应较宽，具有较高的灵敏度。

当收到红外遥控信号时，光电二极管被激励，产生光电流，再经前置放大器放大、限幅、整形、峰值检波等，得到遥控编码脉冲，送入中央微处理器去解码并控制有关电路。

常用的红外遥控接收集成芯片有 μPC1373H、CX20106A、LA7224 等。

3. 中央微处理器

中央微处理器根据红外遥控接收器送来的遥控指令，由内部的指令译码器进行识别译码，在内部的只读存储器中取得相应的指令控制程序，产生出相应的控制信号，通过接口电路去控制相应的单元电路。中央微处理器是根据需要专门设计的，它是整个遥控系统的核心元件。

4. 存储器

存储器是配合中央微处理器的读写存储器，它用于存储各电视频道的选台数据及模拟数据，包括调谐电压、频段、音量、对比度、亮度和色饱和度等，这些数据可以抹去后重新写入。在选用预选单元时，对应该单元的选台数据被读出，各模拟量数据也被读出，分别送至相应的接口电路。存储器所存的数据信息在断电后不会丢失，每次开机后，自动取出上次关机前的有关数据并据此接收信号。也可根据需要通过按键随意更换频道或调节各模拟量。

5. 接口电路

接口电路介于中央微处理器与被控电路之间，其主要作用是进行数/模转换和电平移位。所谓数/模转换，就是将中央微处理器输出的数字信号数据转换成被控电路所需的模拟电压，如选台调谐电压、音量控制电压、色饱和度控制电压等。所谓电平移位，就是将数/模转换后的直流电平转换成被控电路所要求的电平，例如在调谐选台时，要求加在高频调谐器内变容二极管上的电压范围为 $0\sim30$ V，而中央微处理器输出的电压不超过 5 V，所以需要电平移位。

6. 本机键盘矩阵

除使用遥控发射器能对彩电实现控制外，通常在彩电面板上还设置有若干按键，组成本机键盘矩阵。本机键盘矩阵同样可实现各种控制功能，并且它所产生的编码信号无需进行调制及解调，而是直接通过电阻送到中央微处理器中的。

10.1.3　遥控彩电的常见遥控功能

各种彩色电视机的遥控功能略有不同，一般都具有选台控制、模拟量控制、静音控制、电源开关控制、屏显控制等功能。

1. 选台控制

选台即变换接收的电视频道。对此操作需要分两步进行：一是遥控系统应送出频段切换信号，以确定电视机的接收频段（VL、VH 或 U）；二是把调谐电压 U_T（$0\sim30$ V 可调）送到高频调谐器中。

选台方式一般分为自动搜索选台、半自动搜索和直接选台。

自动搜索选台就是自动搜索当前所能收到的所有节目的频道，并依次存储在节目存储器中。电视机自动搜索选台时，首先从 VL 频段的最低端开始搜索节目，即令调谐电压 U_T 由低到高逐渐变化，使高频调谐器沿 1～5 频道自动搜索电视节目，并在屏幕上显示频段标志 VL 及一条逐渐延伸的断续彩条。彩条的长度表示已搜索过的频率在相应频段中的范围，它对应于调谐电压 U_T(0～30 V)之间的相应电压值。当搜索到某一频道的电视节目后，中央微处理器就将该频道的数字调谐电压、数字频段信息等写入与该频道位置号相对应的存储器单元中。然后使频道位置号加 1，调谐电压再继续增加，去搜索和存储下一个电视节目。当 VL 频段搜索完后，自动转入 VH 频段，去搜索 6～12 频道的电视节目，最后转入 U 频段，继续沿着 13～68 频道搜索，直到将当时所有能收到的电视节目都搜索完毕，并按频道号的顺序将有关数据依次存储起来。在以后收看时，只要按频道位置号进行选台，就可以收看到预置的节目了。

半自动搜索选台是利用手工调节的方法，配合遥控的键盘上的搜索(＋)或(－)键，将当时能接收到的用户所喜欢的电台预选到指定的存储单元中。具体操作过程为：在指定的频段上，先按下预调键，再按搜索(＋)或(－)键，依次向上或向下搜索，直到收到所喜欢的电视台，再按下存储键，把该电视台的频段信息和调谐电压信息写入存储器的指定单元中。半自动搜索选台时与自动搜索选台的屏幕显示相似。

直接选台是按频道存储位置号选台。通过自动或半自动搜索选台，已在相应的存储器单元中记忆着相应电视台的频段、频道信息。直接选台是在这基础上，在遥控发射器上按下某个"频道位置号"键，电视机就立即按预置在该频道预置号中的电视频道来接收电视节目。用按键直接选台，早期的电视为 30 个(1～30 号)，现在一般有 90 个，有的可达到 120 个。

2. 模拟量控制

遥控彩色电视机常设有音量、色饱和度、对比度和亮度这四个模拟量的(＋)和(－)的遥控按键。无论按下哪个模拟量的(＋)或(－)键，其工作过程都是相似的。当按下其中某一模拟量的(＋)或(－)键时，中央微处理器就会产生相应的数字控制信号，经过数/模转换，转换成相应的直流电压，去控制对应模拟量的大小，直到该键被释放时为止。

3. 静音控制

为了便于听人呼叫或与人交谈，一般遥控发射器上都设有静音键盘。按下此键，伴音消失，只有图像；再按一下，伴音又恢复为原来大小。有的遥控系统还设置了无信号静音功能。电路通过识别有没有电视同步信号，来对伴音通道进行控制。在确认有同步信号时，静音电路不起作用，伴音大小受控于音量调节；在没有同步信号时，静音电路切断伴音通道，使扬声器无声。

4. 电源开关机控制

电源开关机控制是对电视机主电源的控制。它由双稳态电路组成，每按一次电源(power)按键，就变换一次电源开、关状态。

遥控系统也可用定时键来设置定时关机时间。按下定时键后，中央微处理器便对时钟脉冲进行分频计数，达到设定时间后，便控制驱动器，使之切断电视机主电源。定时时间可由定时键设置，时间为 15～120 min，分若干挡供用户选择。

有的遥控系统设置有无信号自动关机功能。这一功能也是由中央微处理器监测视频电路有无同步信号来实现的。如果连续 5～10 min 没有同步信号被识别，中央微处理器就输出关机指令，控制驱动器，使之切断电视机主电源。

5. 屏幕显示

按下该键时，中央微处理器在存储器中调出当前节目的频道位置号和音量等级等信息，显示在屏幕的左上角（或其它位置）；再按一下该键，字符自动消失。

在换台或调谐时，屏幕上自动出现有关调节量的字符显示，操作结束后，字符还保持 3～5 s，然后自动消失。

10.2　红外遥控系统的组成原理与电路分析

各种彩电遥控功能的多少，在很大程度上取决于所采用的中央微处理器。尽管彩电红外遥控器的型号较多，采用的电路和器件各异，功能也不完全相同，但其基本工作原理是一样的。本节以日本三菱公司生产的 M50436－560SP 型彩电遥控器为例，对红外遥控系统的工作原理与电路作一分析。

10.2.1　M50436－560SP 遥控系统的组成原理

M50436－560SP 是日本三菱公司在 20 世纪 80 年代开发出的电视机专用单片遥控微处理器，属 4 位微处理器，采用电压合成式高频调谐系统。M50436－560SP 芯片内部除含有中央微处理器外，还含有屏幕控制电路。该微处理器与记忆存储器 M58655P、红外遥控发射集成电路 M50462AP 和接收前置放大集成电路 CX20106A 等共同组成三菱遥控系统。

1. M50436－560SP 遥控系统的主要功能

M50436－560SP 遥控系统的主要功能如下：

（1）自动预置频道功能最多可预置 30 套节目。

（2）用遥控可顺序或直接选台，也可以快速自动搜索或手动微调选台，还可用本机面板按键顺序选台。

（3）可以接收 VL、VH、U 三个频段数的电视节目，并能任意选择或切换。

（4）可以对每一套节目进行 AFT 的 ON/OFF 置定。

（5）最多可有 9 路模拟量控制输出，一般只使用了音量、亮度和色饱和度等模拟量的控制。

（6）屏显功能，6 种颜色可显示音量、亮度、对比度、色饱和度、视频输入、定时关机剩余时间、节目号、制式和多伴音的指示等。

（7）定时关机功能。

（8）射频与视频的切换控制功能（TV/AV1/AV2 等）。

（9）关机前的接收节目号及各模拟量等工作状态参数的存储功能。

（10）彩电制式及伴音模式转换功能。

（11）静音功能。

2. M50436－560SP 遥控系统的组成

图 10－2 所示为以 M50436－560SP 为核心的彩电遥控系统的组成。

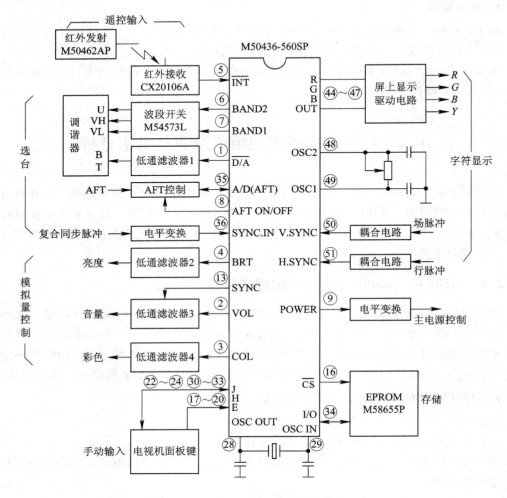

图 10－2　M50436－560SP 遥控系统的组成

图 10－2 中，主控微处理器 M50436－560SP 和存储器 M58655P 一起组成电压合成式调谐系统的核心部件。M50462AP 为红外遥控发射器的控制芯片，CX20106A 为红外遥控接收器的控制芯片。

BAND1 和 BAND2 输出频段控制信号，经频段开关集成芯片 M54573L 进行译码和驱动，产生出高频调谐器的 VL、VH、U 频段的切换信号。

低通滤波器 1、2、3、4 分别用于将调谐电台、亮度、音量、色饱和度的脉宽调制信号转换成直流信号，以控制电视机的调谐电压 BT、亮度 BRT、音量 VOL 和色饱和度 COL 的量值。

屏幕显示驱动电路将 M50436－560SP 产生的屏幕显示信号进行放大和电平转换，在荧光屏上显示出相应的内容。

M50436－560SP 微处理器有两个振荡器：一个是 4.0 MHz 的晶振主时钟振荡器；另

一个是用于屏幕显示的振荡器，其频率一般为 6～7 MHz，调节此振荡器的频率可以调整字符在荧光屏上的显示位置和尺寸大小。

借助本机键盘可以实现本机面板操作，用 LED 发光管作为工作状态指示器。

除此以外，M50436 - 560SP 还有丰富的控制功能，例如，场频、视频输入控制、色度工作制式(PAL、NTSC、SECAM)、伴音工作制式等控制(需配相应的接口电路)。

M50436 - 560SP 遥控系统的工作过程大致如下：遥控发射器(M50462P)发出的红外线遥控信号由红外线接收器(CX20106A)接收并放大整形后，送到微处理器 M50436 的⑤脚，实现对整机的遥控操作。

微处理器 M50436 - 560SP 从 BAND2 端(⑥脚)和 BAND1 端(⑦脚)输出的两个频段转换控制信号，由频段接口电路(或叫译码电路)译码，产生 VL、VH、U 控制信号，控制高频调谐器的频段转换。低通滤波器 1 把微处理器 $\overline{D/A}$ 端(①脚)输出的用于调谐的脉宽调制脉冲转换为直流控制电压 BT，控制调谐器的频道选择。微处理器产生的控制数据由 EPROM(M58655P)存储。

低通滤波器 2、3、4 分别将 M50436 - 560SP(④、②、③脚)输出的用于亮度、音量和色饱和度控制的脉冲转换成直流电压信号，以控制电视机的亮度、音量和色饱和度。

屏幕显示驱动电路将微处理器 M50436 - 560SP 的⑤、⑥、⑦脚输出的屏幕显示脉冲进行电平转换，最后在屏幕上正确地显示出来。

行同步脉冲、复合同步脉冲和 AFT 信号是由电视机产生的，分别经微处理器的⑤、⑤、㉟脚进入 M50436 - 560SP 的集成电路内，供微处理器进行各种识别，以便准确地执行各种控制功能。电源开/关、AFT 开/关用于控制电视机电源和 AFT 的通和断。

M50436 - 560SP 微处理器的⑤脚为遥控信号指令码输入端，输入到⑤脚的信号是一组脉冲串，每个脉冲串代表 16 个二进制位。前 8 位叫做户码，后 8 位叫做数据码。数据码的不同数值代表不同的遥控功能；户码是特殊的固定代码，用来表示遥控信号的来源。

这里补充说明几点：第一，由于一个完整的遥控信号指令码含有 16 位二进制数，而 M50436 - 560SP 芯片只提供了一个输入端(⑤脚)来接收，因此只能采用串行输入方式；第二，遥控信号不是用高电平或低电平来表示"1"或"0"，而是采用脉冲编码调制方式，其"1"和"0"的表示方法如图 10 - 3 所示；第三，由于遥控信号是红外光脉冲，为了防止电视机的红外遥控接收器接收到非本机的红外遥控信号后，M50436 - 560SP 据此而作出错误反应，因而需要在数据码之前增加户码。M50436 - 560SP 在接收了遥控输入信号后，先检查户码是不是本产品的代码。若是，则根据随后的数据码执行相应的程序操作；反之，则拒绝继续执行。

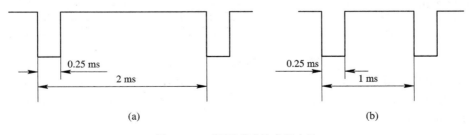

图 10 - 3　"1"和"0"的表示方法

(a) "1"的表示方法；(b) "0"的表示方法

10.2.2　M50436 – 560SP 遥控系统的电路分析

M50436 – 560SP 遥控系统主要由红外遥控发射器、红外遥控接收器、M50436 – 560SP 微处理器系统及接口控制电路四部分构成。

1. 红外遥控发射器

红外遥控发射器是电视机外一个供用户操作的小盒子，其电路主要由 M50462AP 集成芯片、红外发射二极管以及一组按键组成，按动面板上的各遥控操作功能按键，可产生不同脉冲编码的红外调制脉冲指令信号。

M50462AP 是组成遥控信号发射器的专用集成电路，它为 24 脚直插式塑封结构，内部由振荡器、时钟信号发生器、键位扫描信号发生器、键位编码器、遥控指令编码器、用户码转换器、码调制器及输出缓冲器等组成。由 M50462AP 所构成的红外遥控发射器电路如图 10 – 4 所示。

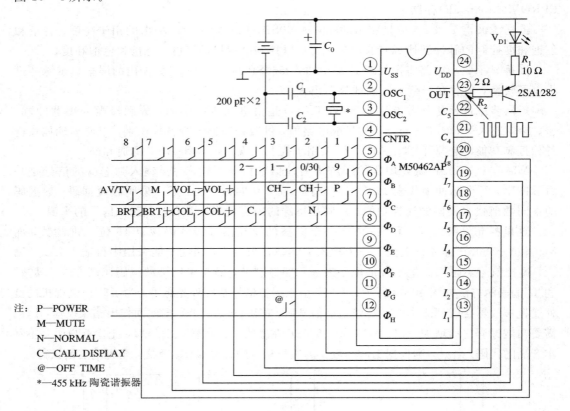

注：P—POWER
M—MUTE
N—NORMAL
C—CALL DISPLAY
@—OFF TIME
*—455 kHz 陶瓷谐振器

图 10 – 4　红外遥控发射器电路

M50462AP 的振荡器由其内部振荡电路及②、③脚外接的晶振等定时元件所组成，振荡频率一般为 480 kHz 或 455 kHz，经内部 12 分频后为 40 kHz 或 38 kHz，作为定时信号和遥控信号的载波。

在时钟脉冲信号作用下，键位扫描信号发生器经 $\Phi_A \sim \Phi_H$（⑤～⑫脚）轮流发出键盘位扫描脉冲信号。由 $\Phi_A \sim \Phi_H$ 共 8 条信号输出线与 $I_1 \sim I_8$ 共 8 条信号输入线可组成 8×8＝

64 个交叉点，交叉点上装有按键开关，称为键盘矩阵电路。无键按下时，交叉点上的两根线互不相连；按下按键时，开关闭合，将交叉点上的两根线接通。

红外遥控发射器的工作过程：当遥控器的某键被按下，并且键位被识别后，键输入编码信号经译码，选通指令编码器的地址，使指令编码器输出事先编好的 16 位指令码；指令码再经过码调制器对 40 kHz 或 38 kHz 的脉冲载波进行脉冲幅度调制以及缓冲放大器放大，从㉓脚输出遥控信号，最后经三极管放大后激励红外发光二极管，以中心波长为940 nm 的红外线向空间辐射。因此，红外遥控发射器发出的指令脉冲信号实际上经过两次调制：一次是在 M50462AP 内由本身振荡器分频的 40 kHz 或 38 kHz 信号调制；另一次是输出时调制成红外线波。

平时无键按下时，振荡器不起振，电源消耗仅 1 μA，所以无需使用电源开关；只有当遥控器键盘上的某键被按下而使相应键位扫描的输入端与输出端相连接时，振荡器才开始振荡，与此同时，定时脉冲发生器产生时序脉冲，进行键位扫描、识别等一系列操作。

另外，由 8 行×8 列构成的键盘矩阵，每个交叉点上都可安装一个按键开关，共可构成 64 种组合。M50462AP 可根据扫描时发出的 $\Phi_i(i=A，B，C，\cdots，H)$ 脉冲序列及所收到的 $I_i(i=1，2，\cdots，8)$ 信号判定是哪一个键被按下。M50462AP 还有 12 种双键功能，即同时按下两个键时，也能被内部电路所识别，发出对应的编码。未被设为双重键功能的按键按下时，集成电路无法识别，遥控器不会发出任何信号。

2. 红外遥控接收器

红外遥控接收器由红外光电二极管和遥控信号专用接收集成芯片 CX20106A 等组成，如图 10 - 5 所示。

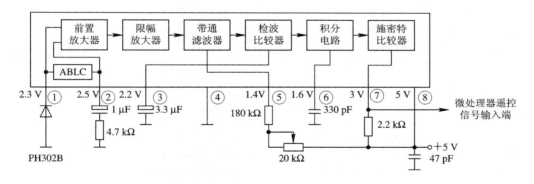

图 10 - 5　红外遥控接收器电路

红外遥控接收器工作时，首先由红外光电二极管接收红外遥控发射信号，并进行光电转换，形成电压信号，从集成块 CX20106A 的①脚输入。在①脚形成的电压信号经集成块内部的前置放大器和限幅放大器放大，得到遥控信号的包络脉冲。然后，进行带通滤波和峰值检波，对 40 kHz(或 38 kHz)的调制信号进行解调。最后，经内部施密特整形电路整形，从⑦脚输出规范的指令操作码，送入微处理器 M50436 - 560SP⑤脚的遥控信号输入端。

图 10 - 5 中，②脚外接的电阻和电容是自动偏置控制电路的反馈元件，以保证前置放大器输出信号的稳定；③脚与地之间接有检波电容；⑤脚与电源之间所接电阻可设置带通

滤波器的中心频率 f_0，当电阻为 200 kΩ 时，中心频率为 40 kHz，当电阻为 220 kΩ 时，中心频率为 38 kHz；⑥脚外接的是整形电路的积分电容；⑧脚接＋5 V 供电电源；④脚接地。

3. M50436－560SP 微处理器系统

1) M50436－560SP 芯片简介

M50436－560SP 芯片是由 CMOS 工艺做成的 4 位(bit)单片微处理器，专用于电压合成方式的数字调谐系统。它具有屏幕显示、自动/手动预置、自动关机、视频输入、控制模拟量、定时关机、遥控接收等功能，它与存储器 EAROM(M58655P)可以组成选台系统。

M50436－560SP 芯片内部包括中央处理单元 CPU、程序存储器 ROM、随机数据存储器 RAM、提供调谐电压信号的 14 位脉宽调制电路 PWM 及 PWM 信号串行输出电路、3 个提供模拟量控制信号的 7 位 PWM 电路、D/A 转换电路、定时器、计数器、屏幕字符存储器和显示输出控制电路、电压合成数字选台系统等。

M50436－560SP 芯片采用 52 脚双排小型，塑料封装，其引脚功能如图 10－6 所示。

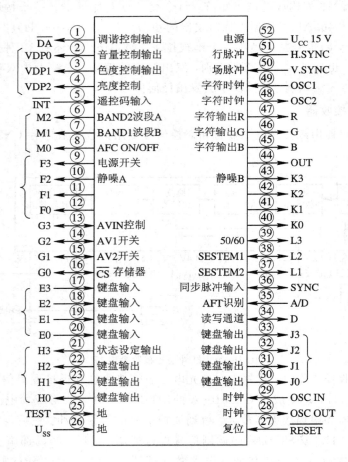

图 10－6　M50436－560SP 引脚功能图

下面就 M50436－560SP 芯片几个主要引脚的功能作一些说明。

要使 M50436－560SP 芯片能正常工作，必须满足以下三个基本条件：一是㉜脚和㉖脚之间必须由+5 V 电源供电；二是内部的时钟振荡器必须起振，共振荡频率取决于㉘和㉙脚外接的石英晶体，典型值为4.0 MHz；三是㉗脚必须外加有正确的复位信号，如图10-7 所示。即要求在 M50436-560SP 的㉒脚刚接上+5 V 电源时，外部电路供给㉗脚为低电平的复位信号，迫使 M50436-560SP内部的复位电路工作，以便对内部的各单元电路进行初始化，使其进入待命状态。大约

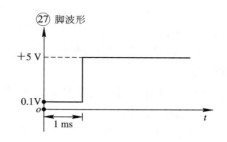

图 10-7　M50436-560SP㉗脚的复位信号

在1 ms 之后，㉗脚外部所加的信号应变为高电平状态并一直维持下去，以解除内部复位电路功能，使 M50436-560SP 转入正常工作状态，等待接收输入信号并执行相应的控制功能。

2）选台原理

M50436-560SP 在接收了控制信号之后，就会按照命令的要求，执行相应的操作，以实现相应的功能。M50436-560SP 接收控制信号的方法有两种：一种是由红外遥控接收器CX20106 的⑦脚输出的控制信号通过 M50436-560SP 的⑤脚接收；另一种是利用本机键盘矩阵手工输入。

M50436-560SP 的选台电路由①、⑥、⑦、⑧、㉟、㊱脚及外围元件组成。配上频段开关电路、频道调谐接口电路和 AFT 接口电路及高频调谐器，可完成选台功能。若配上M58655P，则可将选台数据写入相应的存储单元中。下面简述其选台原理。

（1）频段切换。选台首先需要选择频段。M50436-560SP 通过⑥、⑦脚输出的高、低电平来选择频段。⑥、⑦脚电平可以构成四种状态，如表 10-1 所示。

表 10-1　⑥、⑦脚电平构成的四种状态

⑥脚电平	⑦脚电平	工作状态
L	H	VL 频段
H	L	VH 频段
L	L	U 频段
H	H	未用

实际应用时，⑥、⑦脚与高频调谐器之间必须增设频段开关接口电路。其原因是：⑥、⑦脚只提供了两个信号，而且其高电平不超过 U_{DD}（+5 V）；而高频调谐器需要三个频段（VL、VH 和 U）的控制电压，且高电平一般要求为+12 V。因此，需要使用接口电路来完成译码和电平转换。

频段开关接口电路可以使用专用集成电路（如 M54573L），也可以使用分离元件电路。

在自动搜索选台时，其频段选择顺序为：VL→VH→U。

（2）调谐电压。在确定了频段开关后，还应向高频调谐器输送调谐电压。M50436-560SP 从①脚输出脉宽调制信号，经倒相放大后，由低通滤波器取出其中的直流成分，作

为调谐电压。

倒相放大器的作用是进行电平转换，因为 M50436 – 560SP 的①脚输出的脉冲幅度不超过电源电压 U_{DD}（+5 V），而高频调谐器所需的调谐电压最大可达到 30 V，故需要进行电平转换。

在自动选台时，调谐电压从低至高变化，即从 0 V 变到 +30 V，所以要求 M50436 – 560SP 的①脚输出的电压必须是从 +5 V→0 V。

（3）同步功能。M50436 – 560SP 的㊱脚引入电视机复合同步脉冲。在自动选台时，M50436 – 560SP 根据㊱脚有无足够幅度的复合同步信号就可判断当前是否收到电视台节目信号。若有，则将搜索速度放慢，进行自动频率微调（AFT）控制，以便找到最佳调谐点；若无，则继续按原速度改变调谐电压以搜索下一个电视台的节目。

（4）AFT 功能。AFT 电路由⑧、㉟脚和外围电路组成。⑧脚输出的电平决定 AFT 功能是否起作用。在手动选台时，⑧脚输出高电平，切断了 AFT 信号通路，因而高频调谐器的 AFT 不起作用，以便用户精确调谐。在调谐过程结束后，⑧脚变为低电平，于是又恢复了 AFT 的作用。在自动选台时，便有一系列的操作：首先，从㊸脚输出低电平，通过㊸脚与②脚之间外接的消噪二极管（正极接②脚，负极接㊸脚）将②脚电平拉低，从而关闭伴音通道，实现静噪，以消除在自动搜索过程中出现的噪声；其次，从⑧脚输出高电平，使高频调谐器的 AFT 控制失去作用，以利精确选台，同时，通过有关接口电路，将电视中放 AFT 电压引入到㉟脚；当收准一个频道后，就自动将有关信号存入记忆存储器 M58655P 中，然后继续搜索下一个频道，以完成自动搜索功能。

最后，当 VL→VH→U 整个自动搜索过程完成以后，微处理器再从 M58655P 中将第 1 个搜索到的频道位置号中的频段和调谐数据输出，送到高频调谐器，使电视机处于接收该频道节目的状态，并在屏幕右上角显示该频道号及所在的频段。然后，微处理器令⑧脚输出为低电平，即恢复高频调谐器的 AFT 作用。同时，再使㊸脚电位升高，并把 30% 的音量满度控制、80% 的亮度满度控制、50% 的色饱和度满度控制的对应信号电压从②、④、③脚分别输出，于是屏幕出现稳定清晰的图像，并伴以适当的伴音。

至此，便完成了整个自动选台过程。

3）记忆存储器

以 M50436 – 560SP 为核心组成的遥控系统在切断电源之后仍有记忆功能，这个记忆功能是由电可改写的不挥发存储器 M58655P 提供的。选台时的各种数据，包括频段、调谐、音量、亮度和对比度等数据，都保存在 M58655P 中，在用户重新选择某个节目号时，M50436 – 560SP 就会从 M58655P 中取出有关的数据，以接收相应频道的电视节目。存储器 M58655P 有 64 个字，每个字长为 16 位，可逐字改写，数据可保存 10 年。

M50436 – 560SP 与 M58655P 的连接方法如图 10 – 8 所示。其工作过程为：当 M50436 – 560SP 需要 M58655P 工作时，便向其④脚（$\overline{CS}$片选端）发出低电平；若不需要 M58655P 时，便向其④脚发出高电平。此外，M50436 – 560SP 在工作时还向 M58655P 的⑥脚发出时钟信号，以保证两者能够同步工作。M50436 – 560SP 的㉛、㉜、㉝脚分别与 M58655P 的⑦、⑧、⑨脚相连，通过这 3 位连线，向 M58655P 发出工作模式指令，以便对 M58655P 进行数据的写入或读出。M58655P 的 I/O 端⑫脚与 M50436 – 560SP 的 I/O 端㉞脚连接，进行数据的存储或读出。

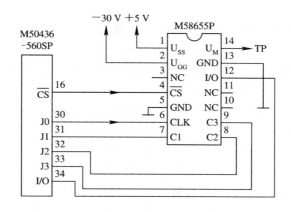

图 10 - 8　M50436 - 560SP 与 M58655P 的连接方法

M58655P 正常工作的典型电压值为 +5 V 和 −30 V。

4）屏幕字符显示

M50436 - 560SP 具有很强的屏幕字符显示功能。它能够显示阿拉伯数字、英文大写字母、部分日文字母和某些符号。显示部分每行最多为 16 个字符，每个字符由 6×7 个点组成。屏幕字符显示由三部分组成：

（1）显示时钟电路（㊽、㊾脚）。显示时钟电路由 M50436 - 560SP 的㊽、㊾脚及外接 RC 电路组成。改变电阻的阻值即可改变振荡频率，进而改变字符在屏幕上的显示位置和大小。

（2）场、行脉冲输入电路（㊿、51脚）。在显示字符时，M50436 - 560SP 需要确定字符的正确显示位置，因此它需要了解电视机当前的扫描位置。这个信息由场逆程脉冲和行逆程脉冲提供。这两个脉冲通过适当的耦合电路输入到 M50436 - 560SP 的㊿、51脚。

（3）屏幕字符输入（㊹～㊼脚）。M50436 - 560SP 从㊺、㊻、㊼脚分别输出欲显示字符的 B（蓝色）、G（绿色）、R（红色）信号。根据对显示字符的颜色要求，可以选用其中的一两个信号，也可三个信号都用。这些信号经过驱动电路进行电平变换之后接至主机相应的末级矩阵视放管。

在显示字符时，需要禁止电视信号的图像出现在字符位置上。M50436 - 560SP 提供了这一手段。在㊺～㊼脚的任一脚有信号时，㊹脚（OUT）也有信号输出。这个信号经过电平变换后，可以用来禁止主机的 Y 信号输出。如果不用这个信号，也可以利用屏上驱动电路输出的 R、G、B 信号去禁止主机的 R、G、B 信号。

5）模拟量控制

M50436 - 560SP 的②、③、④脚分别为音量、色饱和度和亮度控制信号输出端。这些信号与①脚的输出信号一样，都是脉宽调制（PWM）信号，但由于音量、色饱和度和亮度的控制要求没有调谐电压那么严格，所以这三个信号都由 M50436 - 560SP 用 7 位数据进行调节，变化的级差为 64 级。M50436 - 560SP 的②、③脚为正逻辑输出，而④脚为负逻辑输出。

为了取得这些信号的直流成分，②、③、④脚都必须外接低通滤波器，而且通常还要进行电平变换，使控制电压在 0～12 V 范围内变化。在这种情况下，控制精度为12 V/64≈0.2 V。

需要说明的是，音量控制输出端②脚还与⑩脚"静音"(MUTE)端相连。但它不是"静音"指令的控制信号输出端，而是短时间静音控制，它的输出为低电平时使声音消失，用于在接通或断开电源的瞬间或进行电视节目(频道)切换时，在⑩脚输出一个短时间的低电平，使伴音通道暂时关闭。"静音"(MUTE)指令的执行是将②脚内部的静音控制端($\overline{\text{MUTE}}$)置为低电平，关闭伴音通道；再次接收到静音指令时，将$\overline{\text{MUTE}}$端置1，恢复伴音。另一个与伴音通道有关的是㊸引脚，它通过一个二极管与②脚的音量控制信号输出端相连(二极管的正极接②脚，负极接㊸脚)，使电视机在无图像信号时自动关闭伴音通道，即所谓静噪功能。具体来说，在选台或收台时，若M50436-560SP的㊱脚没有收到足够幅度的电视复合同步信号，它就在㊸脚输出低电平，把②脚电位拉到低电平，即关闭伴音通道，实现静噪功能；反之，若M50436-560SP的㊱脚收到足够幅度的复合同步信号，它就在㊸脚输出高电平，于是②脚信号就可以通过低通滤波器，使电视机可以正常播放伴音。

6) 主电源控制

当电视机总电源开关接通电源时，为遥控电路供电的副电源开始工作，整个遥控电路处于待命状态，但此时⑨脚为低电平，故电视机的主电源未工作，所以电视机主机芯不工作。

如果用户按下电视机面板上或遥控发射器上的电源开关键，M50436-560SP的⑨脚便从低电平变为高电平，经过电平变换之后去接通电视机的主电源，于是电视机主机芯开始工作。

如果用户再次按下电视机面板上或遥控发射器上的电源开关键，则M50436-560SP的⑨脚又由高电平变为低电平，从而切断电视机的主电源，于是电视机主机芯又不工作了。

遥控电路对主电源的控制执行可以通过继电器、光电耦合或电子耦合三种方式中的任一种进行。

4. 接口控制电路

接口控制电路一般由电平变换、低通滤波、AFT控制等电路组成。

M50436-560SP的输出控制信号有两类。一类是开关控制信号，即以高电平或低电平去控制外电路的开关状态。例如，AFT(自动频率微调)信号。在手动选台时，⑧脚输出的AFT信号为高电平，切断了高频调谐器的AFT信号通道，以便用户进行手动精确调谐；手动选台结束后，该信号又变为低电平，恢复了自动频率微调状态。又如，用⑥、⑦脚两位数字信号，对频段开关集成块M54573L进行频段切换，以实现对高频调谐器的控制。再如，对机芯主电源的控制，是⑨脚输出的信号经过电平转换后，将控制电压提高，以满足被控电路的电平要求，从而接通或断开电源。另一类是模拟量控制信号，如选择频道、调节音量、对比度和色饱和度等控制信号。它们都需要一个可变的直流控制电压，而M50436-560SP为实现对这些参量的控制，输出的数字信号是经过内部数/模转换后的脉宽调制(PWM)信号。这种脉冲串的频率和宽度的数值具体代表了控制脉冲平均电压的大小，它必须经过电平转换，使电压的大小适合被控电路的电平要求，再由积分放大电路变成脉动直流电压，最后再经低通滤波器除去纹波后，得到平滑的直流控制电压。这个直流控制电压对调谐电压而言，可以从0 V变到+30 V；对音量、对比度和色饱和度等控制电压来说，则可以在 0～＋12 V 的范围内变化。图 10-9 列出了几种典型的接口电路。

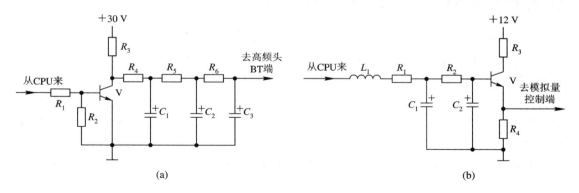

图 10-9　几种典型的接口电路
(a) 频道调谐接口电路；(b) 模拟量接口电路

　　图 10-9(a)是频道调谐接口电路。从微处理器 M50436-560SP 的①脚输出的信号为负极性的峰峰值为 5 V 的脉宽调制(PWM)信号。这个信号随着"搜索选台"控制指令的进行，占空比由大变小，即从 100% 开始，逐渐减小，直至 0%。电视机在搜索选台时，通常是从低频道开始的，即要求调谐电压从 0 V 开始线性上升到＋30 V。所以，从①脚输出的 PWM 脉冲信号不能直接用作电视调谐，必须进行极性反相和幅度放大。由三极管 V 等元件组成的电路就用于 PWM 脉冲的极性反相和幅度放大。当 M50436-560SP 的①脚输出的 PWM 脉冲占空比为 100% 时，实际上为电压等于＋5 V 的高电平，三极管 V 饱和导通，从其集电极输出的幅度接近 0 V；当占空比为 0% 时，实际上为电压等于 0 V 的低电平，此时三极管 V 截止，其集电极输出的幅度就为电源电压＋30 V。而且，当脉冲信号通过三极管 V 后，其基极输入信号与集电极输出信号极性相反，因此①脚输出的 PWM 脉冲通过倒相后，得到一个极性正确且幅度符合要求的 PWM 脉冲，并从三极管集电极输出，再经过由 R_4、R_5、R_6、C_1、C_2、C_3 组成的低通滤波器，形成平滑的直流控制电压，加到高频调谐器的调谐电压 BT 端。

　　音量、对比度、亮度和色饱和度的接口大致相同，其典型接口电路如图 10-9(b)所示。从 M50436-560SP 有关引脚输出的也是 PWM 脉冲调制信号，该信号经 R_1、R_2、C_1 和 C_2 低通滤波后，变换为 0～5 V 的平滑的直流控制电压，经射随器后，去控制有关模拟量。

10.3　遥控彩色电视机整机电路分析

10.3.1　遥控彩色电视机概述

　　目前生产的彩色电视机几乎全都带有遥控装置。遥控彩色电视机实质上就是在普通彩色电视机的基础上增加了遥控系统，实现了对电视机的远距离操作。目前，国产彩色电视机上应用的遥控系统种类较多，如飞利浦 CTV320 遥控系统、东芝 CTS-130A 遥控系统和三菱的 M50436-560SP 遥控系统等。上一节已对三菱 M50436-560SP 遥控系统的工作原理作了介绍，本节主要分析一个典型的 TA 两片式彩色电视机的主机芯线路。

10.3.2 NC—2T 彩色电视机整机电路分析

1. 概述

TA 两片机在我国主要有两种机型：一种是日本东芝公司设计的东芝 181E3C 机，国产品牌有黄河 HC47—Ⅲ 型、金星 C473 型机等；另一种是日本夏普公司设计的夏普 NC—2T 系列机芯派生出的国产化彩电机，其品牌有飞跃 47C2—2 型、金星 C4715 型和熊猫 DB47C4 型机等。上述两种机型的电路基本相同。下面以 NC—2T 型机为例，对其整机线路进行分析。

夏普 NC—2T 机芯电路以两块大规模集成电路 IX0718CE（TA7680AP）、IX0719CE（TA7698AP）和三块厚膜电路 IX0365CE（LA4265）、IX0689CE（STK7358）、IX0640CE（LA7830）为主件构成。各集成块的功能简述如下：

TA7680AP：进行图像和伴音信号处理的集成电路。

TA7698AP：进行彩色解码、亮度信号放大及行场振荡的集成电路。

LA4265：进行伴音低放和功放的集成电路。

LA7830：进行场输出的集成电路。

STK7358：进行开关电源控制的集成电路。

夏普 NC—2T 机芯集成度高、线路简洁、调试方便，并设有高压过高、束电流过流和场输出短路等多种保护电路。另设有 AFT 静噪、伴音静噪及场同步校正等电路，使整机性能更加完善。图 10 - 10 所示是夏普 NC—2T 机芯的电路方框图。

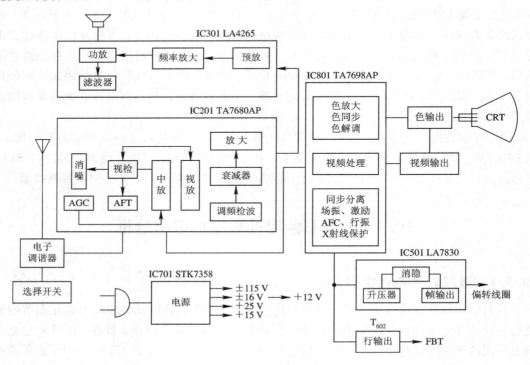

图 10 - 10　夏普 NC—2T 型机芯的电路方框图

2. 整机线路分析

采用夏普 NC—2T 机芯的彩色电视机很多，如夏普 C—1826DK、金星 C4715、熊猫 DB47C4、虹美 WCD—25、飞跃 47C2—2/3 等。下面以飞跃 47C2—2 机型为例，对各部分电路进行分析。（夏普 NC—2T 的整机电路原理图参见书末附图二。）

1) 开关稳压电源

飞跃 47C2—2 型机的开关稳压电源是由厚膜电路 IC701(IX0689CE)、开关变压器 T_{701} 和整流电路 $V_{D701} \sim V_{D704}$ 等组成的。

该电源工作时，220 V 市电经保险丝 FU_{7001}、电源开关 S_{701}、高频阻流圈 L_{7001} 和 L_{7002} 通过 A 插头座进入主电路板，经由 $V_{D701} \sim V_{D704}$ 组成的桥式整流和 C_{706} 滤波，变为 +300 V 的直流电压，该电压通过开关变压器 T_{701} 初级的⑥、①脚加入 IC701 的⑮脚（开关调整管的集电极）。开关管在电源启动的瞬间，在 C_{735} 电容提供的脉冲电压作用下，开关变压器及 IC701 内部脉冲形成电路等产生振荡。其振荡频率为 40 kHz，其波形与开关变压器④脚送入的开关脉冲相比较，产生的误差控制电压由 IC701 的③脚输入到集成电路内的误差放大器放大后，控制开关调整管的导通时间的长短，从而使 T_{701} 的次级输出经各整流管整流后的各组直流电压值会随着市电的变化或负载电流的波动而自动调节。

T_{701} 次级输出的各组电压：⑦脚输出脉冲电路经 V_{D707} 整流、C_{722}、C_{732} 电容滤波，V_{D708} 过电压保护，得到 +115 V 直流电压，供预选器、行扫描电路；⑩脚输出的脉冲电压经 V_{D709} 整流、C_{724} 滤波，得到 +16 V 直流电压，此电压再经 V_{701} 有源滤波器稳压，输出 +12 V 电压，供图像伴音通道、高频调谐器、解码电路、扫描振荡及亮度通道；⑪脚输出的脉冲电压经 V_{D712} 整流、C_{728} 滤波，得到 +25 V 电压，作为场输出厚膜电路 IC501 及场中心调节电源；⑫脚输出的脉冲电压经 V_{D713} 整流、C_{730} 滤波，得到 +15 V 直流电压，单独作为伴音功放集成电路 IC301 的工作电压。

该机的开关电源具有过电流保护功能。它通过 R_{712} 取样，对 IC701 的⑦脚发生作用，使其内部的过电流保护电路动作，使开关调整管截止，从而无电压输出，以保护集成电路不致损坏。

2) 图像与伴音中放电路

图像与伴音中放电路是由一块 TA7680AP 集成电路及其外围元器件所组成的。

（1）图像中频信号的流程。高频调谐器 IF 端输出的中频信号，经 C_{201} 耦合，送至预中放管 V_{201} 的基极，作预中频放大 20 dB，以补偿声表面波滤波器 SF201 产生的插入损耗。L_{202} 和 L_{203} 为声表面波滤波器输入输出的匹配电感。

中频信号由 IC201(TA7680AP) 的⑦、⑧脚输入，进入集成块内部的图像中频放大器。该放大器由三级直接耦合的差分放大器组成，级间没有外接元件，不必调整。三级中放的电路结构与其相似，总增益达 60 dB 以上。

三级中放具有反向 AGC 作用。IC201 的⑩脚外接的电位器 R_{220} 为高放 AGC 延迟调整电位器，高放 AGC 电压从⑪脚输出并送至高频调谐器。当中放输入信号由弱变强时，三级中放的增益作用分段逐级延迟，首先是第三中放的增益降低，其次是第二中放，最后是第一中放。这是通过将⑤脚的中频 AGC 检出电压经不同的比例衰减后送到三级中放实现的。使用这种逐级延迟的增益控制电路，可提高中放的信噪比。

当中放输入信号幅度在 $100\ \mu V \sim 100\ mV$ 的范围内变化时，由于电路内部中频 AGC 的控制，⑮脚视频输出信号的峰峰值幅度基本保持不变，始终保持在 2.5 V 左右。中频 AGC 采用峰值型，它的反应速度快，线路简单（只在⑤脚外接一个滤波电容 C_{210} 和一个电阻 R_{209}），中频 AGC 的时间常数可通过⑤脚外接电容、电阻调节。

当信号增强到第一中放的增益不能减小时，高频放大器的增益开始减小。高放增益受射频 AGC 电压的控制。这个延迟的射频 AGC 电压从⑪脚输出，经 R_{217}、C_{215} 加至高频调谐器的 AGC 端子。

经三级放大后的中频信号送入同步检波器作同步解调。⑰、⑱两脚外接的 T_{204} 为 PIF（38 MHz）谐振线圈，取出的 38 MHz 信号可作为内部同步检波器所需的开关信号。

由同步检波器检出的视频信号和 6.5 MHz 第二伴音中频信号在集成电路内部直接送到预视放电路进行放大，缓冲隔离后由⑮脚输出。

预视放电路采用直接耦合。为了克服直接耦合电路中直流电位的漂移，加有很深的直流负反馈，使输出端的直流电平非常稳定，这样可克服电视图像的背景亮度漂移。在视放中还加有适当的交流负反馈，从而使频带宽扩展到 4.5 MHz 以上。

预视放还受消噪电路的控制，因为黑白噪声的出现都将降低信号的信噪比，影响图像的质量。更严重的是，幅度很大的黑噪声可能破坏扫描同步，使 AGC 电路出现误动作。TA7680AP 内设有黑白抑制电路，对窄脉冲干扰有良好的抑制作用，即⑮脚的黑噪声电平低于 1.6 V 时开始抑制，并迅速箝位到 3.3 V。当⑮脚的白噪声电平高于 6.2 V 时开始抑制，并迅速箝位到 4.1 V。干扰脉冲的上升速度愈陡，抑制的效果就愈好。消噪电路没有外接元件。⑮脚外接的 L_{401} 及 C_{416} 为低通滤波网络。

自动频率微调（AFT）电路也在 TA7680AP 内，采用双差分鉴相电路。它的两路输入图像的中频信号相位相差 90°，其中一路直接取自视频检波电路的⑰、⑱脚，另一路信号经外接 LC 移相网络 T_{205} 后耦合到⑯、⑲脚。当 T_{205} 和 T_{204} 内的电容确定后，调节 T_{205} 中的电感，可使 T_{205} 组成的串联电路在图像中频频率处产生串联谐振，在图像中频 $\Delta f = 0$ 时，上述两路信号相位相差 90°，AFT 鉴相器的输出误差控制信号为零。当频率偏离图像中频时，$\Delta f \neq 0$，鉴相器就有误差控制信号输出。此输出电压经直流放大再经跟随后从⑬、⑭脚输出，经外电路 R_{212}、C_{211}、R_{213}、C_{212} 加至高频调谐器的 AFT 端子，再送至本振级，控制振荡回路中变容二极管的电容量，使振荡频率恢复到准确值。

（2）伴音中频电路。IC201 的⑮脚输出的视频信号和 6.5 MHz 的第二伴音中频信号经 C_{301}、C_{302}、C_{319}、L_{301} 组成的高通滤波器，再由 6.5 MHz 的压电陶瓷滤波器 CF301 取出 6.5 MHz 信号，送回 TA7680AP 的㉑脚。集成电路内的伴音中频采用三级直接耦合的差分放大器，三级中放电路基本相同，第三中放工作于限幅状态。㉒脚外接电容 C_{304}（0.1 μF），使伴音中频信号短路。

限幅放大后的伴音中频信号在集成电路内直接进入正交鉴频器，它有两路输入信号，一路信号取自限幅中放的输出，另一路是移相 90°后输入。对于伴音中频，这两路信号相差 90°，正交鉴频就是利用移相电路，将调频信号的频率变化转换成相位变化，然后利用双差分电路的鉴相特性，把相位变化变换成幅度变化，而这种幅度变化的信号就是所需的音频信号。IC201 的㉒、㉔脚外接的 C_{304} 可形成 S 形鉴频曲线的调谐电路。

正交鉴频器的输出，除音频信号外，没有 6.5 MHz 伴音中频成分，只有幅度很小的二次和高次谐波分量。伴音中频的寄生反馈大大减小，提高了伴音中放的稳定性。㉓脚外接去加重电容 C_{306}，以抑制发送端为提高信噪比而提升的高音频成分。

由鉴频器取得的音频信号在电路内部直接送至音量控制电路。音量控制采用分流式控制方式，即通过改变差分放大器的工作电流，来改变放大器的增益。IC201 的①脚外接的电位器 R_{1051} 就是直流音量调节电位器，调节 R_{1051} 可改变①脚的直流电压，从而改变集成电路内部差分放大器的增益。这种电子音量控制电路的最大衰减量高于 60 dB。

由鉴频器得到的音频信号经电子音量控制电路衰减后直接进入负反馈前置放大器，该放大器由一级差分放大器和一级射随器组成。前置放大器的增益为 24 dB。音频信号从③脚输出送入功放电路。

IC201 的⑳脚为图像和伴音部分的共用电源脚。为避免自激，⑳脚对地接一个容量较大的电解电容器 C_{219} 和容量小的瓷介电容 C_{308}、C_{322}，以滤除电源内阻抗上的高频和低频成分，防止因电源内阻抗的耦合而产生寄生振荡。

⑥脚与⑨脚之间外接电容器 C_{206}，用来滤除内电路中直流负反馈电压的交流成分，提高图像中频通道直流工作点的稳定性。

3）AFT 静噪、伴音静噪及功放电路

（1）AFT 静噪、伴音静噪。在中放及伴音电路中，设置有 AFT 静噪电路及伴音静噪电路，从而有效地抑制了在无电视信号输入时的伴音噪声及选台时的噪声，该部分电路如图 10-11 所示。

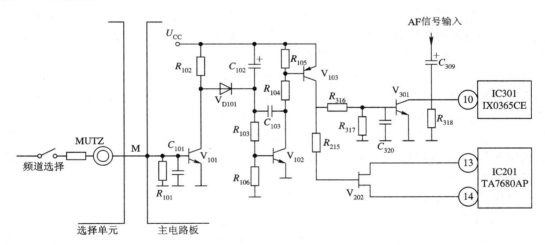

图 10-11　AFT 静噪和伴音静噪电路

打开电源开关时，电源电压 U_{CC} 经 R_{103} 和 R_{106} 对 C_{102} 充电，R_{106} 两端的电压使 V_{102}、V_{103} 也导通。这时，V_{103} 的集电极电压约为 11 V 左右，致使 V_{301} 和 V_{202} 也导通。于是，伴音静噪和 AFT 静噪电路开始动作，它一方面使 IC301 脚的输入信号短路，起静噪作用，另一方面使 IC201 的⑬、⑭脚的 AFT 电压为零。

频道切换脉冲由 R_{101} 两端检测。当信号进入时，由于 R_{101} 两端即 M 点电压为高电平，V_{101} 导通，V_{D101} 截止，随之 V_{102}、V_{103} 及 V_{301}、V_{202} 均截止，静噪电路停止工作。在频道切换的瞬间，M 点电压为零，因而 V_{101} 截止，这样，由 R_{102}、V_{D101}、R_{103} 以及 R_{106} 向 V_{102} 的基极提供电压，致使 V_{102}、V_{103}、V_{301}、V_{202} 相继导通，静噪电路开始工作。但当频道切换到位

后，由于 M 点又恢复为高电平，V_{103} 导通，V_{301}、V_{202} 截止，此时，静噪电路停止工作，伴音及图像信号能正常地进行放大。

(2) 伴音功放。IC201 的②脚输出的音频信号经 R_{306}、C_{309}、C_{310} 耦合后送入 IC301 (IX0365CE)功放集成电路的⑩脚。音频信号经内部前置放大(预中放)、激励放大，最后由末级 OTL 电路作功率放大，从②脚输出，经 C_{316} 电容耦合去推动高、低音喇叭。同时，②脚输出的音频信号还经 R_{310}、C_{312} 反馈至⑨脚，使音频信号的音质大为改善。IX0365CE 的内部还具有过热和过电压保护装置，使该集成电路的可靠性大为提高。

4) 亮度通道及末级视放

由 IC201 的⑮脚输出的视频信号经 R_{402}、CF401(6.5 MHz 滤波)，送至 IC801 (TA7698AP)㊳脚的亮度信号通道。

视频信号从㊳脚输入后分成两路：一路进入对比度放大器；另一路进入倒相放大器，倒相放大后的信号从㊵脚输出。输出信号除供给同步分离电路外，还经过带通电路到色度放大器的输入端。对比度放大器的增益受㊶脚外接电位器 R_{1019}(位于预选板上)的直流控制，当㊶脚的直流电位在 2～10 V 之间变化时，对比度放大器的增益至少有 40 dB 的变化范围。经对比度放大后的亮度信号，再经①脚和㊷脚输出。①脚为集成块内部输出管的射极，外接高频补偿电路，其中 R_{404}、R_{405}、C_{401} 起图像轮廓校正(勾边)作用。㊷脚为集成块内部输出管的集电极。由于亮度信号和色度信号分别通过不同频带宽度的电路，因此为了补偿其间的时间差，㊷脚输出的亮度信号通过由 DL401 组成的 0.6 μs 的亮度延迟线和 T_{401}(4.43 MHz)彩色副载波吸收回路。通过亮度延迟线的亮度信号经 C_{402} 由③脚输入到集成电路内的黑电平箝位放大器和亮度控制电路。④脚外接的亮度电位器 R_{1012}(位于预选取板上)及副亮度电位器 R_{416} 作亮度控制调节。

亮度信号经过黑电平箝位放大和亮度控制处理以后，从㉓脚输出，再经 V_{402} 跟随后，送至三路末级视放 V_{851}、V_{852} 和 V_{853} 的发射极，与送入该三管基极的色差信号进行矩阵运算。V_{851}、V_{852}、V_{853} 集电极分别输出 R、G、B 信号，作为显像管阴极激励信号。R_{856} 为红色截止电位器，R_{857} 为绿色截止电位器，R_{858} 为蓝色截止电位器，这三个电位器用于调整显像管的暗平衡。R_{851} 为绿色激励电位器，R_{852} 为蓝色激励电位器，这两个电位器用于调整显像管的亮平衡。

显像管阴极加入负极性的 R、G、B 信号。

5) 色度通道

色度通道由 IC801(TA7698AP)的 18 个引出端子内外电路所组成。色度通道包括色度放大器、梳状滤波器、同步解调器及副载波恢复电路。

(1) 色度放大器。IC801 的㊵脚输出的视频信号，经由 L_{405}、R_{801}、T_{803}、C_{802} 组成的带通滤波器，取出色度信号并送到⑤脚，作为第一带通放大器的输入。该放大器有自动色度调节(ACC)电路。它利用从色同步脉冲电路取出的色同步脉冲信号的幅度，来控制色度放大器的增益，使之输出为一恒定值。⑥脚为检出 AGC 电压的端子，C_{817} 起 AGC 滤波作用。

由色同步消隐电路去掉色同步信号后得到的色度信号经色度放大器放大，再经⑦脚外接 R_{1020} 电位器(位于预选板上)组成的色饱和度控制电路后，从⑧脚输出。

(2) 梳状滤波器。⑧脚输出的色度信号分两路：一路经 R_{802}、R_{803} 分压，C_{803} 耦合后作为直通信号送入⑰脚；另一路经 R_{804} 电位器、C_{804} 耦合，送入延迟线 DL801，经 1 H(即一行扫描周期时间)延迟后输出,再送入⑲脚,与由⑰脚输入的直通信号在 TA7698AP 内部实现 U、V 信号分离。

(3) $R-Y$、$B-Y$ 解调和 $G-Y$ 矩阵。经 IC801 内部分离后的 U、V 信号,送入各自的解调器,解调出 $R-Y$、$B-Y$ 色差信号。由㉑脚输出 $R-Y$ 色差信号,送至 V_{851} 基极;由㉒脚输出 $B-Y$ 色差信号,送至 V_{853} 基极。在集成电路内部,$R-Y$ 和 $B-Y$ 再经色差矩阵合成 $G-Y$ 色差信号,从⑳脚输出,送到 V_{852} 基极。

(4) 副载波恢复电路。为色度信号同步解调所必需的基准副载波信号由压控振荡器(VCO)、APC 鉴相器和 PAL 开关产生。IC801 的⑬、⑭、⑮脚外接的 Z_{801}(4.43 MHz 晶体)、C_{813}、C_{812}、C_{811} 与内部电路一起构成 4.43 MHz 晶体振荡器。4.43 MHz 的振荡信号与色同步脉冲信号进行 APC 鉴相,通过⑯、⑱脚外接的 C_{814}、C_{815}、C_{816}、R_{809}、R_{810}、R_{811}、R_{812}、R_{813} 等组成的低通滤波器变成直流电压,去控制压控振荡器的频率。调节 R_{809} 可调整 APC 平衡。

在㊳脚输入的行逆程脉冲驱动下,形成 PAL 开关信号。⑫脚外接的 C_{810} 电容两端电压的大小表示 PAL 开关倒相相序的正确性。在接收黑白信号或 PAL 开关的相序错误时,⑫脚的电压将小于 8 V,消色器工作,以减小彩色噪波的干扰。而在接收彩色信号时,⑫脚电压上升,从而使内部消色器停止工作。⑩脚接有由 C_{808}、T_{802} 组成 4.43 MHz 色同步脉冲谐振电路,它滤除了除色同步脉冲以外的干扰信号。

需要指出的是,TA7698AP 能用于不同制式的彩色电视信号解码。使用这样一块集成电路,只需稍增加几个元件,就能做成 PAL/NTSC 通用解码板。如再用一块 SECAM 制式解码电路(M51397AP)及一些外围元件,则可组成三种制式彩色信号的解码。

6) 同步分离和行场扫描电路

(1) 同步分离电路。夏普 NC—2T 机芯中,行、场同步分离彼此独立,以防止在接收弱信号时相互影响。

行同步分离:TA7698AP 的⑳脚输出的彩色全电视信号,有一路送至由 R_{612}、C_{602}、C_{603}、V_{D604} 和㊲脚内的三极管所组成的同步分离电路。其中,R_{612}、C_{602} 和㊲脚内的三极管组成自给负偏置幅度分离电路;C_{603}、V_{D604} 组成限幅式抗干扰电路。

场同步分离:TA7680 的⑮脚送出的彩色全电视信号和 6.5 MHz 第二伴音中频信号,经 CF401 吸收掉 6.5 MHz 后,所得的彩色全电视信号分两路,其中一路经 V_{401} 射极输出,送入由 R_{602}、C_{601}、C_{636}、V_{D602}、V_{601} 等组成的幅度分离电路,与行同步分离一样的道理,分离出复合同步信号。然后,再经 R_{606}、C_{607} 和 C_{607}、C_{608} 两级积分,得到场同步脉冲,从㉘脚输入,强迫场同步。

(2) 行扫描电路。夏普 NC—2T 机芯的行、场振荡均由 TA7698AP 的扫描部分形成。

行振荡由两倍行频振荡器和双稳态 1/2 分频电路组成。TA7698AP 的㉞脚外接的 C_{613}、R_{625}、R_{626} 为振荡定时元件,其中,R_{626} 为行频调节电位器。

AFC 电路是将㉟脚输入的行逆程比较锯齿波与行同步分离得到的复合同步信号鉴相,鉴相电压从㉟脚输出,经 R_{621}、C_{612} 等平滑后,加到行振荡器定时电容 C_{613} 上,强迫行同步。

行逆程比较锯齿波由行输出变压器⑥脚输出的行逆程脉冲,经 C_{634}、R_{620}、C_{635} 等积分得到。在积分电路中,有水平中心拨动调节开关 S_{601},当它接不同位置时,可改变积分时间常数,也就改变了比较锯齿波的倾斜度,从而可微调 U_{APC} 的幅度,提早或推迟行同步点,所以可作水平中心调节。

行频方波经前置激励后，从㉜脚输出，加至行推动级 V_{604}。其周围的 $C_{617} \sim C_{620}$、R_{643}、R_{635} 是消除自激、防止行辐射的旁路电容和阻尼电路。T_{601} 为行推动变压器。V_{605} 为行输出管，内含阻尼二极管。C_{622}、C_{623} 为行逆程电容。L_{603} 为行线性电感。C_{624}、C_{625} 为 S 校正电容。若接上 C_{625}，S 校正电容容量大，充电电压低，行幅小；若不接 C_{625}，则 S 校正电容容量小，充电电压高，行幅大。所以 C_{625} 可作调节行幅用。

T_{602} 为行输出变压器。从它的④脚输出的行逆程脉冲，经 V_{D605}、C_{628} 整流滤波后得到 180 V，供视放矩阵作电源。从⑧脚输出的行逆程脉冲，一路作 X 射线防护电路的取样脉冲，另一路经 R_{648} 限流后，作显像管灯丝的供电电源。从⑥脚输出的行逆程脉冲，一路经 L_{406} 作行消隐脉冲；另一路经 R_{616} 送至 TA7698AP 的㊳脚作双稳态触发器的触发脉冲，并作为选通脉冲发生器的一路输入（还作为形成行逆程比较锯齿波的电压送至 AFC 电路）。高压包绕组提供阳极高压，以及加速极和聚焦极电压。

TA7698AP 行扫描部分的电源由㉝脚引入，在㉝脚内稳压到 8 V。

(3) 场扫描电路。经 V_{601} 场同步分离电路输出的场同步信号送入 IC801 的㉘脚，同步场振荡器。场振荡器是一个施密特振荡电路，㉙脚外接的 C_{501}、C_{502}、R_{515}、R_{1024}（位于预选板上）组成振荡定时电路。而放电电阻 R 在 IC801 的内部。场回扫线期的长短由 $(C_{501} + C_{502}) \times [R /\!/ (R_{515} + R_{1024})]$ 的大小决定。场振荡脉冲通过 IC801 的㉗脚外接的 C_{503} 电容充电，形成了线性的场锯齿波，再经内部场预推动电路从㉔脚输出至场输出电路。

场输出电路由 IC501(IX0640CE)厚膜电路组成。由 IC801 的㉔脚输出的场锯齿波从 IC501 的④脚输入。④脚内部是 OTL 泵电源场输出电路的输入端，场锯齿波经内部场输出电路后从②脚输出，经 C_{513} 隔直流电容送至场偏转线圈。②脚输出的锯齿波同时还经过场偏转、C_{513}、R_{503}、R_{522} 馈至 IC801 的㉖脚，作为交流负反馈以改善线性。调节 R_{503} 还能起到调整场幅的作用。同时，IC501 的②脚输出的直流电压也经场偏转线圈、R_{507}、R_{506} 馈入 IC801 的㉖脚，作为直流反馈，以稳定电路的工作点。

7) ABL 电路和保护电路

(1) ABL 电路。夏普 NC—2T 机芯的 ABL 也是控阴极电位的 ABL 电路。它由 115 V 电源，取样电阻 R_{421}、R_{424} 和 R_{422}，行输出高压包，显像管阳极和阴极，视放矩阵中的三个视放管，亮度通道输出管 V_{402}，TA7689AP 的㉓和㊶脚间的内部电路，箝位二极管 V_{D408} 等组成。

当束电流正常时，在取样电阻 R_{421}、R_{424} 上的压降不大，R_{425} 上端电位较高，箝位二极管 V_{D408} 截止，对亮度通道输出直流电平没有影响。当束电流过大时，在取样电阻 R_{421}、R_{424} 上的压降较大，导致箝位二极管 V_{D408} 导通，TA7698AP 的㊶脚电位随束电流增大而下降，通过 TA7698AP 内部电路，其㉓脚电位随束电流增大而增大，V_{402} 的基极、射极电位随之增大，三个视放管的射极、集电极电位随之增大，显像管的三个阴极电位也随之增大，使束电流减小，达到自动亮度限制之目的。

(2) 保护电路。保护电路如图 10-12 所示，它有以下功能：

① 阳极过压保护。当机内高压异常升高时，行输出变压器 T_{602} 的⑧脚输出的脉冲值也变高，通过 V_{D608} 整流、C_{631} 滤波后的直流电压也变高(图 10-12 中的 A 点电压)。该电压一旦大于齐纳管 V_{D607} 的击穿电压，便通过 V_{D607} 经 R_{644} 输入到 IC801 的㉚脚，使 X 射线保护

电路开始动作。同时，使行推动的输出被控制为低电平，行输出管截止，以致产生高压的条件被破坏。

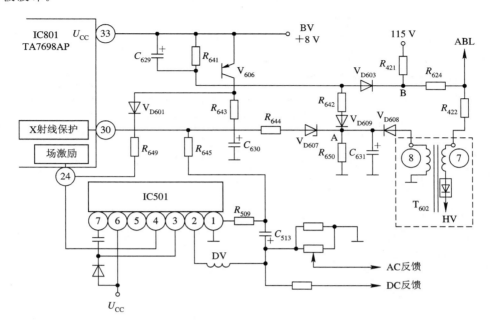

图 10-12　保护电路

② 束电流过流保护。当显像管的阴极电流过大时，流入行输出变压器 T_{602} ⑦脚的电流也增大，在 R_{421}、R_{424}、R_{422} 上的压降也增大，引起 V_{D603} 的负端电位下降，即图中 B 点的电压下降。当 B 点电压低于 6.6 V(8 V−0.7 V−0.7 V)时，V_{606} 导通，电流流过 V_{606}、R_{643}，给 C_{630} 充电，于是 IC801⑩脚的电位升高，使 IC801 内部的 X 射线保护装置动作，导致行输出管截止，高压和帘栅极的电压消失，显像管的束电流降为零。

③ 帧输出电容短路保护。正常时帧输出耦合电容 C_{513} 的负端无直流电压，但当其漏电甚至击穿时，IC501②脚的直流电压便加到 R_{521}、R_{509} 两端。此高电平经 R_{645} 加到 IC801 的⑩脚，使 IC801 内部的 X 射线保护装置动作。R_{642}、V_{D609} 的作用是当 T_{602} ⑧脚的行脉冲消失后，与 R_{650} 一起为 V_{606} 提供偏流，保证 V_{606} 导通，其集电极高电平通过 V_{D601}、R_{649} 加到 IC501 的④脚，从而使 IC501 输出端②脚为低电平，保证其免受过流损坏。

8）环境光自动控制(OPC)电路

环境光的具体电路在预选器(见图 10-13)中。

当 OPC 开关 S_{1003} 置于"OFF"位置时，对比度、亮度、色饱和度的控制分别由 R_{1021}、R_{1020}、R_{1019} 自动调节，此时 V_{1001} 被断开，对屏幕亮度无作用。

当 OPC 开关置于"ON"位置时，光敏器件 R_{1001} 根据环境光的强弱，使 V_{1001} 的偏置电流随着环境光的变化而增减，使 V_{1001} 射极输出至 IC801④脚的电平也相应变化。④脚是直流对比度的电平控制端，因而起到了自动控制屏幕对比度与亮度的作用。V_{D1019}、V_{D1018}、R_{1027}、R_{1026} 起着调整亮度变化速率的作用。

在 OPC 工作的同时，亮度控制电压被 R_{1034}、R_{1036} 分压在一个固定电平上，色饱和度控制电压被 R_{1033}、R_{1032} 分压在一个固定电平上，因此，亮度及饱和度不再发生变化，仅仅是对比度受环境光控制调节。

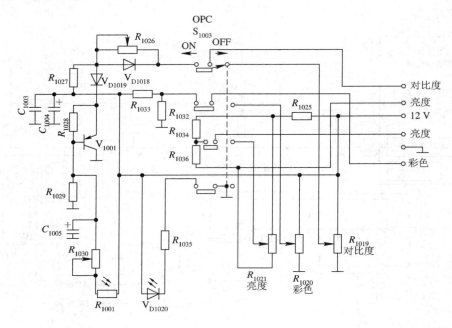

图 10 - 13　OPC 电路

9) 调谐器和频道预选器

(1) 调谐器。夏普 NC—2T 机芯采用 VTS—7ZH7 电子调谐器（国内型号 TDQ—3C），其中频为 38 MHz。VTS—7ZH7 电子调谐器的工作原理已在第 4 章作过分析。

(2) 频道预选器。夏普 NC—2T 机芯采用的预选器是一体化的预选结构。该预选器中的 8 位选台电位器及 8 位 U、VH、VL 频段选择开关做在一块基板上，调节方便，可靠性高。频道预选器电路中，R_{1017}（100 k×8）电位器与 U、VH、VL 频段选择开关组成一体化预选取装置。S_{1002} 是 8 个预选取频道的按钮开关，8 位预选取按钮开关在任一时刻只能有 1 位开关合上。S_{1001} 是 AFT 开关。在选台时应将 AFT 开关置于 OFF 位置，使选台准确，再将 AFT 开关置于 ON 位置。

预选器将输出 8 位预选单元中任一位的调谐电压 U_T 及调谐器工作电压 BU、BH、BL。当 8 位按钮开关中任一位合上时，则发光二极管 $V_{D1009} \sim V_{D1016}$ 中所对应一个发光，说明被合上的频选单元工作。

 习　题

10.1　红外线遥控系统由哪几部分组成？各有何作用？

10.2　彩电红外线遥控一般具有哪些功能？

10.3　彩电遥控微处理器（CPU）正常工作时，应具备哪三个基本条件？

10.4　遥控发射信号是将功能指令码经过哪两次调制后才得到的？为什么要经过两次调制？

10.5　简述三菱 M50436 – 560SP 遥控系统的选台工作过程。

10.6　试分析三菱 M50436 – 560SP 遥控系统的音量接口电路，并说明它是如何实现无信号静噪功能的。

10.7　试分析三菱 M50436 – 560SP 遥控系统的频段接口电路。

10.8　试分析三菱 M50436 – 560SP 遥控系统是如何控制机芯主电源开关的。画出其控制驱动接口的电路原理图。

第 11 章 大屏幕彩色电视机

随着电视新技术的日臻完善，电视系统正向着数字化、大屏幕、高清晰度、全信息等方面发展。大屏幕彩色电视机是当今世界彩电发展的潮流。到 20 世纪末，已经有多种开发研制的电视新技术、新电路在大屏幕彩色电视机中得到了推广使用。为了使读者对电视新技术有所了解，本章将对大屏幕彩色电视机采用的几种具有典型意义的新技术、新电路进行介绍。

11.1 大屏幕彩色电视机采用的新技术和新电路

大屏幕彩色电视机通常是指屏幕对角线尺寸大于 64 cm(25 英寸)，并且具有多制式、多功能和高性能的彩色电视机。目前市场上大屏幕彩色电视机的品种繁多，如国外的松下画王、三超画王、东芝火箭炮、飞利浦、三洋，以及国内的长虹、康佳、熊猫、TCL 等厂家出品的各种规格的大屏幕彩色电视机。

11.1.1 大屏幕彩电的基本特点

1. 大屏幕

目前，彩色电视机正向大屏幕、多功能、多制式、高性能方向发展。随着屏幕尺寸的加大，对彩电整机设计(如机械结构、电路元件等)提出了一系列新的问题，比如，显像管偏转角加大到 110°以上，其行偏转电流要超过 4 A 左右。这就要求行、场偏转电路能够提供足够大的偏转功率；显像管阳极高压会超过 28 kV，这对行输出电路和行输出变压器提出了更高的要求；屏幕尺寸的加大必然引起图像几何尺寸的失真，因此大屏幕彩电还要设置性能优良的枕形失真校正电路等。早期的大屏幕彩色电视机大多采用平面直角黑底显像管，现在广泛使用高质量的新型超平超黑显像管及纯平显像管。这些新型彩管使图像画面的平面度、对比度明显提高，聚焦性能大大改善，畸变失真显著减小，从而保证了重现图像的立体感和景深感。

2. 多功能

为了满足用户多方面的需要，现在设计的大屏幕彩电考虑了多种特殊功能。由于多种新器件、新电路和新技术的采用，大屏幕彩色电视机的电、声、光、色性能和整机功能有了很大的提高。目前常见的功能有：采用频率合成方式的遥控功能，数字混响、卡拉 OK 功能，游戏机功能，多路 AV 输入输出及 S 视频端子输入功能，双伴音/立体声功能，画中画功能，卫星电视接收功能，图文电视接收功能，CATV 接收功能，环绕声、火箭炮超重低音及丽音功能，宽电源电压自动保护功能，数字 I^2C 总线控制功能，数字白平衡自动调整功能等。设计者可根据产品档次及用户需要加以选择。

3. 多制式

随着世界各国、各地区文化交流的日益频繁及电视节目的多样化，要求大屏幕彩电能够接收各种制式的电视节目。目前世界流行的彩色电视制式有 PAL、NTSC、SECAM 三大类；广播制式（第二伴音中频）有 6.5 MHz（D/K 制）、5.5 MHz（B/G 制）、6.0 MHz（I 制）及 4.5 MHz（M 制）四种；此外，色副载波频率有 3.58 MHz、4.43 MHz 之分；场频有 50 Hz、60 Hz 之别。将上述各项加以适当的组合即可得到多种接收制式。如日本松下画王彩电 TC-29V2H 就具有接收 20 多种制式的功能，包括场频的识别与切换、图像中频带宽及中频选频网络的切换、色副载波振荡频率的切换、解码方式的切换、伴音中频及伴音鉴频网络的切换等，因而使彩色电视接收机的电路变得相当复杂，设计时必须兼顾各种技术指标。

4. 高性能

由于彩电屏幕尺寸的加大和功能的增强，人们对大屏幕彩电技术性能的要求也越来越高。除了考虑安全性、可靠性之外，如何改善和提高图像及伴音的质量是个十分突出的技术问题，其中较关键的是如何提高图像的清晰度。为此，国内外许多公司都相继投入力量研究和开发相应的新技术和新电路，如梳状滤波器亮色分离电路、延迟型水平轮廓校正电路、噪声抑制电路、扫描速度调制电路、黑电平扩展电路、数字分频式行场扫描电路、电源电压 AVR 调整电路、各种失真校正电路等。这些新技术和新电路现已广泛应用于大屏幕彩色电视机中，取得了令人满意的效果。

11.1.2　大屏幕彩电采用的新技术和新电路

1. I^2C 总线技术

I^2C 总线（Inter-IC BUS）是荷兰飞利浦（PHILIPS）公司研究发明的一种双向串行总线。原来主要用于仪器、仪表电路，现在已成为一种标准，推广到其它领域，并广泛地应用于民用电子产品、通信及工业电子产品上，作为 IC 器件间的控制核心。

随着电视性能的提高，功能的增加，电视接收机的复杂程度也相应提高，需要控制的量值也越来越多，如对比度、亮度、彩色、音量、重低音、PIP、环绕声、卡拉 OK 等，并且更多的信息也要送入微处理器进行处理。如果仍沿用传统的控制方式，那么每一个需要控制的量值都要微处理器有一个对应的引脚，这势必造成 CPU 引脚的增加，也使印刷板布线复杂，以致有些问题不易克服。因此现在生产的大屏幕彩电均采用了先进的 I^2C 总线技术。

I^2C 总线就是在微处理器和被控的集成电路之间联接两条线。一条用来传输控制信息的被称之为串行数据线（SDA）。控制信号按数据结构的格式是呈串行排列的。数据传输往往是双向传输的，即微处理器可以将信息传输给被控电路，被控电路也可以将信息传输给微处理器。另一条是用来传输时钟信息的，被称之为串行时钟线（SCL）。使用这种 I^2C 总线就可以把控制中心（微处理器）和多个被控集成电路联接起来，从而形成一个自动控制系统。这种控制方式要求信息的译码、识别处理设在被控集成电路内部。将 I^2C 总线控制技术应用在电视机设计中，线路简洁，大大减少了接口电路和集成电路的外围元件，简化了印刷线路板的布线，减少了其面积，提高了整机的可靠性，且增强了电路功能的扩展性和设计的灵活性，为彩电机芯的标准化设计创造了条件。

2. 梳状滤波器 Y/C 亮色分离电路

在一般的彩电中是用频率分离的传统方法将视频信号中的亮度信号与色度信号分离开来的，具体来说是在亮度通道中加入一个色度陷波器吸收色度信号，取出亮度信号；在色度通道中，加入一个色度带通滤波器取出色度信号，抑制亮度信号。这种方法具有电路简单、元件少、成本低等优点。但是在亮度通道中，色度陷波器在吸收掉色度信号的同时将该频率范围内亮度信号的频谱分量也抑制掉了，使亮度信号的高频分量丢失，影响了图像的清晰度。而在色度通道中色度带通滤波器在选出色度信号的同时也选出了该频率范围内的亮度信号，将它们送至色度解调器。这些亮度信号的高频分量也同样被色度解调器解调输出，使得图像的细节部分(如细的格子或条子)出现闪烁的彩色干扰。可见这种传统的分离方法不能将亮、色信号彻底分开，故图像质量不能令人满意。用梳状滤波器进行亮、色分离就可以解决上述问题，因为它是根据视频信号频谱交织的原理及梳状滤波器的梳齿状滤波特性，以频谱分离的方法把亮度信号与色度信号分离开来的。

PAL 制梳状滤波器亮色分离电路框图如图 11-1 所示。它由两行(2H)延迟线、加法器、减法器等部分组成。由亮度信号 Y 与色度信号 C 组成的复合全电视信号一方面直接加至加法器与减法器的输入端(称为直通信号)；另一方面又同时送至 2H 延迟线，延迟两行时间 $2T_H$，所得延迟信号也送到加法器和减法器的另一输入端。直通信号与延迟信号相加，就得到亮度信号；直通信号与延迟信号相减，就得到色度信号；从而完成了亮、色分离的任务。

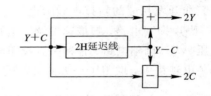

图 11-1　梳状滤波器亮色分离
电路框图

图 11-1 中，复合全电视信号的表达式为

$$E_M = E_Y + (E_U \sin\omega_{SC}t \pm E_V \cos\omega_{SC}t)$$

式中，E_Y 为亮度信号；$E_U \sin\omega_{SC}t \pm E_V \cos\omega_{SC}t$ 为色度信号，取"＋"号者为 NTSC 行，取"－"号者为 PAL 行；$\omega_{SC} = 2\pi f_{SC}$，$f_{SC}$ 为色副载波频率($f_{SC} = 4.433\ 618\ 75\ \text{MHz}$)，周期 $T_{SC} = 0.225\ 549\ 4\ \mu s$。因为行频 $f_H = 15\ 625\ \text{Hz}$，行周期 $T_H = 64\ \mu s$，所以一个行周期 T_H 中包含有 $T_H/T_{SC} = 283.751\ 6$ 个色副载波周期 T_{SC}。

假设相邻两行电视信号相同，即保持行相关性以及延迟线无损耗，那么输入信号经延迟线延迟两行时间后，Y 信号保持不变；对于色度副载波则延迟了 $283.751\ 6 \times 2 = 567.503\ 2$ 个周期，折合成角度为

$$(567 + 0.503\ 2) \times 360° = 567 \times 360° + 180°$$

这说明延迟两行后的色度副载与原色度信号的相位相反，所以延迟信号必为 $Y-C$，表达式为

$$E_{Md} = E_Y - (E_U \sin\omega_{SC}t \pm E_V \cos\omega_{SC}t)$$

直通信号 $Y+C$ 与延迟信号 $Y-C$ 相加，则色度信号抵消了，故加法器输出只有亮度信号 $2Y$；直通信号 $Y+C$ 与延迟信号 $Y-C$ 相减，则亮度信号抵消了，故减法器输出只有色度信号 $2C$。这就是梳状滤波器亮、色分离的基本原理。

3. 延迟型水平轮廓较正电路

在彩色电视机中，为了消除色度信号对亮度信号的串扰，通常用色度陷波器将色度副载波及其边带分量吸收掉，这样就使亮度信号的高频分量损失严重，图像的清晰度下降。为了弥补这种缺陷，常常加入水平轮廓校正电路，以改善图像质量。水平轮廓校正对两个像素之间的黑白交替（即垂直方向的边界）予以增强，它对应于视频通道幅频特性的高频成分，因而水平轮廓校正需要在幅频特性的高频区有一抬峰。

在一般的彩色电视机中，大多采用电感二次微分的原理来实现这种校正功能。采用电感二次微分原理构成的校正电路具有电路简单、元件少、成本低等优点，但是也有许多弊病。首先，这种二次微分电路从频域角度来看是一种高频补偿，它的幅频特性高频端会出现抬峰，如果抬峰过大，则会很容易引起振铃（即衰减振荡），从而使图像边缘不清晰，甚至出现"重影"，也会相应地使高频相移特性变差，即产生附加相移，引起信号频率失真，严重时就会影响图像的清晰度。其次，亮度信号前后沿叠加的脉冲不易达到幅度对称，这是因为第一次微分的波形前后沿陡度不同，经第二次微分后得到的正负脉冲的幅度不平衡，这将会影响轮廓校正的效果。第三，这种电路中的随机噪声也会被取出来叠加到亮度信号中去，从而降低了信噪比。以上几点弊病可能在总效果上抵消了轮廓校正电路所带来的好处，因此在高档次的大屏幕彩电中已不再使用，而采用性能更好的延迟型水平轮廓校正电路。

延迟型水平轮廓校正电路虽有各种不同的电路形式，但其原理都是相似的。图 11 - 2 所示是一种典型的延迟型水平轮廓校正电路，其各点波形如图 11 - 3 所示。

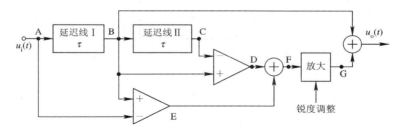

图 11 - 2　延迟型水平轮廓校正电路框图

设 A 点输入为一矩形脉冲 $u_i(t)$，经延迟线 I 和 II 依次延迟，延迟时间都为 τ，得到波形 B 与 C。波形 B 与 C、B 与 A 相减，分别得到波形 D 与 E。D 与 E 相加即得到正负相间的校正脉冲波形 F。该脉冲经锐度控制放大、调节其幅度后再与 B 波形相叠加，即得到校正后的亮度信号 $u_o(t)$。

这种延迟型水平轮廓校正电路虽然其幅频特性在频率高端有明显抬峰，但不会产生振铃；并且由于其相频特性为一直线，也不会产生相位失真。因而这是一种无振铃、无相位失真的轮廓校正电路，它比传统的电感二次微分电路优越得多。

需要指出的是，这种延迟型水平轮廓校正电路的幅频特性在频率高端仍有明显抬峰，因而它同样会将高频

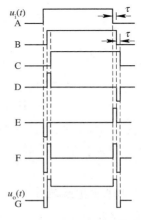

图 11 - 3　延迟型水平轮廓
校正电路各点波形

杂波噪声取出来，并与轮廓校正信号一起叠加至原信号中，这就会增加信号的杂波，降低信噪比，使图像质量受到影响。这种负作用可能会在总效果上抵消轮廓校正带来的好处，因此在校正信号与原信号叠加之前应采取降低噪声的措施，通常可在图11-2的G点处加一级称为"挖心器"的噪声抑制电路。

4. 视频信号的噪声抑制(挖心电路)

在大屏幕彩电中，为了提高信噪比，以改善图像质量，一般都要采用降噪措施，即在视频通道中的适当位置加一级降噪电路。目前应用较多的降噪电路是"挖心电路"，也称为"核化电路"。

图11-4画出了挖心电路的传输特性及其输入、输出信号。其特点是：在输入信号零点附近的一个小区域(AB之间)内，输出信号为零，而此区域以外的输出信号则与输入信号成线性关系。因此处于该区域之内的输入不会产生输出，只有幅度较大，超过此范围的部分才能产生输出。这就等效于将输入信号的"中心部分"挖掉了，故有"挖心电路"之称。一般将这个挖心区域所对应的电压范围 U_{rpp} 称为"挖心电平"或"降噪电平"。一般说来，信号中所含噪声的幅度比较小，可合理设计电路使噪声处于挖心范围之内，使含有噪声成分的信号通过挖心电路之后，在其输出端只有信号成分而没有噪声分量，从而起到了静噪的作用。

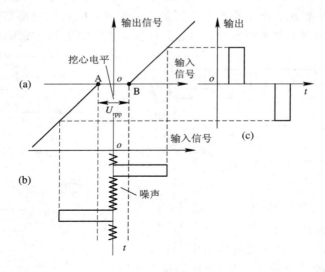

图11-4　挖心电路的传输特性及其输入、输出信号
(a) 挖心电路的传输特性；(b) 输入信号；(c) 输出信号

需要说明的是，这种电路是挖去输入信号零点附近的一小部分，故不能直接用于有直流电平的单极性信号的静噪，因为它的噪声成分是叠加于信号波形上的，不在挖心范围之内。

5. 黑电平扩展电路

黑电平扩展电路又称为黑电平动态补偿电路，它是大屏幕彩电中用来改善图像质量的重要电路，常加在亮度通道中对比度控制电路之前的位置。黑电平扩展电路的基本功能是检测亮度信号内"浅黑"部分的电平，并把该电平与消隐电平相比较，如果它没有达到消隐电平则向黑电平方向扩展，如果已达到了消隐电平则停止扩展，如图 11 - 5 所示。这样原来的"浅黑"部分经过扩展后就变成了"深黑"，但不会超过消隐电平，而白电平则不变，因此 Y/C 的值是固定不变的。由于将"浅黑"变成了"深黑"，这就提高了该处图像的对比度，消除了图像"模糊"的感觉，使夜晚的场景看起来的确像夜晚的景象了。

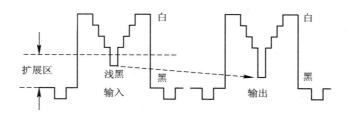

图 11 - 5　黑电平扩展电路基本功能

为了实现上述黑电平扩展功能，电路必须具有如图 11 - 6(a)所示的传输特性。在消隐电平附近有一扩展区，在扩展区以外传输特性为线性，其电压放大倍数为一常数；而在扩展区内的传输特性为非线性，上升较陡的部分斜率加大，表明其电压放大倍数明显增加。因此，处于扩展区之外的输入信号被线性放大，无扩展效应，而落入扩展区之内的输入信号将被拉伸，即向黑电平方向扩展，如图 11 - 6(c)所示。

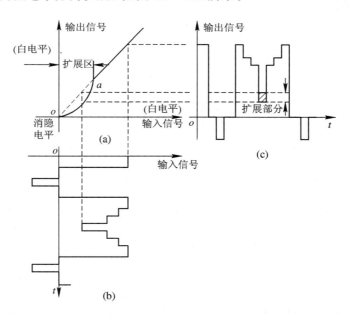

图 11 - 6　黑电平扩展电路的传输特性及其输入、输出信号
(a) 传输特性；(b) 输入信号；(c) 输出信号

需要强调的是，黑电平扩展电路只是对亮度信号内的"浅黑"部分的电平进行扩展，而不能对色度信号有任何影响。因此，黑电平扩展电路所处的位置必定是在亮色分离之后，对比度控制电路之前的亮度通道之中。

6. 扫描速度调制电路

扫描速度调制电路是大屏幕彩电的重要单元，其功能与水平轮廓校正电路相似，它是取出图像亮度信号中迅速变化的边缘成分去调整和控制电子束水平扫描的速度，使亮度有显著变化地方的图像边缘更清晰、更鲜明。

扫描速度调制电路的工作过程是在显像管上增加一组辅助偏转线圈，流过此偏转线圈的电流由图像亮度信号中迅速变化的边缘成分决定，从而使这个辅助偏转线圈产生相应的磁场。在经过图像亮度信号的黑白边缘时，电子束的水平扫描速度发生变化，使在黑的部分扫描速度加快而变得更黑，在白的部分扫描速度减慢而变得更白，最终使得图像的黑白边缘更加清晰、突出，形成勾边效果。

扫描速度调制电路与前述的水平轮廓校正电路都是为提高图像清晰度而采取的措施，具有相似的作用。但是它们的工作原理是有明显区别的，前者通过改变电子束扫描速度的方式来实现勾边效果，而后者通过改变电子束电流的大小来增强图像轮廓。

7. 高质量伴音

我国现行的电视伴音信号是通过图像信号混合用一个信道传播，接收端无论怎样处理，图像和伴音信号在彩色电视机内都是混在一起的，它们之间混在一起处理的电路越多，相互串扰就越严重。目前，图像和伴音信号在电视中的处理有四种方式。

第一种方式是传统的共同通道方式，即直接从图像检波器所得的信号中提取第二伴音中频信号，如图 11-7 所示。

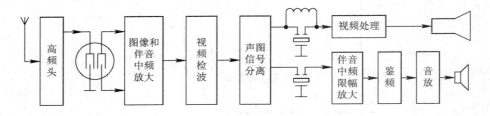

图 11-7 共同通道方式的电路程式

在这种方式的放大和检波过程中，图像和伴音信号之间的交叉干扰是不可避免的。这类电路难以达到较好的声、像分离效果。

第二种方式是从中频电视信号中分离出一路，单独检波得到第二伴音中频信号，如图 11-8 所示。

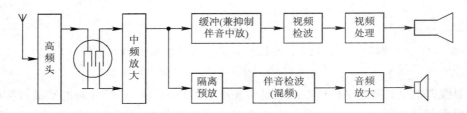

图 11-8 图像、伴音分离检波方式的电路程式

　　这种方式对抑制图像和伴音的互相干扰要比第一种方式好得多，特别是伴音中的蜂音干扰有了明显的改善。

　　第三种方式是将图像中频和伴音中频信号完全分离后，再分别处理，如图 11-9 所示。

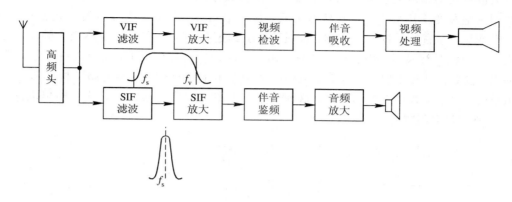

图 11-9　完全分离式电路程式

　　这种方式除了高频头以外，图像和伴音信号分别经过不同的信号处理通道，中频滤波器也各不相同，不用像第二种方式中的声、像滤波特性要相互兼顾。它可根据各自的需要分别进行设计，以得到高质量的伴音。但这种方式的伴音解调载波频率很高，而前两种方式解调的载波频率很低（我国为 6.5 MHz）。因此，该方式对鉴频器"S 曲线"的稳定性要求无疑要比第二种方式高得多，从技术上来说是比较困难的，成本也很高。

　　第四种方式是在第三种方式的基础上，将伴音中频变为第二伴音中频后再进行解调，如图 11-10 所示。

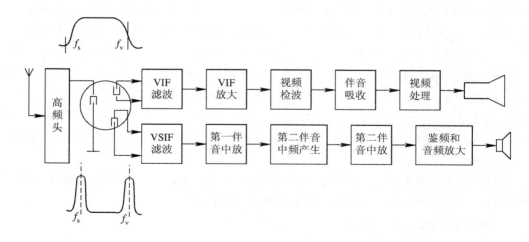

图 11-10　准分离通道式电路程式

　　这种方式中，伴音中频滤波器并不是只让伴音中频通过，还保留一个图像中频的窄峰，利用它作基准信号，并与伴音中频信号在第二伴音中频发生器中产生第二伴音中频信号。由于伴音解调的载频降低了，因此使这种方法的技术难度降低、成本下降。这种方式是大屏幕彩电中用来改善伴音质量的一种比较理想的伴音接收方式。

8. 双阻尼管式行输出电路

为了校正光栅的左右(水平)枕形失真，需要对行扫描电流进行修正，将幅度稳定的行频锯齿波修正为幅度受场频抛物波电流调制的行频锯齿电流。普通中小型屏幕彩色电视机多利用磁饱和变压器来校正左右枕形失真。这种电路容易制作，但经常发生枕校量不足，行线性变坏，左右枕形校正不对称，特别容易引起超高压不稳和行幅度不稳等弊端；而新型大屏幕彩电经常采用二极管调制器枕校电路来实现左右枕形校正，它可以有效地克服上述缺点。设置该枕校电路后，行输出电路的结构发生了明显变化，在电路结构上形成两个行阻尼管、两个逆程谐振电容，因而这种行输出电路又被称为双阻尼管式行输出电路。图11－11所示是双阻尼管式行输出电路。

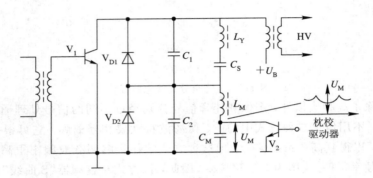

图 11－11 双阻尼管式行输出电路

图中，V_1 是行输出管，V_{D1}、V_{D2} 是两个行阻尼管，C_1、C_2 是两个行逆程电容，C_S 和 C_M 都具有行线性校正作用，C_S 主要起 S 失真校正作用，L_Y 是行偏转线圈。由于下半侧电路的作用，该电路同时具有左右枕校功能，L_M 称为枕形校正调制线圈，V_{D2} 称为调制二极管，C_M 称为左右枕校调制电容，V_2 是左右枕校调制驱动器。在 V_2 前级应当设置场频脉冲处理电路，将场频脉冲调整为波形、幅度和相位正确的场频抛物波电压后，加到 V_2 基极。V_2 集-射极之间的内阻可视为可变电阻，其阻值随基极输入电压的变化而变化，于是 C_M 两端电压被场频抛物线电压调制为抛物波状，该电压就是左右枕形校正电压，在图中用 U_M 表示。由于上述行输出电路同时具有左右枕形失真校正作用，因此又经常称为双阻尼管式枕校电路。

双阻尼管式行输出电路与传统的单阻尼管式行输出电路的工作过程基本相似，仍然遵守传统的单阻尼管式行输出电路推导的行逆程反峰电压的结论。

9. 数码 100 Hz 倍场频技术

数码 100 Hz 倍场频技术是大屏幕彩电中用来改善图像质量的重要而有效的新技术。利用现代数字技术，可以在不改变现有模拟电视制式场频值的前提下，通过倍场频技术来消除图像的闪烁感。它是将一场或多场画面数字化，并存储起来，用慢存快取的方法，以双倍场频读出图像数据信息，并将图像显示于荧光屏上。

对于我国的 PAL(50 Hz)制式来说，场频值应由 50 Hz 提高到 100 Hz，即实现倍场频技术的方法一般有以下几种。

1）场重复法

它是利用存储器记忆存储信息，通过增加扫描速度和数码记忆存储功能相结合的方法，来克服画面的闪烁感。其具体方法是将每 1 场的画面重复一次显示于荧光屏上。画面读出顺序是：第 1 场画面读出后，再重复显示一次第 1 场画面；然后，显示第 2 场画面，第 2 场画面也是显示一次后再重复显示一次；接着，重复显示第 3 场画面、第 4 场画面……如此重复下去。这里，每次显示画面的时间都缩短了一半，即场频由 50 Hz 提高到 100 Hz。

例如，东芝火箭炮的"数码 100"（Digital 100）彩电就是采用了场重复法进行场扫描。它先将场扫描的信号用存储器存储起来，然后利用加倍场扫描速度的方法取出，去控制荧光屏上电子束的扫描。将场扫描速度加倍后，场频由 50 Hz 提高到 100 Hz，即由每秒显示 50 次画面增加到每秒显示 100 次画面。原来每场扫描需用 20 ms，现在改为两场扫描时间后需用 20 ms，即场扫描速度提高到每场 10 ms，也即场频提高到了 100 Hz。这种频率值已经远远超过临界闪烁频率。

2）帧重复法

对于 PAL 制来说，场频为 50 Hz，而每两场画面才能构成一帧完整的画面，可知帧频为 25 Hz。帧重复法是将每帧画面（即两场画面）重复一次显示于荧光屏上。其读出顺序是：读出第 1 场画面（PAL 制需用 10 ms）后，接着显示第 2 场画面（又用 10 ms），以上共用 1 帧扫描时间（即 20 ms）；然后，再重复显示第 1 场画面和第 2 场画面（则又共用 20 ms）；第 1 帧画面重复显示后，接着显示第 2 帧画面，以此类推，继续重复下去。可见，这种方法是将每帧画面重复显示 1 次，帧频提高 1 倍，即帧频由 25 Hz 提高到 50 Hz。这种方法是以倍帧频数值显示图像，显然，场频也由 50 Hz 提高到了 100 Hz。

图 11-12 所示是 PAL 制帧重复法的示意图。

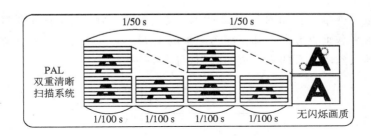

图 11-12　帧重复法示意图

3）插值法

插值法是通过一定的设计程序，以一定的算法将多场图像进行插值运算，然后以倍频扫描速度顺序地输出。由于采用的程序和算法不相同，插值法又可以分为多种方法。

例如，康佳"视尊 100 Hz"的 T3498 型彩电就使用了插值法。它在图像数据处理过程中，将存储器内两场 50/60 Hz 的视频信号按照特定规则进行运算后，产生两场新视频信号，再经过组合实现图像的重放，较彻底地解决了图像水平上下抖动的问题。

以上三种倍场频技术各有特点。帧重复法对静止图像的重现效果更为理想，而对于运动图像将呈现水平方向的抖动感。场重复法可以无失真地再现运动图像，但仍存在边沿闪烁、行间闪烁现象。而插值法则具有前两种方法的优点，但需要强大的软、硬件支持，且成本较高。

11.2　NC—3 机芯画中画大屏幕彩色电视机简介

NC—3 机芯是我国长虹公司和日本东芝公司联合开发设计的大屏幕画中画彩色电视机机芯。该机芯的信号控制方式和信号处理方式，与传统的中、小屏幕彩电相比，都有极大的飞跃，电路性能、图像清晰度、伴音质量和电源适应能力上都上了一个新台阶。为了减轻重量、缩小体积和提高整机灵敏度，该机芯大量采用了贴片技术和贴片元件。由于功能多、元件多，因此该机芯采用积木式结构模块化设计，可使设计简便，扩展功能和维修都比较方便。已经出品的长虹 C2518、C2919P、C2919PS、C2919PV、C2939KS、C2939KV、C3418PN 等型号的彩色电视机均采用 NC—3 机芯。

11.2.1　NC—3 机芯的组成

NC—3 机芯是一种多制式、多功能，具有画中画功能的大屏幕彩色电视机机芯。

1. 画中画(PIP)彩电的基本结构

1) 画中画功能

画中画功能是在同一屏幕上同时显示两套电视节目，在这两套节目中，一个画面是占满整个屏幕的，称为主画面；另一个画面是一幅经压缩的、完整的、只占屏幕一部分的小画面，称为子画面或次画面。子画面主要用来监视其它频道或视频信号源的节目，通常利用遥控器可以使子画面位于主画面的任一位置，还可以改变子画面的大小。主画面和子画面还可以互换。

画中画彩电的屏幕布置如图 11−13 所示。要实现画中画功能，首先要将某一电视频道的图像画面在水平和垂直方向上都压缩为原来的 $1/K$。压缩后的图像画面称为子画面，它以预期的位置插入到所收看的主频道的画面(母画面)中去。

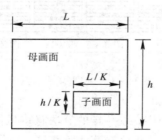

图 11−13　PIP 电视屏幕布置

为达到在一个电视屏幕上同时显示两个不同频道的电视图像的目的，必须要有一个图像存储器，以便将一标准尺寸的电视图像压缩成小尺寸的子图像，并使这两个独立图像的扫描频率和相位严格同步，才能组成一幅完整的画中画电视图像。例如，在子画面的信源图像的垂直方向将每 3 行($K=3$)合成一行，水平方向每 3 个像素合成一个像素，并以子画面图像信源的行、场同步信号为基准，逐行逐像素地写入图像存储器。然后以母画面信源图像的行、场同步信号为基准，逐行逐像素地从存储器中读出，就能完成画中画图像的扫描显示。此时子画面的图像分解力就下降为原来标准图像分解力的 1/3，但是由于子画面的尺寸也相应减少了，所以仍能基本上满足人眼对分辨力的观看要求。

画中画彩电一般有两类：一类是在电视接收机中设置两个高频调谐器，主画面的节目和子画面的节目分别由各自的高频调谐器接收，称之为射频画中画；另一类是只有一个高频调谐器的彩电，主画面由机内高频调谐器接收，而子画面必须由 AV 输入端子（外接录像机或 VCD、DVD 影碟机等）获得，称之为视频画中画。

NC—3 机芯是一种具有射频画中画功能的彩电，而有些彩电，如松下 TC—33 V32HN，是只具有视频画中画功能的彩电。

2）画中画彩电的基本结构

具有射频画中画功能的彩电的基本结构如图 11 - 14 所示。

从图 11 - 14 中可以看出，画中画彩电有如下特点：

（1）主画面和子画面各有一套独立的信号处理电路（包括高频调谐器、中频通道、检波等）。

（2）子画面可以是从天线接收的射频电视节目信号，也可以是由 AV 输入端（VIDEO1，VIDEO2）输入的视频信号（来自录像机或影碟机）。

（3）主画面与子画面首先经各自的色解码通道解出 $R-Y$、$B-Y$ 和 Y 三个信号，然后再通过开关矩阵切换电路对信号进行准确地分配，最终组合成一幅完整的双画面图像。

（4）子画面通常是将原画面压缩形成的，其分辨率比较低，通常子画面的分辨率仅为 100 线左右。由于子画面采用了存储器和数字处理技术，因此子画面可实现静像。

（5）主画面与子画面可由切换开关来互换。

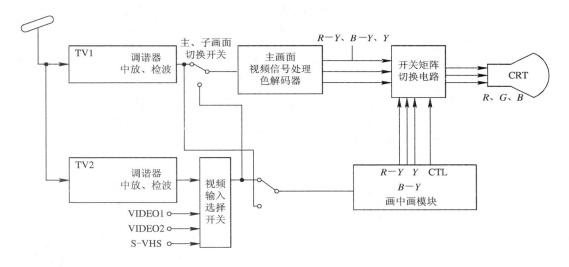

图 11 - 14　具有射频画中画功能的彩电方框图

需要强调的一点是，以上各种开关切换均是在微处理器的控制下执行完成的。

2. NC—3 机芯整机的组成

1）NC—3 机芯整机电路框图

NC—3 机芯的电路组成如图 11 - 15 所示。

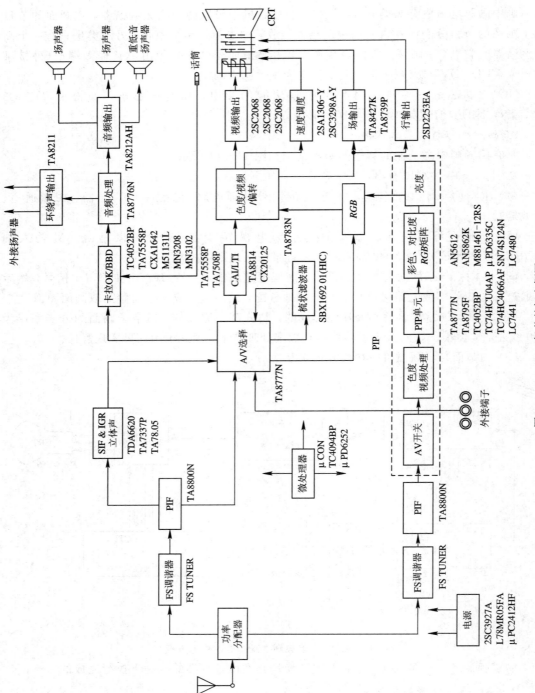

图 11-15 NC-3机芯整机方框图

2）NC—3 机芯印刷线路板的构成

NC—3 机芯共由 15 块印刷线路板构成，其中 7 块是贴片板，8 块是非贴片板。

（1）非贴片板：

① 主板（ZB 板）：装置有公用通道、遥控电路、扫描电路等，并作为功能组件的载体。

② 电源/扫描/伴音功放板（DY 板）：装置有电源电路，行、场输出电路和主伴音输出电路。

③ AV 开关板（BT 板）：装置有由机箱后部输入/输出的各路端子和切换电路等。

④ 键盘板（KZ 板）：装置有前面板控制按钮、耳机、卡拉 OK 插孔和 LED 指示器等。

⑤ CRT 驱动板（XJ 板）：装置有末级视放电路及 CRT 驱动电路。

⑥ R、G、B 基色信号板（CS 板）。装置有 R、G、B 三基色信号切换开关电路。

⑦ 速度调制板（VM 板）：装置有速度调制电路。

⑧ 南北枕校板（DPC 板）：装置有枕形校正电路。

（2）贴片板：

① 主中放组件（PM 组件）。

② 副中放组件（PS 组件）。

③ 画中画组件（PI 组件）。

④ 数字梳状滤波器组件（PL 组件）。

⑤ 亮度处理组件（LT 组件）。

⑥ 卡拉 OK 组件（KA 组件）。

⑦ 丽音组件（NT 组件）。

NC—3 机芯印制板的整体布局如图 11 - 16 所示。

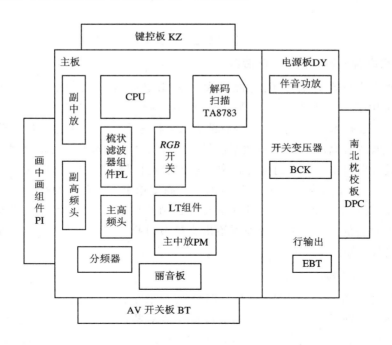

图 11 - 16 NC—3 机芯印制板的整体布局

11.2.2　NC—3 机芯的特点

1. 大量采用了 I²C 总线控制技术

由于大屏幕彩电功能完善，需要控制的模拟量较多，因此若还采用传统的彩电控制方式，将使微处理器端口增多，电路复杂。若采用 I²C 总线控制技术则可使微处理器和被控集成电路的引脚数量大幅减少，从而简化了电路设计，提高了机器的可靠性。

NC—3 机芯中，几乎所有功能和控制方式都采用了高性能、高集成度的 I²C 总线技术，实现了对整机主高频调谐器 AH001、副高频调谐器 AH002、亮/色/行场小信号处理电路 TA8783、锯齿波形成/几何校正电路 TA8859、TA/AV 转换开关电路 TA8777N、音频信号处理电路 TA8776N 和 PIP 组件电路等的控制。图 11-17 所示为 NC—3 机芯 I²C 总线信号控制框图。

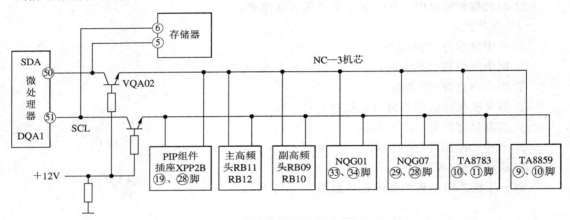

图 11-17　NC—3 机芯 I²C 总线信号控制框图

2. 采用频率合成调谐器(FS 调谐器)

一般普通中小屏幕遥控彩色电视机大多采用电压合成式调谐器(即 VS 调谐器)。NC—3 机芯采用了调谐精确、快速、易于控制的频率合成式调谐器。

所谓频率合成技术，就是用可变分频的方法，将一个标准频率振荡器的输出频率变为各种按比例降低或升高的一系列多频率信号。当需要某一频率时，就将上述一系列多频信号中的某些成分合成，从而得到符合频率要求的稳定信号。这种方法既保证了输出信号的频率范围广泛，又保证了标准振荡器产生的频率高度稳定，从而使各种合成频率稳定。

在 NC—3 机芯中，使用了两个由 I²C 总线控制的频率合成式 FS 高频调谐器，分别接收主画面和子画面的节目，由微处理器给出交换节目指令，两个 FS 调频器几乎可以同时达到所要求接收的频道。

3. 可实现多制式接收功能

NC—3 机芯采用日本东芝公司的 TA8783 芯片来完成全电视信号解码、行场振荡信号形成和彩色制式识别及转换等全部功能，可实现多制式彩色电视信号的处理，如接收广播电视 PAL-D/K 制式、视频 PAL-4.43 MHz、PAL-50 Hz/60 Hz 以及 NTSC-3.58 MHz 等节目信号。

4. 具有射频画中画功能

NC—3 机芯采用了两个 FS 调谐器及两套中频处理电路，在遥控器的控制下，可方便地实现射频画中画(PIP)功能。NC—3 机芯的 PIP 可实现下列功能：主/副画面切换、副画面显示/不显示、副画面移动、副画面静像等。

5. 电源适应范围宽

NC—3 机芯为了保证大屏幕多制式及重低音等功能的实现，对电源电路作了优化设计，采用了自激式脉宽调制型开关电源。该开关电源采用了大截面积的开关变压器，次级采用光电耦合进行反馈取样控制，实现了宽频率范围的调频调宽工作方式，且待机电源也由同一电路提供，这样既简化了电路，也避免了一般遥控板电源变压器低频漏磁时 CRT 色纯的影响。

NC—3 机芯电源的稳压范围较宽(AC：90～270 V)，电压输出稳定，且有过流、开机冲击电流、过压及欠压等多种保护电路，输出功率满足了整机的正常需要。

6. 采用了多种增强图像清晰度的电路

NC—3 机芯为了提高图像清晰度，对亮度和色度信号的处理采用了许多新技术、新电路。

1) 数字滤波器亮、色分离电路

传统的中小屏幕彩电是采用带通滤波器和带阻滤波器来实现亮色分离的。这种方法虽简单，但效果不理想，不能将亮色信号完全分离开，会出现亮、色干扰现象。大屏幕彩电为改善图像质量，一般不采用上述方法进行亮色分离，而是采用梳状滤波器亮色分离电路。

大屏幕彩电的梳状滤波器亮色分离方式一般采用延迟后再进行算术运算的方法实现。对于 NTSC 制而言，由于是半行频间置，因此延迟一行后就可得到相位相差 $180°$ 的 f_c 信号；而 PAL 制由于是四分之一行频间置，因此必须延迟两行。

在信号的处理上，无论是 NTSC 制，还是 PAL 制，都是利用了电视信号的行间相关特性。由于 NTSC 制仅延迟了一行，该行与后一行仍有较强的相关性，因此 NTSC 制的亮色分离比较容易实现。而 PAL 制由于要延迟两行，因此行相关性就比较差，特别是对于活动的图像，如果前后两行恰好不一致，就会导致亮、色分离不清，同时也造成垂直清晰度下降。为此，NC—3 机芯采用了更先进的具有垂直相关运算功能的数字梳状滤波器(D-COMB)来实现亮色分离。

2) 黑电平扩展电路

NC—3 机芯为提高图像的对比度，使之具有纵深感，采用了黑电平扩展电路。该电路设定了一个门限电平，将大于此门限电平的灰电平分量强制延伸到黑电平，使黑色更黑，提高了图像的清晰度。

3) 亮度锐度加强(LTI)电路与色度锐度加强(CAI)电路

亮度锐度加强电路类似于普通彩电中的勾边电路，它主要对亮度信号进行动态校正补偿，使图像中的亮度信号更清晰、更细腻。

色度锐度加强电路与亮度锐度加强电路类似，只不过它是对色度信号进行处理而已。引入 CAI 电路的目的就是对已失真的彩色信号的边缘进行修正，以获得陡峭的边缘，使彩色图像更清晰。

4) 速度调制电路(VM)

速度调制电路是将 LTI 的信号送入一专设的速度调制偏转线圈，以改变电子束的扫描速度，从而达到勾边效果的一种电路。

5）图像采用锁相环全同步检波（PLL）

PLL 全同步检波方式可以获得较好的微分增益/微分相位特性，可以避免相位特性不好而引起的过冲，同时也可以避免过调制信号的"蜂音"现象。

7. 采用多种提高伴音质量的电路

1）准分离式伴音中放

普通彩色电视机中的图像、伴音中频信号使用共同的公共通道，图像、伴音中频大多在视频检波后分离，少数在图像中放末级提前分离，因此容易产生 2.07 MHz 的差拍干扰。为减少这种干扰，NC—3 机芯采用了准分离式伴音中放电路和两个声表面波滤波器，在中频信号输入端就将图像中频和伴音中频分离，然后伴音和图像各自独立地进行中放和解调，从而大大减小了伴音与图像的互相干扰。

2）环绕声电路

NC—3 机芯中，为了使声音效果更加悦耳逼真，采用了环绕声电路。

3）卡拉 OK 电路

NC—3 机芯还设置了功能齐备的、具有混响效果的卡拉 OK 电路，以便用户直接利用电视机进行卡拉 OK 演唱。

8. 大量采用贴片技术和模块化设计技术

为减小整机体积，提高工作可靠性，NC—3 机芯大量采用了贴片技术和无引线的贴片元件（如贴片电阻、电容、二极管、三极管及集成电路等）。

为便于功能扩展和维修，NC—3 机芯的整机电路采用了积木式的模块化设计技术。

11.3 其它显示方式的大屏幕彩色电视机简介

随着信息时代的到来，电视技术迅猛发展，大屏幕显示器得到普遍应用。用户希望电视系统获得大画面、高亮度、高分辨率的显示效果，而传统的 CRT 显示器很难满足用户这方面的要求。近些年来迅速发展的液晶显示、等离子体显示和投影显示等电视新技术，成为解决大画面显示的有效途径。

11.3.1 液晶显示电视机

液晶电视的英文名为 Liquid Crystal Display－TV，简称 LCD－TV。LCD－TV 的关键部件是液晶显示器，液晶显示器指的是采用液晶作显示材料的显示装置。液晶即液态晶体，既具有液体的流动性，同时又具有晶体的光学和电学特性。液晶是介于固体和液体之间的一种中间状态，它本身不发光，但可以产生光散射、光密度调制或色彩的变化。液晶显示器将液晶放在两层电极之间，其厚度只有几微米至二十几微米，正面是透明的电极，背面有反射电极，用来显示文字、图形和图像。液晶显示屏是将大规模集成电路的驱动器安装在其周围来构成一个整体，在输入视频信号、同步信号，加上电源后便可显示彩色图像。液晶显示器具有以下突出特点：驱动电压低，一般只有几伏，不会产生 X 射线或紫外线辐射，对人体无害；功率损耗小，每平方厘米只有几微瓦；屏幕平且薄，体积小，重量轻；屏幕本身不发光，长时间观看不会引起视疲劳；在阳光下观看效果好，适于作室外显示装置。

LCD 电视机的构成与传统的 CRT 电视机的主要区别有：

（1）LCD 电视机含有特殊电路，如液晶显示屏、X 驱动器和 Y 驱动器、同步控制电路、图像信号处理电路、公共电极极性翻转电路、背光源灯管及其驱动电路。

（2）LCD 电视机的高频头体积小、功耗低、电源电压低，高频头的驱动电路既要保证功耗不能过大，还要保证具有一定的放大倍数，以提高信号噪声比。

（3）LCD 电视机的同步信号发生器为驱动液晶显示屏提供所需的寻址信号，有水平方向和垂直方向的时钟脉冲和启动脉冲，为获得稳定的时钟频率，确保电视图像的稳定，还设有锁相环电路。

（4）LCD 电视机含有独特的图像信号处理电路，它能使视频信号转换成适合于驱动液晶显示屏的信号。液晶显示屏的结构不同，其图像处理电路的结构便不同。

11.3.2　等离子体显示电视机

等离子体显示电视机的英文名为 Plasma Display Plate，简称 PDP。PDP 的工作原理与以前的任何一种显示器都不同，它利用了像素自行发光的技术，大大减少了显示屏的空间。每个像素都含有红、蓝、绿三种光源，并可独立发光。PDP 通过气体放电时产生的真空紫外光（UV）去激发红、蓝、绿基色的荧光体，此时，像素中的气体会作出发光反应，每个像素呈现出不同的色彩，当这些像素组合起来时，便能产生光亮夺目的缤纷图像。

PDP 的显示屏由厚度各约 3 mm 的前后两层玻璃板构成。电极则沉积在玻璃板的内层，并按交叉的矩形图形分布，玻璃板间的间隙非常小，仅有 200 μm 左右，间隙内主要充以氖气之类的混合气体。右玻璃板背面各电极的上边覆盖以红、绿、蓝色的条形磷光物，并使之正好位于某一特定的电极之上，两面相邻的磷光条带均由隔离条带分隔开来。当电压加到两块玻璃板上的一对电极之间时，交叉点上边的微型单元内的气体将被游离，并辐射出紫外光。UV 光虽然看不见，但却能激发此单元内的磷光物，使之发出光亮。只需选择适当的电极对就可以对平板上的任何一点进行照射，这样便可以对构成像素的红、蓝、绿三色点中的任何一个色点进行单独的控制，从而构成一幅全彩色的显示屏。

目前，PDP 的相关技术发展很快，PDP 显示屏已能成功还原 1670 万种不同颜色，对比度可达 400∶1，视角达 160°，成像质量以及色彩饱和度都超出了一般的彩色电视机，PDP 电视的屏幕尺寸已经做到 50 英寸以上，而且已成功开发出用于 HDTV 的 PDP 电视机。等离子体显示电视机的厚度与液晶显示电视机相同，厚度只有几英寸，亮度也与 LCD 相当。在对快速移动的画面响应速度方面，PDP 比 LCD 快。

11.3.3　投影显示电视机

彩色显像管因工艺和体积所限，很难做出 50 英寸以上的产品，因此，更大屏幕的图像显示是由彩色投影电视来完成的。目前，彩色投影电视的屏幕对角线尺寸通常可达 100 英寸以上，采用投影电视机组建专业音响视听系统，在国际上已成为一种新的潮流。

投影显示电视机按投影方式可分为正投式投影电视机和背投式投影电视机两种，它们在性能上各有千秋。正投式投影电视机图像质量高，一般用作专业音响视听系统的显示器。但由于正投式投影电视机的调试过程比较复杂且占地面积较大，因此，受调试技术和居住环境限制，正投式投影电视机并未能引起国内用户的重视；相反，较多的消费者更青睐具有较多功能的背投式投影电视机。

背投式投影电视机将投影电视机与屏幕安放在一个较大的机箱内，其外形像个大电视机，机内装有三支高亮度的显像管，并对准箱内后方的光学镜面。图像经镜面反射后投射向机内前方安装的大型屏幕，该屏幕是由涅菲尔透镜组成的光学器件，具有良好的透射性。机内的三支显像管分为红、绿、蓝三色，通过机内会聚调整，在屏幕上还原为彩色图像。图 11 - 18 所

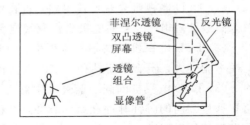

图 11 - 18　背投式投影电视机的结构示意图

示为背投式投影电视机的结构示意图。背投式投影电视机利用三管式投影电视机与屏幕合为一体的处理方法，使得普通的消费者只需按照一般彩电的调试方法进行操作即可观看。背投式投影电视机的画面色彩艳丽、分辨率高，目前，新一代背投式投影电视机的水平清晰度已达 1000 线以上。早期的背投电视多用显像管作为主要器件，近年来，由液晶板作为投影器件的背投式电视也相继问世，这种背投式投影电视机虽然仍需要占用一定的空间，但重量却大大减轻了。

背投式投影电视机的特点是：

（1）由于投射部分封闭在机箱内，因而亮度有了很大提高，可在白天进行观看。

（2）外观与普通电视机相似，但免去了杂散光的干扰。

（3）内设功放和音箱，有些机型还装有录像机等信号源设备。现在的背投式投影电视机的音响系统均向大功率、立体声、Hi-Fi、环绕声、重低音等方向发展，使其拥有更完美的音响效果。

（4）图像聚焦出厂时已调好，省去了安装后仍需调校的麻烦。

（5）使用寿命长，易于制成 16∶9 的宽屏幕电视机。

（6）功能较多。背投射投影电视机具有画中画、画质调校、全制式接收、丽音（NICAM）数字立体声接收、CATV（有线电视）等大屏幕彩电的先进功能，而且目前的品牌几乎都带有电视广播接收装置，使其适用范围更加广泛。

（7）体积笨重，占地面积过大，且不便于移动。

11.3.4　4K 清晰度电视机

1. 4K 显示屏的概念

通常屏幕越大，用户的临场感越好，但在大屏幕播放时，分辨率需相应提升。在传统视频格式下，大屏幕电视播放普通视频时，会有严重的画面颗粒感，需较远观看距离才有合适效果。为此视频分辨率从 480 p 提高到 720 p，再由 720 p 提高到 1080 p，直至 4K 与 8K 超高清。目前大屏幕显示长宽比多为 16∶9，故而现在常见 4K 显示设备的分辨率为 3840×2160，其尺寸也在 55 寸以上。在屏幕尺寸相同的前提下，分辨率越高意味着屏幕越细腻，能将图像和文字的细节与层次呈现得更加清晰，从而极大地提升了用户体验。

2. BT. 2020 标准

BT. 2020 是 2012 年由电信联盟发布的超高清 UHD(Ultra-High Definition)视频制作与显示标准，现阶段 4 K 电视的底层视频数据都基于此标准进行视频处理。BT. 2020 标准定义的 UHD 超高清视频显示系统有 4K 与 8K 两种，其中 4K 分辨率为 3840×2160，8K 分辨率为 7680×4320。目前市场上只有极少数 4K 电视能真正达到 BT2020 定义的 4K 分辨率、10 bit、120 Hz 的标准，预计 8K 则是未来下一代电视的标准。

我们通常所说的 4K 视频有 2 个常见分辨率，一个是 3840×2160，常见于家用电视；另一个是 DCI 数字影院技术规范定义的 4096×2160，常见于电影摄影。

与传统 BT709 标准相比较，BT. 2020 标准不仅仅在分辨率上有提升，在色彩深度、刷新率等方面都有改进。

传统视频采用 8 bit 色深，三色域范围为 24 bit。在 BT. 2020 的 4K 标准中，每一原色可定义为 10 bit 色深，即从 0～1024。在实际运用中，为了给时钟，显示校正等留出余量，使用 64～940 的电平量化阶描述色彩，使得整个影像能够显示更加丰富的色彩，在色彩层次与过渡方面的效果大为增强。这一特性受限于末端显示屏性能，并非所有市售的 4K 电视都能达到。

BT. 2020 的 4K 标准支持从 24～120p 的多种刷新率，并放弃了以前基于模拟视频传输定义的隔行扫描方式，仅支持逐行扫描，这也使得影像有更好的流畅度和细腻度效果。

现阶段主要使用 HDMI 接口实现 4K 视频与蓝光播放器等视频解码输出设备的连接：一个未经压缩的 4K 视频信号(8 bit，3840×2160，60 Hz)需要的带宽约为 12 Gbs，这需要 HDMI 2.0 的接口方能支持，HDMI 1.4 的标准接口仅能支持刷新率为 30 Hz 的 4K 视频。

习　　题

11.1　简述大屏幕彩电的基本特点。

11.2　什么是 I²C 总线技术？

11.3　简述实现 100 Hz 倍场频技术的几种方法。

11.4　什么是画中画功能？

11.5　NC—3 机芯的特点有哪些？

11.6　试比较 CRT 显示、液晶显示、等离子体显示和投影显示的优劣。

11.7　什么是 4K 电视？一个完全覆盖 4K 标准的电视，需要满足哪 些性能指标？

第 12 章　数　字　电　视

数字电视是继黑白电视和彩色电视之后的第三代电视。与模拟电视不同，数字电视将传统的模拟信号经过取样、量化和编码转换成用二进制数代表的数字信号，然后进行各种功能的处理、传输、存储和记录。由于是数字信号，因此能直接用计算机进行处理、监测和控制。数字电视是一个在节目摄制、编辑、发送、传输、接收和显示等环节完全数字化的电视系统。本章从电视信号的摄取、编码、传输和接收的整个过程简要介绍数字电视的基础知识，以便今后更深入地学习数字电视的理论和技术。

12.1　数字电视概述

本节主要介绍数字电视系统的基本原理及其特点。

12.1.1　数字电视系统的基本原理框图

数字电视系统由信源、信源编码器、信道编码器、信道、信道解码器、信源解码器、信宿等部分组成，其基本原理框图如图 12-1 所示。

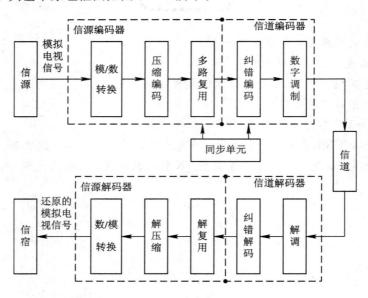

图 12-1　数字电视系统的基本原理框图

信源是产生和输出电视模拟信号(包括图像和伴音)的设备,如摄像机、麦克风等。

信源编码是为了提高数字通信传输效率而采取的措施,它通过各种编码尽可能地去除信号中的冗余信息,以降低传输频带带宽。

信源编码器主要包括模/数(A/D)转换、压缩编码、多路复用三部分。模/数转换将信源送出的模拟电视信号进行模/数(A/D)转换,用一定的数字脉冲组合来表示信号的幅度,从而形成数字信号。为提高传输的有效性,在保证一定传输质量的情况下,对反映信源全部信息的数字信号进行变换,用尽量少的数字脉冲来表示信源产生的信息,这就是压缩编码。然后,将经压缩后的视频、音频、辅助数字信号(如文字、节目信息等)经多路复用打包,复合成单路串行的传送码流进入下一个处理过程。模拟电视系统不存在复用器。在数字电视中,复用器把音频、视频、辅助数据的码流通过一个打包器打包(这是通俗的说法,其实是数据分组),然后再复合成单路。目前网络通信的数据都是按一定格式打包传输的。HDTV 数据的打包使其具备了可扩展性、分级性、交互性的基础。

信道编码器包括纠错编码和数字调制。纠错编码主要解决数字信号传输的可靠性问题,故又称为抗干扰编码。纠错编码是通过增加冗余码等多种技术使传送码流具有检错和纠错的能力,以最大限度地减少在信道传输中的误码率,从而增强接收端的信号可靠性。数字调制是为了提高频谱利用率而把宽带的基带数字信号变换成窄带的高频载波信号的过程。常用的数字调制方式有 QAM、QPSK、COFDM 和 VSB 等。

传输信道分为地面(无线发射)、有线和卫星三类。不同的传输信道应选择不同的调制方式。

解码器与编码器的功能相反,在接收端将接收到的已调信号经解调、纠错解码、解复用、解压缩、数/模(D/A)转换后,恢复出原模拟电视信号。

信宿是电视信号的最后归宿,也称接收终端。常见的数字电视显示器件有阴极射线管(CRT)、液晶显示(LCD)、等离子体显示(PDP)等。

同步单元是数字电视系统的重要组成部分。定时和同步是同步系统的两个方面。定时主要是指发送端和接收端本身按规定时间节拍工作;同步则是使发、收两端的定时脉冲在时间上严格一致。否则,一旦失去同步或同步出现差错,系统就会出现大量错误,甚至使整个系统失效。

从前面所介绍的数字电视系统来看,真正意义上的数字电视接收机包括从信道输出的所有部分,而模拟电视接收机也可以收看数字电视节目,但必须在信道和模拟电视接收机之间加上一个称为机顶盒(STB)的装置。显然,信道解码器和信源解码器是机顶盒(STB)必不可少的部分。

从图 12-1 中分析得知,信源编解码、信道编解码,还有以后要介绍的中间件(软件部分)等是数字电视系统的关键技术,这些将在下面几节作具体介绍。

12.1.2　数字电视的分类

数字电视分为两类:标准清晰度电视(SDTV)和高清晰度电视(HDTV)。对标准清晰度电视,其图像和伴音质量比模拟电视有所提高,并且频道利用率高。目前,模拟电视的一个频道内可以播 4 套(或更多)数字电视节目。对高清晰度电视,其画面可提供相当于SDTV 画面五倍多的信息量,因此,HDTV 具有更高的图像分辨率,它的清晰度是目前模拟电视画面清晰度的 $2\sim3$ 倍。表 $12-1$ 所列出的是 SDTV 和 HDTV 视频格式等方面的参数。

表 12 - 1　　SDTV 和 HDTV 视频格式等方面的参数表

类别	图像分辨率/mm	画面宽高比	节目数	观看距离	图像水平清晰度/线	相比性
HDTV	1280×720 1920×1080	16：9	1	3 倍 屏幕高	>800	—
SDTV	704(或 640)×480	16：9	4～6	7 倍 屏幕高	>500	>DVD
	352×240(或 288)	4：3	10～12		>250	VCD

注：节目数是指基带 8 MHz 的 PAL 制地面频道可播放数字电视的节目数。

在电视伴音方面，目前模拟电视只有一路伴音，经过电路处理后可转换成立体声；SDTV 有两路数字伴音，具有 CD 级的音质；HDTV 有多路数字伴音(杜比 5.1 声道)，除了音质好之外，还具有真正的环绕立体声效果。

12.1.3　数字电视的突出优点

数字电视是集数字信号处理、大规模集成电路制造技术、计算机技术等领域的多项高科技成果的结晶，被视为电视发展史上的一场重大革命。数字电视与模拟电视相比，具有许多优点，主要表现在以下几个方面。

1. 图像和伴音质量高、抗干扰能力强

数字电视信号的传输不像模拟信号受传输过程中噪声积累的影响，几乎完全不受噪声干扰。数字电视信号在处理和传输的过程中还具有很强的纠错能力，所以，在接收端收看到的电视图像非常接近演播室水平。此外，数字电视的音频效果很好，可支持 AC-3(杜比 5.1 声道)环绕立体声家庭影院服务。

2. 频道数量将成数倍增加

利用现有的一个模拟电视频道的 8 MHz 带宽，可传输 $4\sim6$ 套 DVD 质量或 $10\sim12$ 套 VCD 质量的数字电视节目。这样，对于 30 套模拟电视频道的带宽，如果全部改用数字电视技术传输，可传送约 100 多套 DVD 质量或 300 多套 VCD 质量的电视节目。电视频道资源的充分利用，电视节目多，便可满足用户自由选择电视节目的个性化要求。

3. 可开展多功能业务

随着有线电视传输和用户接收的数字化，以往用模拟方式无法提供的服务都将成为可能，电视网站、交互电视、股票行情与分析、视频点播等新业务的开展将变得更加容易，用户将从单纯的收视者变为积极的参加者。

4. 操作性强

由于数字信号容易存储和读取，因此借助于微处理器和存储器，可以轻易地实现画面的缩小、放大、插入字幕、变换伴音语种等多种视频效果，在家中可方便地进行节目编辑、制作，这是模拟信号无法与之相比的。

5. 便于网络化

数字电视采用数据压缩技术，可与计算机直接相连，便于实现互联网、电视网、电信网的融合，构成多媒体通信系统。三网融合是大势所趋，也是实现真正意义上的信息资源共享。

6. 具有开放性和兼容性

以国际通用的 MPEG 标准的压缩技术，通过非线性编辑，使用统一的软硬件平台，能够实现不同层次接收机的相互兼容，改变了模拟体制下的 NTSC 制、PAL 制和 SECAM 制电视节目不能交换的特性。

7. 易于实现条件接收

数字信号便于实现加密/解密和加扰/解扰技术，能广泛开展各类条件接收的收费业务，这是数字电视的重要增值点，也是数字电视能持久发展的基础。

我们欣喜地看到，采用超大规模集成电路，可使数字电视的结构更简单，可靠性更高，成本也可以进一步降低。

12.2　数字电视的信源编码

信源编码的任务包括两个方面：第一，将输入信号变换成适于数字系统处理和传输的数字信号。如果信源是模拟信号，应首先进行模/数（A/D）转换；第二，将 A/D 输出的数字信号采用多种变换方法进行编码以压缩信号带宽，减少原信号的冗余度（次要或多余成分），设法保留和传输信息的主要成分，提高信号传输的有效性，使单位时间、单位频带内传输的信息量最大。

12.2.1　模拟信号的数字化描述

声音和图像信号都是模拟信号，它们在时间和幅度上都是连续变化的，而数字信号是一种时间离散、取值离散的信号。PCM 是实现模拟信号数字化（A/D 转换）的最基本、最常用的一种方法。在讨论声像信号数字化过程之前，首先简要介绍 PCM 的基本原理。

PCM 是 Pulse Code Modulation（脉冲编码调制）的缩写。通过取样、量化和编码三个步骤来完成数字化过程，即连续信号的时间离散化处理通过取样来实现；幅度离散化处理通过量化来实现；最后用一定位数的二进制码来表示离散量的大小，这就是编码。当模拟信号经过取样、量化、编码三个过程后，输出的就是一个数字化的 PCM 信号。

下面用图 12-2 来说明 PCM 的数字化过程。

具体过程如下：

（1）图 12-2(a)中虚线所示的是一个模拟信号 $f(t)$，其最高频率分量为 f_{max}。

（2）取样的任务是每隔一定时间间隔对模拟连续信号 $f(t)$ 抽取一个瞬时值（简称样值），使连续信号首先在时间上离散化。其具体实现方式是：用原信号 $f(t)$ 通过电子开关对取样脉冲进行幅度调制，取样脉冲的周期为 T_s（频率为 f_s），脉宽趋于 0，则调幅后每一个脉冲的幅值等于其出现时刻所对应的原信号幅值，见图 12-2(a)中的 9 个脉冲。要使取样后的离散信号不失真地重现原模拟信号，就必须满足连续信号 $f(t)$ 的最高频率 f_{max} 的 2 倍小于或等于取样信号频率 f_s 的条件，即

$$2f_{\max}\leqslant f_s$$

这就是著名的奈奎斯特(Nyquist)取样定理。

（3）取样后的信号只是在时间性上实现了离散化，而幅度取值仍是连续的。这就要进行量化，即将幅度连续变化的无穷多个值用不连续的有限个值来近似表示。具体来说，在取样值的变化范围内，按一定的规则分为若干层，图 12-2(b)中将取样后的信号划分为 5 层，即 5 个等级的电平，用"四舍五入"的方法将各样值变换成量化等级电平值，如在 t_0 时刻，幅值超过 0.5 V，则取值为 1 V。这样，就可以用有限位代码完全表示这有限个等级电平值。

（4）编码就是用 N 位(bit)二进制代码表示各样值的量化等级电平值。用 3 位二进制代码就可完全表示图 12-2(c)中 5 个等级的量化电平值。将代码的位数 N 称为量化位数或量化比特数。bit 也称为比特，1 比特为 1 位二进制数。8 比特为 1 个字节(Byte)，Byte 也称为拜特。

（5）在 PCM 技术中，将上述二进制数码转换成用对应电平变化表示的数字脉冲，如高电平为"1"，低电平为"0"，就得到数字脉冲连续波形，也称为 PCM 码流，如图 12-2(d)所示。这种信号形式正是计算机能够直接识别和处理的。

在接收端，将 PCM 码流采用相反的过程——译码、数/模(D/A)转换，就能恢复出原模拟信号。

单位时间内编码后所产生的二进制数的位数，称为数码率，也叫比特率，$R_b = f_s \times N$。R_b 的大小决定了编码后的数字脉冲频率，需存储时也就提出了对存储器容量的要求，若进行传输也就提出了对信道带宽的要求。在信号的传输过程中，数码率越高，在相同信息比特量下，占用频带就越宽，从这一点出发，数码率有时也简称为传输速率。

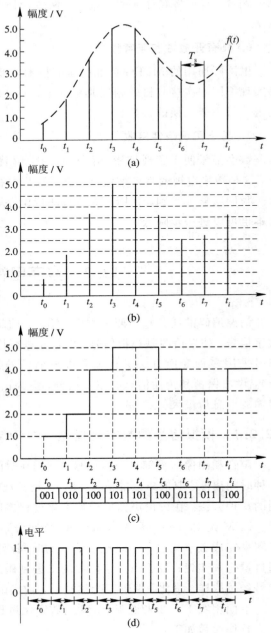

图 12-2　PCM 的数字化过程
(a) 取样；(b) 量化；(c) 编码；(d) 数字信号

12.2.2　电视图像信号的数字化技术和压缩编码

活动的电视图像信号是非常复杂的多维时空函数，其数字化过程如按一般 PCM 技术，以 PAL 制电视信号为例，未经压缩的全数字电视信号的总数码率将达 216 Mb/s(216×10^6 b/s)，则一张 640 MB(640×10^6 字节，8 比特为 1 个字节)容量的光盘储存的视频数据只够播放 20 s 左右；若按 PCM 二进制传输信道，每 1 Hz 带宽传输的最高数码率是 2 b/s 计算，则其信号需要带宽 108 MHz，这是现有模拟电视带宽的 10 倍以上。所以，在这种情况下，试图传输和摄取电视数字信号是不现实的。不过，数字化产品的优势和魅力，促使科学家们对电视技术的数字化进行多年不懈的追求。随着数字信号压缩编码、传输和接收等技术的出现，电视技术的数字化成为了现实。

电视图像信号数字化的基本过程是：首先将模拟图像信号进行亮色分离，然后按 CCIR 601 建议进行取样、量化，再以运动估值、运动补偿、离散余弦变换(DCT)、哈夫曼(Huffman)编码等 MPEG－2 技术进行高效率的压缩编码，最后经多路复用形成视频数码流送入信道编码单元。

1. 复合编码和分量编码

图像信号的数字化编码分为两种：一种是直接对彩色全电视信号进行脉冲编码调制的复合编码，其优点是只需一套 ADC 设备，但量化后易产生色调与色饱和度失真，且不同制式间不能互相转换，较复杂的数字信号处理也不易进行；另一种是分量编码，即对 Y、$R-Y$、$B-Y$ 分别进行 PCM 编码，虽需三套 ADC 设备，但其不存在制式差异，有利于通用化，易于进行较复杂的数字信号处理，且图像质量高。目前均倾向于分量编码。现代高清晰度电视 HDTV 的视频编码采用的就是 4∶2∶2 或 4∶2∶0 的分量编码形式。

2. 取样格式

在图像信号的数字化过程中，首先要对分量信号进行取样。不同的取样格式，表明了亮色信号间不同的取样关系。电视图像信号的取样格式主要有 3 种，如图 12－3 所示，通常用“Y∶$R-Y$∶$B-Y$”的形式来表示。

格式 \ 样点 \ 像素		P1	P2	P3	P4	P5	P6	P7	P8	P9	P10	…
4∶1∶1	Y	●	●	●	●	●	●	●	●	●	●	
	U	●	○	○	○	●	○	○	○	●	○	…
	V	●	○	○	○	●	○	○	○	●	○	
4∶2∶2	Y	●	●	●	●	●	●	●	●	●	●	
	U	●	○	●	○	●	○	●	○	●	○	…
	V	●	○	●	○	●	○	●	○	●	○	
4∶4∶4	Y	●	●	●	●	●	●	●	●	●	●	
	U	●	●	●	●	●	●	●	●	●	●	…
	V	●	●	●	●	●	●	●	●	●	●	
4∶4∶4	R	●	●	●	●	●	●	●	●	●	●	
	G	●	●	●	●	●	●	●	●	●	●	…
	B	●	●	●	●	●	●	●	●	●	●	

注：● 表示对像素Pi的某分类信号进行取样；○ 表示对像素Pi的某分类信号不进行取样。

图 12－3　电视图像信号的取样格式

(1) 4∶1∶1：是指在每 4 个连续的取样点上，取 4 个亮度 Y 的样本、1 个红色差 $R-Y$ 和1 个蓝色差 $B-R$ 的样本，相当于每个像素用 1.5 个样本表示。

（2）4：2：2：是指在每 4 个连续的取样点上，共取 4 个亮度 Y 的样本，红色差 $R-Y$ 和蓝色差 $B-Y$ 各取 2 个样本，相当于每个像素点用 2 个样本表示。

（3）4：4：4：是指对每个取样点，亮度 Y、红色差 $R-Y$ 和蓝色差 $B-Y$ 各取一个样本，相当于每个像素用 3 个样本表示。

可以看出，4：4：4 属于全取样格式，而 4：1：1 和 4：2：2 的取样格式没有对色差分量进行全取样，则其所取的样本相对少些，这说明，通过取样格式的选择，对图像信号的数码率进行了初步的压缩。这种初步压缩的原理是基于人的视觉特性的，人眼对色度的敏感程度比亮度的敏感程度低。利用这个特性，可把图像中表达色彩的信号多去掉一些，而人是不易觉察的。

3. CCIR601 建议

为在数字电视时代便于国际间三大电视制式的(数字)电视节目的交流，1982 年，国际无线电咨询委员会(CCIR)制定了演播室质量的数字电视编码标准，称为 CCIR601 建议。这个标准是数字电视发展的一大里程碑，为数字电视的国际化奠定了基础。

CCIR601 建议的 4：2：2 标准如表 12-2 所示。

表 12-2　CCIR601 建议的 4：2：2 标准

参　　数		525 行/60 场	625 行/50 场
分量编码信号		Y　　　$R-Y$	$B-Y$
每行样点数	亮度 Y	858 像素	864 像素
	每个色差 $R-Y$、$B-Y$	429 像素	432 像素
每数字有效样点数	亮度	720 像素	
	每个色差	360 像素	
抽样频率	亮度	13.5 MHz	
	每个色差	6.75 MHz	
抽样结构		正交：行、场和帧重复，两色差的样点同位置，并和每行第奇数个(1, 3, 5, …)亮度点同位	
编码方式		对于亮度和两个色差信号均采用每样值 8 bit 的均匀量化 PCM 编码	
视频信号电平与量化级之间的对应值	亮度	共 220 个量化级，黑电平对应于第 16 级，峰值白电平相应于第 235 级	
	每个色差	共 224 个量化级，零信号相应于 0～255 量化级的中心，即第 128 级	

CCIR601 建议的内容如下：

（1）数字演播室采用分量编码。

（2）亮度取样频率选为 525 行/60 场和 625 行/50 场三大制式行频的倍频(2.25 MHz)的 6 倍，即 13.5 MHz，使样值有正交结构，便于数字处理。满足正交结构的条件是取样频率为行频的偶数倍，即 $f_s = nf_H (n = 2, 4, 6, \cdots)$，正交结构的样点图形能给出好的处理结构，图像清晰度的损失也最小。

对于色差信号，由于其带宽比亮度信号窄得多，考虑到取样的样点结构要满足正交结构，建议两个色差信号的取样频率均为亮度信号取样频率的一半，即 6.75 MHz。

取样时，取样频率信号要和行同步信号同步。

电视图像既是空间的函数，又是时间的函数，而且又是隔行扫描，所以它的取样采用正交取样结构，在水平方向、垂直方向和时间方向上都是正交的。

（3）建议每电视行的亮度样值统一为 720 个，两色差样值为 360 个，即 4∶2∶2 格式，从而使同一样式的数字录像机能记录三种不同制式的信号，并使整个数字演播室能以 4∶2∶2 格式连在一起。

（4）建议各分量的量化比特数为 8 bit，则有 256（2^8）个量化等级（00000000 ～ 11111111）$_2$，相当于十进制的 0～255。为避免量化器过载，一般规定标准亮度信号的量化电平为 16～235 个电平级，其中量化电平级 16 相应于模拟信号的黑电平，而 235 相应于白电平。白电平上部留有较大的余量是因为白电平的变化比黑电平大，且黑电平可以采用较有效的箝位措施。每个色度信号在量化等级的中间部分，共 224 级。中心量化电平级为 128（10000000）$_2$。

4. MPEG-2 图像数据压缩编码

从前面的介绍可知，分量编码采用 4∶2∶2 取样格式，是利用了人的视觉特性，使图像信号的数码率有了一定的压缩，但是仍很大。按 CCIR601 建议，亮度信号的取样频率为 13.5 MHz，两个色差信号的取样频率为 6.75 MHz，它们的每取样点值都经 8 bit 量化，则由 $R_b = f_s \times N$ 公式得总数码率 $R_b = (13.5 + 2 \times 6.75) \times 8 = 216$ Mb/s。从理论上讲，对 PCM 二进制传输信道，以每 1 Hz 带宽传输的最高码率是 2 b/s 计算，216 Mb/s 需要带宽 108 MHz，这是现有模拟电视带宽（8 MHz）的 10 倍以上。很显然，若这个数码率不经过有效的压缩，图像数据的传输（包括存储、记录等）过程则难以实现。

20 世纪 80 年代以来，音视频压缩技术及标准有了很大发展，如 H.261、JPEG、H.263、MPEG-1、MPEG-2、MPEG-4、MPEG-7 等国际标准。H.261 是 CCITT 关于电视电话/会议电视的视频编码标准，JPEG（Joint Photographic Experts Group）是国际标准化组织（ISO）公布的面向静止图像的编码标准。而 1994 年，由运动图像专家组 MPEG（Moving Picture Experts Group）公布的 MPEG-2 标准，即"运动图像及其伴音通用编码"是数字电视发展的又一个里程碑，成为世界上数字电视的视频压缩标准。

按 MPEG-2 的主级标准，可将 1 路普通彩色数字电视 216 Mb/s 的数码率压缩到 8.448 Mb/s 以下，相当于模拟带宽的 4.224 MHz，而图像质量没有任何降低。如现有的 NTSC 制 6 MHz 模拟电视频道可传输 1 套 HDTV 电视节目，或者 4～6 套质量较高的 SDTV 电视节目。

1）图像数据压缩的概念和方法

图像数据压缩技术是指电视模拟信号转换成数字信号后，能将画面中重复出现的、相对静止的"冗余"信号压缩掉。因为画面中这部分信号变化慢，不需要连续、重复传递，所发送的只是画面中变化较快的那部分，因而大大提高了传输速度。例如，发送一组小鸟在天空中飞翔的画面，先发送一幅小鸟和天空背景的全幅画面，后面继续发送的只是小鸟的飞翔部分，天空背景与前一幅的背景相同就不必重复发送，重现画面时，可参考前一幅提供的背景信息进行恢复。可以看出，经过处理的画面序列所传输的数据量比原来大为减少，这就是数据压缩。

图像数据中存在着大量的冗余。所谓冗余，就是图像的取样点之间、亮度和色度信息方面存在着极强的相关性。利用这些相关性，一部分取样点的参数可以由另一部分取样点的参数推导出来，使原始的图像数据量极大地减少。

图像数据主要有四种形式的冗余：

（1）空间（帧内）冗余：某帧画面的某一取样点的亮度和色度信息，与其在同一帧画面的相邻取样点之间存在着极强的相关性。例如，一幅画面中的白云，其中各像素点的亮度和色度是相同的，这就可认为具有空间相关性。利用变换编码中的离散余弦变换（DCT）编码可去掉空间冗余信息。

（2）时间（帧间）冗余：某帧画面的某一取样点的亮度和色度信息，与其在时间轴上相邻的取样点之间存在极强的相关性。例如，一只蚂蚁在桌面上爬行，在一段时间内，各帧画面只是蚂蚁的空间位置发生了改变，而其背景（即桌面取样点的亮度和色度信息）是相同的。利用运动估值和运动补偿预测编码来消除时间冗余信息，其压缩比非常高。

（3）统计冗余：图像信号在编码过程中，被编码信息符号的概率密度分布是不均匀的，某些值经常出现，另外一些值很少出现，则这种取值上的统计不均匀性就构成了统计冗余。那么，对于出现概率大的信息符号配一个短码，对于出现概率小的信息符号配一个长码，其结果使最终的平均码长要短得多，可消除编码信息所含的统计冗余度。这就是熵编码中的哈夫曼（Huffman）编码。哈夫曼编码虽然压缩比不高，约为1.6：1，但好处是无损编码。

（4）视觉冗余：由于人眼对图像细节的分辨率、运动分辨率和对比度分辨率的要求有一定的限度，则在不影响图像主观评价质量的条件下，通过减少表示信息的精度来实现数码压缩。小波编码就是在一定程度上利用了这一特性。

2）图像数据压缩编码的基本过程

图像数据压缩编码有帧内编码和帧间编码。帧内编码分两步进行压缩：首先，利用图像在二维平面内水平和垂直方向上的像素相关性来进行空间冗余压缩，即DCT变换编码；然后，利用被编码信号的概率密度不均匀性，对DCT变换系数进行统计冗余压缩，即哈夫曼编码，但是，压缩比不高。电视图像的一个个镜头画面属于运动图像序列，前后帧图像内容之间通常有相关性，存在着时间冗余。因此可以利用帧间编码来予以减除，即利用运动估值和运动补偿预测编码，进行时间冗余压缩，然后进行DCT变换编码和哈夫曼编码（其压缩比高），再加上利用4：2：2的采样格式等措施，可大幅度提高压缩效率，降低传输码率。

MPEG标准定义，在对图像信号进行压缩编码时，将其序列分为三种类型的图像帧：I帧、P帧、B帧。也就是说，MPEG编码过程中，一些图像压缩成I帧，一些压缩成P帧，另一些压缩成B帧，如图12-4所示。

I帧是帧内编码，它是唯一全幅传输的图像，同时也是其它两类图像计算的基础。该图像在数据流中应保证观众在切换频道时快速显示无错误的图像，一般每秒内应出现两次或更多次。I帧图像基本是JPEG静止图像，根据帧内数据编码

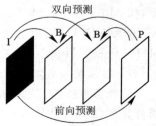

图12-4 三种图像类型

能中度压缩,可以得到 6∶1 的压缩比。I 帧为随机进行编码图像序列提供切入点。

　　P 帧是帧间编码,为前向预测帧,它是从最近的一个帧或 I 帧来进行运动估值和运动补偿预测编码得到的,所产生的图像可去掉时间冗余度,其编码效率较高。

　　B 帧也是帧间编码,是双向预测帧,它是通过同时用前面和后面的 I 帧(或 P 帧)作为基准,进行运动估值和运动补偿预测编码得到的,其压缩比最高,可达到 200∶1,其文件尺寸一般为 I 帧压缩尺寸的 15%,不到 P 帧压缩尺寸的一半。B 帧也是把去掉时间冗余度作为主要目标。

　　当图像数据序列按 30 帧/秒进入 MPEG 压缩编码器时,就决定了当前帧是 I 帧、P 帧还是 B 帧。如是 I 帧,就采用 DCT 变换和哈夫曼编码的帧内编码;通过前向预测确定 P 帧,再进行 DCT 变换和哈夫曼编码;通过双向预测确定 B 帧,同样进行 DCT 变换和哈夫曼编码。那么,编码后的典型图像帧序为 IBBPBBPBBPBBIBBPBBPBBPBBI……这是画面显示顺序。如果第一帧为 I 帧,由于 B 是以 I、P(或 P、P)为基础进行双向预测的,因而,紧接着应该对 P 帧编码,然后才是 B 帧。所以,视频帧的传输顺序是 IPBBPBB……经解码后,要经过一个重新排序缓冲转成画面显示顺序。

　　解码时,先计算出 I 帧图像,然后将 P 帧图像与前面 I 帧图像(或 P 帧图像)转换成一幅完整的图像,再用连续的 B 帧图像数据与 I、P 一起重建原来完整的图像数据,按传输顺序依次解码,最后恢复出原图像信号。

　　MPEG - 2 图像数据压缩编码技术可概括为如图 12 - 5 所示的 MPEG - 2 压缩编码器方框图。

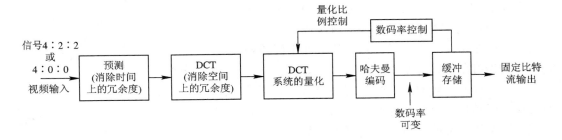

图 12 - 5　MPEG - 2 压缩编码器方框图

　　在 MPEG 压缩编码中,将每帧图像定义为片层 → 宏块 → 子块的结构。子块由 8×8 像素组成。4 个子块构成宏块。与每一个 16×16 的宏块的亮度值相关的是两个色度宏块,每个色度宏块由 8×8 色度值组成,其图像格式为 4∶2∶2。在每幅图像帧内,各个宏块按从左到右、从上到下的顺序进行编码。MPEG - 2 编码器就是对这些亮度和色度块分别进行连续的处理,最后形成被压缩的视频数码流。

　　由于在编码中要进行分块编码,便于对各分块采用不同的量化策略,所以实际上是把比特流分成图像、片层、宏块和子块,并附加相应的信息,经缓冲器输出,然后在复用器中复合成视频比特流。

12.2.3　音频信号压缩编码技术

　　声音编码与图像编码一样,也是通过降低声音信号中的冗余来实现压缩的。凡是不能被人耳感觉到的信号部分，称之为冗余。冗余对声音信号的确定或音色和发音位置的确定没有作用，可以将其丢弃而不必传输，从而使数字声音的信息量减少到最小程度，但又能精确地再现原始的声音信号。在进行数码率有效压缩时，充分利用了人耳的听觉生理学和心理学现象，主要表现在频谱掩蔽效应和时间掩蔽效应。掩蔽效应是一种弱的信号被一种强的信号所遮盖或淹没而听不见的现象，它是音频数码率能够实现压缩的依据。

1．人耳的听觉特点

1）频谱掩蔽效应

在安静的环境中人耳刚刚能感觉到的最小声音强度称为静掩蔽门限，其与频率变化的曲线如图 12 - 6 所示。人耳可以听到的声音是频率在20 Hz～20 kHz 之间的声音，由图中曲线可知，在掩蔽门限曲线以下为不可听区，以上为可听区，人耳对频率为 3～4 kHz 附近的声音信号最敏感，对太低或太高的声音感觉很迟钝，分贝较高时才可听到。

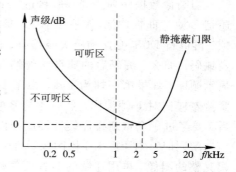

图 12 - 6　静掩蔽门限曲线图

当有一个强度为 70 dB、频率为 1 kHz 的纯音出现时，与静掩蔽门限曲线混合，形成新的同掩蔽门限曲线，见图 12 - 7。处于同听觉曲线下的声音事件，由于被 70 dB 强的 1 kHz 信号所掩蔽，都听不到，当然也就不必传输。

如果有多个频率成分的复杂信号存在，那么频谱的总同掩蔽门限与频率的关系，取决于各掩蔽音的强度、频率和它们之间的距离，凡是处于同掩蔽门限下的声音信号部分都不必传输。

可见，对不同频率、不同强度的声音，人耳的反应是非线性的。当听高保真音乐时，应适当放大音量，使人耳感觉的音域更宽、更加丰满，就是由于当高低频声音在强度较弱时不易被人耳所感应的缘故。

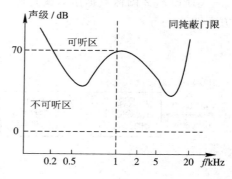

图 12 - 7　同掩蔽门限曲线图

2）时间掩蔽效应

时间掩蔽效应分为同期掩蔽、前掩蔽和后掩蔽。

在时域中，在听到强信号之前的短暂时间内(0.05～0.2 s)，业已存在的弱音可以被掩蔽而听不到。这是由于人的反应时间延迟所致，弱音尚未反应过来，强音就出现了。

强音和弱音同时存在时，如图 12 - 7 所示，弱音被强音掩蔽，称为同期掩蔽。

当强音消失后，其掩蔽会持续一段时间(约 0.5～2 s)，之后才能重新听到弱音信号。这是由于人耳的存储效应所致。

因而，在编码时，可将时间上彼此相继的一些取样值归并成块，以降低码率。

2．音频信号压缩的基本技术

简单地说，压缩就是设法降低码率，使有限的传输信道能有效加以利用。其基本技术包括以下几个内容：

（1）波形编码技术：是指编码系统直接对音频信号的时域或频域波形取样值进行编码。这种系统保留了信号原始样值的细节变化，所以码率比较高，压缩比不大。它分为压扩技术、差分 PCM 技术（DPCM）、自适应编码技术（APCM）和 VQ 技术。

（2）参数编码技术：可以这样说，它是将 20 ms 的语音波形用一套个数大约为 12～16 个的参数来描述，对它们进行编码传输。收方收到后，就可以合成出具有与原始语音接近的听觉质量的声音来。这种技术主要追求的是与原始语音相同或接近的听觉效果，具有较大的压缩率，而不是波形的一致。而波形编码则尽量保持原始音频的波形不变。

（3）混合编码技术：是波形编码和参数编码系统优点的结合。既利用了语音生成模型、通过模型中的参数信号（主要是声道参数）进行编码、减少波形编码中被编码对象的动态范围或数目，又使编码的过程产生接近原始语音波形的合成语音质量。目前该技术得到了广泛应用，CELP（码激励线性预测）编码法是混合编码的典型代表。

3. 数字电视的音频信号压缩编码方法

下面介绍数字电视广泛采用的两种音频数据压缩编码方法。

1）MUSICAM 编码

MUSICAM 是 Masking Pattern-adapted Universal Subband Integrated Coding and Multiplexing 的缩写，称为"掩蔽型自适应通用子频带综合编码与复用"。这种编码方法与 MPEG‐1/Audio 层 Ⅱ（即 ISO/IEC11172‐3）是一致的（其层 Ⅰ 是 MUSICAM 的简化本，层 Ⅲ 是 MUSICAM 的子带编码与 ASPEC 变换编码的结合）。欧洲采用的是 MUSICAM 编码，我国现有的卫星和有线标准清晰度数字电视系统的音频标准也是采用 MPGE‐1 层 Ⅱ，即 MUSICAM。MPEG‐2 的音频编码是 MPEG‐1 功能的增加和扩展。

MUSICAM 的编、解码原理图如图 12‐8 所示。使用 MUSICAM 编码方法，可把传输一套立体声节目所需的数据率（2×768 kb/s）减少到 2×128 kb/s 或 2×96 kb/s，具有数据率为 2×705.6 kb/s 的 CD 质量。

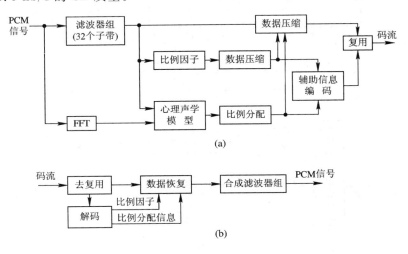

(a)

(b)

图 12‐8　MUSICAM 的编、解码原理方框图

(a) 编码器；(b) 解码器

编码器的输入信号是声道为 768 kb/s 的数字化信号(PCM 信号),其取样频率可以是 48 kHz、44.1 kHz 或 32 kHz,量化电平一般取 12 bit,高保真时取 14 bit 甚至 16 bit。其 PCM 信号用滤波器组分割成等宽的 32 个子带(取样频率为 48 kHz 时,子带宽度为 750 Hz),这样,把输入声音样本变换成频率系数。与滤波器组并行的是 1 024 点的 FFT (快速傅立叶变换),它用于计算输入信号的功率谱,通过对功率谱的分析来快速确定每个子带的掩蔽门限,它表示一个子带中可量化噪声可以接收的最大能量。根据给定的比特流和输入样本的最大幅度,可以确定最佳的比特分配及量化方案。将子带信号进行建立在听觉特性基础之上的自适应量化,从而完成人耳觉察不到的量化噪声的高质量声音编码,输出信号是经过压缩编码的数字音频信号。

解码与编码相反,首先将输入的比特数据进行解压缩,然后经合成滤波器组将 32 个子带取样合成 32 个音频取样,即由频域变换到时域,形成 PCM 样值。

2) AC-3 编码

杜比 AC-3 编码是美国数字电视系统采用的音频编码方式,是与 MPEG/Audio 不同的编码格式,故不能实现对 MPEG/Audio 的后向兼容,不过其它功能与 MPEG/Audio 大致相同。如就同步来说,因为含有 MPEG 系统的时间标志,故可与 MPGE 视频同步。

AC-3 即 5.1 声道的环绕立体声,由左、右、中央、左环绕、右环绕组成 5 条声道,第 6 条声道是为较低频率保留的,只占带宽的 120 Hz,被称为 0.1 或低频效果声道。AC-3 将多声道作为一个整体进行编码,其效率比相同情况下的单声道编码效率高,同时对各个声道和每个声音内的各频带信号用不同的取样频率进行量化,对噪声进行衰减或掩蔽,这些都使得 AC-3 系统的数码率降低且音质损害很小。AC-3 至少可以处理 20 bit 动态范围的数字音频信号,支持 32 kHz、44.1 kHz、48 kHz 的取样频率。AC-3 的数字音频数据经过误码纠错后,数码率仅为 384 kb/s,因此国际电信联盟(ITU-R)在 1992 年正式接受 AC-3 的 5.1 声道格式。AC-3 系统的方框图如图 12-9 所示。

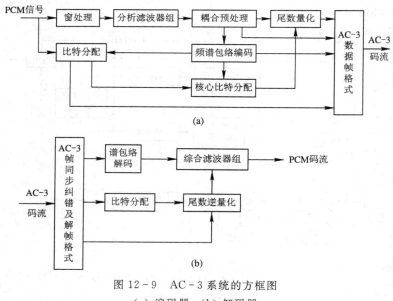

图 12-9 AC-3 系统的方框图
(a) 编码器;(b) 解码器

3）AC-3 与 MUSICAM 编码的比较

AC-3 与 MUSICAM 编码的主要区别在于以下几点：

（1）滤波器组的实现。AC-3 根据输入信号的特性动态地改变滤波器组的长度以达到最佳的时间和频率分辨率，因此其滤波器组的设计要复杂些。MUSICAM 采用固定长度的滤波器组和输入信号特性，有时不能达到最佳匹配，不过固定长度滤波器组在设计上要相对简单并易于实现一些。

（2）比特分配。AC-3 采用混合前向/后向自适应比特分配方案，克服了前向自适应方案的大部分缺点，传输比特分配信息所需码率最多约为 0.3 kb/s/ch，从而有更多的码流来传输有效的声音样值，可得到更高的声音编码质量，但它是以解码复杂性为代价的。MUSICAM 采用前向自适应比特分配方案，即编码器把解码器必不可少的比特分配全部提供给解码器，解码器实现起来非常简单，但声音质量次于前者。

（3）特性曲线比较。由于 AC-3 滤波器组的频率选择性非常接近人耳的掩蔽效应，而MUSICAM 子带滤波器组的频率响应在中低频范围内的频带宽度大于人耳的掩蔽效应，因此量化噪声就不能被输入信号所掩蔽，引起噪声的扩散，从而导致听觉失真。所以说，AC-3 失真较小。

12.2.4 MPEG-2(ISO/IEC13818)标准简介

1994 年 11 月，国际标准化组织(ISO)和国际电工委员会(IEC)等通过 MPEC-2 为国际标准，编号为 ISO/IEC13818。它作为一种信息标准，规定了数字化活动图像和附带音频信号的一般编码方法，主要由系统、视频、音频、一致性四部分组成。

1. MPEG-2 系统(ISO/IEC13818-1)

ISO/IEC13818-1 定义了进行系统编码的语法和句法。为便于数字信号的传输和存储，必须将经压缩后的视频、音频信号进行一定的组合、打包，形成基本数据流的传输和存储。针对不同的应用环境(信道/存储介质)，ISO/IEC13818-1 规定了两种系统编码句法：节目流(PS，Program Stream)和传输流(TS，Transport Stream)。

节目流(PS)是针对那些不容易发生错误的环境(如光盘存储系统上的多媒体应用)设计的系统编码方法。

传输流(TS)是针对那些很容易发生错误(表现为位值错误或分组丢失)的环境(如长距离网络或无线广播系统上的应用)而设计的系统编码方法。

图 12-10 所示的就是 MPEG-2 系统简化结构图，概括起来分为三部分：视频和音频编码部分、打包器部分、复用部分。

视频和音频编码器输出视频和音频基本码流(ES，Elementary Stream)，经过打包器(打包的目的是将连续的数码流变成一个个数据包)，形成视频和音频的分包基本码流(PES，Packetized ES)。PES 的长度可变，通常视频为一帧一包，音频包长一般不超过64 bit。最后视频 PES 和音频 PES 再经两种不同的打包和复用形成两种不同的码流：节目流(PS)和传输流(TS)。PS 可以是固定码率，也可以是可变码率，其数值由系统时钟参考SCR 定义。而传输流(TS)的码率是固定的，其长度为 188 字节。

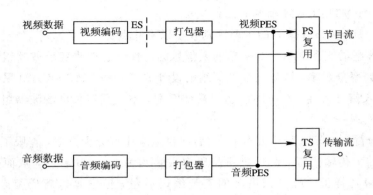

图 12-10　MPEG-2 系统简化结构图

2. MPEG-2 视频(ISO/IEC13818-2)

1)采用层级结构

为了使标准能应用于范围较广泛的领域,并使不同应用的码流能很快互换,MPEG-2 采用了通用的数据传输率压缩编码的方法,同时又考虑到在一块芯片上实现全部语法的困难,因此只把全部语法的部分子集规约在 5 个"层面"(Profile)下,而各层面又划分为 4 个"等级"(Level),并由此定义针对某个特定的解码器的能力。表 12-3 给出了 ISO/IEC13818-2允许的 11 种组合。

表 12-3　ISO/IEC13818-2 允许的 11 种组合

层面(Profile) 等级(Level)	简单(Simple) 4:2:0	主要 (Main) 4:2:0	信噪比分级 (SNR Scalable) 4:2:0	空域分级 (Spatial Scalable) 4:2:0	高 (High) 4:2:0/4:2:2
低(Low) 352×288×29.27 (CIF)	— —	MP@LL (最高 4 Mb/s)	SNRP@LL (最高 4 Mb/s)	—	—
主要(Main) 720×480×29.27 720×576×25 CCIR601	SP@ML (CATV/DVTR) (最高 15 Mb/s)	MP@ML (CATV/DVTR) (最高 15 Mb/s)	SNRP@ML (最高 15 Mb/s)	—	HP@ML (最高 20 Mb/s)
高-1440 (High-1440) 1 440×1 080×30 1 440×1 152×25	—	MP@H1440 (最高 60 Mb/s)	—	SSP@H1440 (欧洲 HD/TV) (最高 60 Mb/s)	HP@H1440 (最高 80 Mb/s)
高(High) 1 920×1 080×30 1 920×1 152×25	—	MP@HL (ATV) (最高 80 Mb/s)	—	—	HP@ML (最高 100 Mb/s)

MPEG-2 格式常用级和类的缩写来表示，如 MP@ML 表示主类和主级，数字电视就采用这一格式。因此，数字电视视频解码器应对 MP@ML 所规定的语法元素的所有允许值正确解码，即解码器与这个给定的层面在给定的等级上相一致。

2）规定三种取样格式

将亮度分量和色度分量的取样格式由 MPEG-1 的 4∶2∶0（即 $Y∶R-Y∶B-Y=4∶1∶1$）扩充为 4∶2∶2 或 4∶4∶4，输入的数字视频的格式完全符合 CCIR601 建议。每个像素 8 bit，也可增加为 10 bit。

3）支持隔行和逐行视频编码

在 MPEG-2 编码中，针对隔行扫描的常规电视像，专门设置了"按帧编码"和"按场编码"两种模式，并相应地对运动补偿作了扩展，这样，MPEG-2 就可以既接受逐行扫描，也接受隔行扫描视频输入。

4）可分级性

可分级性指的是接收机可视具体情况对编码数据流进行部分编码，这是 MPEG-2 的显著特征之一。分级编码的一个重要目标就是对具有不同带宽、显示能力和用户需求的接收机提供灵活的支持，实现视频数据库浏览和多分辨率回放的功能。

3. MPEG-2 音频(ISO/IEC13818-3)

MPEG 音频编码是一个通用的音频压缩标准，从三个独立层进行压缩，这在编码复杂性和压缩的音频量之间提供了宽松的权衡范围。这三个独立层是基本子带编码的 MPEG 层 Ⅰ、MPEG 层 Ⅱ 和采用子带编码与自适应编码相结合的 MPEG 层 Ⅲ，它们通常缩写为 MP1、MP2 和 MP3。从层 Ⅰ 到层 Ⅲ 逐渐复杂，同时音质也更高。

层 Ⅰ（MP1）最简单，它最适合于每通道大于 128 kb/s 的数码率；层 Ⅱ（MP2）较复杂，适合于每通道约 128 kb/s 的数码率，该层可能应用于音频广播（DAB），CD-ROM 中存储同步视音频，还有 CD；层 Ⅲ（MP3）最为复杂，但可以提供最好的音频质量，它专门用于每通道约 64 kb/s 的数码率，适合于 ISDN 上的音频传输。MPEG 音频编码还提供了比特流中包含辅助数据的方法，如具有访问、音频快进和音频倒进等功能。

在 MPEG-2 之前的 MPEG-1 音频标准建立了单声道和立体声音频信号的低数据传输率编码标准。MPEG-2 音频则以 MPEG-1 音频为基础加以扩展。

ISO/IEC13818-3 将 MPEG-1 音频的取样频率向下扩展，降低了数据传输率。为了在非常低的数据传输率（每音频通道低于 64 kb/s）下取得较好的音质，在 32 kHz、44.1 kHz 或48 kHz 基础上，引入了 16 kHz、22.05 kHz 和 24 kHz 三种取样频率，这使音频带宽可接近 7.5 kHz 和 10.3 kHz。

ISO/IEC13818-3 采用了 5.1 通道格式，即 3/2 立体声加 LFE 通道的格式。3/2 立体声包括三个前端（中央通道 C、左通道 L、右通道 R），两个环绕扬声器通道（左环绕 LS、右环绕 RS）。低频增强（LFE）通道的作用是使还原声场的低频部分在频带和电平两方面得以（扩展）增强，其取样频率相当于主通道取样频率的 1/96，在一音频帧有 12 个 LFE 取样值，带宽为 15～120 Hz。

值得一提的是，把经压缩编码形成的 AC-3 比特流打成 PES 数据包，在传递时，仍然包括在 MPEG-2 多路复用比特流中，该各路复用比特流必须满足 MPEG 中规定的音频约束条件。

4. MPEG－2 一致性(ISO/IEC13818－4)

MPEG－2 规定了如何测试和比较已编码比特流是否符合 ISO/IEC13818－1/2/3 的特定要求，制定了详细的测试指标，同时还包括地面、有线和卫星等接收条件下的技术参数。

在介绍完 MPEG－2 标准之后，有必要了解 MPEG－4 标准和 MPEG－7 标准。2000 年初，MPEG－4(ISO/IEC14496)正式成为国际标准，它与 MPEG－1 和 MPEG－2 有很大的不同。MPEG－1、MPEG－2 的主要目的是提高数字的视、音频存储和传输的效率，将整帧图分割成固定尺寸、固定开头的子块处理。而 MPEG－4 是基于内容的压缩编码方法，对一幅图像按内容进行分块，如图像的场景、画面上的对象(对象 1、对象 2、……)被分割成不同的子块，将感兴趣的对象从场景中截取出来分别进行编码处理。

例如，足球比赛的场面被处理成球和其他景场分开，在观看时，谁都能看到运动员和场地，但是只有付费的观众才能看到球。

MPEG－7 是对各种多媒信息的标准化描述，这种描述与多媒体信息的内容本身联系起来，支持用户对感兴趣的素材进行高效而快速的检索，其基本目标是扩展现有系统有限的查询能力。这些素材包括静止图像、图形、3D 模型、音频、语言、视频以及关于这些成分如何组成一个多媒体表述的信息。MPEG－7 只规定信息内容的描述格式，不规定如何从原始的多媒体资料中抽取内容描述的方法。这涉及到图像语音的识别、理解问题，是当今智能、视觉、模式识别等领域的核心难题。其应用领域包括：具有"海洋信息"的数字图书馆、多媒体目录、广告检索服务、教育、娱乐、电子商务等。

12.2.5 数字电视的多路复用

在数字信号传输中，为了扩大传输容量和提高传输效率，常常需要把若干个低速数字信号合并成一个高速数字信号，然后再通过高速信道传输。数字多路复用就是实现这一目标的关键。

数字复用系统(也称数字复分接系统)包括数字复接器和数字分接器两大部分。数字复接器完成数字复接的过程，即把两个或两个以上的支路数字信号用某种技术合成为单一的合路数字信号。相反，在传输线路的接收端把一个复合数字信号分离成各分支信号的过程，称为数字分接，数字分接器就是完成数字分接功能的设备。完成数字复接、分接的全过程就是数字复用。

常用的复用技术有频分复用、时分复用、码分复用、统计复用、各址接入复用等。

数字电视的多路复用分基本比特流的多路复用和节目传输比特流的多路复用。基本比特流的多路复用形成节目 TS 流，由节目复接器来完成。节目传输比特流的多路复用形成系统 TS 流，由系统复接器来完成。两种多路复用的输出比特流必须符合 MPEG－2 的系统语法。

1. 基本比特流的多路复用

它也可以说是单路或单频道节目的复接，该路节目的基本特流包括视频、音频及数据压缩比特流，数据多为节目名称、剩余时间等信息。

节目 TS 流的形成过程如图 12－11 所示。

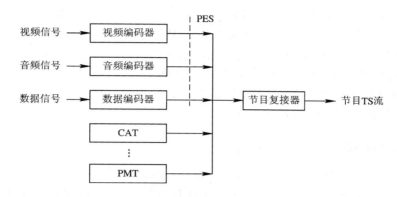

图 12 - 11　节目 TS 流的形成过程

　　由于数字电视在编解码过程中需要存储,将引起信号的延时,因此不能从图像数据的开始处获得同步信号。为了解决这一问题,MPEG - 2 在 ES、PES 包和 TS 流的三个码流层中设置了相关的时钟信息,并通过其联合作用达到编解码的同步和音、视频的同步。在 ES 层,和同步有关的主要是 VBV - Delay;在 PES 层,主要是 PES 头信息中的 PTS 和 DTS 域;在 TS 流中,主要为 TS 包头中的 PCR 域(称为节目时钟参考)。

　　节目复接器先将该路节目的视频编码器、音频编码器和数据编码器经打包器送出的基本比特流打包,形成固定长度(188 字节)的传输包,同时给每一个基本比特流形成的 PES 传输包赋予唯一的包识别号 PID(PID 的作用是标识包的类型,如视频、音频、节目的指定信息等)。然后将这些 PID 的赋值信息写到一个称为 PMT(Program Map Table)的控制信息表中。PMT 表本身也打成长度为 188 字节的传输包,而且有自己的 PID 值。另外,PMT 表还完成节目信息(PSI)的插入、PCR 的插入和音视频编码器所需解码时间标识(DTS)的产生,与条件接收表 CAT(Condition Access Table)一起在节目复接器中复用并同时进行码速调整,形成节目 TS 流送给系统复接器。可见,TS 流是由许多长度为 188 字节的传输包周期性排列而形成的。

2. 节目传输比特流的多路复用

　　系统 TS 流的形成过程如图 12 - 12 所示。

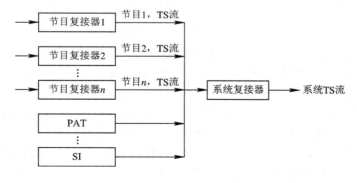

图 12 - 12　系统 TS 流的形成过程

　　在多路节目复用中,除了各路节目的 TS 流外,还包含每路节目的系统级控制信息 PAT。在控制信息 PAT 中,包含与每路节目 TS 流相对应的 PMT 表所在的传输包 PID 信息。通过对 PID 译码，可以对单个节目传输流进行译码。传递 PAT 的传输包有独特的 PID 号(PID＝0)，其它任何比特流都不得再使用这个 PID 号。另外，节目提供者还有一些业务信息(SI)需要提供给用户，这样，系统复接器对各路节目的 TS 流、PAT 包、SI 包等一起复用，形成单路串行的系统 TS 流，送给信道编码器。

数字电视复用系统包括系统复接器、节目复接器、PAT、PMT、SI 和 CAT 等部分，其中 PAT、PMT 和 CAT、SI 为控制信息。

12.2.6 条件接收的实现

简单地讲，条件接收(CA，Conditional Access)就是规定一些节目，这些节目只有经过适当授权的用户才能收看。从另一方面说，条件接收就是"按需分配和有偿服务"，如视频点播(VOA)、电子商务、电子游戏、连接 Internet 等。

模拟电视广播系统也有条件接收系统，但广播电视数字化更加有利于条件接收的实现，并促使条件接收系统更加成熟与多样化。

条件接收的实现主要由控制信号组成，在复用系统中完成。在复用系统中，如对某个节目实施限制，则在该节目 TS 流上接入条件接收系统。条件接收系统组成框图如图 12-13 所示。

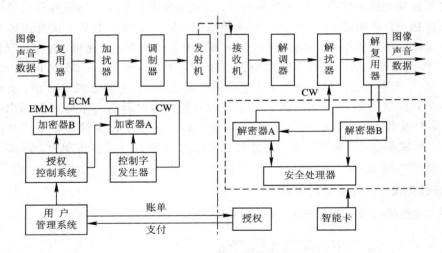

图 12-13 条件接收系统组成框图

在发送端，由加扰器对节目复接器输出的节目 TS 流进行打扰，即由伪随机序列对节目 TS 流进行扰乱控制，伪随机序列的产生则由控制字发生器产生的控制字 CW 来进行控制。控制字 CW 作为解扰密钥使用。

在接收端，从比特流的特殊性位置取出解扰密钥(控制字 CW)，由解扰器对接收到的加扰节目信息进行解扰，恢复出正常的节目信息，送到显示器中观看。

解扰密钥是系统安全的基本要素，该值虽不断地随机变更(1 s 内可能变化几次)，但还不够安全，因为 CW 是随加扰信息一起通过公用网传输的，任何人都可以读取并研究它，所以要对 CW 本身用一个加密密钥通过加密算法进行加密保护，还应当采用变化密钥增加这个加密密钥的安全性。这种加密密钥通常由服务商来提供和控制，所以也称为业务密钥(SK)。

可以看出，条件接收的核心是对控制字 CW 加密和传输的控制。

在采用 MPEG – 2 标准的数字电视系统中，有两个与节目流条件接收系统相关的数据流：授权控制信息 ECM 和授权管理信息 EMM。授权管理系统就是在用户管理系统（SMS）的指导下，负责对 ECM 和 EMM 数据流进行组织，使之序列化并传输到用户管理中心。由业务密钥 SK 加密处理后的 CW 在 ECM 中传输，ECM 中还包括节目来源、时间、内容分类和节目价格等节目信息。对 CW 加密的 SK 在 EMM 中传输，SK 在传输前要经过用户个人分配密钥（PDK）的加密处理，EMM 中还包含地址、用户授权信息。从而形成 PDK、SK 和 CW 三层加密机制。

在含有加密信息的 TS 流中必须有 CAT 表（条件接收表），CAT 表中含有一个或几个节目的 CA 描述（信息）。

图 12 – 13 中，接收端的虚线方框指是指机顶盒的 CA 组件，由智能卡来控制进行认证和解密。

12.3 数字电视的信道编码技术

数字信号在传输过程中要解决两个重要的问题：有效性和可靠性。有效性是指在给定信道内能够传输的信息的多少，这主要由信源编码来解决，通过对信源信号的压缩编码等一系列处理，力求用最少的数码传递最大的信息量，使信号更适宜传输及存储。可靠性是指信宿所接收到的信息的准确度，信道编码技术就是解决可靠性的问题。信道编码包括纠错编码和数字调制两个方面。

12.3.1 纠错编码

当数码流在信道中传输时，由于噪声的干扰及信道的衰减，而且信源编码通过压缩数据冗余度使信源各符号间的相关性减少，导致信号传输的可靠性下降，因而在接收端恢复信号序列时，将会出现较高的误码率，从而影响图像质量。针对这一问题，通常的办法是：人为地按一定规律变换信号，增加一定的冗余度，接收端可以充分利用这种"无用"的信息来提高数字信号传输的可靠性，如简单的奇偶校验码。这个任务由纠错编码来完成。纠错编码又称差错控制编码，是数字电视系统特有的编码技术，所以，有时也将纠错编码直接称为信道编码。

1. 纠错编码的基本原理

纠错编码具有检测错误和纠正错误的能力。例如，有两个消息，各用一位二进制码"1"（男）和"0"（女）表示，两个码字之间的差别只有一位。如产生传输错误，接收端只认"1"和"0"，不可能判断它们是否有错。那么，就要相应地增加判断标志，在一位代码后加一位重复码（又称为监督码元），即男用"11"表示，女用"00"表示，经分析，可检测出一个错误，但不能纠正。同样，将一位代码后加两位重复监督码，构成 3 位的"111"和"000"码，这样两个码字之间的差别就是 3 位，如果"111"误传为"101"，即可检测出来，又能进一步分析接收到的"101"码最类同"111"码，就可判定为这个码代表"男"。由此可见，在 3 位编码的情况下，既可发现错误，又可纠正错误。

上述的实例简单说明，通过增加监督码元建立一种约束关系和根据码元之间的不同位数，可以实现对传输码字的检错和纠错。

在这里，要解释一个重要的概念，即码距，又称汉明距离(Hamming Distance)。

码间距离(码距)d是指各个有用码字构成的码组中，任意两个码字之间对应位上的码元取值不同的位数。如：

```
码字1    1  0   0  1  1  0   0   0
码字2    1  1   1  1  1  1   1   1
对应位      ×  ×        ×  ×  ×        (对应位不同用×表示)
```

可以看出，$d=5$。

在多个码组中，任两个码组之间的距离可能会不相等。为此，将码组中任意两个码字之间距离的最小值定为最小码距，用d_0表示。

d_0是一个重要参数，它决定了该码的纠检错能力。要想纠错能力大，最小码距d_0必须大。这就要求增加"多余"的监督码元，显然，这样做会降低编码效率。

对于汉明距离与纠错能力的关系，可归纳出以下结论：

(1) 当码组用于检测错误时，若要发现e比特错误，则应满足：$d_0 \geq e+1$。

(2) 当码组用于纠错时，若要纠正t比特错误，则应满足：$d_0 \geq 2t+1$。

(3) 当码组同时用于检错和纠错时，则应满足：$d_0 \geq e+t+1$ ($t \leq e$)。

这三种关系对任何一种编码都是适用的，它们是纠错编码理论中的基本关系。

2. 数字电视中常用的纠错编码

在通信系统中，利用纠错编码进行差错控制通常有三种基本方式：前向纠错(FEC)、检错重传(ARQ)和混合纠错(HEC)。数字电视系统采用的是前向纠错(FEC)方式。这种方式的FEC编码器发出的码字是具有一定纠错能力的码型，它在接收端解码后，不仅能发现错误，而且能够判断错误码元所在的位置，并自动纠正。这种方法的优点是信息不需存储，不需反馈信道，实时性好，传输效率高。

1) RS码

RS是Reed-Solomon(里德-所罗门)的缩写。RS码是一种线性分组循环码，它以长度为n的一组符号(Symbols)为单位处理(通常$n=8$ bit)，称为编码字，组中的n个符号是由k个欲传输的信息符号按一定关联关系生成的。RS码具有极强的随机错误和突出错误纠正能力。

188字节的MPEG-2传输流数据帧经RS编码后的误码保护数据包结构如图12-14所示。其码长为204字节，信息数据的长度为188字节。校验位(监督码元)的长度为16字节，纠错能力$t=8$字节。

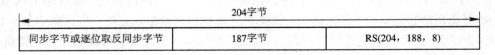

图12-14　RS(204，188，8)误码保护数据包结构

2) 卷积码

卷积码与RS码不同。RS码只与本组的k个信息码元有关，与其它码组之间互不相

关，也就是说，各码组之间被独立地编码和解码。卷积码则是连续而不独立分组的一种编码，即在任何一段规定时间内产生的 n 个码元，不仅取决于这段时间中的 k 个信息位，还与前面连续 m 个时刻输入的信息元有关，由此组成的有一定监督关系的各码组，互相连环重叠，一环扣一环，连锁进行。

从性能上看，在同样的编码效率下，卷积码优于 RS 码，至少不低于 RS 码。

3）交织（Interleaving）技术

对于 RS 编码和卷积编码，均匀分布的差错是最有利于差错纠正的，但在实际中，由于产生突发错误，如有较大的传输衰减和很大的群时失真等，形成块差错效应，则超出了纠错编码的纠错能力。所以在信道编码时，加上数据交织器，使信道的块错误分散开来，充分发挥纠错编码的作用。有时加上交织器后，系统的纠错能力可以提高好几个数量级。

交织技术的特点是不需增加任何码元就能提高编码的纠错性能。具体来讲，交织技术是将顺序传输的码元序列在传输之前先按一定规律重新排列，以使突发错误的误码分散到不相邻的数值中，在接收端再按规定的规律将码元恢复成原来顺序的一种纠错方式。

最简单的交织器就是将输入的数据先按行读入存储器，然后按列读出，从而实现"交织"。

4）TCM（网络编码调制）

前面进过，纠错编码是在码流中增加校验元，以达到检错和纠错的目的，但是码流比特率的增长会使传输带宽增加，导致频带利用率降低。1982 年，美国 G. Ungerboeck 提出的网络编码调制 TCM（Trellis Coded Modulation）将卷积编码与多电平调制有机地结合了起来，其优点是既不会增加传输带宽，又可充分利用冗余度进行编码。

在美国 ATSC 标准中，选择 TCM – 8VSB 作为数字地面广播的调制方式。在欧洲，DVB – T 采用的 COFDM 传输方案中，采用的是 TCM – 32QAM。

12. 3. 2　数字调制

数字信号一般不宜直接传输，因为这样的数字信号经信道传输时，受信道特性的影响，会使信号发生畸变，因而需经调制和解调的交换过程。通常将发送端调制前和接收端解调后的信号称为基带信号。数字调制与模拟调制相比，从本质上来说没有什么区别。不过，模拟调制是对载波信号的某一（些）参量进行连续调制，在接收端对载波信号的调制参量连续地估值；而数字调制却是用载波信号的某些离散状态来表征所传输的信息，在接收端只对载波信号的离散调制参量进行检测。大多数数字通信系统中都选择正弦波作为载波。

数字调制也有调幅、调频和调相三种方式。习惯上将数字信号的三种调制称为键控，在二进制时，分别称为振幅键控（ASK）、频移键控（FSK）和相移键控（PSK），并由此派生出多种形式。在数字电视系统中，多采用多进制的数字调制。

当前数字电视有三种常见的传输方式，即卫星传输、有线传输及地面传输。应根据不同的传输信道特点来采用最适合的数字调制方式。

（1）卫星传输特点：可用频带宽，但信号功率低，干扰较大，信噪比低。因此，一般采用可靠性较高的 QPSK 数字调制方式。

（2）有线传输特点：信道带宽窄，信噪比高，但存在回波和非线性失真。因此，一般采用带宽窄、频带利用率高的 m-QAM 或 16-VSB 高数据率调制方式。

(3) 地面传输特点：存在着卫星传输、有线传输中不会遇到的时变衰落和多径干扰，信噪比也较低。因此，一般采用能有效消除多径干扰的 OFDM 调制方式。

下面对几种常见的数字调制方式作简要分析。

1. 振幅键控

1) 残留边带(VSB)调制

残留边带(VSB，Vestigial Side-Band)调制，就是使双边带(DSB)信号的一个边带几乎完全通过，而让另一个边带只有少量，即残留部分通过。为保证所传输的信息不失真，要求残留边带分量等于需要传输边带中失去的那一部分。现行模拟电视广播信号是用 VSB 调制方式传输的，这是一项成熟的技术。其显著特点是允许基带信号频谱中包含直流成分，对频谱的低频端也不需加任何限制，输出带通滤波器容易制作。

用数字信号进行 VSB 调制时，由于调制信号为各电平的离散值，因此为了表示各电平所对应的调制状态，通常用矢量点表示它们的对应关系；而反映多电平的进制 VSB 调制的符号用 m-VSB 表示，如 8 电平 VSB 表示为 8-VSB，它反映了 3 bit 信息。

一个 8-VSB 的数字调制和解调电路如图 12-15 所示，串/并转换将串行的比特流转换成两路并行比特流，I、Q 经 D/A 交换后形成 8 电平的 $g(t)$ 信号(±1、±3、±5、±7)，并对 $\cos\omega_c t$ 实施抑制载波的平衡调幅，得到上、下两个边带信号，由 VSB 滤波器滤除绝大部分下边带，余下的残留下边带和绝大部分上边带进行传输。

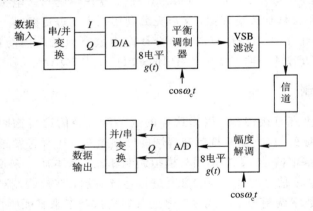

图 12-15 8-VSB 数字调制和解调电路方框图

2) 正交幅度调制(QAM)

正交幅度调制(QAM，Quadrature Amplitude Modulation)就是用两个独立的基带信号对两个相互正交的同频载波进行抑制载波的双边带调制。利用这种已调信号在同一带宽内频谱正交的性质来实现两路并行的数字信息传输，可获得很高的频谱利用率。

图 12-16 是一种实现 16 电平正交调幅 16-QAM 调制的原理示意图。二进制串行数据输入以后，以 4 bit 为一组，分别取出 2 bit 送入上、下两个 2-4 电平转换器，经低通滤波器(LPF)，再分别送入调制器进行幅度调制，调制后的两信号相加，便得到 16-QAM 的输出信号。

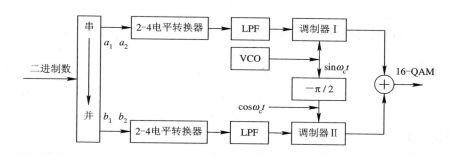

图 12 - 16　16 - QAM 调制原理图

QAM 调制提高了频谱利用率。设输入的二进制速率为 10 MHz/s，则经 16 - QAM 调制的模拟信号带宽为 2.5 MHz。若采用更高的电平数，如 32 - QAM(2 - 5 电平转换)、64 - QAM(2 - 6 电平转换)，甚至 128 - QAM、256 - QAM 等，则已调波的带宽就会更低。

2. 相移键控

这里主要介绍 QPSK 调制。QPSK 调制又叫做四相相移键控调制，Q 代表正交，PSK 代表二相相移键控。

四相调相是一种四进制的相移键控。其调制过程是：先把单极性的输入码元转换为双极性波形，然后分别对两个正交载波进行 2 电平双边带调幅，就实现了正交相移键控信号(QPSK)。QPSK 调制提高了载波利用率。在实践中，多相调制多用软件来实现。

目前，数字电视的卫星广播(DVB - S)以及广播电视的数字伴音都采用多进制的数字 QPSK。

图 12 - 17 是 DVB - S 的信道编码与传输系统框图，被压缩的 MPEG - 2 数字视音频信号送入 RS 纠错编码电路，经数据交织和卷积编码后，分两路输入送到 QRSK 调制器中，进行数字移相，然后经上变频和高功放，再经天线发送至卫星或下一级工作站。

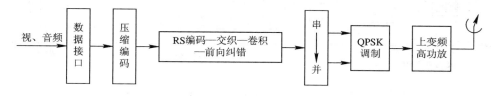

图 12 - 17　DVB - S 的信道编码与传输系统框图

3. 频移键控

频移键控(FSK)也称数字调频。对二进制的频移键控，就是用两个不同频率的载波来代表数字信号的两种电平，接收端收到不同的载波信号后再变换为原数字信号，完成信息传输过程。

4. 编码正交频分复用(COFDM)

数字电视系统需要很高的数据率，串行数据以这么高的数据率传输，不仅增加了信道带宽，而且易产生码间干扰，增加误码率，特别是当多径延时散布与传输数字符号周期处于同一数量级时，符号间的干扰就变得严重起来。限制数字信道传输质量的主要因素之一就是多径传播效应。

将高速率的串行数据系统转换为由若干个低速率数据流组成的且同时传输的并行数据系统时，总信号的带宽被划分成 N 条频率不重叠的子通道(类似信号的子带分解)。N 条子通道采用正交频分复用调制(OFDM)，就可克服上述串行数据系统的缺陷。

OFDM 信号由大量(多达数百)在频率上等间隔的载波构成，各载波可用同一种数字方式调制，如 QPSK 调制。这样，通过多载波的并行传输方式将 N 个单元码同时传输来取代通常的串行脉冲序列传输，从而有效防止因频率选择性衰落造成的码间干扰。

编码正交频分复用 COFDM(Coded Orthogonal Frequency Division Multiplex)是一种为进一步提高性能而采用信道编码与 OFDM 相结合的调制方式。为此，将传输比特流先进行 RS、交织、卷积等信道编码，再作 OFDM 调制。这样，联合起来就成为 COFDM。其中，先行编码的信号使编码后的比特流在频域和时域上扩展，比特流受到的衰减具有统计独立性，这就容易在接收端的解码中实现纠错。

COFDM 技术已在欧洲共同体开发的数字电视地面广播(DVB－T)中广泛采用，其中 COFDM 信号的基本结构是由若干个可变频的载波构成的，有 1075 个载波的 2K 模式和 6817 个载波的 8K 模式，目前 8K 模式在接收的地理位置上比较宽容，包括边远山区，其克服较长回波干扰的效果显著。另外，COFDM 在传输的有用数据之前特别设置了一个保护间隔(Δ)，它主要用于抵抗回波和反射，这一点是它与 ATSC(美国标准)的重要区别。不过就总体而言，ATSC 相对于 COFDM 可能略胜一筹。图 12－18 为 DVB－T 的信道编码与传输系统框图。

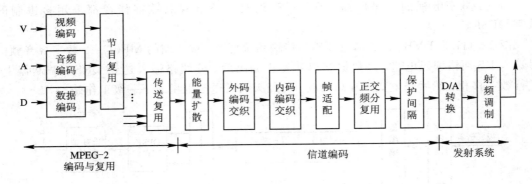

图 12－18　DVB－T 的信道编码与传输系统框图

由图 12－18 可知，经过传送复用处理后的数据码流在进入信道编码之前，必须先进行能量扩散处理。能量扩散的目的是使数据码流的能量不过分集中在载频或"1"、"0"电平相对应的频率上，从而减小对其他通信设备的干扰，并有利于载波恢复。具体做法是将二进制数据中较集中的"0"或"1"按一定的规律使之分散开来，这个规律由伪随机二进位序列发生器来完成。例如，当信号在某一时段"1"过于集中时，就相当于该时刻发射功率能量集中在"1"电平相对应的频率上；而当信号在另一时段"0"过于集中时，也就相当于此时刻发射功率集中在载频上。这种在信号的发射过程中能量过于集中的现象，不利于载波恢复，影响接收效果。如果在信号发射之前，将二进制数据随机化，即能量扩散，使"1"和"0"的分布较为合理，即整个数据系列中，数据从"0"到"1"或从"1"到"0"的跳变较为频繁，这将大大有利于载波恢复，从而提高接收信号的稳定性和可靠性。数据随机化过程也称数据扰码过程。需要强调的是，收、发两端均应采用相同的能量扩散、解扩散电路，而且应是同步工作的，以确保原始数据的恢复。

经过能量扩散处理后的数据码流才正式开始进入信道编码并进行相关处理。首先，采用多种纠错编码：外编码为 RS 码和卷积交织，内编码为卷积编码，内交织则包括比特交织和载波符号交织。然后，再进行正交频分复用（OFDM）调制。保护间隔的作用是改善地面接收点的选择性。最后，将前面形成的 OFDM 信号经 D/A 转换和射频调制，由发射机送入天线发射。

12.4　数字电视的接收

数字电视是现代科技发展的产物。1948 年，Shannon 提出数字通信的理论。1980 年，国际电信联盟（现 ITU－R）提出 601 建议（4∶2∶2，即数字电视基础建议）。1991 年，Sunday 公布 JPEG《静止图像编码建议》（草案）；同年秋公布 MPEG－1《活动图像及其伴音编码建议》（草案）。1993 年，MPEG－2 建议出台。1994 年，美国 Direc. TV 开始数字卫星（SDTV）直播。2000 年，中国建立北京、上海、深圳三个数字电视试验区。进入 21 世纪，数字电视在全球范围内飞速发展，它所具有的大信息量、多功能和高声像质量极大地提高了人们的生活质量。

12.4.1　数字电视信号接收的基本原理

下面以美国的 ATSC 8－VSB 数字电视地面广播为例（见图 12－19），简要介绍数字电视接收机的工作原理。数字电视接收数字电视信号的过程大致为：高频接收→均衡→信道解码→解复用→信源解码（图像、声音、数据解码）→数/模转换，经放大电路后分别送显示器和扬声器中还原。

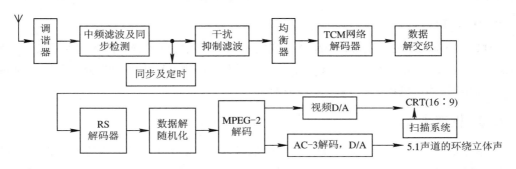

图 12－19　ATSC 8－VSB 数字电视接收机简化框图

1. 调谐器

调谐器的输入是 VHF 和 UHF 频段上的数字电视射频信号，经两次降频变换，得到 44 MHz 的第二中频信号，即数字电视中频信号。第二中频信号输出到中频滤波器和同步检波电路。

2. 中频滤波及同步检测

中频滤波的作用是实现所需的中频响应曲线。同步检波电路对输入的中频信号实施同相(I)和正交(Q)的同步检波,后续的数据处理电路仅仅使用 I 信道的解调信号。

3．同步及定时

来自同步检波器 I 信道的基带数据信号由 A/D 转换器将已解调数据变换成 8 电平数据码,同时,取出准确的同步和时钟信号,启动后面的接收机电路,使其正常工作。

4．干扰抑制滤波器

干扰抑制滤波器由前馈式梳状滤波器构成,可以防止 ATSC 接收机受到同频道 NTSC 信号的干扰。

5．均衡器

信道均衡器的作用是补偿信道中静态和动态的线性失真,诸如频率(幅频和相频)特性不完善、重影和短暂干扰等,它们来源于传输信道本身或是接收机内的缺陷。对于 ATSC 系统设计来说,均衡器起着相当重要的作用。

6．信道解码器

TCM 网络解码器、数据解交织和 RS 解码器都属于信道解码的过程。

7．数据解随机化

数据解随机化用于将信道解码的序列信号还原成符合 MPEG - 2 标准的信源数据,送往信源解码器。

8．MPEG - 2 解码

根据 MPEG - 2 标准的规定,首先还原出图像的头信息以确定图像类型;然后对图像中的各个宏块进行哈夫曼解码,反量化器对各分量进行量化还原,再对所有分量做反 DCT 变换;图像还原后存储在显示缓存中,各帧严格按显示顺序排序。

9．D/A 转换

视频 D/A 将 MPEG - 2 解码器输出的数据流进行数/模转换,产生电视图像信号的 RGB 输出。AC - 3 解码可获得原场效果的声音质量。扫描电路中的同步分离电路从视频信号中分离出行、场同步信号,以实现扫描同步。

12.4.2 机顶盒

机顶盒(STB,Set-Top-Box)又称接收附加器,其主要作用是接收数字广播电视节目信号,提供简单图文服务、加密功能和遥控服务等。如果模拟电视要收看数字电视节目,数字电视信号要通过机顶盒转换成相应制式的模拟信号,才能由模拟电视接收。从图 12-19 中可知,在模拟电视向数字电视的转化时期,机顶盒的内部结构几乎包含了数字电视接收机的全部内容(除显示器、扫描系统及其它模拟处理电路外)。随着数字电视业务的发展,作为模拟电视转向数字电视的桥梁,机顶盒的功能有了很大的增强,它成了实现视频点播(VOD)、接入互联网、节目存储功能和计算机操作的关键设备,这是模拟电视技术无法做到的。所以说,数字电视改变了观众收看电视的传统习惯,也给电视产业提供了更广阔的发展空间。

1. 机顶盒的分类

目前，机顶盒(STB)基本上可划分为三类：数字电视机顶盒、网络电视(webTV)机顶盒和多媒体(Multimedia)机顶盒。

1) 数字电视机顶盒

数字电视机顶盒的主要功能就是将接收下来的数字电视信号转换为模拟电视信号，使用户不用更换电视机就能收看数字电视节目，图像质量接近 500 线水平，但无上网功能。

根据传输方式的不同，数字电视机顶盒又分为卫星数字电视机顶盒(DVB - S)、地面数字电视机顶盒(DVB - T)和有线数字电视机顶盒(DVB - C)三种。

(1) 卫星数字电视机顶盒：用来接收卫星数字广播节目，但支持交互式应用比较困难。

(2) 地面数字电视机顶盒：接收地面无线信道传输的数字电视节目。除了欧洲的数字电视地面广播标准 DVB - T 外，还有美国的 ATSC 和日本的 ISDB - 1 的 DTIB 方案。ATSC 的接收设备称为 DTV，DVB 的接收设备称为标准数字电视。

(3) 有线数字电视机顶盒：由于有线电视(CATV)网较好的传输质量和电缆调制解调技术的成熟，使得这类机顶盒可以支持几乎所有的广播和交互式多媒体应用，如数字电视广播接收、电子节目指南(EPG)、准视频点播(NVOD)、按次付费观看(PPV)、软件在线升级、数据广播(DAB)、互联网接入、电子邮件、IP 电话等。

2) 网络电视机顶盒

网络电视机顶盒的主要功能是能将数字电视机(或现行的模拟电视机)作为互联网的终端机，实现家庭电视机网上浏览、电子邮件和双向信息交流等。它具有类似于多媒体电脑的功能。

3) 多媒体机顶盒

多媒体机顶盒是对前两种机顶盒功能的综合，其应用于双向有线电视(CATV)网。

2. 有线数字电视机顶盒的系统结构

下面以有线数字电视机顶盒为例，简要介绍它的系统结构，如图 12 - 20 所示。

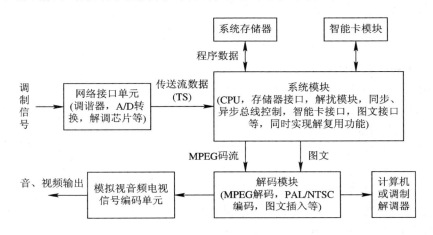

图 12 - 20　有线数字电视机顶盒结构框图

有线数字电视机顶盒的结构分为如下四个主要单元：

（1）网络接口单元：主要完成信号的接收、变频和解调。它主要包括 TUNER（调谐器）、QAM 解调芯片、一级 A/D 转换及声表面滤波器等相关组件。

（2）系统模块和解码模块：在系统模块中的 CPU 控制下，对已解调信号进行解扰、解复用、MPEG 视音频解码等处理。

（3）模拟视音频电视信号编码单元：包括一级 D/A 转换器、音视频放大器等相关电路，用于音视频的输出。将解码芯片输出的数字音频信号进行 D/A 转换，输出模拟音频信号，同时将解码芯片输出的数字视频信号进行 PAL（或其它制式）编码，输出基频或射频的 PAL 信号，也同时输出 Y/C、YUV 和 RGB 格式的模拟视频信号。

（4）外围数据接口单元：该单元主要由三部分组成。SmartCard 读写器主要协助完成解密工作；高速数据接口（指 IEEE1394 等数据接口）主要完成 MPEG 码流的输入或输出；低速数据接口（指 RS－232 和 USB）主要完成机顶盒与外界的低速数据通信。

3. 中间件

数字电视接收机顶盒包括硬件和软件两部分。它分为 4 层，从底向上分别为硬件、底层软件、中间件（Middleware）、应用软件。中间件是数字电视软件系统中的一种软件，指的是位于机顶盒的硬件、驱动程序和实际操作系统之上，实现数字交互业务的应用程序之下，能连接这两部分的系统软件。它是数字电视软件系统结构的关键部件之一。

图 12－21 所示为法图 Canal＋公司开发出的中间件产品 Media Highway。设备管理器、驱动器、硬件由机顶盒厂商根据规范标准负责设计和编制。

从图 12－21 中可以看到，中间件把机顶盒的应用程序与具体的底层硬件和网络部件隔离开，使应用程序的开发与硬件层脱离，且中间件提供通用的应用程序接口（API），能使应用程序的开发难度大大降低，效率提高，不涉及底层的网络协议。

在数字电视接收机中，中间件在应用程序和操作系统硬件平台之间嵌入中间层软件，它定义为一组较完整的符合数字电视广播标准的应用程序接口（API），使应用程序独立于操作系统和硬件平台，使用户能够方便地开发机顶盒产品。

典型的中间件软件有美国的 ATVEF、BASE、欧洲的 MHP、法国的 Media Highway 以及我国拥有自主知识产权的中视联中间件软件。

机顶盒有了中间件，才能兼容数字电视、视频、数据广播业务，并和 Internet、视频点播等服务融合，是标准化、开放性的重要基础。

有了中间件，使得交互电视成为现实。

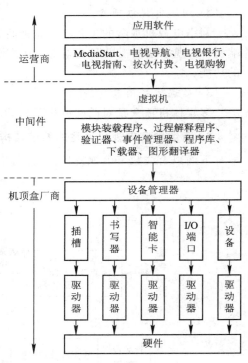

图 12－21　Media Highway 系统结构图

12.4.3　交互式电视

数字电视技术的发展，首先是模拟电视向数字电视方向的转变，然后由单向传输的数字电视向数字交互式电视转变。

1. 交互式电视和视频点播

所谓交互式电视(ITV，Interactive TV)，就是一种受用户控制的视频分配业务，在节目间和节目内，观众能够做出自己的选择和决定，是一种非对称双工形式的新型电视技术。

在进行交互式电视服务时，节目存储在视频服务器(Video Server)中，服务器随时应对观众的需求，通过网络传输到用户家中，然后由机顶盒将压缩的电视信号解码后输出至电视机或由交互式电视接收机直接接收。ITV 实现了与互联网的连接，其独有的图像叠加技术(电视画面与网络图文信息)实现了同时既可看电视，又可享受信息的服务。

视频点播(VOD，Video On Demand)就是一种典型的交互式业务，也称为节目间交互电视。其提供给用户的基本服务包括：视频娱乐节目、视频教育节目、交互式游戏、混合媒体信息服务以及购物服务。VOD 从根本上改变了过去被动式收看电视的方式，实现了节目的按需收看和任意播放。机顶盒是 VOD 系统中必不可少的用户终端之一，是用户显示设备、外用设备以及传输网络之间的桥梁，其基本功能是控制视频服务器，以便完成用户与视频服务器之间的交互式通信。

无论是 ITV 还是 VOD，它们都是提供交互视频服务的。ITV 把交互视频服务看成是一种电视系统服务，用户终端是电视机加机顶盒或者是交互式电视接收机；VOD 把交互视频服务看成是一种业务，用户终端既可以是电视机加机顶盒，也可以是一台个人电脑。VOD 是 ITV 的最主要的功能。

交互视频服务的主要应用包括电视剧点播、电影点播、交互式电视新闻、目录浏览、远程学习、交互广告及交互视频游戏等。

交互式电视系统的组成包括以下五个部分：

(1) 电视节目源。内容丰富、画面清晰、声音优美的电视节目源，是交互式电视服务必须具备的前提条件。

(2) 视频服务器。它是交互式电视系统中的关键设备，实际上是一个存储和检索视频节目的服务系统。

(3) 宽带传输网络。合适的带宽通道使视频流通过传输网络送到家庭用户。该单元将在下面着重介绍。

(4) 家庭用户终端。用户终端可分为三种：一是多媒体计算机，二是电视机加机顶盒，三是交互式电视接收机。

(5) 管理收费系统。交互式电视可根据观众的需求，按提供的不同内容和不同数量，进行有偿服务，这是管理收费系统的任务。

2. 宽带传输网络

所谓宽带，就是传输通道能支持速率高于 1.5 Mb/s 的业务，其目标是实现 3 T (3×10^{12} b/s)的传输速率。图 12-22 所示是宽带传输网络的主要结构框图。

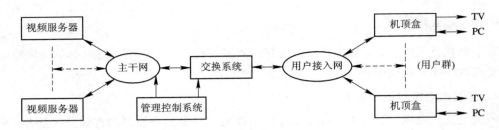

图 12 - 22　宽带传输网络的主要结构框图

视频数码流从视频服务器到家庭用户是通过传输网络进行的。传输网络包括主干网和用户接入网。对于主干网，比较统一，都是使用 SPH、ATM 或 IP 技术的光纤网络，但是用户接入网则分为三类。

1) 主干网

(1) SDH。SDH 称为同步数字体系，拥有全世界统一的网络结点接口(NNI)，利用软件系统可以很方便地从干线高速复用信号(如 155 Mb/s、622 Mb/s)中一次性分出(插入)低速码率支路信号(如 2 Mb/s、34 Mb/s)，避免了对全部信号按部就班地进行分解(复用)的做法，不仅简化了上下信息的业务，也使交叉连接得以方便实现。

(2) ATM。ATM 称为异步转移(传输)模式，是一种基于高速分组交换或传输的技术，解决了远程高速通信的数字复用和交换，能将电路交换的可靠性和分组交换的高效性结合起来，是支持专业的视频、音频、数据和其它复杂的多媒体应用的理想协议。有线电视(CATV)领域应用的就是 ATM 技术。

ATM 技术以信元(Cell)为基础，信元是相对较短但长度固定的数据单元。ATM 是一种将各种业务信息都划分为固定长度的信元来进行交换和传输的模式。ATM 与数字电视信号的传输具有灵活的互操作性，若干个 ATM 信元正好可以传输一个 MPEG - 2 长度的信号，相应地，一个 MPEG - 2 分组的长度可装入相同数量的 ATM 信元。

视频服务器可根据用户的要求把直播的节目从视频库中取出并通过 ATM 网络传输。视频信息一般采用 MPEG 标准压缩编码，装入 ATM 信元，在 ATM 网络中传输。

(3) IP 技术。人们把符合 TCP/IP 协议的网络称为 IP 网络。这也就是我们熟知的互联网中的 TCP/IP 协议。IP 协议作为一个面向连接的协议，用于检查收到的数据流并保证它们传输的正确性。

2) 用户接入网

对于用户接入网，因其提供交互式电视业务的行业不同而分为三类：

(1) 广播电视行业的有线电视网，即光纤同轴电缆混合网(HFC)：一般是光纤在路边，同轴电缆进户，各采用 750 MHz 系统。其中，5～65 MHz 频段为上行信号频段，110～550 MHz 频段为 CATV(有线电视)模拟信号通道，550～750 MHz 频段为数字信号通道，每个 8M 的频道采用 64 - QAM 调制，可供 8～10 个经 MPEG - 2 压缩后的视频流通过，是比较理想的宽带传输网络。

(2) 电信业采用的是以非对称数字用户线路(ADSL)为特点的公众电话网：可以用双绞线提供一个 1.5 Mb/s 的下行通道来传输视频数码流，一个 16 kb/s 的上行通道用来传输用户发出的信息。其优势是现有的电话用户比有线电视用户更易于普及，不足之处在于带宽不够，只能采用 MPEG - 1 方式。

（3）计算机公司采用的局域网（LAN）：利用五类线为用户服务。LAN 的带宽在 10～100 M 以上，可以满足需要，但是其传输距离不远，只能用于用户密集的区域，如机关大楼、学校、酒店等。

12.5　数字电视标准

数字电视的传输码流是数字信号，数字信号仅有"0"和"1"两个不同的状态，那么，"0"和"1"表示什么意义，8 位二进制数组成的字节是什么含义，一个数据包有多大，含有多少字节，作用是什么，都应有明确的规定，这就是标准。譬如，CCIR601 建议就制定了电视信号模/数转换标准，对取样频率、量化级数、编码方式等进行了统一的规范。

12.5.1　数字电视技术标准的作用

与模拟电视相比，数字电视技术标准在数字化、网络化中具有更重要的地位和作用，其主要体现在以下几个方面：

（1）在设备方面，模拟电视的标准主要规定设备的外在接口，而数字电视的标准不仅规定了设备的外在接口，还对数字信号处理的整个过程和细节，甚至每个比特都作了详细的规定。如果标准不统一，设备和网络都将无法联通，数字信号也就无法畅通。

（2）在系统方面，模拟电视系统是单一的、相互独立的业务系统，而数字电视系统则是统一的、综合的、从播出到接收的大系统，接收端与播出端必须完全对应，这就要求对播出系统、传输系统、接收机或机顶盒统一制订标准。

（3）在相互关系方面，模拟电视系统的标准是单一的技术标准，而数字电视系统的标准则是集信息标准、广播电视技术标准、通信传输标准、计算机标准于一体的多层次的标准。

12.5.2　世界三大数字电视标准

目前，美国、欧洲和日本各自形成了三种不同的数字电视标准。美国的标准是 ATSC（Advanced Television System Committee，先进电视制式委员会）；欧洲的标准是 DVB（Digital Video Broadcasting，数字视频广播）；日本的标准是 ISDB（Integrated Services Digital Broadcasting，综合业务数字广播）。这三种标准都被国际电信联盟（ITU - R）正式接受为数字电视国际标准。

数字电视技术标准包含的主要内容：第一，信源编码技术标准，包括数据与命令格式（系统）、视频编码和音频编码；第二，信道传输技术标准，包括卫星传输、地面传输和有线传输；第三，用户与安全管理标准，包括付费管理、加密与解密。表 12 - 4 所示的是三种数字电视技术标准对比表。

分析表 12 - 4 可知，在视频压缩编解码和复用方面，美国、欧洲和日本没有分歧，都采用了 MPEG - 2 标准。在音频编解码方面，欧洲和日本采用了 MPEG - 2 标准，美国采用了杜比公司（Dolby）的 AC - 3 标准。

表 12 - 4　三种数字电视技术标准对比表

	美国标准 ATSC			欧洲标准 DVB			日本标准 ISDB		
	地面	卫星	有线	地面	卫星	有线	地面	卫星	有线
调制方式	8VSB/16VSB	QPSK	QAM	2k/8kCOFDM	QPSK	QAM	分段COFDM	QPSK	QAM
视频编码方式	MPEG - 2			MPEG - 2			MPEG - 2		
音频编码方式	AC - 3			MPEG - 2			MPEG - 2		
复用方式	MPEG - 2			MPEG - 2			MPEG - 2		

从调制方式上看，欧洲的 DVB - S(卫星数字电视广播)已为全球所认同，而对于地面数字电视标准，作为数字电视标准的核心，三个国家采取了不同的调制方式等技术规范，从而形成了三个不同的数字电视技术标准。因为地面数字电视系统的应用面要广阔得多，所以它是一个国家在电视信号传播上的主权体现。

目前，ATSC 成员有 30 个，其中美国国内成员 20 个，来自阿根廷、法国、韩国等 7 个国家的成员 10 个。DVB 成员已经达到 265 个(来自 35 个国家和地区)，主要集中在欧洲并遍及世界各地。ISDB 成员有 23 个，都是日本国内的电子公司和广播机构。从三个数字电视标准的成员数量及分布情况看，DVB 标准的发展最快，普及范围最广。

鉴于数字电视的发射设备、传输设备和终端接收设备等下游产品的结构设计与制造工艺等必须依照标准而定，所以说，能拥有自主知识产权的数字电视标准，其经济效益及社会效益是巨大的。

习　题

12.1　什么是数字电视？与模拟电视相比，它有哪能突出优点？

12.2　请画出数字电视系统的基本原理框图，并解释各功能块的作用。

12.3　电视图像信号的数字化编码有哪两种方式？各有何特点？

12.4　CCIR601 建议有哪些主要内容？

12.5　为什么要对数字图像信号进行压缩？压缩的依据是什么？

12.6　声音压缩的依据是什么？

12.7　什么叫码距和最小码距？已知信息序列为：11001011，10001101，01011100，它们的码距和最小码距各是多少？

12.8　信道编码与信源编码有哪些异同点？

12.9　为什么要进行能量扩散？

12.10　数字电视有哪几种常见的传输方式？各有何特点？

12.11　什么是机顶盒？它有哪些作用？

第 13 章　　电视技术的新发展

随着互联网和 4G 技术的发展，电视技术开始向网络视频点播和视频交互，且向 3D 视频、VR（虚拟现实）等方向发展。同时，类似 OLED、QLED 等的显示技术也逐渐应用。本章将对以上几种具有典型意义的新技术进行介绍。

13.1　OLED 显示

OLED 是 Organic Light Emitting Display 的缩写，意为有机发光显示屏。它具有高亮度、宽视角、宽温、低功耗、反应速度快等优点，是液晶、EL 屏的替代品，被称为未来的理想显示器。

13.1.1　OLED 驱动原理

图 13 - 1 是 OLED 的侧面剖面图。从 OLED 侧面剖面图来看，它是一个在底层玻璃基板堆积的多层三明治结构，从上到下依次为金属阴极、有机发光材料、阳极。当两电极间有电流时，有机发光材料就会根据其配方的不同发出红、绿和蓝的三色光，其亮度取决于驱动电流。亮度不同的三色光相组合，即可得到各种色彩。在实际应用中，OLED 有两种驱动方式，我们称为有源驱动和无源驱动。

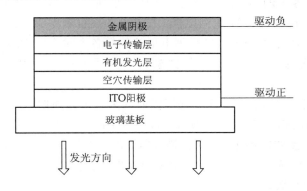

图 13 - 1　OLED 侧面剖面图

1. OLED 的有源驱动

图 13 - 2 是 OLED 发光单元驱动电路。在有源驱动方式下，每个发光单元都有一个对应的有开关功能的低温多晶硅薄膜晶体管（Low Temperature Poly-Si Thin Film Tran-

sistor，LTP-Si TFT)，各单元的驱动电路和显示阵
列都集成在同一玻璃基板上。在 LCD 显示驱动中，
驱动电压与显示灰阶成正比，但在 OLED 驱动中，
显示亮度与电流量成正比，为此驱动 TFT 要使用导
通阻抗，并应尽量得低。

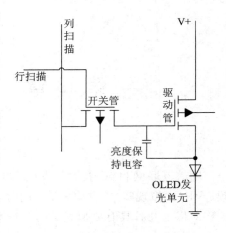

图 13 - 2　OLED 发光单元驱动电路

有源驱动是静态驱动的方式，各驱动单元自带
电荷存储电容，不受扫描电极数的限制，可以对各
RGB 单元进行独立灰度调节。易于实现高亮度、高
分辨率和高彩色还原。

有源矩阵的驱动电路集成在同一玻璃基板上，
更易于实现集成度和小型化，而且简化了驱动电路
与显示像素之间的连接问题，也提高了成品率和可
靠性。

2. OLED 无源驱动

无源驱动 OLED 基板显示区域仅仅有发光像素，由置于在基板外或者基板上非显示区
域的 IC 线路实现驱动与控制功能，芯片与基板之间通常采用 TCP(芯片带载封装，将芯片
封装到柔性线路板上的封装方式)或 COG(直接将芯片封贴到玻璃屏的导电极上)方式连
接。无源驱动分为静态驱动电路和动态驱动电路。

1) 静态驱动方式

通常各发光单元阴极共地连在一起引出，各像素的阳极则独立引出，当像素阳极电压
高于像素发光阈值时，像素受恒流源激励发光，当发光单元阳极接负电压时，发光单元反
向截止。静态驱动电路通常在段式显示屏的驱动上应用较多。

2) 动态驱动方式

各发光像素的电极按矩阵型结构相连接，同一行发光像素的阳极或阴极连接构成一个
行电极，同一列发光像素的阴极或阳极连接构成一个列电极。如果显示屏有 $N \times M$ 个发光
像素，则总共有 N 个行电极和 M 个列电极。在常见的逐行顺序驱动方式下，行电极循环地
给每行电极施加行导通脉冲，同时 M 个列电极给该行各个对应像素施加驱动电流脉冲，一
次实现一行所有像素的显示。其他行的像素则加上反向电压使其不显示，以避免交叉
效应。

OLED 显示器完成对所有行一次扫描所需时间为一个帧周期，其中每一行占用的选择
时间相同。如果一帧的扫描有 N 行，那么一行所占用的时间为一帧的 $1/N$，此参数即为占
空比系数。为增加显示像素个数，增加扫描行数，但这会降低占空比，使得发光像素的导
通时间缩短，从而影响显示质量。因此大屏幕显示时，就需要提高驱动电流或采用双屏电
极结构以提高占空比系数。

由于电极的共用，以及有机薄膜厚度均匀性、横向绝缘性的影响，可能导致一个像素
发光，邻近像素也发出微光的串扰现象，为此在发光像素不工作时，通常会加上反向截止
电压以确保其处于黑暗状态。

13.1.2　OLED 的优点与不足

　　LCD 本身是不发光的，在显示应用中，靠 LCD 显示板后的背光板发出均匀白光，光线透过 LED 板后获得图像。因此，在 LCD 屏幕显示黑色时，其背光板仍旧在发光，这导致屏幕黑度低。而由于 OLED 屏幕结构的不同，各个发光像点为主动发光，故而 OLED 亮度对比度指标更好，而且发光均匀，可视角更大，也不存在漏光现象。

　　OLED 可加工到柔性材料上，可轻易实现屏幕折叠弯曲。同时其低温特性更好，画面响应快，无拖影现象。

　　现阶段，OLED 通常采用有机蒸镀工艺，在真空中通过加热、电子束轰击、激光等方式，将有机材料蒸发成小分子，在基板表面凝结成薄膜。这种方法对加工环境要求高，而且设备工序复杂，也不易满足大屏幕的加工需求。

　　综合以上特性，将 OLED 显示与 LED/LCD 显示相比较，如表 13-1 所示。

表 13-1　OLED 显示与 LED/LCD 显示的比较

	OLED	LED/LCD
是否需要背光	主动发光，无需背光。黑色效果更好	LCD 不发光，需要背光板配合显示，采用 LED 背光板的 LCD 显示屏能提高亮度，而且背光更均匀
可视角度	可视角度大	多数 LCD 可视角不够大
画面对比度	画面对比度高	画面对比度不易提高
色域	较好	大多数 LCD 屏色域一般
亮度	较高	高，可在户外或亮度高环境下使用
均匀性	普遍较好	需使用离散背光板才能做到较好
功耗	分辨率越高，能耗越大	同亮度级下，能耗低于 OLED
使用寿命	通过算法调整解决烧屏后，使用寿命能达 50000 小时	50000 小时
生产成本	大屏幕加工不易	工艺成熟，成本较低

13.2　3D 显示

　　传统电视机将画面显示在一个平面或曲面上，这种方式就是 2D 显示。为了获得更真实的感觉(临场感)，3D 技术得以提出。那么，什么是 3D 显示？它的基本原理是什么呢？

　　在图 13-3 的示意图中，我们将一个一半涂黑的球放在双目正前方，左眼和右眼所看到的图像是完全不同的，由于双眼的位置不同，观察同一物体的角度不同，导致双眼看到不同的图像，这个就是双目视差。我们的大脑在得到两张不同的图像后经过复杂的处理机制，对两张图像进行比对和混合，从而在观察识别物体之外同时获得物体的立体感。3D 显

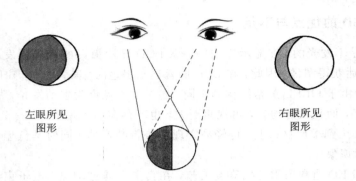

图 13-3　对同一物体观察的双目视差

示利用这一原理，分别给双眼播放不同的画面，使得观众产生"立体感"。

　　如今主流的 3D 立体显示技术尚不能使我们摆脱特制眼镜的束缚，这使得其应用范围以及使用舒适度都打了折扣。而且不少 3D 技术会让长时间的体验者有恶心眩晕等感觉。另一方面，3D 显示所需视频源与传统视频源不同，它需要特制的内容，客户买回去后才可观看。使用节目不足也导致其市场发展缓慢。

13.2.1　配合眼镜使用的 3D 显示技术

　　为兼容以往的 2D 显示，初期发展的 3D 显示技术往往要依靠眼镜来观看。3D 眼镜有红蓝 3D 眼镜、光学偏振 3D 眼镜和主动快门 3D 眼镜等。

1. 红蓝 3D 眼镜

　　红蓝 3D 眼镜不需要特殊显示器，仅需眼镜配合普通显示器即可观看，双眼镜片分别为红蓝两色，显示屏同时显示仅含红色的左眼画面和仅含蓝色的右眼画面，经镜片过滤后观众通过左右镜片看到两张不同画面的黑白图片，从而实现 3D 显示。为了获得更好的过滤效果，可将红蓝色改成琥珀蓝色，但基本原理与红蓝显示无区别。通过红蓝 3D 眼镜获得的画面通常有偏色，也不适于长期观看。图 13-4 是红蓝 3D 眼镜示意图。

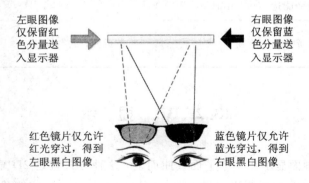

图 13-4　红蓝 3D 眼镜示意图

2. 光学偏振 3D 眼镜

　　科学家发现光既具有波动特性，又具有粒子特性。光有时表现出粒子的特征，同时光又能像波一样向前传播，因而有振荡方向。日常的光线是各个振荡方向都有的光的集合，它通过偏振光栅时，只有与光栅同方向的偏振光能透过，正交方向的偏振光则被完全遮蔽。图 13-5 是偏振 3D 眼镜示意图。偏振 3D 眼镜的左右镜片其实是偏振方向互相垂直的两个偏振光栅。显示器显示的画面为垂直向偏光、水平向偏光两个独立的画面的综合，透过两个不同方向的偏光镜片后，双眼就分别看到不同的画面，从而形成 3D 影像。由于偏振方式下，对光照的利用率下降，因而画面亮度会有损失，分辨率也减半。另外，这种方式对观看角度限制较大，画面可视角也偏小。

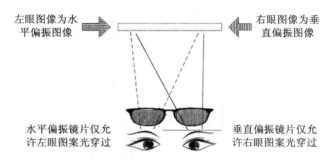

图 13-5　偏振 3D 眼镜示意图

3. 快门 3D 眼镜

这种眼镜在镜片上装有液晶快门，工作时，两镜片快门交替开关，任何时刻，只有一个镜片透光。同时，显示器同步交替显示左右两眼的画面，利用人眼视觉暂留，双眼看到两个不同的视频画面。这种方式下，如果显示器刷新率够高，显示器拖影小，是可以得到较好的画面的，而且分辨率也不会降低。快门 3D 眼镜显示的缺陷在于由于透光时间减半，画面亮度会有损失，画面容易有闪烁感。

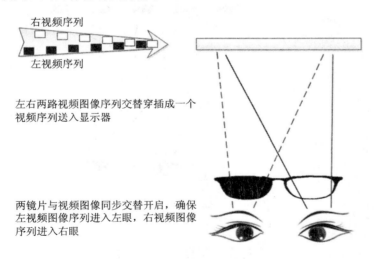

图 13-6　快门 3D 眼镜示意图

13.2.2　裸眼 3D 技术

对大多数用户而言，使用 3D 眼镜观看节目多少会有些不习惯。裸眼 3D 技术正是针对此不足而开发的新技术。目前主流的裸眼 3D 技术手段有狭缝式液晶光栅、柱状透镜等方式。

1. 狭缝式液晶光栅

狭缝式光栅在屏幕前加了一个狭缝式光栅，当观察者处于适当的位置时，由于光栅的遮挡，双眼只能各看到一部分屏幕画面，而且这两部分画面互不影响。实际上，左眼看到的图像和右眼看到的图像呈竖纹交错整合在一个显示屏上，这种方法和现有的 LCD 液晶制造工艺兼容，成本低而且便于量产。但分辨率和亮度指标比较低。

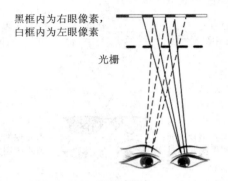

黑框内为右眼像素，
白框内为左眼像素

光栅

图 13-7　狭缝式液晶光栅显示原理图

2. 柱状透镜

柱状透镜技术也被称为微柱透镜 3D 技术。该技术是在液晶显示屏的前面加上一层微柱透镜，这样在每个柱透镜下面的图像的像素被分成 R、G、B 子像素，将左右眼对应的像素点分别投射在双眼，就看到不同的图像。这样透镜不会遮挡光线，其亮度比狭缝光栅式提高了很多。

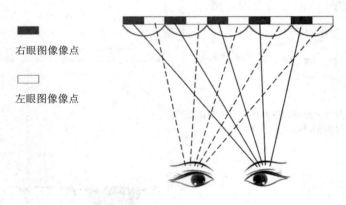

右眼图像像点

左眼图像像点

图 13-8　柱状透镜显示原理图

13.3　VR　技　术

VR 全称 Virtual Reality，即虚拟现实，它通过计算机与交互外设构建虚拟世界，用头戴式 VR 眼罩显示。和传统显示方式不同，随着 VR 硬件以及应用内容的开发，它在游戏、旅游、科研教育、展览、军事、工业仿真、医疗、营销等领域有了广泛应用前景。

13.3.1　VR 和 AR 的异同

AR(Augmented Reality)又称增强现实，它是和 VR 类似但又有区别的一个概念。

AR 和 VR 类似的是，两者都要用到诸多外设，都通过计算机处理三维图像，都能与用户实现互动功能。两者的区别在于：VR 技术倾向于创建一个完整的虚拟环境，让用户沉浸其中，实现交互；AR 则是在现实周边影像环境中叠加一部分虚拟信息，实现各种用户交互以及其他辅助功能，在使用 AR 时，用户通常不会有沉浸感，能轻易区分叠加的辅助画面并与系统实现交互。

AR－HUD 是一个典型的 AR 应用，它将推荐行驶轨迹投影到汽车驾驶员前方的挡风玻璃上，实现辅助导航、安全辅助驾驶等功能，驾驶员视线无需离开道路，即可根据推荐路线或安全报警做出更快的反应。类似的还有 google glass 等日常辅助形式的 AR 设备。

13.3.2　VR 技术特点

与 AR 不同，VR 具有临场沉浸感、用户交互以及超现实特征等。

1. 临场沉浸感

VR 用户能获得比传统显示系统更强烈的身临其境的感觉，这个不仅仅依靠立体视觉效果来获得。临场沉浸感效果会随着用户身体姿态、视角变动的互动调整，以及外界的力反馈刺激，听觉的声场显示，温度、嗅觉、触觉的刺激而加强。

2. 用户交互

交互指的是 VR 输出内容会跟随用户的反馈进行调整变化，通过手柄、手势识别、语音识别、人体动作感应等诸多交互输入技术，VR 技术会带来比传统的视频、游戏等媒体方式更强烈的沉浸感。

3. 超现实特性

由于 VR 技术带来的强烈沉浸感以及交互特性，VR 技术可带来诸多现实中无法实现的类似上天入地、腾云驾雾等的体验效果，这也就是我们所说的超现实特性。

4. 观看时间的限制

现阶段的 VR 存在一个观看体验时间的问题，这个取决于观看者个体特性与显示内容，通常时间在 5～20 min。主要原因是由于身体感知的运动和显示画面变换的同步性不足以及感觉中的物体的距离（比如视频画面中物体在远方）与眼睛聚焦距离（屏幕与眼睛的真实距离）存在差异导致。另外，视频与用户交互的延迟时间、设备的显示效果等因素，也会影响观看时间的长度。

13.3.3　VR 显示原理

通常我们把眼睛看到的图像左边缘与图像右边缘的夹角称为水平视场角，将双眼视场角的组合称为双目视场，如图 13－9 所示。双眼视场重叠的部分是产生立体距离的关键，我们会通过比较双眼观察到的图像差异判断距离，距离越远，双眼看到的图像越接近。一般而言，VR 头戴式显示器提供的视场角越大，临场沉浸感越好。

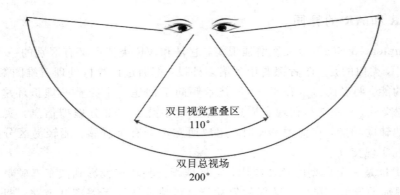

图 13 - 9　视场角示意图

人眼在看近距离物体时，睫状肌收缩，眼晶体弯曲，普通人近距离的观察极限为7 cm。使用 VR 头戴式显示器时，为了减少头盔的体积与重量，通常需要将显示屏放在距眼睛3～7 cm 的位置，此时，在显示屏与眼睛之间加入透镜来折射光线，使眼睛能看清图像。由于空间与重量的限制，通常采用菲涅尔透镜(见图 13 - 10)来实现折射功能。

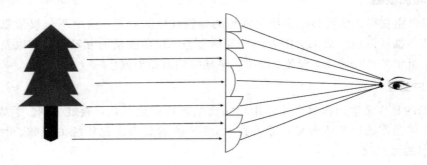

图 13 - 10　菲涅尔透镜原理

13.3.4　VR 系统构成

VR 系统包括头戴式显示器(头显)，主机以及手柄，方位定位、运动感知等诸多输入输出外设。目前的 VR 系统可分为两大类：一类为配合手机使用的 VR 盒子的低成本方案，此类产品有诸多生产厂家，但效果不够理想；另一类为专用头显＋定位系统＋外置主机的构成模式，已经进入商业量产的有 PS VR，HTC Vive 和 Oculus Rift 等几家主流产品，后期将会有更多 VR 产品出现。

13.3.5　VR 盒子技术

比较出名的 google VR 盒子结构见图 13 - 11 所示。它采用纸板剪裁折叠，配合透镜、手机固定胶带、磁铁等构成，手机上安装 google VR APP 后装入盒子即可使用。手机屏幕分为左右两个部分，各自对应一个透镜将图案投射到双眼，配合适当视频源与手机 APP 即可有立体画面呈现，同时靠手机自带的陀螺仪跟踪头部转动定位。有些 VR 盒子可配置外置手柄实现人机交互。此类 VR 盒子的优点是成本极低，但存在手机分辨率不够，电池发热严重，定位精度延迟大，手机图形处理能力跟不上导致画面卡顿等缺陷。

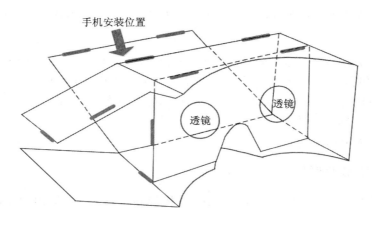

图 13 - 11　google VR 盒子外形图

13.3.6　VR 头显及外设

第二类 VR 系统主要由头显、定位系统、手柄、主机构成。

1. 头显

VR 头显内部包含左右两个显示屏，为了提供更好的临场沉浸感和使用舒适度，需要提高显示刷新率，降低显示延迟，一般使用 OLED 显示屏。显示视频经透镜折射后送入双眼，为适应使用者的个体差异，头显具备透镜瞳距、佩戴定位调节的功能。为获得良好的声场定位，头显也附带有高质量的耳机。头显上还带有定位接收或者发射的部分功能模块。

2. 定位系统

VR 系统的定位通常是由光敏传感器或者摄像头持续识别并检测特定光信号方位，经计算得到使用者的头部位置、转向角度、运动速度乃至手势等信息。此类方式下，需要有发射光源和接收检测两个部分。为实现对头部、手部的检测，这些模块分别放置在头显、外置模块、手柄上。目前市售的几家 VR 系统的定位技术也略有不同。

HTC Vive 在房间对角安装两只红外激光发射器，发射器内部有一个 2 轴旋转平台，置于平台上的激光 LED 以每秒 6 次的频率发射激光，在 HTC Vive 头显和手柄上共有 70 多个光敏传感器。每个传感器将收到的数据连同传感器的 ID 一起传给计算单元，计算单元据此重建头显和手柄的三维定位模型。

Oculus Rift 设备外壳上有部分区域允许红外光透过，在设备内有若干红外 LED，这些红外 LED 以不同的闪烁频率向外发射红外光，在外面使用两台带红外滤光的摄像机实时拍摄。两台摄像机从不同角度采集到的图像传输到计算单元中，经过图像处理，获得红外 LED 的方位数据，再以此建立三维模型，获得用户的头部、手部方位运动参数。同时，Oculus Rift 内部还通过九轴陀螺仪读取运动数据，确保在红外信号被遮挡时仍能读取定位。

PlayStation VR 设备采用可见光定位，在手柄和头显上安装不同颜色 LED，双摄像头模拟人双眼定位，通过发光 LED 的颜色、反光体的大小来确定方位和距离参数。

3. 手柄

在 VR 系统中，大部分 VR 手柄都做成无线形式以提升舒适度。和传统手柄不同的是，

VR 手柄不仅用来实现用户按键输入,往往还有手部定位、手势识别、力反馈等功能。

4. 主机

为了获得更好的临场沉浸感,VR 头显需要提升画面分辨率、画面刷新率,同时需要尽量降低画面延迟,这些需要大量的计算资源和高性能显卡,考虑到头显的轻便性和散热需求,外置主机成为唯一选择。HTC Vive 和 Oculus Rift 使用 PC,PS VR 使用专用主机。因为主机与头显之间通信数据量大,通常使用有线传输,有些 VR 方案将主机做成背包形式,以利于用户大范围活动。

13.3.7 VR 技术的应用

现阶段,VR 技术主要集中应用于游戏、电影等娱乐领域,市场预期在以下领域都会有广泛应用。

教育培训:VR 技术可提供一个虚拟环境,用于针对一些高成本,或者有危险或者受距离限制的场合进行演练、培训。诸如高空作业、高危作业、外科手术培训、精细加工、远程教育等领域。

旅游展览:VR 可以构建景点或展览品的数字 3D 模型,使用户可以远程参观游览诸多名胜古迹与艺术珍品。

营销:VR 技术可用于诸多生活用品的营销,客户可远程观察体验诸如房屋、服装,以及各种产品的试用效果。

总而言之,尽管 VR 技术现阶段存在沉浸度不足,设备成本较高,可用内容不足等问题,但在可期望的未来,VR 技术将给我们的生活、购物方式带来巨大改变。

13.4 智 能 电 视

我们经常可以看到云电视、互联网电视、智能电视这几个说法,它们有何异同呢?所谓云电视,其节目来源于网络,用户通过电视中的某些固有软件连接到网络中的某几个特定视频服务器,下载并观看相应节目。互联网电视与之类似,其节目也是来自互联网,允许客户点播观看。而智能电视相当于是电脑与电视的结合,它通常搭载了功能较为齐全的操作系统,大多数智能电视使用开放平台,这意味着它允许用户下载安装或卸载第三方应用软件,允许用户进行升级以扩展功能。它通过有线或无线网卡连接到公共互联网,从而实现诸多功能。和普通电脑相比,它更重视娱乐性和便利性,具有更多电视的特征,用户能通过遥控器选台,切换视频源,乃至通过网络搜索点播感兴趣的视频节目或者游戏、网页等内容。

13.4.1 智能电视的特点

与传统电视相比较,智能电视除了具备普通电视的功能外,还有以下特点:

(1) 具备 CPU、内存、网卡、视频解码等硬件资源。和电脑类似,智能电视内部集成了处理器、内存、网卡等,使之能加载操作系统,支持各种软件的运行。另外,为了不过多占用计算资源,获得更好的大屏幕视觉效果,它往往使用专用视频解码芯片完成视频处理。

智能电视一般都带有 USB 接口，能直接播放 U 盘或者存储卡内多种格式的视频内容。

（2）内部自带操作系统。现阶段，智能电视的操作系统有 Windows、Andriod 和 Linux 三类，通常都允许第三方软件安装运行，也支持操作系统联网，实现视频搜索、点播、网页浏览等应用。

（3）能完成交互式应用。借助遥控器、触摸屏幕、手柄等交互方式，用户可以实现视频搜索、点播以及更多人机、内容共享等应用。

13.4.2　现阶段智能电视存在的问题

随着网络带宽的提升以及技术的发展，智能电视的市场增长迅速，目前市面上销售的电视大多数都是智能电视，但它仍有一些不足有待改进：

（1）菜单繁琐。多数智能电视允许客户搜索节目，但搜索播放菜单过于繁琐，对于多数老人来说，网络点播功能使用困难。

（2）开机时间长。由于内置操作系统、系统自检、启动所需时间通常需要 20 秒以上，而这和传统电视的体验相差甚远。

（3）交互不便。很多智能电视需要用户用遥控器完成拼音输入，而且拼音字母排位各具特色，导致输入困难。有部分电视有语音识别功能，但现阶段语音识别准确度有待提高，也仅仅支持命令词的识别，也不能做到对话式的交流。

习　题

13.1　与 LCD 显示相比，OLED 显示有何优缺点？

13.2　3D 显示的原理是什么？如何使用户看到 3D 画面？

13.3　什么是 AR？它和 VR 有何区别？

13.4　VR 的特点是什么？目前有哪几种技术能实现 3D 显示？

13.5　VR 盒子和 VR 头显有何区别？为何要使用菲涅尔透镜？

13.6　为什么 VR 系统需要定位？如何实现定位功能？

13.7　什么是智能电视？它与普通电视有何区别？

第 14 章　实 训 部 分

　　实训的目的在于使学生理论联系实际，熟悉电视领域中常见的典型元器件、信号的产生与处理以及各种功能电路的组成及性能，学会使用常用的电子仪器，掌握电视的基本测量方法等。通过实训，可以开拓学生分析问题与解决问题的能力，培养学生的实践动手能力，增强学生利用现代仪器测试电视系统性能方面的能力，为以后的学习和科研工作打下良好的基础。本章共安排了 11 个实训内容。实训采用的样机是 μPC 型三片集成电路黑白电视机(见书末附图一)和 NC—2T 机芯彩色电视机(见书末附图二)。

实训一　电视机元器件的筛选检测

一、实训目的
(1) 识别常用电视机元器件的外形标志及符号。
(2) 掌握常用电视机元器件的筛选及检测方法。

二、实训器材
(1) 仪器设备：MF47 型万用表、示波器、扫频仪、JT—1 晶体管图示仪等。
(2) 元器件：电阻、电容、电感、晶体二极管、三极管、可控硅、场效应管、石英晶体、陶瓷滤波器、声表面波滤波器、偏转线圈、行输出变压器、显像管、高频头等。

三、实训内容
1. 电阻的检测
电视机常用的普通电阻有碳膜电阻、金属膜电阻两种，特殊用途的电阻有水泥电阻、保险丝电阻和电位器。使用万用表可以很容易地判断电阻阻值的大小以及电阻的好坏。
1) 色环电阻的识别与检测
普通电阻有 1/16 W、1/8 W、1/4 W、1/2 W、1 W、2 W 等不同功率，其阻值及精确度一般用色环标志(如图 14-1 所示)。四道色环的电阻属普通电阻，色环的第一、二环表示电阻值的第一、二位有效数字，第三色环表示应乘倍率(或有效数字后的"0"的个数)，第四色环表示电阻值的允许误差。例如，一只电阻的色环依次为红、红、棕、银四色，则表示阻值为 220 Ω±10％的普通电阻。五道色环的电阻属精密电阻，色环的第一、二、三环表示电阻值的第一、二、三位有效数字，第四色环表示应乘倍率(或有效数字后的"0"的个数)，第五色环表示电阻值的允许误差。例如，一只电阻的色环依次为红、蓝、紫、棕、棕五色，则表示阻值为 2.67 kΩ±1％的精密电阻。

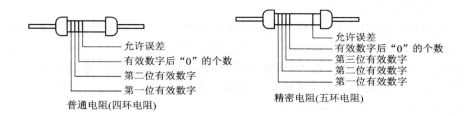

普通电阻(四环电阻)　　　　　　精密电阻(五环电阻)

色环颜色	黑	棕	红	橙	黄	绿	蓝	紫	灰	白	金	银	无色
有效数字	0	1	2	3	4	5	6	7	8	9	—	—	—
应乘倍率	10^0	10^1	10^2	10^3	10^4	10^5	10^6	10^7	10^8	10^9	10^{-1}	10^{-2}	
允许误差 (四环电阻)	—	—	—	—	—	—	—	—	—	+50% −20%	±5%	±10%	±20%
允许误差 (五环电阻)	—	±1%	±2%	—	—	±0.5%	±0.2%	±0.1%	—	—	—	—	—

图 14 - 1　色环电阻标志方法

要求：

（1）能根据色环读出电阻值，并用万用表验证。

（2）用万用表判断电阻的好坏。

电阻的阻值还可以用文字符号来表示。例如：5Ω1 表示 5.1 Ω；9M1 表示 9.1 MΩ；0R3 表示 0.3 Ω；2R2 表示 2.2 Ω；102 表示 1 kΩ；181 表示 180 Ω；182 表示 1.8 kΩ；154 表示 150 kΩ 等。电阻的阻值误差还可用一个英文字母表示，如字母 B 表示±0.1%，C 表示±0.25%，D 表示±0.5%，F 表示±1%，G 表示±2%，J 表示±5%，K 表示±10%，M 表示±20%等。例如，5KJ 表示阻值为 5 kΩ、允许误差为±5%的电阻。

2）保险丝电阻的识别与检测

保险丝电阻具有电阻和保险丝的双重作用，当其所在电路出现故障引起电流过大时，将使电阻表面温度高达几百度，导致电阻层自动熔断，从而保护了其它元器件。

要求：

（1）识别保险丝电阻。

（2）用万用表判断其好坏。

3）消磁热敏电阻的识别与检测

消磁热敏电阻用在彩电显像管的消磁回路。常温下，消磁电阻阻值较小，一般为十几至几十欧姆；当其温度上升时，电阻值急剧增大，可达几百千欧。

要求：

（1）识别消磁电阻。

（2）用万用表大致判断消磁电阻的好坏。

判断消磁电阻好坏的一种实用方法是：将消磁电阻与一只 100～150 W 的灯泡串联，接入交流 220 V 的市电中(注意安全)。该电阻正常时，通入交流市电后，灯泡马上点亮，然后又逐渐熄灭；否则，该电阻已损坏。

4) 压敏电阻的识别与检测

压敏电阻与普通电阻完全一样,是一种以氧化钡为主要材料制成的特殊半导体陶瓷元件。当压敏电阻两端所加电压较小时,它处于关断状态,阻值极大;当其两端所加电压超过额定值时,将迅速导通,同时电流剧增,将电路中瞬时过高的电压快速泄放掉。

电视机中常用压敏电阻的功率在 1 W 左右,其瞬时功率可超过千瓦以上,在 10 μs 时间内,可通过 1000 A 以上的冲击电流。

要求:

(1) 识别压敏电阻。

(2) 用万用表粗略判断其好坏。

5) 水泥电阻的识别与检测

电视中常常选用大功率的水泥电阻在电路中起限流作用。

要求:

(1) 识别水泥电阻。

(2) 用万用表粗略判断其好坏。

6) 电位器的识别与检测

要求:

(1) 识别各种常见电位器。

(2) 判断电位器的好坏。

2. 电容的检测

要求:

(1) 识别各种常见电容器(电解、瓷片、云母、涤纶、钽电容等),读出其电容值。

(2) 用万用表粗略判断其是否击穿、开路、漏电以及大致的容量(一般在 0.01 μF 以上)。

对于小容量的电容也可用万用表大致估测出,其方法如图 14-2 所示。

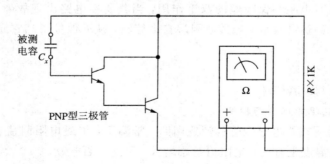

被测
电容 C_x

PNP型三极管

$R \times 1K$

Ω

+   —

图 14-2   测量小容量电容值的方法

电容的容值通常可用以下习惯方法来表示,例如:103 表示 10×10^3 pF,153 表示 15×10^3 pF,4n7 表示 4700 pF,100 n 表示 100 000 pF (即 0.1μF),6p8 表示 6.8 pF,R33 表示 0.33 μF,100 表示 100 pF,0.1 表示 0.1 μF。

3. 电感的检测

电视机的电感元件很多,其常见故障一般只是断路,很容易用万用表检测出来。

要求：

（1）识别常见电感元件。

（2）用万用表粗略判断其好坏。

4．陶瓷滤波器、石英晶体、声表面波滤波器的检测

1）陶瓷滤波器

陶瓷滤波器是利用压电效应制成的，在电视机电路中完成 6.5 MHz 陷波、带通滤波和 4.43 MHz 陷波的功能，其符号如图 14 - 3(a)所示。

用万用表 R×10K 挡测量陶瓷滤波器的三个引出端，其电阻值均应为∞，否则即为损坏。但对于陶瓷滤波器的断路损坏，用万用表则无法判定。

要求：

（1）识别陶瓷滤波器实物。

（2）用万用表粗略判断其好坏。

2）石英晶体的识别与检测

石英晶体是一种电谐振元件。利用石英晶体的压电特性可以制成品质因数很高的晶体振荡器，其符号如图 14 - 3(b)所示。

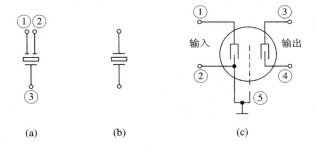

图 14 - 3　几种滤波元件符号示意图

(a) 陶瓷滤波器；(b) 石英晶体；(c) 声表面波滤波器

用万用表的 R×10K 挡测量石英晶体两端时，表针应指示∞；否则，说明石英晶体已损坏。对于石英晶体内部开路的故障，只能用代换法检测。

要求：

（1）识别石英晶体。

（2）用万用表粗略判断其好坏。

3）声表面波滤波器的识别与检测

在电视机中，普遍采用了声表面波滤波器来形成较特殊的中放特性曲线，其电路符号如图 14 - 3(c)所示。用万用表的 R×10K 挡测量声表面波滤波器的输入端①、②脚，输出端③、④脚以及①、⑤脚和①、③脚的极间电阻均应为∞。若测量中发现上述任意两脚之间的电阻很小，则说明其内部电极已被击穿短路。

要求：

（1）识别声表面波滤波器。

（2）用万用表粗略判断其好坏。

5. 二极管、三极管的检测

要求：

(1) 识别电视中常用二极管(整流、开关、稳压、发光、变容二极管等)、三极管。

(2) 用万用表判断二极管的正、负极，检测其正反向电阻，并判定其好坏。

(3) 用万用表判断三极管的引脚，估测其电流放大倍数，并判定其好坏。

(4) 学会用 JT—1 晶体管图示仪测量三极管的输出特性曲线。

6. 单向可控硅的检测

单向可控硅一般在彩色电视机电路中作为过压、过流保护电路中的元件，其电路符号如图 14 - 4(a)所示。

用万用表测量可控硅的极间电阻，可以判断其 PN 结是否正常。用万用表的 R×1K 挡测量的 A、K 极间电阻及 A、G 极间电阻均应为∞，测量的 K、G 极间电阻应满足正向电阻为几百至几千欧，反向电阻为∞的规律；否则，该可控硅已损坏。

经过上述测量，如可控硅正常，可进一步用万用表测量可控硅的导通状态。用 R×1K 挡，红表笔接阴极 K，黑表笔通过一节电池接阴极 A，再用一根导线去连接阳极 A 和控制极 G，如图 14 - 4(b)所示。此时万用表的指针应偏转，说明可控硅已导通。可控硅导通后，将阳极 A 和控制极 G 的连线去掉，可控硅仍能保持在导通状态，这时说明可控硅是正常的；否则说明可控硅已损坏。

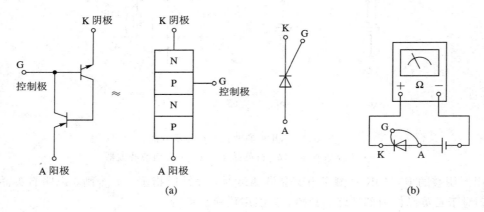

(a)   (b)

图 14 - 4　可控硅及其检测

(a) 可控硅符号；(b) 可控硅的检测

要求：

(1) 识别可控硅元件的三个引脚。

(2) 判定可控硅元件的好坏。

7. 双栅 MOS 场效应管

双栅 MOS 场效应管是一种新型的高频低噪声放大器件，它可在甚高频和特高频范围内稳定地工作，其电路符号如图 14 - 5 所示。

用万用表的 R×10K 挡可以测量普通的双栅场效应管。用 R×10K 挡测量双栅场效应管两个栅极 G1、G2 的极间电阻应

图 14 - 5　双栅 MOS 场效应管符号

为∞，任一栅极(G1 或 G2)与漏极 D 或源极 S 的极间电阻均应为∞；否则，该场效应管漏电或已被击穿损坏。用万用表测量双栅场效应管的漏极 D 与源极 S 的极间电阻，应为几十至几百欧姆，若测得的电阻值很大，则该极间可能开路损坏。

要求：

(1) 识别双栅场效应管。

(2) 用万用表粗略判断其好坏。

8. 行输出变压器的检测

行输出变压器俗称高压包。行输出变压器的种类很多，不同的型号，其绕组的绕制数据略有差异，但主要绕组的电阻检测值差别并不大，除了高压绕组以外，其余的各低压绕组的电阻检测值均在 0.2～1.6 Ω 之间。

需要说明的是，电阻检测法在实际维修中意义并不大。因为行输出变压器很难出现断路性故障，较常出现的是高压绕组局部短路，而这种故障是很难通过检测其绕组电阻值来判定的。

9. 偏转线圈的检测

偏转线圈分行偏转线圈和场偏转线圈两种，它们绕在同一磁环上。用万用表一般可以区分出行、场偏转线圈。通常行偏转线圈的电阻值小于场偏转线圈。

要求：

(1) 识别偏转线圈。

(2) 用万用表判别行、场偏转线圈绕组，并分别检测其绕组阻值。

10. 高频头的检测

高频头分机械式和电调谐两类，它是电视机接收信号的大门。

要求：

(1) 识别机械式黑白电视的高频头，观察其内部结构，记录其引脚功能。

(2) 识别电子调谐器，观察其外形结构，记录其引脚功能。

11. 集成块的检测

要求：

(1) 观察常用的电视机集成芯片(如 TA7698AP 中放集成块)，记录其引脚数。

(2) 测量该集成块各引脚对其公共地之间的正、反向电阻，并与手册上的标准值进行比较(注意测量时万用表的欧姆挡位)。

(3) 观察常用的电视机厚膜元件，熟悉其结构特点。

12. 显像管的检测

要求：

(1) 观察一黑白显像管的外形结构，注意其管颈尾部引脚的排列，并观察高压嘴的特征。

(2) 测量显像管的灯丝电阻，一般为 0～30 Ω。若测得电阻很大或为∞，说明灯丝接触不良或已断路。

(3) 判断显像管是否老化。

阴极发射能力是显像管是否老化的主要标志，可以通过测量显像管阴、栅极之间的电阻值来判断显像管的老化程度，其方法如下：测量显像管阴、栅极间电阻，可用万用表

R×100K 挡，其红表笔接阴极，黑表笔接栅极，此时只给显像管的灯丝接上额定电压。如果测得的电阻值在几百欧姆至几千欧姆，说明显像管阴极的发射能力正常，显像管良好；若测得阴栅电阻值在 10～100 kΩ 之间，说明显像管开始衰老，但还可以继续使用；若测得阴栅电阻值在 100 kΩ 左右，甚至超过 100 kΩ 以上达到几百千欧时，说明显像管已经老化，或因真空度不高，有慢性漏气及阴极中毒现象。

四、实训报告要求

(1) 整理并记录检测中的有关数据，填入自己设计的表格中。

(2) 写下本次实训的体会。

实训二　机芯电路重要波形和电压测试

一、实训目的

通过实训进一步理解黑白电视机的接收原理，掌握典型机芯电路的重要波形和关键点电压，为进一步学习彩电原理打下良好基础。

二、实训器材

μPC 型三片集成电路黑白电视机；同步示波器；电视信号发生器；MF47 型万用表等。

三、实训内容

1. 机芯电路重要波形的测试

电视机接收电视信号发生器产生的标准彩条信号，用示波器测试下列各点波形，并记录下来。(各测试点参见书末附图一。)

(1) 视频检波输出端：μPC1366 的③脚波形。

(2) 显像管阴极引脚：显像管的②脚波形。

(3) 同步分离输出端：2BG2 的集电极波形。

(4) 场振荡级：μPC1031 的⑥脚波形。

(5) 场输出级：μPC1031 的①脚波形。

(6) 行振荡级：6BG4 的发射极波形。

(7) 行输出级：6BG6 的集电极波形。

2. 机芯电路关键点的电压测试

(1) 稳压电源＋12 V 输出端：8C7 的正极对地电压；调节 8W1，观察输出电压如何变化。

(2) 同步分离管 2BG2 的集电极电压，并比较有信号和无信号时该引脚的电压变化。

(3) 行输出管 6BG6 的 c、b 极电压。

(4) 行振荡管 6BG4 的 c、b、e 极电压。

(5) 视放管 2BG4 的 c、b、e 极电压。

(6) μPC1366④脚的中放 AGC 电压，并比较有信号和无信号时的变化。

(7) 显像管尾部引脚的有关电压：灯丝③、④脚间电压；阴栅②、⑤脚间电压；加速极⑥脚电压；聚集极⑦脚电压。

(8) 阴极高压的测量：须利用高压测试棒进行，注意安全。

四、实训报告要求

（1）整理并记录测试的有关波形和电压，填入自己设计的表格中。

（2）分析各测试点波形和电压的成因，并与图纸上的标准波形和电压作比较。

实训三　彩色电视机的直观检查

一、实训目的

（1）了解彩色电视测试卡信号的使用方法。

（2）利用彩色电视测试卡信号直观评价彩色电视机的质量。

二、实训器材

彩色电视机一台；能产生国家标准彩色测试图（见书末附图三）的信号发生器一台（或利用电视台正播放的彩色电视测试信号源）。

三、实训内容

打开彩色电视接收机电源，接收到清晰、稳定的彩色电视测试卡信号。

1. 检查图像的中心位置、重现率

彩色电视测试卡的四周有黑白矩形护边框，其外边框提供正确的 4∶3 宽高尺寸比。可用它检验图像的中心位置和行、场幅度大小，以及图像重现率。另外，还可用护边框检查同步分离是否正常。当分离不正常时，水平护边框黑色矩形会倾斜。

要求：

（1）检查护边框是否出现、是否对称。

（2）电子圆是否在屏幕的正中央位置。

（3）同步分离是否正常。

（4）将观察结果记录下来。

2. 检查图像的几何失真和非线性失真

在黑白矩形护边框内、电子圆之外，有 18 条垂直白线和 14 条水平白线，正交组成水平方向 17 个、垂直方向 13 个的灰底白线条方格。可用这些灰底白线条的正方形格子来检验图像的几何失真和非线性失真。

要求：

（1）观察上述方格子水平宽窄是否一致，垂直高度是否一样，是否存在非线性失真。

（2）观察电子圆是否为正圆，是否位于屏幕的中央。

3. 检查聚焦、会聚及色纯度等性能

要求：

（1）观察电子圆外部的灰底白线条格子的白线条是否细直而清晰，边缘部分与中央部分是否一样均匀。若正常，则表明达到了良好的聚焦效果。

（2）观察上述灰底白线条方格背景的内部是否有不规则的"彩色云"。若有，则表明接收机色纯不良。

（3）观察上述灰底白线条方格背景的白线条是否有彩色镶边。若有，则表明接收机动会聚不良。

（4）观察电子圆中间的黑背景白色十字中心线是否存在彩色镶边。若有，则表明接收机静会聚不良。

4. 检查隔行扫描性能

观察电子圆的圆周线是否光滑，看它与电子圆中间的黑底白色十字中心线的白线是否一致。若不一致，则为隔行扫描不良。

5. 检查水平清晰度及色度通道的带宽

电子圆内部信号的最上面是白色背景上的黑色汉字台标，它作为电视台的标志。台标下面是肤色带，它作为电视观众调整电视接收机的"色度"、"亮度"时的参考。

在电子圆内的台标及肤色块的下部有五个由间隔不同、粗细不一的垂直线条组成的方块，它们自左向右对应的正弦波频率分别为 1.8 MHz、2.8 MHz、3.8 MHz、4.8 MHz 和 5.625 MHz，其对应的水平分辨力为 140 线、220 线、30 线 0、380 线、450 线。

要求：

（1）观察可分辨到的清晰度线数，并作好记录。一般接收机应能分辨到 300 线以上。

（2）观察在 300～380 线之间的清晰度线上是否存在彩色斜花纹。因为色度通道的正常带宽为 4.43±1.3 MHz，所以 3.8 MHz 和 4.8 MHz 的正弦波群可以通过色度通道，这将在 3.8 MHz 和 4.8 MHz 两个清晰度块上产生波动光栅效应而呈现彩色斜花纹。若无此效应，则表明色度通道带宽太窄。

6. 检查亮度通道的灰度等级和彩色显像管的白平衡

要求：

（1）观察位于清晰度组线下的灰度等级块是否可以从黑到白显示为 6 级，相邻亮度级之差是否相等。若可显示相等级别的 6 级灰度，则表明亮度通道线性良好。

（2）观察上述 6 级灰度等级方块上是否呈现彩色。若有，则表明白平衡不良；若在左边黑色块上出现彩色，则为暗平衡不良；若在右边白色块上出现彩色，则为亮平衡不良。

7. 检查彩色解码器是否正常

在电子圆中间的黑底白色十字中心线的下面，安排有一组 8 色彩条信号，自左至右的颜色顺序是白、黄、青、绿、紫、红、蓝、黑。此 8 色彩条信号可用来调整"色调"和"色度"，并检查"自动消色"是否正常。

要求：

（1）观察上述彩条的颜色顺序是否正常，是否缺色或畸变。若呈现的彩条不符合规定的要求，则表明彩色解码器不正常。

（2）将色饱和度关至最小，观察彩条是否均为不带任何彩色的 8 个灰度等级。若不是，则为白平衡不良。

8. 检查亮度通道的瞬间响应

在上述 8 个彩条的下部，有一组 250 kHz 的黑白矩形块，它由幅度为 75% 的 250 kHz 的方波产生。

要求：观察 250 kHz 黑白矩形块的界线是否分明、是否镶边、是否拖尾。若界线不分明，有明显镶边或拖尾，则表明亮度通道瞬间响应不好。

四、实训报告要求

（1）整理实训记录。

（2）根据检查结果，对所检查的彩色电视机作出质量评价。

实训四　高频调谐器的检测

一、实训目的

（1）掌握检测高频调谐器有关直流参数和总特性曲线的方法。

（2）熟悉 BT—3G 扫频仪的使用。

二、实训器材

KP12—3 机械高频头一个；TDQ—3 电子调谐器一个；＋12 V 稳压电源一台；0～30 V 可调稳压电源一台；0～12 V 可调稳压电源一台；BT—3G 扫频仪一台；3 位半数字万用表一只；MF47 型万用表一只；电阻等元件若干。

三、实训内容

1. 静态电阻的检测

用万用表分别检测 KP12—3 高频头和 TDQ—3 电子调谐器各外部引入脚的在路正反向电阻。

2. 直流电压的检测

拆开 KP12—3 机械高频头的屏蔽罩，给高频头 KP12—3 加上＋12 V 电源电压和＋3 V 高放 AGC 电压。用万用表检测其高放管、本振管和混频管各极的直流电压值。

3. 总电流的检测

将万用表的直流电流挡串入 KP12—3 高频头的＋12 V 电源供电回路中，检测静态工作总电流。

4. 高频调谐器总特性曲线的检测

1）KP12—3 机械高频头总特性曲线的检测

首先按图 14 - 6 连接好线路。然后将 BT—3G"波段"开关的"中心频率"调到与 KP12—3 所处频道相应的频率上，调整高放 AGC 端子外接的可调电源电压值，使输出增益最大（即 AGC 起控电压处，约为 3 V 左右），记下此时的 AGC 电压值，观察总曲线是否符合理论的幅频特性曲线的要求。改变扫频仪的"输出衰减"，使总曲线幅度刚好满 6 格，计算出其实际增益。再将 AGC 电压调至 4.5 V，此时增益应下降 20 dB 左右。

2）TDQ—3 电子调谐器总特性曲线的检测

首先按图 14 - 7 接好线路。然后调节电子调谐器 BT 端外接电压为 20 V，将 BT—3G "波段"开关的"中心频率"调到相应的频率上，调整高放 AGC 端子外接的可调电压值，使输出增益最大（即 AGC 起控电压处，约为 7.5 V 左右），记下此时的 AGC 电压值，并观察总曲线是否符合要求。将高放 AGC 端外加电压从 7.5 V 逐渐调至 0.5 V，观察输出增益的变化情况。

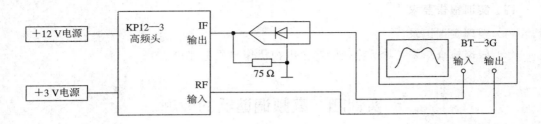

图 14 - 6　实训四图(一)

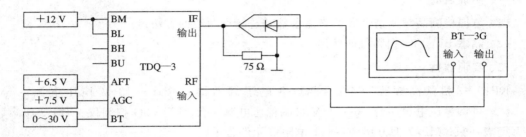

图 14 - 7　实训四图(二)

四、实训报告要求

(1) 整理并记录所测电阻、电压、电流的数值,填入自己设计的表格中。

(2) 给出实测的高频头总特性曲线。

(3) 分别简述 KP12—3 和 TDQ—3 高频头的高放 AGC 电压变化对其输出增益的影响。

实训五　图像中频通道的检测

一、实训目的

(1) 进一步熟悉 TA7698AP 图像通道集成电路的应用、各级正常工作电压。

(2) 掌握测试中放幅频特性曲线的方法,进一步熟练使用 BT—3G 扫频仪。

二、实训器材

NC—2T 彩色电视机一台;BT—3G 扫频仪一台;MF47 型万用表一只;电阻、电容若干。

三、实训内容

1. 熟悉电路图

对照 NC—2T 电路原理图,熟悉图像中放通道部分实际电路元件位置。

2. 静态电阻检测

测量 TA7698AP 各有关引脚的在路正反向电阻。

3. 有关电压的检测

（1）测量预中放管 V_{201} 的三个电极的静、动态电压值。

（2）测量 TA7698AP 各有关引脚的静、动态电压值。

4．中放幅频特性曲线的检测

按图 14 - 8 接好检测线路。扫频信号输出端通过 $0.01\ \mu F$ 电容送至预中放管 V_{201} 的输入端。被测信号由 TA7680AP 内部经预视放从⑮脚取出，经开路电缆送至 BT—3G 的输入端。为便于中放频率特性曲线的显示，在 TA7680AP 的⑰脚与⑱脚之间的 T_{204} 电感两端并接一只 $100\ \Omega$ 的电阻，以展宽频带；同时将集成块 TA7680AP 的⑤脚外接一个 $47\ \mu F$ 的大电容，使中放 AGC 不起作用；同时将 AFT 开关断开，使调谐器中的 AFT 不起作用。

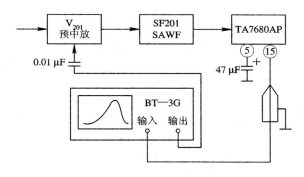

图 14 - 8　实训五图

四、实训报告要求

（1）将所测各脚的在路电阻，电路静、动态电压等参量值填入自己设计的表格中。

（2）将所测得的中放通道幅频特性曲线绘出，粘贴在实训报告中，并与理论中频幅频特性相比较。

（3）指出 TA7680AP 中哪些引脚的动、静态电压差别较大？简述其原因。

实训六　伴音通道的检测

一、实训目的

（1）熟悉伴音通道的信号流程及有关参数的检测。

（2）学习用扫频仪测量伴音鉴频 S 形曲线的方法。

二、实训器材

NC—2T 彩色电视机一台；MF47 型万用表一只；BT—3G 扫频仪一台。

三、实训内容

1．熟悉电路图

对照 NC—2T 电路原理图，熟悉伴音通道部分的元件实际布置。

2．静态电阻的检测

测量 TA7680AP 各有关引脚及 LA4265 各引脚的正、反向电阻。

3．有关电压的检测

(1) 测量 TA7680AP 各有关引脚的动、静态电压。

(2) 测量 LA4265 各引脚的动、静态电压。

(3) 调节音量电位器，检测 TA7680AP①脚的电压变化范围。

4．伴音鉴频特性曲线的测量

按图 14-9 接好电路，将扫频仪的"Y 轴衰减"置于 30 dB，"波段"开关置于 I 处，频标选择为 1 MHz。调节扫频仪的"中心频率"等有关旋钮，观察 S 形鉴频曲线。调节 T_{302} 的磁芯，使 6.5 MHz 处于 S 形鉴频曲线的中点。

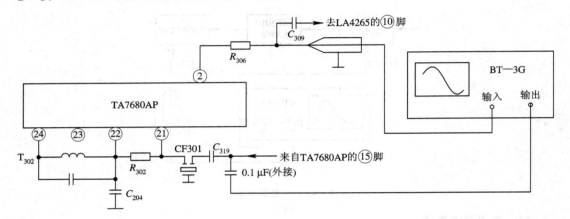

图 14-9　实训六图

四、实训报告要求

(1) 整理所测量的各种数据，填入自己设计的表格中。

(2) 绘出实测得到的 S 形鉴频特性曲线。

实训七　同步扫描电路的检测

一、实训目的

(1) 熟悉同步扫描电路的各级工作状态，检测各关键点的电压和波形。

(2) 掌握同步扫描电路的检测方法。

二、实训器材

NC—2T 彩色电视机一台；双踪示波器一台；MF47 型万用表一只；高压测试棒一只。

三、实训内容

1．熟悉电路图

熟悉同步扫描电路的原理图及元件布局。

2．静态电阻的测量

(1) 用万用表测量 TA7698AP(IC801)的②、㉔、㉕、㉖、㉗、㉘、㉙、㉚、㉛、㉜、㉝、

㉞、㉟、㊲脚的对外正反向电阻。

(2) 用万用表测量场输出集成块 LA7830(IC501)各脚的对地正反向电阻。

(3) 测量行激励管 V_{604} 的 b、c 极对地正反向电阻。

(4) 测量行激励管 V_{605} 的 b、c 极对地正反向电阻。

3. 工作电压的检测

(1) 检测 TA7698AP(IC801)的②、㉔、㉕、㉖、㉗、㉘、㉙、㉚、㉛、㉜、㉝、㉞、㉟、㊲脚的对地电压。

(2) 检测 LA7830(IC501)各脚的对地电压。

(3) 检测行激励管 V_{604}、行输出管 V_{605} 的各极对地电压。

4. 行输出级工作电流的检测

将电源＋115 V 输出至行输出级电路之间的电感 L_{602} 断开，将万用表置于直流挡位，把两表笔串入进行检测。

5. 同步扫描电路波形测试

用示波器测试以下各点的波形。

(1) TA7698AP 的㉘、㉙、㉗、㉖、㉔脚：调节场频电位器 R_{1024}，再观察各点的波形变化。

(2) TA7698AP 的㉜、㉞、㉟、㊲脚：调节行频电位器 R_{626}，再观察各点的波形变化。

(3) LA7830 的④、②脚。

(4) 行激励管 V_{604} 的 b、c 极。

(5) 行输出管 V_{605} 的 b、e、c 极。

用高压测试棒测高压包的阳极高压(注意安全绝缘)。调节行频电位器 R_{626}，观察高压的变化情况。

四、实训报告要求

(1) 将所测得的静态电阻、工作电压及电流等参量分别填入自己设计的实训报告表中。

(2) 将所检测的各点波形结果填入实训报告的相应表中。

(3) 对以上所测的数据及波形进行分析。

实训八　PAL 解码器的检测

一、实训目的

(1) 掌握 PAL 解码器中的波形变换过程，加深对电路的理解。

(2) 进一步熟悉示波器、彩色电视信号发生器等仪器设备的使用。

二、实训器材

NC—2T 彩色电视机一台；双踪示波器一台；彩色电视信号发生器一台；MF47 型万用表一只等。

三、实训内容

1. 熟悉电路图

熟悉 NC—2T 机芯解码器芯片在电原理图和印刷板上的实际位置。

2．静态电阻测量

测量 TA7698AP 集成块解码部分各引脚的对地正反向电阻。

3．静态电压的测量

测量 TA7698AP 集成块解码部分各引脚的对地静态电压值。

4．波形检测

首先使 NC—2T 彩色电视机接收彩色电视信号发生器输出的标准彩条信号，然后进行以下工作：

（1）观察彩条的彩色全电视信号波形：TA7698AP 的㊿脚。

（2）观察从彩色全电容信号中分离出的色度信号波形：TA7698AP 的⑤脚。

（3）观察梳状滤波器的有关波形：TA7698AP 的⑰、⑲脚。

（4）观察色同步信号及行逆程触发脉冲波形：TA7698AP 的⑩脚、TA7698 的㊳脚。

（5）观察副载波恢复电路的有关波形：TA7698AP 的⑬脚。

（6）观察色差信号波形：TA7698AP 的⑳、㉑、㉒脚。

（7）观察亮度信号波形：TA7698AP 的㊷、㉓脚。

（8）观察三基色信号波形（注意：示波器电压量程的挡级开关不要调得太小）：V_{851}、V_{852}、V_{853} 的集电极。

四、实训报告

（1）将所测的静态电阻、电压等参量填入自己设计的实训报告表中。

（2）在实训报告中，如实记录观察到的各点波形，并与标准值比较。

（3）试分析某一波形（如色同步信号）不正常时，故障可能出现的部位及荧光屏上的现象。

实训九　色纯、静会聚及白平衡的调整

一、实训目的

（1）掌握色纯、静会聚及白平衡调整的方法。

（2）加深对色纯、静会聚及白平衡等理论的理解。

二、实训器材

夏普 NC—2T 彩色电视机一台；彩色电视信号发生器一台。

三、实训内容

1．色纯的调整

（1）使显像管的屏面朝北放置，开机预热 10 分钟，用消磁器对荧光屏消磁。

（2）使用彩条信号发生器给电视机送一个单基色（绿色）光栅信号，将亮度、对比度电位器调到最大位置。

（3）将偏转线圈的紧固螺钉松开，向管座方向拉出，或把偏转线圈和显像管之间的橡皮楔取下来，使偏转线圈能够前后移动。当偏转线圈向管座方向拉出时，单色绿光栅就会变成三色的光带。

(4) 相对转动或同步转动两个色纯磁环，使荧光屏上出现三条垂直的色带（中间呈绿色），并使两边色带的面积基本相等。

(5) 朝显像管锥体方向缓缓推动偏转线圈，直到屏幕两边的色带消失，整屏为均匀纯净的绿光栅为止。

(6) 对其它两个电子束也进行色纯度检查。如不合格，则重复以上的调整过程。

2．静会聚的调整

(1) 用彩色电视信号发生器给电视机送入方格信号，将电视机的色饱和度电位器钮调在最小位置，亮度和对比度调在适中的位置，预热 10 分钟。

(2) 观察屏幕中心部分的垂直、水平线是否呈白色。如有彩色镶边说明静会聚不良，则必须采用后续步骤进行调整。

(3) 改变显像管颈上两片四极磁环间的夹角，使垂直红、蓝线条重合成紫色。

(4) 同时转动两片四极磁环（夹角不变），使水平红、蓝线条重合成紫色。

(5) 改变两片六极磁环之间的夹角，使垂直紫线与绿线重合成白色。

(6) 同时转动两片六极磁环（夹角不变），使水平紫线与绿线重合成白色。

(7) 若重复上述步骤(3)～(6)仍不能得到良好的会聚时，可将色纯会聚磁环在前后 2 mm 范围内移动一下，再重复调节，直至调好为止。

注：上述调整的是以绿电子束为中束的彩色显像管。有的彩色显像管已没有色纯、静会聚调整磁环。

3．白平衡的调整

(1) 开机预热 10 分钟，然后将色饱和度、对比度、亮度旋钮放在最小位置。

(2) 关掉场偏转线圈，使荧光屏只出现一条水平亮线，以便观察。

(3) 将暗平衡电位器 R_{856}、R_{857}、R_{858} 调到最小位置（即电位器阻值为最大）；将亮平衡电位器（即激励电位器）R_{851}、R_{852} 调到中间位置；将加速极电位器调至最小（即加速极电压最小值）位置。

(4) 调节暗平衡电位器 R_{856}、R_{857}、R_{858} 中的任一个电位器，使屏幕上出现微弱的三条彩色线中的相应一条；另外，再调整其余两个暗平衡电位器，使三条彩色亮线重合成一条微弱的白色。如果暗平衡电位器调到头时仍未能出现亮线，则可通过调亮度电位器（或加速极电压电位器）来增加一些亮度，直至能出现一条水平白线为止。

(5) 使场偏转线圈恢复正常工作，调节亮度电位器，使屏上刚刚出现微弱的白光栅，说明暗平衡已调好。如果仍带有底色，则需重复上述几个步骤。

(6) 加大对比度、亮度（配合调整加速极电压），并加入标准彩条信号（此时彩条应为 8 个灰度等级），调整亮平衡电位器 R_{851}、R_{852}，使光栅在高亮度时彩色带中的白色接近于标准白色，而无其它底色。

(7) 再将对比度和亮度调至最小，检查低亮度时白平衡是否正常。否则还要重复上述调整过程，直至得到较好的白平衡为止。

四、实训报告要求

写出本次实训的体会。

实训十　电源电路的检测

一、实训目的

(1) 进一步加深对开关稳压电源工作原理的理解。

(2) 掌握开关稳压电源的测试方法。

二、实训器材

NC—2T 彩色电视机一台；示波器一台；交流调压器一台；毫伏表一台；MF47 型万用表一只；500 Ω 滑线变阻器一只。

三、实训内容

1. 静态电阻的检测

(1) 测量电视机插头两端的直流电阻。

(2) 测量电源+300 V 对地的正反向电阻。

(3) 测量+115 V、+25 V、+12 V 等输出端对地的正反向电阻。

(4) 测量厚膜集成块 IC701(IX0689CE)各引脚对地的正反向电阻。

2. 工作电压的检测

(1) 通电测量+300 V 端以及开关变压器次级各输出绕组的工作电压值。

(2) 测量厚膜集成块 IC701(IX0689CE)各脚的工作电压值。

3. 测量开关振荡波形

测量 IC701 的⑫脚波形。

4. 测电压调整率

(1) 将交流调压器输出调到～220 V 时，测出开关电源+115 V 输出端的电压值，记作 U_A。

(2) 将交流调压器输出从～220 V 调到～260 V，测出开关电源+115 V 输出端的电压值，记作 U_B。此时的电压调整率为

$$S_{U1} = \frac{U_B - U_A}{U_A} \times 100\%$$

(3) 将交流调压器输出调到～130 V，再测出开关电源+115 V 输出端的电压值，记作 U_C。可得到又一个电压调整率为

$$S_{U2} = \frac{U_A - U_C}{U_A} \times 100\%$$

5. 测输出纹波电压

(1) 将交流调压器输出调到～220 V，切断+115 V 输出端的负载，改接滑线变阻器(1 A)，将阻值调至 300 Ω，并接上毫伏表，测出此时的纹波电压。

(2) 使交流调压器的输出在 130～260 V 之间变化，测出+115 V 输出端的纹波电压变化范围。

四、实训报告要求

(1) 整理所测的各种参数和波形，填入自己设计的实训报告中。

（2）简述实际检测中如何保证人身安全。

综合实训　彩色电视机整机调试

一、实训目的

初步掌握彩色电视机整机调试的内容、步骤和方法。

二、实训器材

（1）常用工具：电烙铁、螺丝刀等。
（2）常用元件：电阻、电感、电容、变阻器等。
（3）常用仪器：扫描仪、双踪示波器、彩色电视信号发生器、万用表等。

三、实训内容

针对某一实际彩色电视机，完成下列调试工作：
（1）检查选台装置。
（2）行频、行幅和行中心位置调试。
（3）场频、场幅和场中心位置调试。
（4）枕形失真调试。
（5）色纯、会聚、白平衡调试。
（6）聚焦调试。
（7）视频检波调试。
（8）AGC、AFT 调试。
（9）伴音鉴频特性调试。
（10）副载波振荡器频率（APC）调试。
（11）延时解调器调试。
（12）色饱和度、对比度、亮度和副亮度调试。

四、实训报告要求

（1）写出本次实训的调试步骤和方法。
（2）写出本次实训的体会。

附录一　黑白电视广播标准

（中华人民共和国国家标准 GB1385－78）

本标准适用于黑白电视广播的中心设备、发送设备、传输设备、接收设备和测试设备等有关设备。

1. 基本技术要求和参数

黑白电视广播标准的基本技术要求和参数见表 F1－1。

表 F1－1　黑白电视广播标准的基本技术要求和参数

序号	项目名称	技术要求和参数值
1	每帧行数	625
2	每秒场数	50
3	扫描方式	隔行扫描
4	每秒帧数（帧频 f_v）	25
5	行频及与电网异步工作时的行频容许偏差	15 625 Hz±0.02％
6	光栅宽高比	4：3
7	扫描顺序	行：自左至右 场：自上至下
8	能否与电网异步工作	能
9	图像信号的规定灰度校正值 γ	约 0.4
10	标称视频带宽	6 MHz
11	标称射频频道带宽	8 MHz
12	伴音载频与图像载频距	＋6.5 MHz
13	频道下限与图像载频距	－1.25 MHz
14	图像信号主边带标称带宽	6 MHz
15	图像信号残留边带标称带宽	0.75 MHz
16	图像信号下边带在－1.25 MHz 以外的最小衰减值	20 dB
17	图像调制方式与调制极性	振幅调制、负极性
18	视频全信号的发射电平： 　a. 同步脉冲顶 　b. 消隐电平 　c. 黑电平与消隐电平之差 　d. 峰值白电平	 100％载波峰值 75％±2.5％载波峰值 0～5％载波峰值 10％～12.5％载波峰值
19	伴音调制方法	调频，最大频偏±50 kHz，预加重时间常数 50 μs
20	图像信号调制包络峰值的有效发射功率与伴音未调制的载频有效发射功率比	10：1

2. 视频全信号脉冲细节参数

视频全信号脉冲细节参数见表F1-2。

表 **F1-2**　视频全信号脉冲细节参数

项 目 名 称	代号	参 数 值
标称行周期	H	64 μs
行消隐脉冲宽度	a	12$\pm$0.3 μs
行同步脉冲前沿至行消隐后沿的计算平均值（参考）	b	10.5 μs
行消隐脉冲前肩宽度	c	1.5$\pm$0.3 μs
行同步脉冲宽度	d	4.7$\pm$0.2 μs
行消隐脉冲沿建立时间	e	0.3$\pm$0.1 μs
行同步脉冲沿建立时间	f	0.2$\pm$0.1 μs
标称场周期	V	20 ms
标称场消隐脉冲宽度	j	25H+a=1612 μs
场消隐脉冲沿建立时间	k	0.3$\pm$0.1 μs
前均衡脉冲序列所占时间	l	2.5H
场同步齿脉冲序列所占时间	m	2.5H
后均衡脉冲序列所占时间	n	2.5H
均衡脉冲宽度	p	2.35$\pm$0.1 μs
标称场同步齿脉冲宽度（参考）	q	27.3 μs
场同步脉冲间开槽宽度	r	4.7$\pm$0.2 μs
场同步齿脉冲沿和均衡脉冲沿建立时间	s	0.2$\pm$0.1 μs

附录二　彩色电视广播标准

（中华人民共和国国家标准 GB3174—82）

1983 年 5 月 1 日实施

本标准适用于模拟信号彩色电视广播。

1. 彩色电视广播制式

彩色电视广播制式为逐行倒相正交平衡调幅制（即 PAL_D 制）。

2. 基本技术要求和参数

彩色电视广播标准的基本技术要求和参数见表 F2-1 和图 F2-1。

表 F2-1　彩色电视广播标准的基本技术要求和参数

序号	项 目 名 称	技术要求和参数值
1	每帧行数	625
2	每秒场数（标称值）	50
3	扫描方式	隔行扫描
4	每秒帧数（标称值）	25
5	行频 f_H	15 625 Hz
	容许偏差	$\pm 0.0001\% \ f_H$
6	光栅宽高比	4∶3
7	扫描顺序	行：自左至右
		场：自上至下
8	标称视频带宽	6 MHz
9	彩色全电视信号的幅度（见图 F2-1）	
	消隐电平（基准电平）	0 V
	峰值白电平（当用 100/0/75/0 彩条信号时）	0.7 V$\pm$20 mV
	黑电平与消隐电平之差	0～50 mV
	色同步峰峰值	0.3 V$\pm$9 mV
	同步脉冲电平	$-$0.3 V$\pm$9 mV

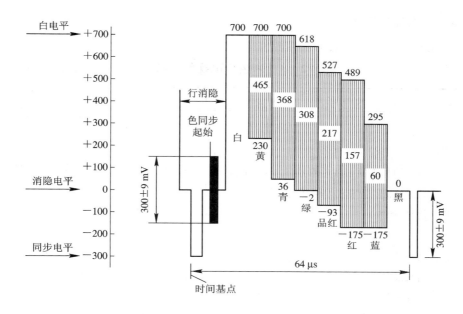

图 F2-1　100/0/75/0 彩条信号波形图

3. 脉冲细节参数

脉冲细节参数见表 F2-2。

表 F2-2　脉冲细节参数

项 目 名 称	代号	参 数 值
标称行周期	H	64 μs
行消隐脉冲宽度	a	12±0.3 μs
行同步脉冲前沿至行消隐后沿时间间隔的计算平均值	b	10.5 μs
行消隐脉冲前肩宽度	c	1.5±0.3 μs
行同步脉冲宽度	d	4.7±0.2 μs
行消隐脉冲沿建立时间	e	0.3±0.1 μs
行同步脉冲沿建立时间	f	0.2±0.1 μs
标称场周期	V	20 ms
标称场消隐脉冲宽度	j	25H+a=1612 μs
场消隐脉冲沿建立时间	k	0.3±0.1 μs
前均衡脉冲序列所占时间	l	2.5 H
场同步齿脉冲序列所占时间	m	2.5 H
后均衡脉冲序列所占时间	n	2.5 H
均衡脉冲宽度	p	2.35±0.1 μs
标称场同步齿脉冲宽度（参考）	q	27.3
场同步脉冲间开槽宽度	r	4.7±0.2 μs
场同步齿脉冲沿和均衡脉冲沿建立时间	s	0.2±0.1 μs

4. 彩色全电视信号特性

彩色全电视信号特性见表 F2 - 3。

表 F2 - 3 彩色全电视信号特性

序号	项 目 名 称	参 数 值
1	三基色	红(R)、绿(G)、蓝(B)
2	亮度信号 经 γ 预校正的三基色信号 E_R、E_G、E_B， 按右式组成亮度信号($\gamma = 0.4$)	$E_Y = 0.229E_R + 0.578E_G + 0.114E_B$
3	色差信号(加权)	$E_U = 0.493(E_B - E_Y)$ $E_V = 0.877(E_R - E_Y)$
4	彩色副载波 副载波频率 容许偏差 彩色副载波频率和行频之间的关系	 $f_{SC} = 4.433\,618\,75$ MHz ± 5 Hz $f_{SC} = (283.75 + 0.001\,6)f_H$
5	色度信号 组成 频带 振幅	 $E_c = E_U \sin(2\pi f_{SC}t) + E_V \cos(2\pi f_{SC}t)$ $f_{SC} \pm 1.3$ MHz $E = \sqrt{E_U^2 + E_V^2}$
6	彩色图像信号的组成	$E_M = E_Y + E_c$
7	色同步信号 包含的副载波周期数 持续时间 与行同步脉冲前沿的间隔 相对于相位基准轴 E_U 的相位关系 色同步的消隐	 10 ± 1 个 2.26 μs ± 0.23 μs 5.6 μs ± 0.1 μs 在 N 行上为 $+135°$ 在 P 行上为 $-135°$ 在场消隐期间有 9 行不传送

彩色全电视信号由亮度信号、色度信号、色同步信号和同步信号组成。其中，色度信号包含两个分量。这两个分量由两个加权的色差信号以抑制副载波的振幅调制方式，分别调制相位差为 90° 的两个同频率副载波而得。两个分量之一的副载波相位逐行倒转 180°。

5. 射频特性

射频特性见表 F2 - 4。

表 F2-4　射频特性

序号	项 目 名 称	参 数 值
1	标称射频频带的宽度	8 MHz
2	伴音载频与图像载频的频距	+6.5±0.001 MHz
3	频道下端与图像载频的频距	-1.25 MHz
4	图像信号主边带标称带宽	6 MHz
5	图像信号残留边带标称带宽	0.75 MHz
6	图像信号下边带在-1.25 MHz 以外的最小衰减值	20 dB
7	图像信号调制方式和调制极性	振幅调制、负极性
8	彩色全电视信号的辐射电平	
	a. 同步脉冲顶	100%载频峰值
	b. 消隐电平	72.5%～77.5%载频峰值
	c. 黑电平与消隐电平之差	0～5%载频峰值
	d. 峰值白电平	10%～12.5%载频峰值
9	伴音调制	
	a. 调制方式	调频
	b. 最大频偏	±50 kHz
	c. 预加重时间常数	50 μs
10	图像信号调制包络峰值的有效辐射功率与伴音未调制载频的有效辐射功率比	10∶1

附录三 世界主要国家(地区)的电视广播制式

表 F3－1 各种黑白电视制式的部分特性

特性／制式	每帧行数	每秒场数	每秒帧数（帧频）	标称视频带宽/MHz	标称射频带宽/MHz	伴音载频与图像载频距/MHz	图像信号主边带标称带宽/MHz	图像信号残留边带标称带宽/MHz	图像调制方式与调制极性/MHz	伴音调制方式/kHz
A	405	50	25	3	5	−3.5	3	0.75	A5C 正	A3
M	525	60	30	4.2	6	＋4.5	4.2	0.75	A5C 负	F3±25
N	625	50	25	4.2	6	＋4.5	4.2	0.75	A5C 负	F3±25
B	625	50	25	5	7	＋5.5	5	0.75	A5C 负	F3±50
C	625	50	25	5	7	＋5.5	5	0.75	A5C 正	A3
G	625	50	25	5	8	＋5.5	5	0.75	A5C 负	F3±50
H	625	50	25	5	8	＋5.5	5	1.25	A5C 负	F3±50
I	625	50	25	5.5	8	＋6	5.5	1.25	A5C 负	F3±50
DK	625	50	25	6	8	＋6.5	6	0.75	A5C 负	F3±50
L	625	50	25	6	8	＋6.5	6	1.25	A5C 正	A3
F	819	50	25	5	7	＋5.5	5	0.75	A5C 正	A3
E	819	50	25	10	14	＋11.5	10	2	A5C 正	A3

注：A5C、A3、F3 均为 CCIR(国际无线电咨询委员会)规定的发射机类型。其中，A5C 为残留边带调幅，A3 为双边带调幅，F3 为调频。

表 F3－2 世界主要国家(地区)黑白和彩色电视广播采用的制式

国家或地区	黑白电视制式		彩色制式
	Ⅰ，Ⅲ	Ⅳ，Ⅴ	
中国大陆	D	K	PAL
日本	M	M	NTSC
美国	M	M	NTSC
英国	A	I	PAL
前联邦德国	B	G	PAL
荷兰	B	G	PAL
中国香港	—	I	PAL
新加坡	B	—	PAL
菲律宾	M	M	NTSC
前苏联	D	K	SECAM

续表

国家或地区	黑白电视制式		彩色制式
	I，III	IV，V	
泰国	BM	—	PAL
马来西亚	B	—	PAL
法国	E	L	SECAM
意大利	B	G	PAL
波兰	D	K	SECAM
匈牙利	D	K	SECAM

表 F3－3 世界主要国家(地区)电视频道划分以及接收机中频

国家或地区	米波(VHF)频道		分米波(UHF)频道		接收机中频/MHz		
	I 波段/MHz	III 波段/MHz	IV 波段/MHz	V 波段/MHz	图像中频	伴音中频	第二伴音中频
中国大陆	48.5~72.5 76~92	167~223	470~566	606~958	38	31.5	6.5
日本	90~108	170~222	470~584	584~770	58.75	54.25	4.5
前苏联	48.5~56.5 58~66 76~100	174~230	470~582	582~790	38	31.5	6.5
美国	54~72 76~88	174~216	470~584	584~890	45.75	41.25	4.5
英国	41.25~46.25 48~68	176~221	470~582	614~854	34.65 (米波) 39.5 (分米波)	38.15 (米波) 33.5 (分米波)	3.5 (米波) 6.0 (分米波)
法国	41~54.15 54.15~67.3	162~214.6	470~582	582~830	28.05 (米波) 39.2 (分米波)	38.2 (米波) 32.7 (分米波)	11.15 (米波) 6.5 (分米波)
前联邦德国	47~54 54~68	174~230	470~582	582~790	38.9	33.4	5.5
中国香港	—	—	470~582	614~790	39.5	33.5	6.0

附录四 彩色电视广播测试图说明

(中华人民共和国国家标准 GB2097—80)

1. 本标准图形主要供彩色电视中心台、发射台播出节目前使用。据本图形可以直观地估计广播电视系统及电视接收机的质量。电视观众可用本图形将接收机调整到满意的收看状态。

2. 测试图标准样(以北京电视台为例,见书末附图三——国家标准彩色测试图)。

3. 图中四周是黑白矩形组成的护边框,护边框外框用于提供正确的 4:3 宽高尺寸比。护边框内是灰底白方格线。图形的正中央是电子圆,圆内有九种必要的测试信号。

4. 图形信号的技术要求及用途。

1) 黑白矩形护边框。

(1) 要求:

垂直护边框:宽度——1.66 μs;高度——顶端16行,中间黑块40行,白块44行(13个),底端15行,共计575行。

水平护边框:高度——顶端14行,底端13行;宽度——两边1.775 μs,中间2.85±0.23 μs(17个),共计52 μs。

(2) 用途:检查标准 4:3 宽高尺寸比、图像中心和扫描幅度。垂直边框还可检查同步分离和箝位电路。

2) 灰底白格背景。

(1) 要求:水平14条白线,线宽为1行/场,共2行;垂直18条白线,线宽约为0.23 μs±10%,灰色背景亮度为黑色到白色的30%。

(2) 用途:检查几何失真和非线性失真;检查"动会聚"、"色纯"是否良好。

3) 圆和圆内信号。

(1) 圆。

① 要求:垂直方向的幅度为504行(占全图垂直方向的87.65%);
水平方向圆的幅度为34.2 μs。

② 用途:检查几何失真和非线性失真。

(2) 圆内信号(由上而下按顺序要求)。

① 白色背景上的黑色汉字台标。

• 要求:白色背景为弧形,垂直方向的最大幅度为63行,台标中心对称排列,字高40行。二字台标:字宽2.85 μs,字距2.85 μs。三字台标:字宽2.85 μs,字距1.4 μs。

• 用途:电视台标志。

② 肤色和台号:

• 要求:为中国人民喜爱的肤色,高度为42行;中间为白底黑色阿拉伯字台号,白底宽度为2.85 μs,高度为42行;黑色阿拉伯台号的字高约42行,字宽2.13 μs。

- 用途：电视观众调整电视接收机的"色调"、"亮度"时参考。台号为电视台的序号。
③ 清晰度线。
- 要求：分 5 级，高 63 行。1.8 MHz、2.8 MHz、3.8 MHz、4.8 MHz、5.625 MHz；140 线、220 线、300 线、380 线、450 线。
- 用途：检查接收机或监示器亮度部分的清晰度。检查色度部分的带宽；检查副载频（4.43 MHz）与行频的锁定关系。
④ 灰度信号。
- 要求：高 63 行，从黑到白按电信号幅度等分为 6 级。
- 用途：检查调整线性和白色平衡。
⑤ 黑色背景上的白色中心十字线。
- 要求：水平白线的线宽为 1 行/ 场，共 2 行，与圆外背景线的扫描场顺序相反。垂直白线正中心一根，两边对称各分布 5 根，共 11 根，高 42 行，线宽 0.23 μs。
- 用途：确定全图中心，检查隔行扫描和静会聚。
⑥ 彩色信号。
- 要求：彩色——白、黄、青、绿、紫、红、蓝、黑。每种色块的宽度为 4.275 μs，高 84 行，饱和度 100%，幅度 75%。
- 用途：使电视观众对彩色有一总的印象，并借此调整"色调"和"色度"，检查"自动消色"是否正常。
⑦ 250 kHz 方波。
- 要求：重复频率 250 kHz，幅度从白电平到黑电平，高 42 行。
- 用途：检查接收机亮度通道的瞬态响应。
⑧ 黑色背景上的白色矩形，矩形中有两条黑电针状脉冲。
- 要求：白色矩形的宽度约 17.1 μs，高 42 行；黑色针状脉冲宽度约为 230 μs±10%，高 42 行。
- 用途：检查由于天线或电缆匹配不良等原因造成的高频反射。
⑨ 北京标准时间信号标志。
- 要求：由黑色背景上的白色阿拉伯字表示，黑色矩形宽 14.25 μs，高 42 行；白字以时、分、秒六位数字表示北京标准时间，字高 36 行，字宽约 1.6 μs，时、分、秒之间有两个白色方点。
- 用途：供观众对时用。
4）圆周围的彩色信号。
（1）左边：
左上角方块内的信号是 $-(R-Y)$ 信号（270°）；
左下角方块内的信号是 $+(R-Y)$ 信号（90°）；
左中角矩形内的信号是 $G-Y=0$，146°信号。
（2）右边：
右上角方块内的信号是 $-(B-Y)$ 信号（180°）；
右下角方块内的信号是 $+(B-Y)$ 信号（0°）；
右中间矩形内的信号是 $G-Y=0$，326°信号。

参 考 文 献

[1] 唐薇娟，等. 电视原理与接收技术. 西安：西安电子科技大学出版社，1987.

[2] 陈贻范. 遥控彩色电视机原理. 北京：机械工业出版社，1995.

[3] 李林和. 电视机原理与技术. 西安：西安电子科技大学出版社，1994.

[4] 高文焕，等. 大屏幕、多制式、单片及两片彩电电路原理和分析. 北京：电子工业出版社，1994.

[5] 陈昌彦. 彩色电视机原理与维修. 武汉：湖北科学技术出版社，1991.

[6] 王锡胜. 彩色电视机遥控电路分析、检修. 北京：电子工业出版社，1992.

[7] 张远程. 彩色电视机的原理与调试. 上海：上海科学技术出版社，1981.

[8] 程玉林，等. 彩色电视原理. 合肥：安徽科学技术出版社，1992.

[9] 李运林，等. 彩色电视机原理与检修技术. 北京：电子工业出版社，1991.

[10] 王锡胜. 十八英寸彩色电视机大全. 北京：电子工业出版社，1991.

[11] 刘武. 彩色电视机实用维修技巧大全. 北京：科学技术文献出版社，1995.

[12] 唐浩，等. 电视机检修手册. 北京：地震出版社，1994.

[13] 胡有为. 彩色电视机原理与维修. 北京：中国商业出版社，1997.

[14] 王一群. 彩色电视机原理与检修技术速成. 福州：福建科学技术出版社，1998.

[15] 李伟辉. 电视机原理电路分析. 北京：高等教育出版社，1987.

[16] 王军伟，等. 电视机原理与维修技术. 北京：新时代出版社，1986.

[17] 常宏，等. 长虹牌遥控彩色电视机原理、使用与维修. 北京：电子工业出版社，1994.

[18] 王明臣，等. 数字电视与高清晰度电视. 北京：中国广播电视出版社，2003.

[19] 刘毓敏. 数字视音频技术与应用. 北京：电子工业出版社，2003.

[20] 刘长年，等. 数字广播电视技术基础. 北京：中国广播电视出版社，2003.

[21] 刘修文. 数字电视有线传输技术. 北京：电子工业出版社，2002.

[22] 鲁业频. 数字电视基础. 北京：电子工业出版社，2002.

[23] 郑世林. 数码压缩技术及应用. 北京：机械工业出版社，2001.

[24] 夏春华. 黑白电视机原理与维修. 武汉. 湖北科学技术出版社，1991.

[25] 吕秋芬，等. 集成电路电视机原理与维修. 北京：科学出版社，1999.

[26] 1989～1999 年《家电维修》杂志合订本.

[27] 余理富. 信息显示技术. 北京：电子工业出版社，2003.

[28] 卢官明，等. 数字电视原理. 北京：机械工业出版社，2004.

[29] 高鸿锦. 新型显示技术. 北京：北京邮电大学出版社，2014.

[30] 李文峰，等. 现代显示技术及设备. 北京：清华大学出版社，2016.

附图　混色图与标准测试卡

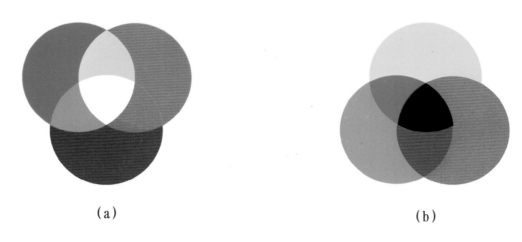

(a)　　　　　　　　　　　　　　　　　(b)

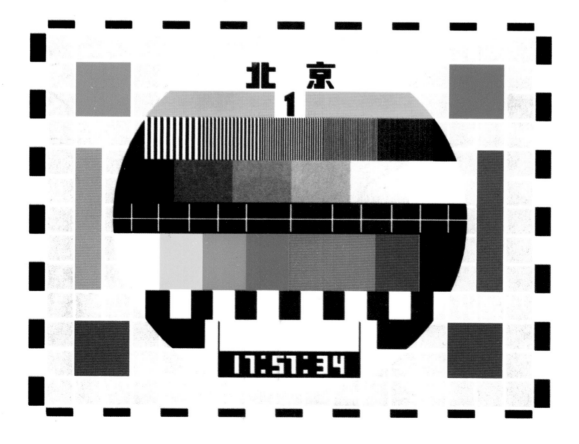